全国建设行业职业教育任务引领型规划教材

# 建筑与装饰
# 工程量清单报价书编制

（工程造价专业适用）

主 编 刘景辉
副主编 来进琼 严 荣
主 审 田恒久

中国建筑工业出版社

图书在版编目（CIP）数据

建筑与装饰工程量清单报价书编制/刘景辉主编．
北京：中国建筑工业出版社，2010.7
全国建设行业职业教育任务引领型规划教材．工程造价专业适用
ISBN 978-7-112-12237-0

Ⅰ.①建… Ⅱ.①刘… Ⅲ.①建筑工程-工程造价
②建筑装饰-工程造价 Ⅳ.①TU723.3

中国版本图书馆CIP数据核字（2010）第125249号

  本教材是根据《建设工程工程量清单计价规范》GB 50500—2008有关内容，结合工作任务，使用某工程施工图纸详细地介绍了建筑工程、装饰装修工程的工程量清单报价书的编制方法、步骤和内容。并介绍了招标控制价和投标报价的确定方法和程序。全书内容丰富、系统性强、资料翔实、循序渐进、通俗易懂、举一反三。具有鲜明的创新性和较强的可操作性及实用性。

  本书可作为职业院校工程造价类专业教材，也可供建设单位、施工单位、工程造价咨询单位等从事工程造价人员学习参考。

\*   \*   \*

责任编辑：张　晶　朱首明
责任设计：赵明霞
责任校对：张　倩　赵　颖

全国建设行业职业教育任务引领型规划教材
## 建筑与装饰工程量清单报价书编制
（工程造价专业适用）
主　编　刘景辉
副主编　来进琼　严　荣
主　审　田恒久

\*

中国建筑工业出版社出版、发行（北京西郊百万庄）
各地新华书店、建筑书店经销
北京红光制版公司制版
北京富生印刷厂印刷

\*

开本：787×1092毫米　1/16　印张：22¼　字数：555千字
2010年9月第一版　2019年2月第五次印刷
定价：38.00元
ISBN 978-7-112-12237-0
（19503）

**版权所有　翻印必究**
如有印装质量问题，可寄本社退换
（邮政编码100037）

# 教材编审委员会名单

主　任：温小明

副主任：张怡朋　游建宁

秘　书：何汉强

委　员：（按姓氏笔画排序）

　　　　王立霞　刘　力　刘　胜　刘景辉

　　　　苏铁岳　邵怀宇　张　鸣　张翠菊

　　　　周建华　黄晨光　彭后生

# 序　言

根据国务院《关于大力发展职业教育的决定》精神，结合职业教育形势的发展变化，2006 年底，建设部第四届建筑与房地产经济专业指导委员会在工程造价、房地产经营与管理、物业管理三个专业中开始新一轮的整体教学改革。

本次整体教学改革从职业教育"技能型、应用型"人才培养目标出发，调整了专业培养目标和专业岗位群；以岗位职业工作分析为基础，以综合职业能力培养为引领，构建了由"职业素养"、"职业基础"、"职业工作"、"职业实践"和"职业拓展"五个模块构成的培养方案，开发出具有职教特色的专业课程。

专业指导委员会组织了相关委员学校的教研力量，根据调整后的专业培养目标定位对上述三个专业传统的教学内容进行了重新的审视，删减了部分理论性过强的教学内容，补充了大量的工作过程知识，把教学内容以"工作过程"为主线进行整合、重组，开发出一批"任务型"的教学项目，制定了课程标准，并通过主编工作会议，确定了教材编写大纲。

"任务引领型"教材与职业工作紧密结合，体现职业教育"工作过程系统化"课程的基本特征和"学习的内容是工作，在工作中实现学习"的教学内容、教学模式改革的基本思路，符合"技能型、应用型"人才培养规律和职业教育特点，适应目前职业院校学生的学习基础，值得向有关职业院校推荐使用。

**建设部第四届建筑与房地产经济专业指导委员会**

# 前　言

随着我国建筑和房地产市场的快速发展，招标投标制、合同制的推行以及与国际接轨的要求，工程造价和计价依据的改革不断深化，原建设部于 2003 年和 2008 年分别发布了《建设工程工程量清单计价规范》。实行工程量清单计价对规范建设市场秩序、促进有序竞争、深化工程造价改革等有着重要意义。该规范在全国各地得到了普遍的推广与应用。

工程量清单计价方式与定额计价方式有着密切联系和本质区别，它们的联系是：工程量清单计价的理论基础主要是定额计价的工程造价理论，其计价方法有延续性；掌握定额计价的理论和方法有助于工程量清单计价的理论和方法的学习。它们的区别是：定额计价方式采用建设行政主管部门颁发的反映社会平均水平的消耗量定额和发布的指导价格计算工程造价，该工程造价具有计划价格的本质特征；而工程量清单计价方式是由投标人自主选择消耗量定额（如企业定额）和自主确定各种单价，其工程报价具有市场价格的本质特征。

本教材是根据住房和城乡建设部第四届建筑与房地产经济专业指导委员会制定的专业培养目标和培养方案及主干课程教学大纲的要求而编写的。它具有以下几个显著特点：

1. 教材内容的新颖性。本教材是根据《建设工程工程量清单计价规范》GB 50500—2008 有关建筑工程和装饰装修工程两部分内容编写的，采用的是最新计价规范，符合广大职业院校教学使用的要求。

2. 编写方法的创新性。本教材是根据新一轮教学改革的需要，采取"任务引领型"编写方法，通过完成某工程项目工程量清单报价书编制的任务，体现"学习的内容是工作，在工作中实现学习"的教学模式改革的基本思路。

3. 工作中的实用性。本教材编写中采用了已竣工交付使用的某工程全套实际施工图纸，结合现行的计价规范，详细系统地介绍了工程量清单报价书编制的方法、步骤和内容，是典型的真题真做，体现了理论联系实际。教材的编写顺序就是预算书的编制过程，教材中的计算结果就是该工程的实际工程量清单报价的数据。初学者可以模拟练习，有基础者可以得到提升，对工作有一定的参考实用性。

4. 知识体系的连贯性。本教材编写中注重知识体系的连贯性，循序渐进，重点突出，层次分明，文字叙述与表格使用紧密结合，通俗易懂，具有一定的可读性。

本教材由宁夏建设职业技术学院刘景辉（副教授）主编，并编写第一部分准备知识的学习中的任务 1.1 至任务 1.5 和第二部分建筑工程工程量清单报价书中的任务 2.1；由宁夏建设职业技术学院来进琼（注册造价工程师）副主编，并编写第二部分建筑工程工程量清单报价书编制中的任务 2.2 至任务 2.6；由宁夏建设职业技术学院严荣（注册造价工程师）副主编，编写第三部分装饰装修工程工程量清单报价书编制中的任务 3.1 和任务 3.3 至任务 3.6；参加编写的还有宁夏建设职业技术学院陈润生

(副教授),编写第三部分中任务 3.2 和第四部分招标控制价和投标报价的确定中任务 4.1 至任务 4.3。参加本书某工程施工图设计的是西部建筑抗震勘察设计研究院张耀(教授级高级工程师、国家一级注册结构工程师)、胡维参(高级工程师、国家一级注册建筑师)、田春芳(高级工程师、国家二级注册建筑工程师)、魏银川(工程师)、上官宇龙(工程师)。全教材由刘景辉统稿、修改并定稿。

本教材由山西建筑职业技术学院田恒久(副教授、注册造价工程师)主审。并对全书的内容进行了认真审阅,提出很多有益的修改意见和建议。本教材在编写过程中参考了有关专家学者的书籍和文献资料等,并得到编者所在学院的大力支持,在此一并表示真诚的感谢。

由于新的《建设工程工程量清单计价规范》发布时间还不久,受时间和编者水平的限制,加之采用任务引领型教材的编写模式是一种尝试,本教材难免有疏漏和不妥之处,敬请广大读者和同行批评指正。

# 目录

## 1 准备知识的学习 ... 1
### 任务1.1 工程量清单的概念和内容 ... 1
- 1.1.1 工程量清单的概念 ... 1
- 1.1.2 工程量清单的内容 ... 2

### 任务1.2 工程量清单计价的概念和内容 ... 5
- 1.2.1 工程量清单计价的概念 ... 5
- 1.2.2 工程量清单计价的特点 ... 5
- 1.2.3 工程量清单计价的程序 ... 6
- 1.2.4 工程量清单计价的内容 ... 7
- 1.2.5 工程量清单计价与定额计价方式的区别 ... 10

### 任务1.3 《建设工程工程量清单计价规范》简介 ... 11
- 1.3.1 总则 ... 11
- 1.3.2 术语 ... 11
- 1.3.3 工程量清单编制 ... 11
- 1.3.4 工程量清单计价 ... 11
- 1.3.5 工程量清单计价表格 ... 12
- 1.3.6 附录A、B、C、D、E、F ... 28

### 任务1.4 本课程教学的特点 ... 29

  1.4.1 任务引领型教学的概念 …… 29
  1.4.2 任务引领型教学的意义 …… 30
  1.4.3 任务引领型教学的特点 …… 30
  1.4.4 任务引领型教学的过程 …… 31
 任务1.5 工作任务下达 …… 31

# 2 建筑工程工程量清单报价书编制 …… 46
 任务2.1 土（石）方工程工程量清单报价 …… 46
  过程2.1.1 土（石）方工程施工图识读 …… 46
  过程2.1.2 土（石）方工程清单工程量计算与复核 …… 47
  过程2.1.3 土（石）方工程计价工程量计算 …… 49
  过程2.1.4 土（石）方工程综合单价计算 …… 51
  过程2.1.5 填写分部分项工程量清单计价表，汇总分部分项
      工程费用 …… 55
 任务2.2 砌筑工程工程量清单报价 …… 57
  过程2.2.1 砌筑工程施工图识读 …… 57
  过程2.2.2 砌筑工程相关知识学习 …… 57
  过程2.2.3 砌筑工程清单工程量计算 …… 57
  过程2.2.4 砌筑工程计价工程量计算 …… 64
  过程2.2.5 砌筑工程综合单价计算 …… 65
  过程2.2.6 填写分部分项工程量清单与计价表，汇总分部分项
      工程费用 …… 70
 任务2.3 混凝土及钢筋混凝土工程工程量清单报价 …… 71
  过程2.3.1 混凝土及钢筋混凝土工程施工图识读 …… 71
  过程2.3.2 混凝土及钢筋混凝土工程相关知识学习 …… 72
  过程2.3.3 混凝土及钢筋混凝土工程清单工程量计算 …… 72
  过程2.3.4 混凝土及钢筋混凝土工程计价工程量计算 …… 91
  过程2.3.5 混凝土及钢筋混凝土工程综合单价计算 …… 93
  过程2.3.6 填写分部分项工程量清单计价表，汇总分部分项
      工程费用 …… 119
 任务2.4 屋面及防水工程工程量清单报价 …… 124
  过程2.4.1 屋面及防水工程施工图识读 …… 124
  过程2.4.2 屋面及防水工程清单工程量计算 …… 124
  过程2.4.3 屋面及防水工程计价工程量计算 …… 125
  过程2.4.4 屋面及防水工程综合单价计算 …… 125
  过程2.4.5 填写分部分项工程量清单计价表，汇总分部分项
      工程费用 …… 128
 任务2.5 防腐、隔热、保温工程工程量清单报价 …… 128
  过程2.5.1 防腐、隔热、保温工程施工图识读 …… 128

　　　　过程2.5.2　防腐、隔热、保温工程清单工程量计算··············128
　　　　过程2.5.3　防腐、隔热、保温工程计价工程量计算··············130
　　　　过程2.5.4　防腐、隔热、保温工程综合单价计算··············131
　　　　过程2.5.5　填写分部分项工程量清单计价表，汇总分部分项
　　　　　　　　　工程费用··············134
　　任务2.6　建筑工程工程量清单报价书编制··············134
　　　　过程2.6.1　分部分项工程量清单报价··············135
　　　　过程2.6.2　措施项目工程量清单报价··············144
　　　　过程2.6.3　其他项目工程量清单报价··············161
　　　　过程2.6.4　规费、税金项目清单报价··············163
　　　　过程2.6.5　工程量清单报价书编制··············163

# 3　装饰装修工程工程量清单报价书编制 ··············179

　　任务3.1　楼地面工程工程量清单报价··············179
　　　　过程3.1.1　楼地面工程施工图识读··············179
　　　　过程3.1.2　楼地面工程清单工程量计算··············180
　　　　过程3.1.3　楼地面工程计价工程量计算··············183
　　　　过程3.1.4　楼地面工程综合单价计算··············187
　　　　过程3.1.5　填写分部分项工程量清单计价表，汇总分部分项
　　　　　　　　　工程费用··············196
　　任务3.2　墙柱面工程工程量清单报价··············199
　　　　过程3.2.1　墙柱面工程施工图识读··············199
　　　　过程3.2.2　墙柱面工程清单工程量计算··············199
　　　　过程3.2.3　墙柱面工程计价工程量计算··············203
　　　　过程3.2.4　墙柱面工程综合单价计算··············205
　　　　过程3.2.5　填写分部分项工程量清单计价表，汇总分部分项
　　　　　　　　　工程费用··············208
　　任务3.3　天棚工程工程量清单报价··············210
　　　　过程3.3.1　天棚工程施工图识读··············210
　　　　过程3.3.2　天棚工程清单工程量计算··············210
　　　　过程3.3.3　天棚工程计价工程量计算··············211
　　　　过程3.3.4　天棚工程综合单价计算··············212
　　　　过程3.3.5　填写分部分项工程量清单计价表，汇总分部分项
　　　　　　　　　工程费用··············213
　　任务3.4　门窗工程工程量清单报价··············214
　　　　过程3.4.1　门窗工程施工图识读··············214
　　　　过程3.4.2　门窗工程清单工程量计算··············214
　　　　过程3.4.3　门窗工程计价工程量计算··············215
　　　　过程3.4.4　门窗工程综合单价计算··············217

　　　　过程 3.4.5　填写分部分项工程量清单计价表，汇总分部分项
　　　　　　　　工程费用 ································································· 226
　任务 3.5　油漆、涂料、裱糊工程工程量清单报价 ······························· 229
　　　　过程 3.5.1　油漆、涂料、裱糊工程施工图识读 ··························· 229
　　　　过程 3.5.2　油漆、涂料、裱糊工程清单工程量计算 ····················· 229
　　　　过程 3.5.3　油漆、涂料、裱糊工程计价工程量计算 ····················· 230
　　　　过程 3.5.4　油漆、涂料、裱糊工程综合单价计算 ························ 231
　　　　过程 3.5.5　填写分部分项工程量清单计价表，汇总分部分项
　　　　　　　　工程费用 ································································· 232
　任务 3.6　装饰装修工程工程量清单报价书编制 ································· 233
　　　　过程 3.6.1　分部分项工程量清单报价 ········································ 233
　　　　过程 3.6.2　措施项目工程量清单报价 ········································ 239
　　　　过程 3.6.3　其他项目工程量清单报价 ········································ 246
　　　　过程 3.6.4　规费、税金项目清单报价 ········································ 248
　　　　过程 3.6.5　装饰装修工程工程量清单报价书编制 ······················· 248

# 4　招标控制价与投标报价的确定 ······················································ 261
　任务 4.1　招标控制价的编制 ······························································ 261
　　　　4.1.1　招标控制价的概念及内容 ················································· 261
　　　　4.1.2　招标控制价的编制原则及依据 ·········································· 262
　　　　4.1.3　工程招标控制价的编制程序和编制方法 ···························· 263
　　　　4.1.4　教学案例 ········································································· 264
　任务 4.2　投标报价的确定 ································································· 266
　　　　4.2.1　投标报价的概念及前期调研 ·············································· 266
　　　　4.2.2　投标报价的原则及编制依据 ·············································· 267
　　　　4.2.3　投标报价的编制程序和编制方法 ······································· 268
　任务 4.3　投标报价的决策与技巧 ························································ 269
　　　　4.3.1　投标报价决策的概念 ························································ 269
　　　　4.3.2　投标报价决策中应当注意的问题 ······································· 270
　　　　4.3.3　工程投标报价技巧 ···························································· 271
　　　　4.3.4　教学案例 ········································································· 273

附录 A　建筑工程工程量清单项目及计算规则 ······································· 276
附录 B　装饰装修工程工程量清单项目及计算规则 ································ 311
参考文献 ······························································································· 345

# 1 准备知识的学习

工程量清单计价是我国目前正在推广使用的建设工程计价方式，标志着我国工程造价改革与国际惯例的接轨。2008年住房和城乡建设部发布了《建设工程工程量清单计价规范》GB 50500—2008（以下简称《计价规范》），而2003年原建设部发布的《建设工程工程量清单计价规范》GB 50500—2003同时废止，全国各地从2003年开始逐步推广实施工程量清单计价制度。本部分主要介绍工程量清单计价的基本知识，是一种学习任务，为完成建筑与装饰工程工程量清单报价书编制的工作任务提供知识支撑。

## 任务1.1 工程量清单的概念和内容

### 1.1.1 工程量清单的概念

工程量清单是建设工程分部分项工程项目、措施项目、其他项目、规费项目和税金项目的名称和相应数量等的明细清单。其中：

分部分项工程量清单表明了为完成建设工程的全部分部分项实体工程的名称和相应的数量。例如：某工程现浇C25钢筋混凝土柱324$m^3$。

措施项目清单是表明为完成工程项目施工，发生于该工程施工准备和施工过程中的技术、生活、安全、环境保护等方面的非工程实体项目。例如：某工程现浇钢筋混凝土柱模板、脚手架等费用。

其他项目清单是指分部分项工程量清单、措施项目清单以外，因招标人的特殊要求而发生的与拟建工程有关的其他费用和相应数量的清单。主要包括暂定金额、暂估价、计日工和总承包服务费。

规费项目清单表明了根据省级政府或省级有关权力部门规定必须缴纳的，应计入建筑安装工程造价的费用。

税金项目清单表明了根据国家税法规定的应计入建筑安装工程造价内的营业税、城市维护建设税及教育费附加等。

### 1.1.2 工程量清单的内容

根据工程量清单的概念我们得知工程量清单包括五项内容，如图1-1所示。

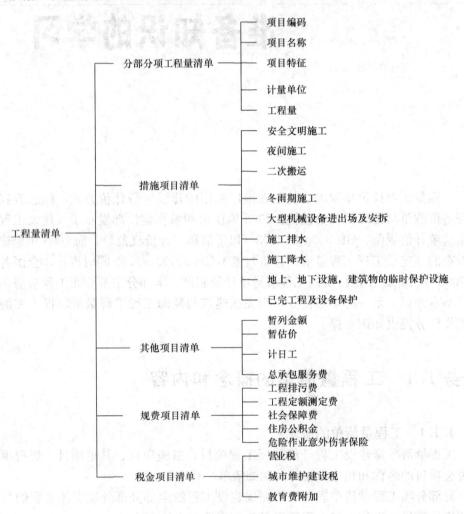

图1-1 工程量清单的内容

**1. 分部分项工程量清单**

分部分项工程量清单主要包括以下内容：

(1) 项目编码

项目编码是分部分项工程量清单项目名称的数字标识。项目编码以五级12位编码设置，一、二、三、四级编码为全国统一，第五级编码由工程量清单编制人区分工程的清单项目特征而分别编写。各级编码含义如下：

第一级表示工程分类顺序码（2位）：建筑工程为01，装饰装修工程为02，安装工程为03，市政工程为04，园林绿化工程为05，矿山工程为06；

第二级表示专业工程顺序码（2位）：例如砌筑工程是建筑工程部分第三章，则其编码为03；

第三级表示分部工程顺序码（2位）：例如砖砌体是砌筑工程第二节，则其编码为02；

第四级表示分项工程顺序码（3位）：例如实心砖墙是砖砌体工程第一个分项工程项目，则其编码为001；

第五级表示清单项目名称顺序码（3位）：例如某工程实心砖墙分为240mm砖墙和365mm砖墙，则清单编制人根据清单编制及投标报价需要，分别列项，240mm砖墙编码为001；365mm砖墙编码为002。

根据以上编码原则和顺序，某建筑工程砌筑工程中实心砖墙的365mm厚砖墙的项目编码应该为010302001002。

当同一标段（或合同段）的一份工程量清单中含有多个单位工程且工程量清单是以单位工程为编制对象时，在编制工程量清单时应特别注意对项目编码十至十二位的设置不得重复编码。

（2）项目名称

《计价规范》附录中的"项目名称"为分项工程项目名称，是形成分部分项工程量清单项目名称的基础，在此基础上增添相应项目特征，即为清单项目名称。分项工程项目名称一般以工程实体而命名，项目名称如有缺项，招标人可按相应的原则进行补充，并报当地工程造价管理部门备案。

（3）项目特征

项目特征是对体现分部分项工程量清单、措施项目清单价值的特有属性和本质特征的描述。项目特征主要涉及项目的自身特征（材质、型号、规格、品牌）、项目的工艺特征及对工程方法可能产生影响的特征。项目特征是投标人报价的基础，特征描述不清楚，将导致投标人对招标人的需求不明确，达不到正确报价的目的。对清单特征不同的项目应该分别列项。

为达到规范、简捷、准确、全面描述项目特征的要求，在描述工程量清单项目特征时应按以下原则进行：

第一，项目特征描述的内容应按《计价规范》附录中的规定，结合拟建工程的实际，能满足确定综合单价的需要；

第二，若采用标准图集或施工图纸能够全部或部分满足项目特征描述的要求，项目特征描述可直接采用详见××图集或××图号的方式。对不能满足项目特征描述要求的部分，仍应用文字描述。

（4）计量单位

计量单位应采用基本单位，除各专业有特殊规定外按以下单位计量：

以重量计算的项目用：吨或千克（t 或 kg）表示；以体积计算的项目用：立方米（m³）表示；以面积计算的项目用：平方米（m²）表示；以长度计算的项目用：米（m）表示；以自然计量单位计算的项目用：个、套、组、块、樘、台等表示；没有具体数量的项目用：宗、项等表示。

(5) 工程量

《计价规范》明确规定了清单项目的工程量计算规则，其实质是以形成工程实体为准，并以完成后的净量计算，这与传统预算定额规则有所不同，这就要求，投标人在投标报价时，因施工方案引起的工程费用的增加应折算到综合单价中，而措施性的费用应计入到措施项目清单中。

工程量的有效位数应遵守下列规定：以"t"为单位，应保留三位小数，第四位小数四舍五入；以"m²"、"m³"、"m"、"kg"为单位，应保留两位小数，第三位小数四舍五入；以"个"、"项"等为单位，应取整数。

**2. 措施项目清单**

措施项目清单应根据拟建工程的实际情况列项。通用措施项目主要有：

(1) 安全文明施工（含环境保护、文明施工、安全施工、临时设施）；
(2) 夜间施工；
(3) 二次搬运；
(4) 冬雨期施工；
(5) 大型机械设备进出场及安拆；
(6) 施工排水；
(7) 施工降水；
(8) 地上、地下设施，建筑物的临时保护设施；
(9) 已完工程及设备保护。

专业工程的措施项目可按《计价规范》中附录规定的项目选择列项。若出现规范未列的项目，可根据工程实际情况补充。

**3. 其他项目清单**

其他项目清单按照下列内容列项：

(1) 暂列金额：是招标人在工程量清单中暂定并包括在合同价款中的一笔款项。用于施工合同签订时尚未确定或者不可预见的所需材料、设备、服务的采购，施工中可能发生的工程变更、合同约定调整因素出现时的工程价款调整以及发生的索赔、现场签证确认等的费用。

(2) 暂估价：是招标人在工程量清单中提供的用于支付必然发生但暂时不能确定价格的材料的单价及专业工程的金额。

(3) 计日工：是在施工过程中，完成发包人提出的施工图纸以外的零星项目或工作，按合同中约定的综合单价计价。

(4) 总承包服务费：是总承包人为配合协调发包人进行的工程分包自行采购的设备、材料等进行管理、服务以及施工现场管理、竣工资料汇总整理等服务所需的费用。

由于工程建设标准的高低、工程的复杂程度、工程的工期长短、工程的组成内容、发包人对工程管理要求等都直接影响其他项目清单的具体内容，除《计价规范》提供的四项内容作为列项参考外，其不足部分，可根据工程的具体情况进行补充。

**4. 规费项目清单**

规费项目清单应按照下列内容列项：
(1) 工程排污费；
(2) 工程定额测定费（目前已经停收）；
(3) 社会保障费：包括养老保险费、失业保险费、医疗保险费；
(4) 住房公积金；
(5) 危险作业意外伤害保险。

规费是政府和有关权力部门规定必须缴纳的费用，编制人对《建筑安装工程费用项目组成》未包括的规费项目，在编制规费项目清单时应根据省级政府或省级有关权力部门的规定列项。

**5. 税金项目清单**

税金项目清单应包括下列内容：
(1) 营业税；
(2) 城市维护建设税；
(3) 教育费附加。

这是目前我国税法规定应计入《建筑安装工程费用项目组成》的税金项目，如果国家税法发生变化，税务部门依据职权增加了税种，应对税金项目清单进行调整。

## 任务1.2　工程量清单计价的概念和内容

### 1.2.1　工程量清单计价的概念

工程量清单计价是在工程建设过程中，招标人按照国家统一的《建设工程工程量清单计价规范》的要求以及施工图，提供工程量清单，由投标人依据工程量清单、施工图、企业定额、市场价格自主报价，并经评审后，合理低价中标的工程造价计价方式。

### 1.2.2　工程量清单计价的特点

工程量清单计价具有以下几个特点：
(1) 一部规范

工程量清单编制时使用全国统一的《建设工程工程量清单计价规范》GB 50500—2008。

(2) 两个分离

分部分项工程工料机量与价相分离；清单工程量与计价工程量相分离。其中量与价分离是从定额计价方式的角度来表达的，清单工程量与计价工程量分离是从工程量清单报价方式来描述的。

(3) 三个自主

投标人依据工程量清单、工程现场实际情况及拟定的施工方案或施工组织设计、企业定额和市场价格信息，编制投标报价时自主确定工料机消耗量、自主确定工料机单价、自主确定措施项目费及其他项目费的内容和费率。

(4) 五个统一

工程量清单编制时要遵守五个统一，即统一的项目编码、统一的项目名称、统一的项目特征、统一的计量单位和统一的工程量计算规则。

(5) 五种清单

工程量清单有五种，即分部分项工程量清单、措施项目清单、其他项目清单、规费项目清单及税金项目清单。

(6) 六个附录

《建设工程工程量清单计价规范》GB 50500—2008 有六个附录，附录 A（建筑工程工程量清单）、附录 B（装饰装修工程量清单）、附录 C（安装工程工程量清单）、附录 D（市政工程工程量清单）、附录 E（园林绿化工程工程量清单）、附录 F（矿山工程工程量清单）。编制工程量清单和工程量清单报价书时，需要严格按照以上六个附录所列项目及其相关内容编写，以做到口径一致。

### 1.2.3 工程量清单计价的程序

**1. 熟悉工程量清单**

了解清单项目、项目特征以及所包含的工程内容等，以保证正确计价。

**2. 了解招标文件的其他内容**

(1) 了解有关工程承发包范围、内容、合同条件、材料设备采购供应方式等；

(2) 对照施工图纸，计算复核工程量清单；

(3) 正确理解招标文件的全部内容，保证招标人要求完成的全部工作和工作内容都能准确地反映到清单报价中。

**3. 熟悉施工图纸**

全面、系统地阅读图纸，以便于了解设计意图，为准确计算工程造价做好准备。

**4. 了解施工方案和施工组织设计**

施工方案和施工组织设计中的技术措施、组织措施、安全措施、机械配置、施工方法的选用等都会影响工程综合单价，关系到措施项目的设置和费用内容。

**5. 计算计价工程量**

一个清单项目可能包含多个子项目，计价前应确定每个子项目的工程量，以便综合确定清单项目的综合单价，计价工程量是投标人根据消耗量定额的项目划分口径和工程量计算规则进行计算的。

### 6. 计算分部分项工程综合单价

工程量清单计价应采用综合单价计价。综合单价是指完成一个规定计量单位的分部分项工程量清单项目或措施清单项目所需的人工费、材料费、施工机械使用费、企业管理费、利润，以及一定范围内的风险费用。

（1）综合单价是完成每个清单项目发生的直接工程费、企业管理费、利润等全部费用的综合；

（2）综合单价是完成每个清单项目所包含的工程内容的全部子项目的费用综合；

（3）综合单价应包括清单项目内容中没有体现，而施工过程中又必须发生的工程内容所需的费用；

（4）综合单价还应综合考虑在各种施工条件下需要增加的费用。

综合单价一般以消耗量定额和工料机单价为基础进行计算的，不同时期的人工单价、材料单价、施工机械台班单价应反映在综合单价内，企业管理费和利润也应包括在综合单价内。

### 7. 计算分部分项工程费

根据项目清单工程量和分部分项工程综合单价可以计算分部分项工程费。计算时常采用列表的方式进行，具体计算方法将在下面的内容中介绍。

### 8. 计算措施项目费

投标报价时，措施项目费由投标人根据自己企业的情况自行计算，投标人没有计算或少计算的费用视为此费用已包括在其他费用项目内，额外的费用除招标文件和合同约定外，一般不予以支付。

### 9. 计算其他项目费

编制人可参考各地制定的费用项目和计算方法进行计算。

### 10. 计算规费、税金，进行汇总即为单位工程造价

### 11. 复核、编写总说明及装订

计算工程造价后经复核，编写总说明，按工程量清单计价的统一格式要求进行装订。

## 1.2.4 工程量清单计价的内容

工程量清单计价的内容应包括工程量清单所列项目的全部费用。

### 1. 总报价的计算

利用综合单价法计价需要分项计算清单项目，汇总得到总报价。即：

分部分项工程费＝∑（分部分项工程量×分部分项工程综合单价）

措施项目费＝∑（措施项目工程量×措施项目综合单价）

或：措施项目费＝∑（直接费或人工费×措施项目费系数）

或：按当地有关规定计算。

单位工程报价＝分部分项工程费＋措施项目费＋其他项目费＋规费＋税金

单项工程报价＝∑单位工程报价

总报价＝Σ单项工程报价

**2. 分部分项工程费的计算**

(1) 清单工程量复核或计算

工程量清单作为招标文件的组成部分,其准确性和完整性由招标人负责。投标人根据招标人提供的工程量清单复核清单工程量,以便在投标报价时采取适当的投标报价策略。

(2) 计价工程量计算

计价工程量也称报价工程量,是计算投标报价的基础。投标人根据拟建工程施工图纸、施工方案、清单工程量和所采用的定额及相应的工程量计算规则计算计价工程量。

(3) 工料机消耗量计算

根据计价工程量和企业消耗量定额计算工料机消耗量。其计算公式是:

分部分项工程人工工日＝分部分项主项工程量×定额用工量
　　　　　　　　　　＋Σ(分部分项附项工程量×定额用工量)

分部分项工程某种材料用量＝分部分项主项工程量×某种材料定额用量
　　　　　　　　　　　　＋Σ(分部分项附项工程量×某种材料定额用量)

分部分项工程某种机械台班用量＝分部分项主项工程量×某种机械定额台班用量＋Σ(分部分项附项工程量×某种机械定额台班用量)

在套用定额分析计算工料机消耗量时,如果分部分项工程量清单项目与定额项目的工程内容和项目特征完全一致时,就可以直接套用定额消耗量,计算出分部分项工程的工料机消耗量;如果分部分项工程量清单项目与定额项目的工程内容和项目特征不完全一致时,就需要按清单项目的工程内容,分别套用不同的定额项目,计算出分部分项工程的工料机消耗量。

(4) 市场调查和询价

根据工程项目的具体情况,考虑市场资源的供求状况,采用市场价格作为依据,增加市场一定的风险调价系数,确定工料机单价。

(5) 计算综合单价

利用工料机消耗量定额和工料机单价计算综合单价。企业管理费和利润可以根据分项工程的具体情况逐项估算,投标人也可以根据工程和企业实际情况对不同项目设置不同的管理费率和利润率。综合单价的计算公式是:

分部分项工程量清单项目综合单价＝人工费＋材料费＋施工机械使用费＋企业管理费＋利润

其中:

人工费＝Σ(定额工日×人工单价)

材料费＝Σ(某种材料定额消耗量×材料单价)

施工机械使用费＝Σ(某种施工机械定额消耗量×台班单价)

企业管理费＝人工费(或直接费)×管理费费率

利润＝人工费(或直接费、或直接费＋管理费)×利润率

综合单价不仅适用于分部分项工程量清单，也适用于措施项目清单、其他项目清单等。

**3. 措施项目费计算**

措施项目清单的金额可以根据拟建工程的施工方案或施工组织设计，参照规范规定，可以计算工程量的应采用分部分项工程量清单计价的方式计算综合单价，不能计算工程量的项目以"项"为单位计算其费用。主要计算方法如下：

(1) 参数法计价

参数法计价是指按一定的基数乘以系数的方法进行计算。这种方法简单明了，但系数准确性难以把握，系数的高低直接反映投标人的投标报价水平。这种方法主要适用于施工过程中必须发生，但在投标时很难具体分析预测，又无法单独列出内容的措施项目，如夜间施工增加费、二次搬运费等。

(2) 实物量法计价

实物量法计价就是根据需要消耗的实物工程量和实物单价计算措施费。如脚手架搭拆费可以根据脚手架摊销量、脚手架价格和搭、拆、运输费计算脚手架工程综合单价，综合单价乘以工程量即脚手架搭拆费。

(3) 分包法计价

分包法计价是在分包价格的基础上增加投标人的管理费和风险费进行计价，这种方法适用于可以分包的项目，如大型机械进出场及安拆费的计算。

**4. 其他项目费的计算**

(1) 暂列金额

暂列金额应按照招标人在其他项目清单中列出的金额直接填写。

(2) 暂估价

材料暂估价应按照招标人在其他项目清单中列出的单价计入综合单价；专业工程暂估价按招标人在其他项目清单中列出的金额直接填写。

(3) 计日工

计日工按招标人在其他项目清单中列出的项目和数量，投标人自主确定综合单价并计算计日工费用。

(4) 总承包服务费

总承包服务费是投标人根据招标人在招标文件中列出的内容和提出的要求自主确定。

**5. 规费的计算**

规费可以根据工程所在地政府及有关部门规定的公式和费率，利用计算基数乘以规费费率计算。计算基数可以是直接费、人工费或人工费和机械费的合计数。

**6. 税金的计算**

税金计算要按照纳税地点选择税率，以直接费、间接费和利润之和乘以税率（综合计税系数）计算税金。

### 1.2.5 工程量清单计价与定额计价方式的区别

工程量清单计价是指投标人完成由招标人提供的工程量清单所需的全部费用，包括分部分项工程费、措施项目费、其他项目费、规费和税金。定额计价是指根据招标文件，按照各省、市、自治区建设行政主管部门发布的建设工程计价依据中的"工程量计算规则"，同时参照省级建设行政主管部门发布的人工工日单价、施工机械台班单价、材料和设备价格信息及同期市场价格，直接计算出直接工程费，再按规定的计算方法计算措施费、其他项目费、企业管理费、利润、规费、税金，汇总确定建筑安装工程造价。

两种计价方式有一定的联系，主要表现为工程造价的计价基本原理是相同的，都在于项目的分解与组合，是一种自下而上的分部组合计价方法。两种计价方式的区别主要表现在以下几点：

（1）编制工程量的单位不同。定额计价的建筑工程工程量分别由招标单位和投标单位按施工图和工程量计算规则等计算；工程量清单是由招标人统一计算或受其委托具有工程造价咨询资质的咨询人统一计算，工程量清单是招标文件的重要组成部分，各投标人根据招标人提供的工程量，根据自身的技术装备、施工经验、企业成本、企业定额、管理水平等自主填报报价。

（2）编制工程量清单的时间不同。定额计价是在发出招标文件后编制工程量的（招标人与投标人同时编制或投标人编制在前，招标人编制在后）；工程量清单计价必须在发出招标文件前编制出工程量清单。

（3）表现形式不同。采用定额计价法一般是总价形式；工程量清单计价法采用综合单价形式。

（4）计价的依据不同。定额计价中的人工、材料、施工机械台班的消耗量是依据建设行政主管部门颁发的预算定额，人工、材料、施工机械台班的单价是依据工程造价管理部门发布的价格信息进行计算；工程量清单计价是按照企业定额计算人工、材料、施工机械台班的消耗量，也可以选择其他合适的消耗量定额计算人工、材料、施工机械台班的消耗量，投标人可以自主地选择何种定额。

（5）费用构成不同。定额计价方式的工程造价费用一般由直接费（包括直接工程费和措施费）、间接费（包括规费和企业管理费）、利润和税金（包括营业税、城市维护建设税、教育费附加）等构成；工程量清单计价方式的工程造价费用一般由分部分项工程费、措施项目费、其他项目费、规费和税金构成。

（6）项目编码不同。定额计价方式的项目编码采用各省、市、自治区各自的项目编码；工程量清单计价方式采用国家统一标准，项目编码采用十二位阿拉伯数字表示，其中一到九位为统一编码，不能变动，后三位编码由工程量清单编制人根据项目设置的清单项目编码。

（7）本质特征不同。定额计价方式计算的工程造价具有计划价格的本质特征，是计划经济的产物；工程量清单计价方式具有市场价格的本质特征，是市场经济的产物，符合国际惯例。

(8) 评标的方法不同。采用定额计价招标，标底的计算与投标报价的计算是按同一定额、同一工程量、同一计算程序进行计价，因而评标时对人工、材料、施工机械台班消耗量和价格的比较是静态的，是工程造价计算准确度的比较，而非投标企业的施工技术、管理水平、企业优势等综合实力的比较。所以评标一般采用综合评议法或百分制法。工程量清单计价采用的是市场计价模式，投标人根据招标人统一给出的工程量清单，按国家统一发布的实物消耗量定额，结合企业本身的实际消耗量进行调整，以市场价格进行计价，完全由投标人自行定价，充分实现投标报价与工程实际和市场价格相吻合，做到科学、合理地反映工程造价。评标时对报价的评定，不再以接近招标控制价（拦标价或最高限价）为最优，而是以"合理低标价，不低于企业成本价"的标准进行评定。评标的重点是对报价的合理性进行判断，找出不低于企业成本的合理低标价，将项目授予合理低报价者。这样一来，可促使投标人把投标的重点转移到如何合理地确定企业的报价上来，有利于招投标的公平竞争、优胜劣汰。

综上所述，工程量清单计价与传统的定额计价有很大的区别，它是对我国传统计价模式的重大改革，是一种全新的市场计价模式，是一种较先进、合理、可行的计价方式。所以我们要认真地学习和研究，尽快加以掌握，努力在实践中应用提高。

## 任务1.3　《建设工程工程量清单计价规范》简介

《建设工程工程量清单计价规范》GB 50500—2008包括以下主要内容：

### 1.3.1　总则

总则共计8条，规定了本规范制定的目的、依据、适用范围、工程量清单计价活动应遵循的原则及附录的作用等。

### 1.3.2　术语

术语共计23条，对计价规范特有的术语给予定义或说明含义，如综合单价、总承包服务费、竣工结算等。

### 1.3.3　工程量清单编制

工程量清单编制的内容包括：一般规定、分部分项工程量清单、措施项目清单、其他项目清单、规费项目清单和税金项目清单六部分共计21条。

### 1.3.4　工程量清单计价

工程量清单计价包括一般规定、招标控制价、投标价、工程合同价款的约定、工程计量与价款支付、索赔与现场签证、工程价款调整、竣工结算、工程计价争议处理等九部分共计72条。

### 1.3.5 工程量清单计价表格

关于工程量清单计价表格，2003年原建设部发布的《建设工程工程量清单计价规范》GB 50500—2003中分别设有工程量清单表格和工程量清单计价表格两种。2008年住房和城乡建设部发布的《建设工程工程量清单计价规范》GB 50500—2008中只设有工程量清单计价表格，工程量清单计价表格包括计价表格组成和计价表格使用规定两部分内容共计13条。

**1. 计价表格组成**

(1) 封面：
1) 工程量清单：封—1
2) 招标控制价：封—2
3) 投标总价：封—3
4) 竣工结算总价：封—4

(2) 总说明：表—01

(3) 汇总表：
1) 工程项目招标控制价/投标报价汇总表：表—02
2) 单项工程招标控制价/投标报价汇总表：表—03
3) 单位工程招标控制价/投标报价汇总表：表—04
4) 工程项目竣工结算汇总表：表—05
5) 单项工程竣工结算汇总表：表—06
6) 单位工程竣工结算汇总表：表—07

(4) 分部分项工程量清单表：
1) 分部分项工程量清单与计价表：表—08
2) 工程量清单综合单价分析表：表—09

(5) 措施项目清单表：
1) 措施项目清单与计价表（一）：表—10
2) 措施项目清单与计价表（二）：表—11

(6) 其他项目清单表：
1) 其他项目清单与计价汇总表：表—12
2) 暂列金额明细表：表—12-1
3) 材料暂估单价表：表—12-2
4) 专业工程暂估价表：表—12-3
5) 计日工表：表—12-4
6) 总承包服务费计价表：表—12-5
7) 索赔与现场签证计价汇总表：表—12-6
8) 费用索赔申请（核准）表：表—12-7

9）现场签证表：表—12-8
（7）规范、税金项目清单与计价表：表—13
（8）工程款支付申请（核准）表：表—14
上述计价表格的具体格式见下表所示。

_____工程

## 工 程 量 清 单

招 标 人：_____　　工程造价
　　（单位盖章）　　　　　　　咨 询 人：_____
　　　　　　　　　　　　　　　（单位资质专用章）

法定代表人　　　　　　　　　　法定代表人
或其授权人：_____　或其授权人：_____
　（签字或盖章）　　　　　　　　（签字或盖章）

编 制 人：_____　　复 核 人：_____
（造价人员签字盖专用章）　　　（造价工程师签字盖专用章）

编制时间：　年　月　日　　　　复核时间：　年　月　日

封—1

_____工程

## 招 标 控 制 价

招标控制价（小写）：_____
　　　　　（大写）：_____

招 标 人：_____　　工程造价
　　（单位盖章）　　　　　　　咨 询 人：_____
　　　　　　　　　　　　　　　（单位资质专用章）

法定代表人　　　　　　　　　　法定代表人
或其授权人：_____　或其授权人：_____
　（签字或盖章）　　　　　　　　（签字或盖章）

编 制 人：_____　　复 核 人：_____
（造价人员签字盖专用章）　　　（造价工程师签字盖专用章）

编制时间：　年　月　日　　　　复核时间：　年　月　日

封—2

## 投 标 总 价

招 标 人：＿＿＿＿＿＿＿＿＿＿＿＿＿＿＿＿＿

工程名称：＿＿＿＿＿＿＿＿＿＿＿＿＿＿＿＿＿

投标总价（小写）：＿＿＿＿＿＿＿＿＿＿＿＿＿


（大写）：＿＿＿＿＿＿＿＿＿＿＿＿

投 标 人：＿＿＿＿＿＿＿＿＿＿＿＿＿＿＿
　　　　　　　　（单位盖章）

法定代表人
或其授权人：＿＿＿＿＿＿＿＿＿＿＿＿＿＿＿
　　　　　　　　（签字或盖章）

编 制 人：＿＿＿＿＿＿＿＿＿＿＿＿＿＿＿
　　　　　　（造价人员签字盖专用章）

编制时间：　　年　　月　　日

封—3

＿＿＿＿＿＿＿＿＿＿工程

## 竣 工 结 算 总 价

中标价（小写）：＿＿＿＿＿＿（大写）：＿＿＿＿＿＿

结算价（小写）：＿＿＿＿＿＿（大写）：＿＿＿＿＿＿

　　　　　　　　　　　　　　　　工程造价

发 包 人：＿＿＿＿　承 包 人：＿＿＿＿　咨 询 人：＿＿＿＿
　（单位盖章）　　　　（单位盖章）　　　　（单位资质专用章）

法定代表人　　　　法定代表人　　　　法定代表人
或其授权人：＿＿＿　或其授权人：＿＿＿　或其授权人：＿＿＿
　（签字或盖章）　　　（签字或盖章）　　　（签字或盖章）

编 制 人：＿＿＿＿＿＿＿＿＿　　核 对 人：＿＿＿＿＿＿＿＿＿
　（造价人员签字盖专用章）　　　（造价工程师签字盖专用章）

编制时间：　　年　月　日　　　核对时间：　　年　月　日

封—4

## 总 说 明

工程名称：　　　　　　　　　　　　　　　　　　　　　第 页 共 页

表—01

### 工程项目招标控制价/投标报价汇总表

工程名称：　　　　　　　　　　　　　　　　　　　　　第 页 共 页

| 序号 | 单项工程名称 | 金额（元） | 其 中 | | |
| --- | --- | --- | --- | --- | --- |
| | | | 暂估价（元） | 安全文明施工费（元） | 规费（元） |
| | | | | | |
| | 合 计 | | | | |

注：本表适用于工程项目招标控制价或投标报价的汇总

表—02

### 单项工程招标控制价/投标报价汇总表

工程名称：　　　　　　　　　　　　　　　　　　　　　第 页 共 页

| 序号 | 单位工程名称 | 金额（元） | 其 中 | | |
| --- | --- | --- | --- | --- | --- |
| | | | 暂估价（元） | 安全文明施工费（元） | 规费（元） |
| | | | | | |
| | 合 计 | | | | |

注：本表适用于单项工程招标控制价或投标报价的汇总。暂估价包括分部分项工程中的暂估价和专业工程暂估价。

表—03

## 单位工程招标控制价/投标报价汇总表

工程名称：　　　　　　　　　　标段：　　　　　　　　　　第 页 共 页

| 序号 | 汇 总 内 容 | 金额（元） | 其中：暂估价（元） |
|---|---|---|---|
| 1 | 分部分项工程 | | |
| 1.1 | | | |
| 1.2 | | | |
| 1.3 | | | |
| 1.4 | | | |
| 1.5 | | | |
| | | | |
| | | | |
| | | | |
| 2 | 措施项目 | | |
| 2.1 | 安全文明施工费 | | |
| 3 | 其他项目 | | |
| 3.1 | 暂列金额 | | |
| 3.2 | 专业工程暂估价 | | |
| 3.3 | 计日工 | | |
| 3.4 | 总承包服务费 | | |
| 4 | 规费 | | |
| 5 | 税金 | | |
| 招标控制价合计＝1＋2＋3＋4＋5 | | | |

注：本表适用于单位工程招标控制价或投标报价的汇总，如无单位工程划分，单项工程也使用本表汇总。

表—04

**工程项目竣工结算汇总表**

工程名称：　　　　　　　　　　　　　　　　　　　　　　　第　页　共　页

| 序号 | 单项工程名称 | 金额（元） | 其　中 | |
|---|---|---|---|---|
| | | | 安全文明施工费（元） | 规费（元） |
| | | | | |
| 合　计 | | | | |

表—05

**单项工程竣工结算汇总表**

工程名称：　　　　　　　　　　　　　　　　　　　　　　　第　页　共　页

| 序号 | 单位工程名称 | 金额（元） | 其　中 | |
|---|---|---|---|---|
| | | | 安全文明施工费（元） | 规费（元） |
| | | | | |
| 合　计 | | | | |

表—06

## 单位工程竣工结算汇总表

工程名称：　　　　　　　　　标段：　　　　　　　　第 页 共 页

| 序号 | 汇总内容 | 金额（元） |
|---|---|---|
| 1 | 分部分项工程 | |
| 1.1 | | |
| 1.2 | | |
| 1.3 | | |
| 1.4 | | |
| 1.5 | | |
| | | |
| | | |
| 2 | 措施项目 | |
| 2.1 | 安全文明施工费 | |
| 3 | 其他项目 | |
| 3.1 | 专业工程结算价 | |
| 3.2 | 计日工 | |
| 3.3 | 总承包服务费 | |
| 3.4 | 索赔与现场签证 | |
| 4 | 规费 | |
| 5 | 税金 | |
| | 竣工结算总价合计＝1＋2＋3＋4＋5 | |

注：如无单位工程划分，单项工程也使用本表汇总。

表—07

## 分部分项工程量清单与计价表

工程名称：　　　　　　　　标段：　　　　　　　　第 页 共 页

| 序号 | 项目编码 | 项目名称 | 项目特征描述 | 计量单位 | 工程量 | 金　额（元） | | |
|---|---|---|---|---|---|---|---|---|
| | | | | | | 综合 单价 | 合价 | 其中：暂估价 |
| | | | | | | | | |
| | | | | | | | | |
| | | | 本页小计 | | | | | |
| | | | 合　　　计 | | | | | |

注：根据原建设部、财政部发布的《建筑安装工程费用组成》（建标［2003］206号）的规定，为计取规费等的使用，可在表中增设其中："直接费"、"人工费"或"人工费＋机械费"。

表—08

## 工程量清单综合单价分析表

工程名称：　　　　　　　　标段：　　　　　　　　第 页 共 页

| 项目编码 | | 项目名称 | | | 计量单位 | | | |
|---|---|---|---|---|---|---|---|---|
| 清单综合单价组成明细 | | | | | | | | |
| 定额编号 | 定额名称 | 定额单位 | 数量 | 单　　价 | | | 合　　价 | | | |
| | | | | 人工费 | 材料费 | 机械费 | 管理费和利润 | 人工费 | 材料费 | 机械费 | 管理费和利润 |
| | | | | | | | | | | | |
| | | | | | | | | | | | |
| 人工单价 | | 小　　计 | | | | | | | | | |
| 元/工日 | | 未计价材料费 | | | | | | | | | |
| | | 清单项目综合单价 | | | | | | | | | |
| 材料费明细 | 主要材料名称、规格、型号 | | | 单位 | 数量 | 单价(元) | 合价(元) | 暂估单价(元) | 暂估合价(元) |
| | | | | | | | | | |
| | | | | | | | | | |
| | 其他材料费 | | | | | | | — | — |
| | 材料费小计 | | | | | | | — | — |

注：1. 如不使用省级或行业建设主管部门发布的计价依据，可不填定额项目、编号等。
　　2. 招标文件提供了暂估单价的材料，按暂估的单价填入表内"暂估单价"栏及"暂估合价"栏。

表—09

## 措施项目清单与计价表（一）

工程名称： 　　　　　　　　标段： 　　　　　　　　第 页 共 页

| 序号 | 项 目 名 称 | 计算基础 | 费率（%） | 金额（元） |
|---|---|---|---|---|
| 1 | 安全文明施工费 | | | |
| 2 | 夜间施工费 | | | |
| 3 | 二次搬运费 | | | |
| 4 | 冬雨期施工 | | | |
| 5 | 大型机械设备进出场及安拆费 | | | |
| 6 | 施工排水 | | | |
| 7 | 施工降水 | | | |
| 8 | 地上、地下设施、建筑物的临时保护设施 | | | |
| 9 | 已完工程及设备保护 | | | |
| 10 | 各专业工程的措施项目 | | | |
| 11 | | | | |
| 12 | | | | |
| | 合　计 | | | |

注：1. 本表适用于以"项"计价的措施项目。

　　2. 根据原建设部、财政部发布的《建筑安装工程费用组成》（建标〔2003〕206号）的规定，"计算基础"可为"直接费"、"人工费"或"人工费＋机械费"。

表—10

## 措施项目清单与计价表（二）

工程名称： 　　　　　　　　标段： 　　　　　　　　第 页 共 页

| 序号 | 项目编码 | 项目名称 | 项目特征描述 | 计量单位 | 工程量 | 金额（元） | |
|---|---|---|---|---|---|---|---|
| | | | | | | 综合单价 | 合价 |
| | | | | | | | |
| | | | | | | | |
| | | | | | | | |
| | | | | | | | |
| | | 本页小计 | | | | | |
| | | 合　计 | | | | | |

注：本表适用于以综合单价形式计价的措施项目。

表—11

## 其他项目清单与计价汇总表

工程名称： 标段： 第 页 共 页

| 序号 | 项目名称 | 计量单位 | 金额（元） | 备注 |
|---|---|---|---|---|
| 1 | 暂列金额 | | | 明细详见表—12-1 |
| 2 | 暂估价 | | | |
| 2.1 | 材料暂估价 | | — | 明细详见表—12-2 |
| 2.2 | 专业工程暂估价 | | | 明细详见表—12-3 |
| 3 | 计日工 | | | 明细详见表—12-4 |
| 4 | 总承包服务费 | | | 明细详见表—12-5 |
| 5 | | | | |
| | 合　计 | | | |

注：材料暂估单价进入清单项目综合单价，此处不汇总。

表—12

## 暂列金额明细表

工程名称： 标段： 第 页 共 页

| 序号 | 项目名称 | 计量单位 | 暂定金额（元） | 备注 |
|---|---|---|---|---|
| 1 | | | | |
| 2 | | | | |
| 3 | | | | |
| | 合　计 | | | — |

注：此表由招标人填写，也可只列暂定金额总额，投标人应将上述暂列金额计入投标总价中。

表—12-1

## 材料暂估单价表

工程名称:　　　　　　　　　标段:　　　　　　　第 页 共 页

| 序号 | 材料名称、规格、型号 | 计量单位 | 单价（元） | 备注 |
|---|---|---|---|---|
|  |  |  |  |  |
|  |  |  |  |  |

注: 1. 此表由招标人填写,并在备注栏说明暂估价的材料拟用在哪些清单项目上,投标人应将上述材料暂估单价计入工程量清单综合单价报价中。
　　2. 材料包括原材料、燃料、构配件以及按规定应计入建筑安装工程造价的设备。

表—12-2

## 专业工程暂估价表

工程名称:　　　　　　　　　标段:　　　　　　　第 页 共 页

| 序号 | 工程名称 | 工程内容 | 金额（元） | 备注 |
|---|---|---|---|---|
|  |  |  |  |  |
| 合　　计 |  |  |  | — |

注：此表由招标人填写,投标人应将上述专业工程暂估价计入投标总价中。

表—12-3

## 计 日 工 表

工程名称:　　　　　　　　　标段:　　　　　　　第 页 共 页

| 编号 | 项目名称 | 单位 | 暂定数量 | 综合单价 | 合价 |
|---|---|---|---|---|---|
| 一 | 人　工 |  |  |  |  |
| 1 |  |  |  |  |  |
| 2 |  |  |  |  |  |
| 人 工 小 计 |  |  |  |  |  |
| 二 | 材　料 |  |  |  |  |
| 1 |  |  |  |  |  |
| 2 |  |  |  |  |  |
| 材 料 小 计 |  |  |  |  |  |
| 三 | 施工机械 |  |  |  |  |
| 1 |  |  |  |  |  |
| 2 |  |  |  |  |  |
| 施工机械小计 |  |  |  |  |  |
| 合　　计 |  |  |  |  |  |

注：此表项目名称、数量由招标人填写,编制招标控制价时,单价由招标人按有关计价规定确定；投标时,单价由投标人自主报价,计入投标总价中。

表—12-4

## 总承包服务费计价表

工程名称：　　　　　　　　标段：　　　　　　第　页 共　页

| 序号 | 工程名称 | 项目价值（元） | 服务内容 | 费率（%） | 金额（元） |
|---|---|---|---|---|---|
| 1 | 发包人发包专业工程 | | | | |
| 2 | 发包人供应材料 | | | | |
| | | | | | |
| | | | | | |
| | | | | | |
| | | | | | |
| | | | | | |
| | 合　计 | | | | |

注：此表由招标人填写，投标人应将上述专业工程暂估价计入投标总价中。

表—12-5

## 索赔与现场签证计价汇总表

工程名称：　　　　　　　　标段：　　　　　　第　页 共　页

| 序号 | 签证及索赔项目名称 | 计量单位 | 数量 | 单价（元） | 合价（元） | 索赔及签证依据 |
|---|---|---|---|---|---|---|
| | | | | | | |
| | | | | | | |
| | | | | | | |
| | | | | | | |
| | | | | | | |
| | | 本页小计 | | | | — |
| | | 合计 | | | | — |

注：签证及索赔依据是指经双方认可的签证单和索赔依据的编号。

表—12-6

## 费用索赔申请（核准）表

工程名称： 　　　　　　　　　　标段： 　　　　　　　　　　编号：

致：＿＿＿＿＿＿＿＿＿＿（发包人全称）

根据施工合同条款第＿＿＿＿条的约定，由于＿＿＿＿＿＿原因，我方要求索赔金额（大写）＿＿＿＿＿元，（小写）＿＿＿元，请予核准。

附：1. 费用索赔的详细理由和依据：
　　2. 索赔金额的计算：
　　3. 证明材料：

承包人（章）
承包人代表＿＿＿＿＿
日　　期＿＿＿＿＿

| 复核意见：<br>　　根据施工合同条款第＿＿＿＿条的约定，你方提出的费用索赔申请经复核：<br>□不同意此项索赔，具体意见见附件。<br>□同意此项索赔，索赔金额的计算，由造价工程师复核。<br><div style="text-align:right">监理工程师＿＿＿＿＿<br>日　　期＿＿＿＿＿</div> | 复核意见：<br>　　根据施工合同条款第＿＿＿＿条的约定，你方提出的费用索赔申请经复核，索赔金额为（大写）＿＿＿＿＿元，（小写）＿＿＿＿＿元。<br><div style="text-align:right">造价工程师＿＿＿＿＿<br>日　　期＿＿＿＿＿</div> |
|---|---|

审核意见：
　□不同意此项索赔。
　□同意此项索赔，与本期进度款同期支付。

发包人（章）
发包人代表＿＿＿＿＿
日　　期＿＿＿＿＿

注：1. 在选择栏中的"□"内作标识"√"。
　　2. 本表一式四份，由承包人填报，发包人、监理人、造价咨询人、承包人各存一份。

表—12-7

## 现 场 签 证 表

工程名称：　　　　　　　　标段：　　　　　　　　编号：

| 施工单位 | | 日　期 | |
|---|---|---|---|

致：_____（发包人全称）

根据_____（指令人姓名）___年___月___日的口头指令或你方_____（或监理人）___年___月___日的书面通知，我方要求完成此项工作应支付价款金额为（大写）_____元，（小写）_____元，请予核准。

附：1. 签证事由及原因：

　　2. 附图及计算式：

承包人（章）

承包人代表_____

日　期_____

| 复核意见： | 复核意见： |
|---|---|
| 你方提出的此项签证申请申请经复核： | □此项签证按承包人中标的计日工单价计算，金额为（大写）元，（小写）_____元。 |
| □不同意此项签证，具体意见见附件。 | □此项签证因无计日工单价，金额为（大写）_____元，（小写）_____元。 |
| □同意此项签证，签证金额的计算，由造价工程师复核。 | |
| 监理工程师_____ | 造价工程师_____ |
| 日　期_____ | 日　期_____ |

审核意见：

□不同意此项签证。

□同意此项签证，价款与本期进度款同期支付。

发包人（章）

发包人代表_____

日　期_____

注：1. 在选择栏中的"□"内作标识"√"。

　　2. 本表一式四份，由承包人在收到发包人（监理人）的口头或书面通知后填写，发包人、监理人、造价咨询人、承包人各存一份。

表—12-8

规费、税金项目清单与计价表

工程名称：　　　　　　　　　　标段：　　　　　　　　第　页　共　页

| 序号 | 项目名称 | 计算基础 | 费率（%） | 金额（元） |
|---|---|---|---|---|
| 1 | 规费 | | | |
| 1.1 | 工程排污费 | | | |
| 1.2 | 社会保障费 | | | |
| (1) | 养老保险费 | | | |
| (2) | 失业保险费 | | | |
| (3) | 医疗保险费 | | | |
| 1.3 | 住房公积金 | | | |
| 1.4 | 危险作业意外伤害保险 | | | |
| 1.5 | 工程定额测定费 | | | |
| 2 | 税金 | 分部分项工程费＋措施项目费＋其他项目费＋规费 | | |
| | 合计 | | | |

注：根据原建设部、财政部发布的《建筑安装工程费用组成》（建标[2003]206号）的规定，"计算基础"可为"直接费"、"人工费"或"人工费＋机械费"。

表—13

## 工程款支付申请（核准）表

工程名称：　　　　　　　　　　　标段：　　　　　　　　　　编号：

致：_____（发包人全称）

我方于_____至_____期间已完成了_____工作，根据施工合同的约定，现申请支付本期的工程价款为（大写）元，（小写）_____元，请予核准。

| 序号 | 名　　　称 | 金额（元） | 备注 |
|---|---|---|---|
| 1 | 累计已完成的工程价款 | | |
| 2 | 累计已实际支付的工程价款 | | |
| 3 | 本周期已完成的工程价款 | | |
| 4 | 本周期完成的计日工金额 | | |
| 5 | 本周期应增加和扣减的变更金额 | | |
| 6 | 本周期应增加和扣减的索赔金额 | | |
| 7 | 本周期应抵扣的预付款 | | |
| 8 | 本周期应扣减的质保金 | | |
| 9 | 本周期应增加或扣减的其他金额 | | |
| 10 | 本周期实际应支付的工程价款 | | |

　　　　　　　　　　　　　　　　　　　　　　　　承包人（章）
　　　　　　　　　　　　　　　　　　　　　　　　承包人代表_____
　　　　　　　　　　　　　　　　　　　　　　　　日　　期_____

| 复核意见：<br>□与实际施工情况不相符，修改意见见附件。<br>□与实际施工情况相符，具体金额由造价工程师复核。<br><br>　　　　　　　　监理工程师<br>　　　　　　　　日　　期 | 复核意见：<br>　　你方提出的支付申请经复核，本周期已完成工程价款为（大写）_____元，（小写）_____元，本期间应支付金额为（大写）_____元，（小写）_____元。<br><br>　　　　　　　　造价工程师<br>　　　　　　　　日　　期 |
|---|---|

审核意见：
□不同意。
□同意，支付时间为本表签发后的15天内。

　　　　　　　　　　　　　　　　　　　　　　　　发包人（章）
　　　　　　　　　　　　　　　　　　　　　　　　发包人代表_____
　　　　　　　　　　　　　　　　　　　　　　　　日　　期_____

注：1. 在选择栏中的"□"内作标识"√"。
　　2. 本表一式四份，由承包人填报，发包人、监理人、造价咨询人、承包人各存一份。

表—14

**2. 计价表格使用规定**

（1）工程量清单与计价宜采用统一格式。各省、自治区、直辖市建设行政主管部门和行业建设主管部门可根据本地区、本行业的实际情况，在本规范计价表格的基础上补充完善。

（2）工程量清单的编制应符合下列规定：

1）工程量清单编制使用表格包括：封—1、表—01、表—08、表—10、表—11、表—12（不含表—12-6～表—12-8）、表—13。

2）封面应按规定的内容填写、签字、盖章，造价员编制的工程量清单应有负责审核的造价工程师签字、盖章。

3）总说明应按下列内容填写：

①工程概况：建设规模、工程特征、计划工期、施工现场实际情况、自然地理条件、环境保护要求等；

②工程招标和分包范围；

③工程量清单编制依据；

④工程质量、材料、施工等的特殊要求；

⑤其他需要说明的问题。

（3）招标控制价、投标报价、竣工结算的编制应符合下列规定：

1）使用表格：

①招标控制价使用表格包括：封—2、表—01、表—02、表—03、表—04、表—08、表—09、表—10、表—11、表—12（不含表—12-6～表—12-8）、表—13；

②投标报价使用的表格包括：封—3、表—01、表—02、表—03、表—04、表—08、表—09、表—10、表—11、表—12（不含表—12-6～表—12-8）、表—13；竣工结算使用的表格包括：封—4、表—01、表—05、表—06、表—07、表—08、表—09、表—10、表—11、表—12、表—13、表—14。

2）封面应按规定的内容填写、签字、盖章，除承包人自行编制的投标报价和竣工结算外，受委托编制的招标控制价、投标报价、竣工结算若为造价员编制的，应有负责审核的造价工程师签字、盖章以及工程造价咨询人盖章。

3）总说明应按下列内容填写：

①工程概况：建设规模、工程特征、计划工期、合同工期、实际工期、施工现场及变化情况、施工组织设计的特点、自然地理条件、环境保护要求等；

②编制依据等。

（4）投标人应按照招标文件的要求，附工程量清单综合单价分析表。

（5）工程量清单与计价表中列明的所有需要填写的单价和合价，投标人均应填写，未填写单价和合价，视为此项费用已包含在工程量清单的其他单价和合价中。

### 1.3.6 附录A、B、C、D、E、F

《计价规范》中的附录分别是：

附录 A　建筑工程工程量清单项目及计算规则
附录 B　装饰装修工程工程量清单项目及计算规则
附录 C　安装工程工程量清单项目及计算规则
附录 D　市政工程工程量清单项目及计算规则
附录 E　园林绿化工程工程量清单项目及计算规则
附录 F　矿山工程工程量清单项目及计算规则

为便于大家的学习和工作，将《计价规范》其中的附录 A 和附录 B 的详细内容列入本教材后面的附录中，请注意查阅。

## 任务 1.4　本课程教学的特点

职业教育应以就业为导向，以能力为本位，以必需的文化知识和专业知识为基础，以培养具有创新的服务理念、良好的法律意识、娴熟的操作技能为重点，以遵循职业教育的规律、使学生具有鲜明的职业特点、又有过硬的技能为特色。随着我国建筑业和房地产业的不断发展，为满足社会对技术应用型人才的需要，根据国务院《关于大力发展职业教育的决定》的精神，全国各地掀起了新一轮教学改革的热潮。在课程开发中坚持以职业生涯为目标，以工作任务为线索，以职业能力为依据，以典型产品（服务）为载体，以职业技能为参照的基本理念，从而达到社会和企业等用人单位对技术应用型人才的基本要求。

为更好地实施教学改革和教材改革，适应学生学习上的需要，改变传统的教学方法，本书采取的是"任务引领型"教材编写方法，在教学中亦采用"任务引领型"教学方法。

### 1.4.1　任务引领型教学的概念

任务引领型教学是指在整个教学过程中，将所要学习的新知识隐含在一个或几个具体的任务中，让学生对任务进行分析、讨论，由简到繁，由易到难，通过分析、讨论循序渐进地完成一系列任务，最后通过任务的完成而实现对所学知识的运用和建构。

任务引领型教学是以任务为主线，以教师为主导，以学生为主体。在教学中，任务直接影响教学效果，任务的设计、编排就成为关键，显得尤为重要。任务的选择应是意义优先，内涵大于形式；以意义为中心，而不是以操作某种意义不大，甚至是无意义的任务形式为目的，如给学生下达编制某工程的工程量清单报价书的任务就很有意义。任务的焦点是解决某一实际问题，这一实际问题必须与现实工作有着某种联系。这种联系不应是笼统的，应是具体的，并且贴近学生生活、学习、工作经历和社会交际，能引起学生的共鸣和兴趣，能激发学生积极参与的欲望。任务的设计和执行应注意任务完成，即实际问题的解决，任务完成的结果是评估任务是否成功的标志。

### 1.4.2 任务引领型教学的意义

任务引领型教学法提倡"在做中学",不单纯追求先学后用,这往往是一种学习最有效的方法。学过建筑工程定额与预算的人应有所体会,只按书本上的内容学习,最终只是懂得基本原理和基本含义,而不能编制工程预算书和解决实际问题,只有在接受任务,在完成任务的过程中学习,才能真正理解所学的内容。

任务引领型教学法符合探究式教学模式,适用于培养学生的创新能力和独立分析问题、解决问题的能力。

任务引领型教学法符合编制工程造价的层次性和实用性,按照由表及里、逐层深入的学习途径,便于学生循序渐进地学习工程造价的知识和技能。在这个过程中,学生还会不断地获得成就感(如通过学习,完成了一份某实际工程的工程量清单报价书的编制),并极大地激发起求知欲望,从而培养出学生独立探索、勇于开拓进取的自学能力,使毕业生更符合用人单位的要求。

### 1.4.3 任务引领型教学的特点

任务引领型教学有以下几个特点:

(1)真实性。真实性是任务引领型教学最显著的特点。即施工图纸、标准图集、计价依据、施工方案、标准规范、技术资料、建筑材料、市场价格、计算结果、任务评价都应是真实有效的,这样才能保证实践的质量。

(2)可操作性。任务设计在任务引领型教学中是第一个重要的步骤,设计的任务必须具有可操作性,能够进入实施阶段,可以产生实际结果。

(3)差距性。这项任务应当与学生现有的知识能力有一定差距,学生无法在没有学习所学内容之前完成,而必须在学习所学内容之后才能完成。这些差距可以是知识差距、能力差距、技能差距、信息差距、也可以是文化差距。

(4)层次性。实行任务引领型教学要考虑到不同学段、不同年龄和不同层次的学生在知识、技能、心理等方面存在的差异,设计任务、实施任务、评价任务都有不同的标准,这样可以调动各学段、各年龄和各层次学生参与体验的积极性。

(5)发展性。任务引领型教学不仅注重学生知识和技能的掌握,更注重学生语言能力、思维能力、想象力、审美情趣、艺术感受、协作和创新精神等综合素质的发展和提高。

(6)开放性。在学习中需要运用认知策略、调控策略、交际策略和资源策略,搞好教学的方法是敞开大门、博采众长、用好课堂、利用课外。

(7)系统性。任务的设计、实施、评价考虑到工程量清单计价方式的系统性和规律性,有利于学生系统地掌握编制工程量清单报价书的能力。

(8)全体性。在实施任务的过程中,学生全面参与,并非只有个别学生有任务,这样能够保证每个学生都有参与实践的机会,都能获得成功的体验。

(9)全面性。任务引领型教学模式不仅鼓励学生提高操作能力,还注重提高学生其他方面的素质,如人文精神、意志毅力、道德情感等。

（10）合作性。任务引领型教学模式提倡学生相互协作和合作，鼓励学生集思广益，共同克服语言及其他方面的困难，共同完成任务。

概括地说，任务引领型教学的基本特点是：课堂教学交际化，交际教学活动化，活动教学任务化，任务教学真实化，课外作业项目化，评价方式过程化。

### 1.4.4 任务引领型教学的过程

（1）任务提出。要向学生明确提出完成任务的内容、时间和方法。任务有大有小，可以把工作任务划分为一系列独立存在的任务模块，如编制一份单位工程建筑工程工程量清单报价书是一项大任务，又可以把它划分土（石）方工程、桩与地基基础工程、砌筑工程、混凝土及钢筋混凝土工程、厂库房大门特种门木结构工程、金属结构工程、屋面及防水工程和防腐隔热保温工程等八个分部工程任务；分部工程如土（石）方工程又可以划分平整场地、挖土方、挖基础土方、石方开挖等若干个分项工程任务。

（2）任务准备。要对教材分析，进行任务设计，做好完成任务的思想准备和技术准备。

（3）课堂教学。做到边学边做，从揭示任务开始，激发学生的学习动机，提倡学生自主学习，独立尝试任务，鼓励互相交流讨论，以实现任务的完成。

（4）课后点评。对学生学习过程、任务完成情况等进行评价，总结经验、吸取教训，使今后的任务完成得更好。

## 任务1.5 工作任务下达

本教材提供一套完整的建筑工程施工图纸（不包括安装工程），详见本部分附图。以下达工作任务的方式提供给学生，要求大家根据施工图纸和《建设工程工程量清单计价规范》GB 50500—2008 及其他相关资料，编制出一份完整的"建筑与装饰工程工程量清单报价书"。

工程概况：××法院法庭工程，建筑高度为8.4m，建筑层数为二层，建筑面积为816.26m$^2$；建筑结构类型为砖砌体结构，建筑抗震设防烈度为八度；基础形式为墙下扩展条形基础；外内墙分别为 490mm 厚、365mm 厚和 240mm 厚、200mm 厚、120mm 厚，采用承重多孔砖墙、粉煤灰砌块隔墙和大孔砖隔墙；屋面采用卷材防水、设有保温层；外墙设有节能保温层，装饰采用贴面砖；内墙饰面采用白色乳胶漆墙面。该工程于 2008 年 10 月开工，2009 年 6 月竣工交付使用，对使用的标准图集，教材中已作出说明和提示。该工程的工程量清单报价书及竣工结算书与本教材的工程量清单计价结果类似。

本教材中工程量清单计价的方法、过程和计算结果为学生的学习提供了一个很好的范例，可以使学生得到一次系统性的良好训练。

附图：××法院法庭工程建筑施工图

# 建筑设计总说明

一、工程名称：×××法庭
二、建设地点：×××
三、建设单位：×××
四、建筑工程等级：三级
五、建筑耐火等级：三级
六、建筑结构防火度：八度
七、建筑结构类型：砌体结构
八、建筑面积：810㎡
九、建筑层数：二层
十、建筑高度：8.4m
十一、相对标高：±0.000等于绝对标高现场确定
十二、本工程施工图设计依据

(一)相关文件资料
1. ×××单位提供的×××法庭建设工程用地范围。
2. ×××法院与×××设计院签订的设计合同。
3. ×××法院200×年×月×日提供的×××法庭工程项目施工图设计要求。
4. 《建筑项目施工图许可证》×××法庭单体效果图。

(二)相关主要建筑设计规范及编号
1. 《民用建筑设计通则》GB 50352-2005年版
2. 《办公建筑设计规范》JGJ 67-2006
3. 《民用建筑设计标准》JGJ 26-95
4. 《建筑抗震防火规范》GBJ 11-89-2001
5. 《建筑设计防火规范》GB 50016-2006
6. 《屋面工程技术规范》GB 50207-2004
7. 《屋面工程质量验收规范》GB 50207-2002

十四、本工程施工图在设计部门批审未经批准不得使用。
十五、土建设计：
(一)墙身：
1.外墙为360mm厚承重多孔砖墙，内墙为240mm厚承重多孔砖墙，内隔墙为200mm厚粉煤灰砌块墙，120mm厚大孔砖，除注明大孔砖内隔墙均距墙中。
2.墙体防潮层：-0.006m处均做墙身防潮处理。(25厚1:2.5水泥砂浆掺5%防水剂)
3.墙体预留洞：凡在100度下的管道穿墙洞，施工时务必与设备工种配合，其他墙体留洞均需结施。
4.门窗：
(1)门窗定位未注明者，立樘均居墙中。
(2)未注明门头高均为120。
(3)外窗可开启部分均须加设纱窗。
(4)民用窗门为铝合金地弹门；门厅均选用普通平开门；阳台门均选用铝合金门。
5.雨篷：见结施。
6.玻璃选用：
(1)门窗工程在选用门窗玻璃时应符合《建筑玻璃应用技术规程》2003 6.1中的安全性、"一般规定"、6.2"玻璃的选择"、6.3"玻璃的选择"规定，以保证使用的安全性。
(2)外窗加工前应对已建建筑的门窗洞口尺寸进行实测，以实测值调整加工尺寸。
(3)外窗低于800时，作为防护措施采用钢化夹胶玻璃，其他按规定要求处理，玻璃边框的嵌缝必须具有足够的强度及弹性。
7.预埋套管：墙体或楼板凡需预埋套管者，其规格及位置详电施、水施、电施及结施。

8.配电箱：所有配电箱均暗装，位置及尺寸详电气图，施工时应与电气配合留洞。
9.屋面：屋面防水卷材采用4mm厚改性沥青防水卷材SBS(聚酯胎)保温为100mm厚聚苯板。
   (1)雨水管及雨水斗接口选用标准图集。
10.楼梯：楼梯路踏步做法见标准图集。楼梯栏杆及扶手采用不锈钢做法参见标准图集，楼梯水平扶手长度超过0.5mm，标准图集，楼梯水平扶手长度超过1100mm，竖杆净距不大于0.11mm。

11.节能措施：
   (1)屋面保温层为100mm厚聚苯板。
   (2)外墙外贴50mm厚聚苯板。
   (3)所有外窗均采用中空断桥+12空气层厚度+6白玻璃、塑钢窗
   (4)施工时，请仔细阅读图集说明所有相关的对施工材料和材质质量保证施工质量要求。

12.其他：
   (1)卫生间地面与楼地面相应楼地面低20，卫生间、卫生间对应以4%的坡度施工，配合土建预留件的施工，并对其安全性负责。
   (2)卫生间防水采用JS环氧涂料防水标准图集，做法详见标准图集。
   (3)所有内墙阴角做1:2.5水泥砂浆(防水)，各边宽50，高2100，R=10。
   (4)所有预埋木砖及铁件均做防锈防腐剂，涂刷氟碳涂料防锈防腐剂，预埋软件做防锈刷红丹两道，外露铁件均做防锈漆两道。合料下均在构造层下做300厚中砂防水砂浆层。
   (5)底层散水，一层外墙均加设防盗网。
   (6)装修材料的颜色由甲方研究后再定，做法详图。
   (7)一层外墙饰面颜色需作样板后，会同设计部人员和甲方研究后，如需修改时需与设计单位联系，再电按图。

13.木工程不得任意修改。

# 节能设计说明：

三项节能性能指标如下：
1.抗风压：根据×××地区的基本风荷载为$W_0$不大于2.5kPa抗压等级3级。
2.气密性：多层建筑$W$不小于2.5kPa气密等级3级。
3.水密性：根据建筑P不小于150Pa，水密性不应低2级。
4.保温性：保温性能应能达到3级，不应小于3.5W/(㎡·K)。
5.隔声性：隔声性能应能达到3级，不应小于30dB。

## 节能技术指标

| 项目 | $F_c$(㎡) | 窗墙比 |
|---|---|---|
| 外窗 | 西墙 118 | 0.11 |
|  | 东墙 118 | 0.11 |
|  | 南墙 242.1 | 0.30 |
|  | 北墙 406 | 0.13 |
| 屋面 | 西墙 $F_c$(㎡) 12.96 | 0.50 |
|  | 东墙 12.96 | 0.45 |
|  | 南墙 73.80 | |
|  | 北墙 31.86 | |
| 建筑物的屋面积(㎡) 1126.2 | | |
| 建筑物的屋面积(㎡) 3457.9 | | |
| $F_c/V_0$ 0.325 | | 2.8 |

## 门窗明细表

| 类别 | 单位工程名称 设计编号 | 洞口尺寸(mm) | 一层 | 二层 | 总数 | 备注 |
|---|---|---|---|---|---|---|
| 窗 | C0606 | 600×600 | 1 | 1 | 2 | 塑钢推拉窗 |
|  | C1218 | 1200×1800 | 14 | 14 | 塑钢推拉窗 |
|  | C1221 | 1200×2100 | 14 | 14 | 塑钢推拉窗 |
|  | C1818 | 1800×1800 | 1 | 6 | 7 | 塑钢推拉窗 立面形式见建施02图 |
|  | C1821 | 1800×2100 | 2 | 1 | 塑钢推拉窗 立面形式见建施02图 |
|  | C2718 | 2700×1800 | 1 | 1 | 塑钢推拉窗 立面形式见建施02图 |
|  | C1521 | 1500×2100 | 4 | 4 | 塑钢推拉窗 |
|  | C-1 | 3600×1800 | 2 | 2 | 5 | 塑钢推拉窗 立面形式见建施02图 |
| 门 | M0822 | 800×2200 | 2 | 1 | 3 |  |
|  | M1022 | 1000×2200 | 3 | 11 | 14 |  |
|  | M1222 | 1200×2200 | 3 | 3 |  |
|  | M1522 | 1500×2200 | 2 | 2 |  |
|  | M-1 | 1800×3100 | 1 | 1 | 立面形式见建施02图 |
|  | M-2 | 1800×3100 | | | |

C1818 1:50

C1821 1:50

C2718 1:50

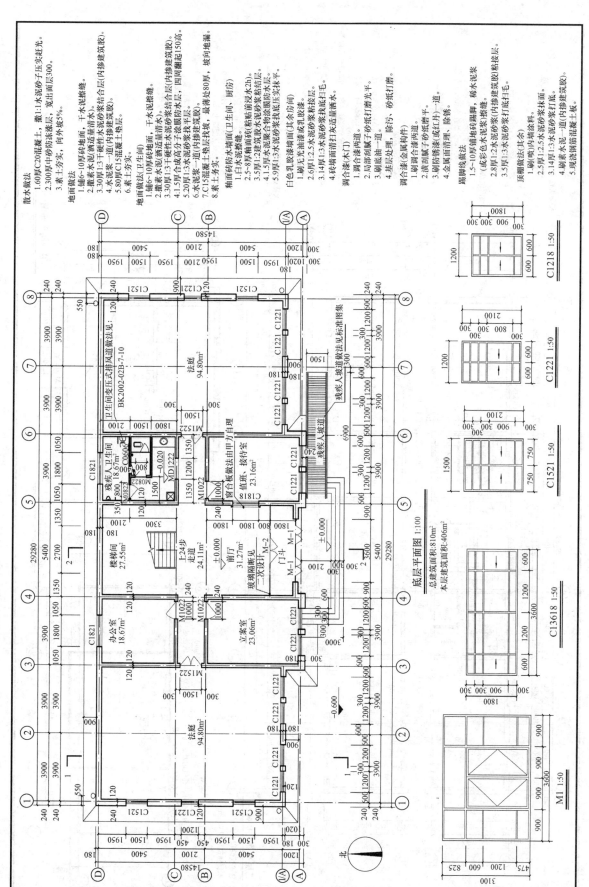

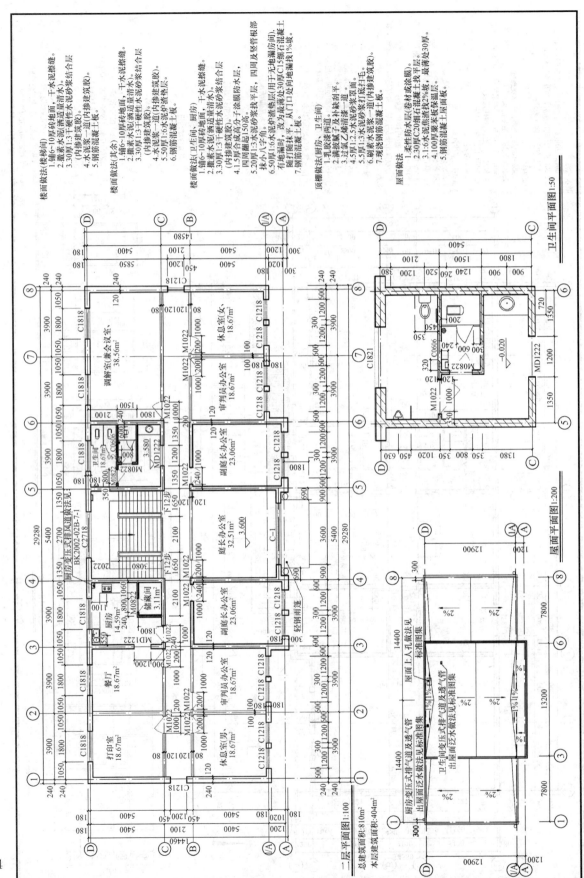

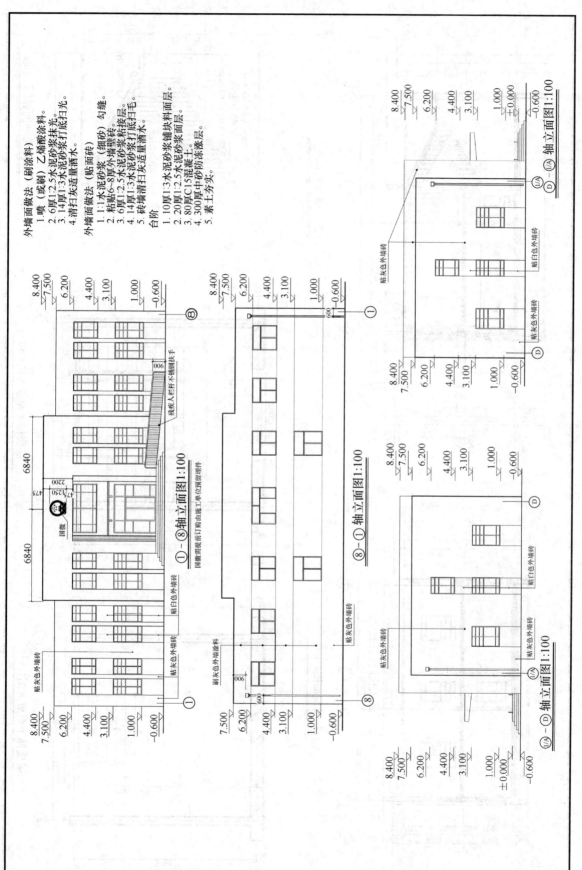

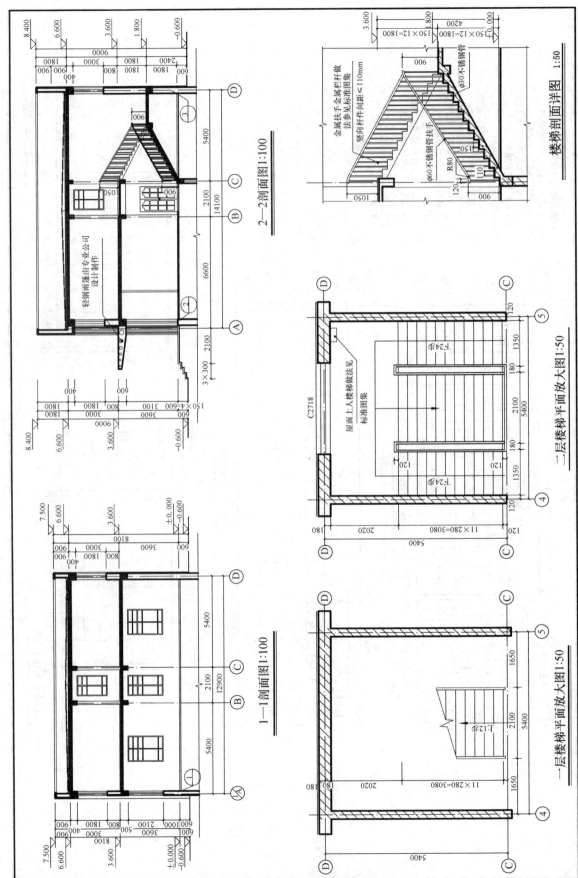

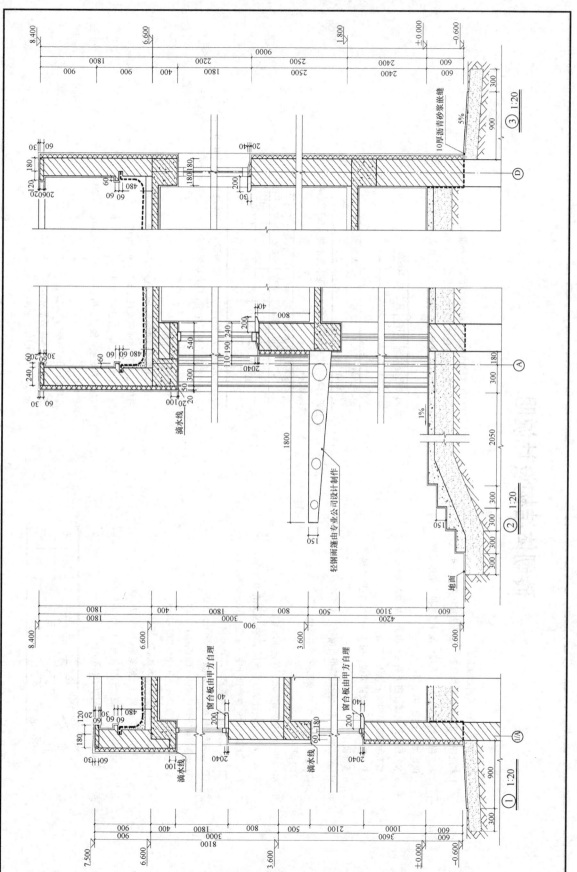

# 砖砌体结构设计说明

一、设计依据、条件及环境类别：

1. 本设计采用砖砌体结构体系，设计使用年限：50年
2. 本工程抗震设防烈度：八度；设计基本地震加速度值：0.20g；设计地震分组：第一组。
3. 本工程建筑抗震设防类别为：丙类；场地类别：Ⅱ类。
4. 本工程建筑结构安全等级：三级。
5. 本工程地基基础设计等级：丙级；施工质量：B级。
6. 基础设计：
   (1) 所依据的工程地质勘察报告编号：×××
   (2) 勘察单位：×××地质工程勘察院
   (3) 时间：×××
   (4) 采用的基础形式：墙下扩展条形基础
7. 本工程结构设计执行下列国家或现行业规范及标准：
   (1)《建筑结构可靠度设计统一标准》GB50068-2001
   (2)《建筑结构荷载规范》GB50009-2001
   (3)《混凝土结构设计规范》GB50010-2002
   (4)《建筑抗震设计规范》GB50011-2001
   (5)《砌体结构设计规范》GB50003-2001
   (6)《多孔砖砌体结构技术规范》JGJ137-2001
   (7)《建筑地基基础设计规范》GB50007-2002
   (8)《工业建筑防腐蚀设计规范》GB50046-95
8. 本工程混凝土结构的环境类别：

| 构件<br>所处部位 | 环境类别 | 一 | 二a | 二b | 三 | 四 | 五 |
|---|---|---|---|---|---|---|---|
| ±0.000以上 | | ● | | | | | |
| ±0.000以下 | | | | ● | | | |

二、结构软件及楼、屋面均布活荷载标准值：

1. 本工程采用以下软件进行结构分析：PKPMCAD(10.0板)
2. 本工程楼面及屋面活荷载标准值为：(kN/m²)

楼面：

| 房间功能 | 办公室 | 阳台 | 卫生间 | 楼梯间 |
|---|---|---|---|---|
| 荷载值 | 2.0 | 2.5 | 2.0 | 2.0 |

屋面：

| 屋面功能 | 非上人屋面 | 上人屋面 |
|---|---|---|
| 荷载值 | 0.5 | 2.0 |

三、建筑材料的技术指标，耐久性要求及混凝土保护层厚度：

1. 墙体材料：

| 层次 | 砂浆及砌体水泥白灰混合砂浆强度 | 水泥砂浆 | 砖强度等级 |  |
|---|---|---|---|---|
|  |  |  | 实心黏土砖 | 黏土多孔砖 |
| 二层 | M10 | M10 | | MU10 |
| 一层 | M10 | M10 | | MU10 |
| ±0.000以下 | | M10 | MU10 | |

备注：采用KP型多孔砖，开洞率为27.1%，砌体最大自重为16.2kN/m³，表观密度不得大于700kg/m³

2. 本工程中使用的加气混凝土填充墙强度为A5.0。
3. 钢筋：
   HPB235符号为中强度设计值为210N/mm²
   HPB235符号为Φ强度设计值为300N/mm²
4. 混凝土材料（图中已注明者除外）：
   楼板，楼面梁，圈梁，构造柱：C25 其他构件：C20
5. 基础材料：
   混凝土C30  垫层C10混凝土
   毛石MU30  水泥砂浆M10
   实心黏土砖MU10  水泥砂浆M10

6. 设计使用年限为50年的结构构件混凝土材料耐久性要求：

混凝土应满足下表中耐久性基本要求：

| 环境类别 | 最大水灰比 | 最小水泥用量(kg/m³) | 最低混凝土强度等级 | 最大氯离子含量(%) | 最大碱含量(kg/m³) |
|---|---|---|---|---|---|
| 一 | 0.65 | 225 | C20 | 1.0 | 不限制 |
| 二 a | 0.60 | 250 | C25 | 0.3 | 3.0 |
| 二 b | 0.55 | 275 | C30 | 0.2 | 3.0 |
| 三 | 0.50 | 300 | C30 | 0.1 | 3.0 |

注：环境类别见一、第8条。

7. 混凝土保护层厚度(mm)：
±0.000以上混凝土保护层厚度(mm)：板，墙：20；梁：25；柱：30。
±0.000以下混凝土保护层厚度(mm)：梁：35；柱：40；基础底板：40。

四、结构构造措施：

1. 图中未注明的混凝土板构造分布筋均为φ8@180。
2. 大于2100的门窗洞口设边挑。
3. 现浇混凝土板底短向筋在下，长向筋在上。
4. 女儿墙构造柱间距不大于1500，未注明的女儿墙构造柱主筋为4φ10，板带另加筋为2φ12。
5. 顶层楼梯间周边墙体内加通长筋2φ6@500。
6. 圈梁做法见附图。
7. 构造柱周边的拉筋锚入基础底板35d。
8. 过梁做法选用：
240墙洞口过梁为KGLA24104(L≤1000)，KGLA24124(L=1200)，
KGLA24154(L=1500)，120墙洞口过梁为KGLA12101(L<1000)。
9. 后砌墙做法详见标准图集。
10. 无构造柱纵筋在端部两外墙交接处墙体配筋做法详见标准图集。
11. 墙体配筋：
1) 顶层纵墙末端在下墙体灰缝内设置2φ6@200钢筋。
2) 顶层挑梁末端下墙体灰缝内设置2φ6钢筋，钢筋自挑梁末端伸入两边墙体均不小于1.0m。

五、施工注意事项：

1. 严格遵守国家现行的有关施工验收规范及验评标准。
2. 各专业设计图纸应密切配合施工。
3. 所有埋件及预留洞均应预先埋设或预留，不得后凿。
4. 遇有特殊情况应通知设计单位协商处理。

六、使用注意事项：

1. 未经技术鉴定或设计许可，不得改变结构的用途和使用环境。
2. 未经设计许可，用户不得增层，不得随意在楼板或墙体上开洞或拆除任何承重墙体。

附图

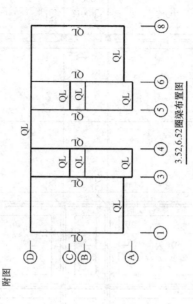

3.52,6.52圈梁布置图

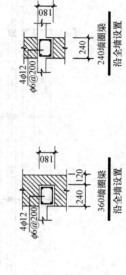

360墙圈梁沿全墙设置

240墙圈梁沿全墙设置

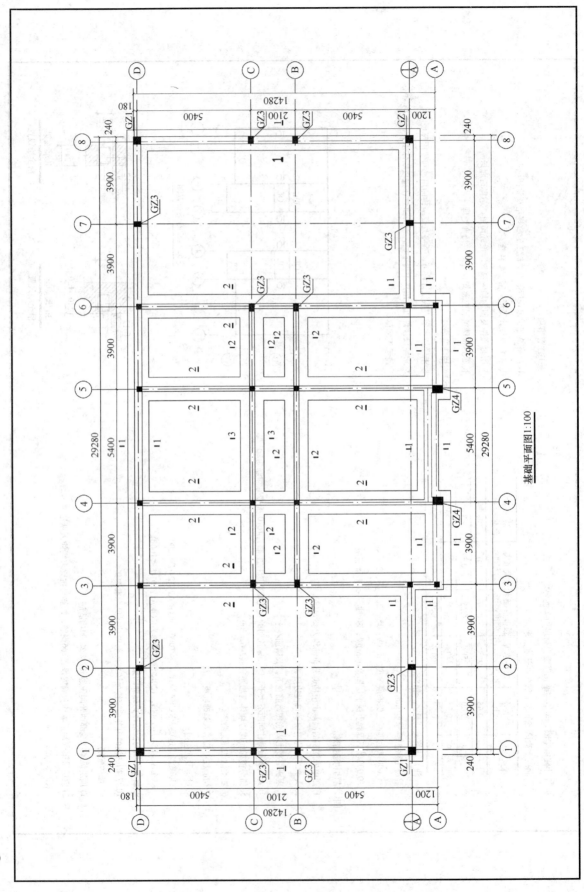

基础平面图 1:100

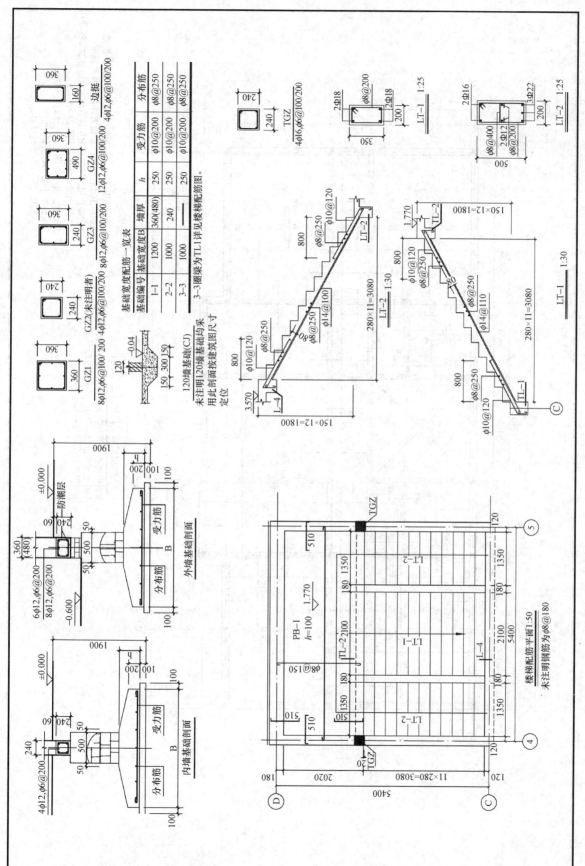

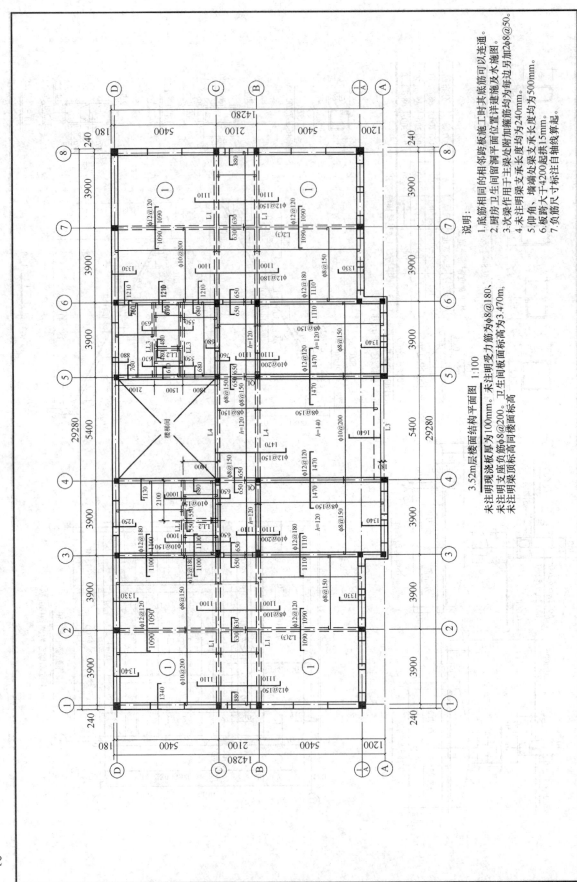

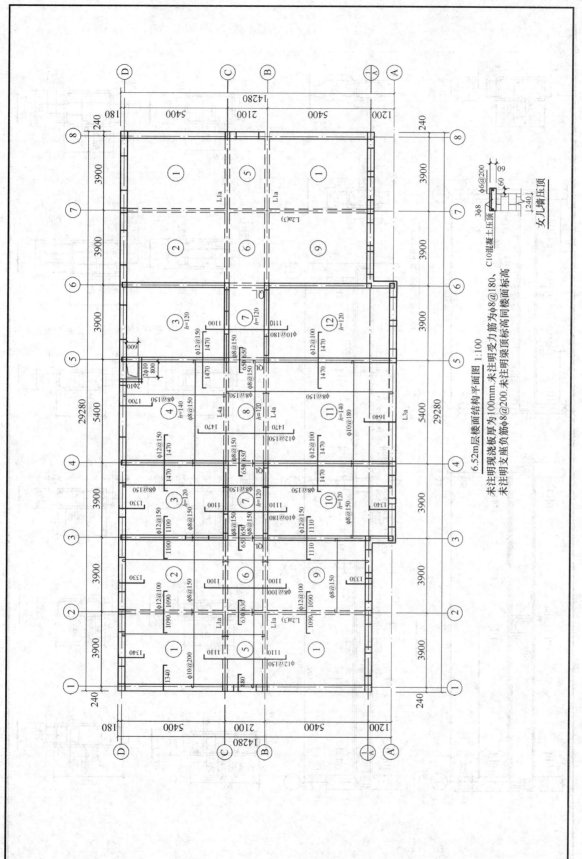

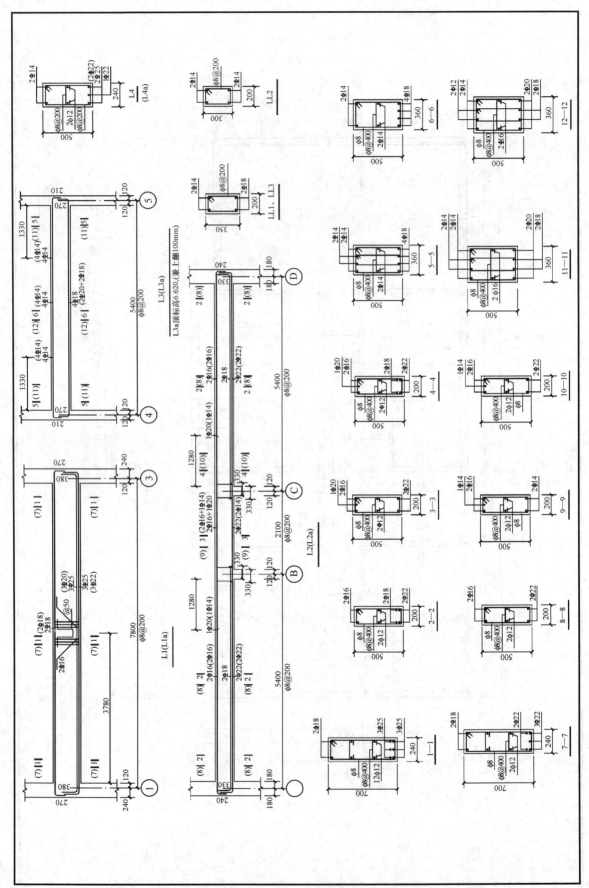

[任务拓展]

1. 什么叫工程量清单？它包括哪些内容？
2. 什么叫工程量清单计价？它有何特点？
3. 工程量清单计价的程序有哪些？
4. 什么叫综合单价？分部分项工程量清单项目综合单价是如何计算的？
5. 分部分项工程量清单工料机消耗量是如何计算的？
6. 工程量清单计价方式与传统定额计价方式有何区别？
7. 工程量清单计价的表格有哪些？
8. 《建设工程工程量清单计价规范》GB 50500—2008 包括哪些主要内容？
9. 什么叫任务引领型教学方法？其有何特点？
10. 请用一周时间熟悉本教材××法院法庭工程的施工图纸，为编制工程量清单报价书做好识图准备。

# 2 建筑工程工程量清单报价书编制

本部分采用任务引领型的方式，通过××法院法庭工程招投标过程中建筑工程工程量清单报价书的编制，系统介绍建筑工程工程量清单报价书的编制方法与编制过程。《计价规范》附录 A 分为土（石）方工程，桩与地基基础工程，砌筑工程，混凝土及钢筋混凝土工程，厂库房大门、特种门、木结构工程，金属结构工程，屋面及防水工程，防腐、隔热、保温工程等八个分部工程。本工程施工图主要涉及土（石）方工程、砌筑工程、混凝土及钢筋混凝土工程、屋面及防水工程和防腐、隔热、保温工程等五个分部工程工程量清单报价书的编制，现分别编制如下。

## 任务 2.1  土(石)方工程工程量清单报价

本任务主要包括编制××法院法庭工程平整场地、土方开挖、土方回填等分项工程的分部分项工程工程量清单及计价表，编制过程中主要依据《计价规范》、企业施工方案、市场价格及消耗量定额，重点突出综合单价的计算方法和测算过程。

### 过程 2.1.1  土(石)方工程施工图识读

根据结构施工图砌体结构设计说明，法庭工程为两层砖混结构，365mm 和 490mm 多孔砖外墙基础类型为钢筋混凝土条形基础上砌毛石基础和实心黏土砖基础，240mm 多孔砖内墙基础类型为钢筋混凝土条形基础上砌毛石基础，120mm 内隔墙基础为混凝土条形基础，具体见基础平面和剖面图。

## 过程 2.1.2 土(石)方工程清单工程量计算与复核

### 1. 熟悉清单项目划分及其工程量计算规则

查阅计价规范附录 A 建筑工程工程量清单计价项目及计算规则，熟悉 A.1 土(石)方工程项目划分及各分项工程项目特征、计量单位、工程内容及计算规则。本分部工程计价规范中清单项目划分与定额项目划分比较，相对较粗，如运土项目不再单独列项，均已包括在相应的挖填土项目中。另外，土(石)方工程量计算规则变化较大，主要体现在计算土(石)方净量，如挖基础土方以基础垫层底面积乘以挖土深度计算，不考虑工作面和放坡等措施性工程量，需要投标人测算分项工程综合单价时综合考虑。

在编制分部分项工程量清单时，本工程主要应用的土(石)方工程清单项目工程量计算规则如下：

（1）平整场地：按设计图示尺寸以建筑物首层面积计算。建筑物首层面积主要是建筑物首层占地面积，不同于首层建筑面积。

（2）挖基础土方：按设计图示尺寸以基础垫层底面积乘以挖土深度计算。

（3）基础回填土：按挖方体积减去设计室外地坪以下的基础体积（包括基础垫层及其他构筑物）。

（4）室内回填：主墙间净面积乘以回填厚度计算。回填厚度以室内外高差减去首层地坪厚度计算。

### 2. 清单工程量计算

根据法庭工程施工图纸和计价规范计算并复核分项工程清单工程量，编制土(石)方工程分部分项工程量清单。工程量清单编制时要熟悉清单计价规范中每个分项工程的工作内容，重点做好各分项工程的项目特征描述，尤其是土壤类别、基础类型、挖土深度、回填要求和运输距离等，作为投标报价的主要依据，必须确保项目特征描述准确完整，以保证投标报价的准确性。土(石)方工程清单工程量计算过程见表 2-1 所示。

清单工程量计算表

工程名称：××法院法庭工程　　　　标段：建筑工程　　　　　　　　表 2-1

| 序号 | 项目编码 | 项目名称 | 单位 | 工程数量 | 计　算　式 |
|---|---|---|---|---|---|
| 1 | 010101001001 | 人工平整场地 | m² | 403.95 | 平整场地面积＝建筑物首层面积<br>＝29.28×14.58－(3.9×2－0.24＋0.24)×(1.2－0.18＋0.3)×2－(5.4－0.24×2)×(0.36－0.18＋0.3)<br>＝426.90－7.80×1.32×2－4.92×0.48<br>＝426.90－20.59－2.36＝403.95m² |

续表

| 序号 | 项目编码 | 项目名称 | 单位 | 工程数量 | 计 算 式 |
|---|---|---|---|---|---|
| 2 | 010101003001 | 人工挖基础土方（外墙基础） | m³ | 158.34 | 1. 基础垫层底面积＝垫层宽×外墙中心线长<br>＝(1.2＋0.1×2)×[(29.28－0.24×2＋0.06×2)＋(14.28－0.18＋0.06)＋(0.36＋0.06)]×2<br>＝1.4×(28.92＋14.16＋0.42)×2＝1.4×87.00<br>＝121.80m²<br>2. 挖土深度＝1.9－0.6＝1.3m<br>3. 挖基础土方＝基础垫层底面积×挖土深度＝121.80×1.3＝158.34m³ |
| 3 | 010101003002 | 人工挖基础土方（内墙基础） | m³ | 104.34 | 1. 基础垫层底面积＝垫层宽×内墙基础垫层净长线<br>＝(1.0＋0.1×2)×[(5.4×2＋2.1－0.7×2)×2＋(5.4×2＋2.1＋1.2－0.36－0.7×2)×2＋(3.9×2＋5.4－1.2×2－0.6×2)×2]<br>＝1.2×(11.5×2＋12.34×2＋9.6×2)<br>＝1.2×66.88<br>＝80.26m²<br>2. 挖土深度＝1.9－0.6＝1.3m<br>3. 挖基础土方＝基础垫层底面积×挖土深度<br>＝80.26×1.3＝104.34m³ |
| 4 | 010103001001 | 人工基础土方回填 | m³ | 113.13 | 基础土方回填量＝基础挖土方量－设计室外地坪以下埋设的基础(含基础及垫层等)体积<br>1. 外墙基础垫层＝垫层截面积×垫层中心线长<br>＝1.4×0.1×87.00＝0.14×87.00＝12.18m³<br>2. 外墙混凝土基础＝基础截面积×基础中心线长<br>＝[1.2×0.2＋(0.5＋0.05×2＋1.2)×(0.25－0.2)×1/2]×87.00<br>＝0.285×87.00＝24.80m³<br>3. 外墙毛石基础＝基础截面积×基础中心线长<br>＝0.5×(1.9－0.1－0.25－0.6)×87.00＝0.5×0.95×87.00<br>＝0.475×87.00＝41.33m³<br>4. 内墙基础垫层＝垫层截面积×垫层净长线<br>＝1.2×0.1×66.88＝0.12×66.88＝8.03m³<br>5. 内墙混凝土基础＝基础截面积×基础净长线<br>＝[1.0×0.2＋(0.5＋0.05×2＋1.0)×(0.25－0.2)×1/2]×[(5.4×2＋2.1－0.6×2)×2＋(5.4×2＋2.1＋1.2－0.36－0.6×2)×2＋(3.9×2＋5.4－1.0×2－0.5×2)×2]<br>＝0.24×(11.7×2＋12.54×2＋10.2×2)<br>＝0.24×68.88＝16.53m³<br>6. 室外地坪以下内墙毛石基础＝基础截面积×基础净长线<br>＝0.5×(1.9－0.1－0.25－0.3)×[(5.4×2＋2.1－0.5×1/2×2)×2＋(5.4×2＋2.1＋1.2－0.36－0.5×1/2×2)×2＋(3.9×2＋5.4－0.5×2－0.5×1/2×2)×2]<br>＝0.5×1.25×(12.4×2＋13.24×2＋11.7×2)<br>＝0.625×74.68＝46.68m³<br>基础土方回填量＝基础挖土方量－设计室外地坪以下埋设物的体积<br>＝(158.34＋104.34)－(12.18＋24.80＋41.33＋8.03＋16.53＋46.68)<br>＝262.68－149.55＝113.13m³ |

续表

| 序号 | 项目编码 | 项目名称 | 单位 | 工程数量 | 计 算 式 |
|---|---|---|---|---|---|
| 5 | 010103001002 | 人工室内回填土 | m³ | 170.56 | 室内回填土量＝主墙间净面积×回填厚度<br>1. 卫生间回填土<br>①卫生间净面积＝(3.9－0.12×2)×(5.4－0.18－0.12)＝3.66×5.1＝18.67m²<br>②卫生间回填厚度＝室内外高度差－卫生间室内地坪厚度<br>　＝0.6－(0.08＋0.02＋0.03＋0.01)＝0.6－0.14<br>　＝0.46m<br>③卫生间回填土＝卫生间净面积×卫生间回填厚度<br>　＝18.67×0.46＝8.59m³<br>2. 其余房间回填土<br>①其余房间净面积＝首层建筑面积－墙结构面积－卫生间净面积<br>　＝403.95－[87.00－(3.9－0.24×2)×2]×0.365－(3.9＋0.24×2)×0.49－[(5.4×2＋2.1－0.18×2)×2＋(5.4－0.18＋0.12)×2＋(5.4＋1.2－0.36－0.18＋0.12)×2＋(3.9－0.12×2)×4]×0.24－18.67<br>　＝403.95－78.24×0.365－8.76×0.49－(12.54×2＋5.34×2＋6.06×2＋3.66×4)×0.24－18.67<br>　＝403.95－78.24×0.365－8.76×0.49－62.52×0.24－18.67<br>　＝403.95－28.56－4.29－15.00－18.67<br>　＝356.10－18.67＝337.43m²<br>②其他房间回填厚度<br>　＝室内外高度差－室内地坪厚度<br>　＝0.6－(0.08＋0.03＋0.01)<br>　＝0.6－0.12＝0.48m<br>③其余房间回填土<br>　＝其余房间净面积×其他房间回填厚度<br>　＝337.43×0.48＝161.97m³<br>房心回填土合计 8.59＋161.97＝170.56m³ |

## 过程 2.1.3　土(石)方工程计价工程量计算

工程量清单报价时，需要结合施工企业的施工方案或施工组织设计，考虑具体施工措施，如土方开挖工作面、放坡、挡土板支拆、土方运距等。

计价工程量也称报价工程量，是计算投标报价的重要数据，是投标人根据工程施工图纸、施工方案、清单工程量和所采用的定额及其相应的工程量计算规则计算出的，用以确定分项工程综合单价的依据。当施工方案不同时，实际发生的工程量不同，同样，采用不同的定额，测算的综合单价也会有所不同，因此，在工程量清单投标报价时，必须根据具体施工方案和所采用的定额计算规则，计算计价工程量。

### 1. 熟悉计价项目划分及其工程量计算规则

在计算计价工程量时，首先需要熟悉定额的项目划分、工作内容、计量单位和计算规则等内容，在目前缺乏企业定额的现状下，大部分施工企业投标报价主要依据工程所在地预算定额，本书以某省预算定额为例，土方工程分为平整场地、挖基槽、挖基坑、挖土方、回填土和运土方等项目，同时根据土壤类别和挖土深度不同划分为不同的分项工程，在计算计价工程量时要结合工程现场实际情况，考虑工作面大小、放坡系数和土方运输距离等施工因素，根据定额计算规则准确计算实际发生的工程量，以利于投标报价时准确测算综合单价。

在计算计价工程量时，本工程主要应用的土（石）方工程计价工程量计算规则如下：

（1）平整场地：按建筑物外墙外边线每边各加 2m，以平方米计算；
（2）挖基础土方：按基槽长度乘以基槽横截面积计算（含放坡和工作面）；
（3）基础回填土：按挖土方体积减去设计室外地坪以下埋设的基础等体积计算；
（4）室内回填：主墙间净面积乘以回填厚度计算。

### 2. 计价工程量计算

根据施工图纸和定额计算规则计算计价工程量。由于工程量清单项目综合程度高，在计算计价工程量时不但要计算每个清单项目主项的计价工程量，同时还要计算清单项目所包含的附项的计价工程量。具体计算时，要根据计价规范和投标报价所依据的定额项目内容划分的情况，确定具体的计算项目。如：挖基础土方清单项目，计算计价工程量时，除了要计算主项挖基础土方项目计价工程量外，还要计算附项土方运输计价工程量。土（石）方工程计价工程量计算过程见表2-2所示。

**计价工程量计算表**

工程名称：××法院法庭工程　　　　标段：建筑工程　　　　　　　　　　表 2-2

| 序号 | 项目编码 | 项目名称 | | 单位 | 工程数量 | 计　算　式 |
|---|---|---|---|---|---|---|
| 1 | 010101001001 | 主项 | 人工平整场地 | m² | 598.03 | 平整场地面积＝建筑物首层面积＋2×外墙外边线长＋16<br>＝403.95＋2×(87.00＋0.18×6＋0.24×4)＋16<br>＝403.95＋2×89.04＋16＝598.03m² |
| | | 附项 | 外运土运距：5km | m³ | 32 | 根据施工现场标高，应用方格网法测算余土外运量为32m³ |
| 2 | 010101003001 | 主项 | 人工挖基础土方（外墙基础） | m³ | 226.20 | 1-1剖面：挖基础土方，工作面300mm，三类土不放坡。<br>挖基础土方＝基础挖土截面积×基础中心线长<br>＝（基础垫层宽＋2×工作面）×挖土深度×基础中心线长<br>＝（1.2＋0.1×2＋2×0.3）×（1.9－0.6）×87.00<br>＝2×1.3×87.00＝2.6×87.00＝226.20m³ |
| | | 附项 | 土方外运运距：5km | m³ | 226.20 | 外运土方量＝226.20m³ |

续表

| 序号 | 项目编码 | 项目名称 | | 单位 | 工程数量 | 计 算 式 |
|---|---|---|---|---|---|---|
| 3 | 010101003002 | 主项 | 人工挖基础土方（内墙基础） | m³ | 158.29 | 2-2剖面：挖基础土方，工作面300mm，三类土不放坡。<br>挖基础土方＝基础挖土截面积×基槽底净长线<br>＝（基础垫层宽＋2×工作面）×挖土深度×基槽底净长线<br>＝（1.2＋2×0.3）×（1.9－0.6）×[（5.4×2＋2.1＋1.2－0.36－2.0/2×2）×2＋（5.4×2＋2.1－2.0/2×2）×2＋（3.9×2＋5.4－1.8×2－1.8/2×2）×2]<br>＝2×1.3×（11.7×2＋10.9×2＋7.8×2）<br>＝2×1.3×60.88＝2.6×60.88＝158.29m³ |
| | | 附项 | 土方外运运距：5km | m³ | 158.29 | 外运土方量＝158.29m³ |
| 4 | 010103001001 | 主项 | 人工基础土方回填 | m³ | 234.94 | 基础土方回填量＝基础挖土方量－设计室外地坪以下埋设物的体积<br>＝基础挖土方量－外墙基础垫层体积－外墙混凝土基础体积－外墙毛石基础体积－内墙基础垫层体积－内墙混凝土基础体积－室外地坪以下内墙毛石基础<br>＝（226.20＋158.29）－（12.18＋24.80＋41.33＋8.03＋16.53＋46.68）<br>＝384.49－149.55＝234.94m³ |
| | | 附项 | 人工装土 | m³ | 350.06 | 取土量＝回填土量×虚方系数<br>＝234.94×1.49＝350.06m³ |
| | | | 运土运距：10km | m³ | 350.06 | 运土量＝取土量＝350.06m³ |
| 5 | 010103001002 | 主项 | 人工室内回填土 | m³ | 170.56 | 同清单工程量 |
| | | 附项 | 取土（人工装土） | m³ | 254.13 | 取土量＝回填土量×虚方系数<br>＝170.56×1.49＝254.13m³ |
| | | | 运土运距：10km | m³ | 254.13 | 运土量＝取土量 |

## 过程2.1.4 土（石）方工程综合单价计算

综合单价包含人工费、材料费、施工机械使用费、企业管理费、利润和风险费在内的工程单价。综合单价是根据分项工程清单工程量、计价工程量、工料机消耗量、工料机单价及管理费率和利润率等综合计算而来。

### 1. 工料机消耗量的确定

工料机消耗量是计算工料机费用的前提，综合单价的测算首先需要确定各分项工程单位合格产品的工料机消耗量，目前主要依据工程所在地预算定额，结合企业具体情况确定工料机消耗量。

## 2. 工料机单价的确定

工程量清单计价的核心内容之一是企业自主报价，由于不同企业有各自不同的劳资制度、材料进货渠道和机械装备情况，投标报价时要结合投标项目竞争情况和市场价格变化，确定工料机单价。

人工单价一般以日工资标准为主，包含工人日基本工资、工资性津贴、生产工人辅助工资、职工福利费和生产工人劳动保护费等。

材料单价是材料由来源地运至施工现场后的出库价格，包括材料进货价、运杂费、运输损耗和采购与保管费等。

机械费单价以机械台班单价为主，主要包括施工机械折旧费、大修理费、经常修理费、安拆费与场外运费、人工费、油料燃料费、车船使用费及保险费等。

## 3. 管理费率、利润率和风险费率的确定

工程量清单计价与定额计价不同之一在于，定额计价采用工料单价计算直接工程费，工程量清单计价采用综合单价，综合单价包括工料机费用、管理费、利润和相应风险费用。综合单价测算时需要测算管理费率、利润率，同时增加市场风险因素。具体计算时需要考虑工程规模、项目竞争情况、政府相关规定和企业经营状况等。本例主要以某省预算定额为参考，根据法庭工程类别和企业资质类别情况，拟定管理费率 25.15%，利润率 3.51%，管理费和利润的计算基础为人工费。

风险费由发承包双方在招标文件或施工合同中予以明确，双方合理分担。对于法律、法规、规章或有关政策出台导致的工程税金、规费、人工等发生变化，并由省级、行业建设行政主管部门或其授权的工程造价管理机构根据上述变化发布的政策性调整，承包人不承担此类风险；而对于承包人根据自身技术水平、管理、经营状况能够自主控制的风险，如承包人的管理费、利润的风险，承包人应根据企业自身实际，结合市场情况合理确定、自主报价，该部分风险由承包人全部承担。因此承包人在投标报价时应合理测算风险费并计入综合单价中。本法庭工程风险费分别计入相应工料机单价中，不再单独列示。

## 4. 综合单价计算

综合单价计算，第一，根据定额工料机消耗量和工料机单价计算各计价项目工料机费用；第二，以各计价项目的计费基础（如某省以人工费为基础），乘以相应的管理费率和利润率计算管理费和利润；第三，各计价项目单价乘以计价工程量计算工料机合价；第四，汇总全部计价项目的工料机费用及管理费和利润，合计得本清单项目的费用小计；第五，用清单费用小计除以清单项目清单工程量得该清单项目的综合单价。

## 5. 综合单价分析表填写

综合单价测算过程需要通过综合单价分析表来体现，在填写综合单价分析表时，首先要注意各计价项目工程量的单位调整；其次要填写各主要材料的费用明细，需要通过材料分析计算各材料数量，这里将运用定额套用和工料分析的相关知识。其中表格中未计价材料费主要为水暖电等安装工程主要材料价格，综合单

价分析表见下表所示。

**工程量清单综合单价分析表**

工程名称：××法院法庭工程　　　标段：建筑工程　　　　　　　共5页，第1页

| 清单项目编码 | 010101001001 | 项目名称 | | 人工平整场地 | | 清单计量单位 | | | $m^2$ |
|---|---|---|---|---|---|---|---|---|---|
| 清单综合单价组成明细 | | | | | | | | | |
| 定额编号 | 定额名称 | 定额单位 | 数量 | 单价 | | | | 合价 | |
| | | | | 人工费 | 材料费 | 机械费 | 管理费利润 | 人工费 | 材料费 | 机械费 | 管理费利润 |

| 定额编号 | 定额名称 | 定额单位 | 数量 | 人工费 | 材料费 | 机械费 | 管理费利润 | 人工费 | 材料费 | 机械费 | 管理费利润 |
|---|---|---|---|---|---|---|---|---|---|---|---|
| A1-1 | 人工平整场地 | $100m^2$ | 5.98 | 153.34 | 0.00 | 0.00 | 43.95 | 916.97 | 0.00 | 0.00 | 262.82 |
| A1-93 | 拖拉机运土 | $100m^3$ | 0.32 | 275.40 | 0.00 | 1690.4 | 78.93 | 88.13 | 0.00 | 540.93 | 25.26 |
| 人工单价 | | | 小　计 | | | | | 1005.10 | 0.00 | 540.93 | 288.08 |
| 34元/工日 | | | 未计价材料费 | | | | | | | | |
| 清单项目综合单价 | | | | | | | | 4.54 | | | |

| 材料费明细 | 材料名称、规格、型号 | 单位 | 数量 | 单价 | 合价 | 暂估单价 | 暂估合价 |
|---|---|---|---|---|---|---|---|
| | | | | | | | |
| | 其他材料费 | | | | | | |
| | 材料费小计 | | | | | | |

**工程量清单综合单价分析表**

工程名称：××法院法庭工程　　　标段：建筑工程　　　　　　　共5页，第2页

| 清单项目编码 | 010101003001 | 项目名称 | | 人工挖基础土方（外墙基础） | | 清单计量单位 | | | $m^3$ |
|---|---|---|---|---|---|---|---|---|---|
| 清单综合单价组成明细 | | | | | | | | | |

| 定额编号 | 定额名称 | 定额单位 | 数量 | 人工费 | 材料费 | 机械费 | 管理费利润 | 人工费 | 材料费 | 机械费 | 管理费利润 |
|---|---|---|---|---|---|---|---|---|---|---|---|
| A1-21 | 人工挖基础土方 | $100m^3$ | 2.26 | 1974.38 | 0.00 | 0.00 | 565.86 | 4462.10 | 0.00 | 0.00 | 1278.84 |
| A1-93 | 拖拉机运土 | $100m^3$ | 2.26 | 275.4 | 0.00 | 1692.4 | 78.93 | 622.40 | 0.00 | 3824.82 | 178.38 |
| 人工单价 | | | 小　计 | | | | | 5084.50 | 0.00 | 3824.82 | 1547.22 |
| 34元/工日 | | | 未计价材料费 | | | | | | | | |
| 清单项目综合单价 | | | | | | | | 66.04 | | | |

| 材料费明细 | 材料名称、规格、型号 | 单位 | 数量 | 单价 | 合价 | 暂估单价 | 暂估合价 |
|---|---|---|---|---|---|---|---|
| | | | | | | | |
| | 其他材料费 | | | | | | |
| | 材料费小计 | | | | | | |

## 工程量清单综合单价分析表

工程名称：××法院法庭工程　　标段：建筑工程　　　共5页，第3页

| 清单项目编码 | 010101003002 | | 项目名称 | | 人工挖基础土方（内墙基础） | | | 清单计量单位 | | | m³ |
|---|---|---|---|---|---|---|---|---|---|---|---|
| 清单综合单价组成明细 ||||||||||||
| 定额编号 | 定额名称 | 定额单位 | 数量 | 单 价 |||| 合 价 ||||
| | | | | 人工费 | 材料费 | 机械费 | 管理费利润 | 人工费 | 材料费 | 机械费 | 管理费利润 |
| A1-21 | 人工挖基础土方 | 100m³ | 1.58 | 1974.38 | 0.00 | 0.00 | 565.86 | 3119.52 | 0.00 | 0.00 | 894.06 |
| A1-93 | 拖拉机运土 | 100m³ | 1.58 | 275.40 | 0.00 | 1692.4 | 78.92 | 435.13 | 0.00 | 2673.99 | 124.69 |
| 人工单价 ||| 小　　计 |||||| 3554.65 | 0.00 | 2673.99 | 1018.75 |
| 34元/工日 ||| 未计价材料费 ||||||||||
| 清单项目综合单价 ||||||||| 69.46 ||||

| 材料费明细 | 材料名称、规格、型号 || 单位 | 数量 | 单价 | 合价 | 暂估单价 | 暂估合价 |
|---|---|---|---|---|---|---|---|---|
| | 其他材料费 |||||||||
| | 材料费小计 |||||||||

## 工程量清单综合单价分析表

工程名称：××法院法庭工程　　标段：建筑工程　　　共5页，第4页

| 清单项目编码 | 010103001001 | | 项目名称 | | 人工基础土方回填 | | | 清单计量单位 | | | m³ |
|---|---|---|---|---|---|---|---|---|---|---|---|
| 清单综合单价组成明细 ||||||||||||
| 定额编号 | 定额名称 | 定额单位 | 数量 | 单 价 |||| 合 价 ||||
| | | | | 人工费 | 材料费 | 机械费 | 管理费利润 | 人工费 | 材料费 | 机械费 | 管理费利润 |
| A1-82 | 人工基础土方回填 | 100m³ | 2.35 | 999.60 | 0.00 | 158.16 | 286.49 | 2349.06 | 0.00 | 371.68 | 673.25 |
| A1-146 | 自卸汽车运土,运距：5km | 1000m³ | 0.35 | 204 | 70.56 | 14968.03 | 58.47 | 71.40 | 24.70 | 5238.81 | 20.46 |
| A1-1 47*5 | 自卸汽车运土,运距：每增加1km | 1000m³ | 0.35 | 0.00 | 0.00 | 8161.75 | 0.00 | 0.00 | 0.00 | 2856.61 | 0.00 |
| A1-148 | 人工装土 | 100m³ | 3.50 | 531.42 | 0.00 | 0.00 | 152.05 | 1859.97 | 0.00 | 0.00 | 532.18 |
| | 取土 | m³ | 350.06 | | 28.56 | | | | 9997.71 | | |
| 人工单价 ||| 小　　计 |||||| 4280.43 | 10022.41 | 8467.10 | 1225.89 |
| 34元/工日 ||| 未计价材料费 ||||||||||
| 清单项目综合单价 ||||||||| 212.11 ||||

| 材料费明细 | 材料名称、规格、型号 || 单位 | 数量 | 单价 | 合价 | 暂估单价 | 暂估合价 |
|---|---|---|---|---|---|---|---|---|
| | 土 || m³ | 349.46 | 28.56 | 9997.71 | | |
| | 其他材料费 |||||| 24.70 | | |
| | 材料费小计 |||||| 10022.41 | | |

## 工程量清单综合单价分析表

工程名称：××法院法庭工程　　　标段：建筑工程　　　共5页，第5页

| 清单项目编码 | 010103001002 | 项目名称 | | 人工室内土方回填 | | | 清单计量单位 | | | m³ |
|---|---|---|---|---|---|---|---|---|---|---|
| 清单综合单价组成明细 | | | | | | | | | | |
| 定额编号 | 定额名称 | 定额单位 | 数量 | 单价 | | | | 合价 | | | |
| | | | | 人工费 | 材料费 | 机械费 | 管理费利润 | 人工费 | 材料费 | 机械费 | 管理费利润 |
| A1-82 | 人工室内土方回填 | 100m³ | 1.71 | 999.60 | 0.00 | 158.16 | 286.49 | 1709.32 | 0.00 | 270.45 | 489.90 |
| A1-146 | 自卸汽车运土，运距：5km | 1000m³ | 0.25 | 204 | 70.56 | 14968.03 | 58.47 | 51 | 17.64 | 3742.01 | 14.62 |
| A1-147*5 | 自卸汽车运土，运距：每增加1km | 1000m³ | 0.25 | 0.00 | 0.00 | 8161.75 | 0.00 | 0.00 | 0.00 | 2040.44 | 0.00 |
| A1-148 | 人工装土 | 100m³ | 2.54 | 531.42 | 0.00 | 0.00 | 152.30 | 1349.81 | 0.00 | 0.00 | 386.84 |
| | 取土 | m³ | 254.13 | 0.00 | 28.56 | 0.00 | 0.00 | 0.00 | 7257.95 | 0.00 | 0.00 |
| 人工单价 | | | 小　计 | | | | | 3110.13 | 7275.59 | 6052.90 | 891.36 |
| 34元/工日 | | | 未计价材料费 | | | | | | | | |
| 清单项目综合单价 | | | | | | | | 101.61 | | | |
| 材料费明细 | 材料名称、规格、型号 | | 单位 | | 数量 | | 单价 | 合价 | | 暂估单价 | 暂估合价 |
| | 土 | | m³ | | 253.94 | | 28.56 | 7257.95 | | | |
| | 其他材料费 | | | | | | | 17.64 | | | |
| | 材料费小计 | | | | | | | 7275.59 | | | |

### 过程2.1.5　填写分部分项工程量清单计价表，汇总分部分项工程费用

通过以上综合单价分析测算，可以在分部分项工程量清单与计价表中填写各清单项目综合单价，综合单价乘以相应清单工程量等于各清单项目合价，全部分项工程合价小计为本分部工程分部分项工程费用。分部分项工程费作为本工程项目投标报价的主要费用将列入投标报价书。分部分项工程量清单与计价表见下表所示。

## 分部分项工程量清单与计价表

工程名称：××法院法庭工程　　　标段：建筑工程　　　共1页，第1页

| 序号 | 项目编码 | 项目名称 | 项目特征描述 | 计量单位 | 工程量 | 金额（元） | | |
|---|---|---|---|---|---|---|---|---|
| | | | | | | 综合单价 | 合价 | 其中暂估价 |
| | | | A.1　土石方工程 | | | | | |
| 1 | 010101001001 | 人工平整场地 | 1. 土壤类别：三类土<br>2. 弃土运距：5km<br>3. 取土运距：现场取土 | m² | 403.95 | 4.54 | 1833.93 | |
| 2 | 010101003001 | 人工挖基础土方（外墙基础） | 1. 土壤类别：三类土<br>2. 基础类型：混凝土条形基础、毛石基础<br>3. 垫层宽度：1200mm<br>4. 挖土深度：1.3m<br>5. 弃土运距：5km | m³ | 158.34 | 66.04 | 10456.77 | |
| 3 | 010101003002 | 人工挖基础土方（内墙基础） | 1. 土壤类别：三类土<br>2. 基础类型：混凝土条形基础、毛石基础<br>3. 垫层宽度：1000mm<br>4. 挖土深度：1.3m<br>5. 弃土运距：5km | m³ | 104.34 | 69.46 | 7247.46 | |
| 4 | 010103001001 | 人工基础土方回填 | 1. 土质要求：含砾石粉质黏土<br>2. 密实度要求：密实<br>3. 粒径要求：10～40mm砾石<br>4. 夯填：分层夯填<br>5. 运输距离：10km | m³ | 113.13 | 212.11 | 23996.00 | |
| 5 | 010103001002 | 人工室内回填土 | 1. 土质要求：含砾石粉质黏土<br>2. 密实度要求：密实<br>3. 粒径要求：10～40mm砾石<br>4. 夯填：分层夯填<br>5. 运输距离：10km | m³ | 170.56 | 101.61 | 17330.60 | |
| | | | 分部小计 | | | | 60864.76 | |

## 任务 2.2　砌筑工程工程量清单报价

本任务主要包括编制法庭工程砖基础、多孔砖墙、空心砖墙、毛石基础等分项工程的工程量清单报价，编制过程中主要依据同土（石）方工程，重点突出砌筑工程各分项工程的综合单价的计算方法和测算过程。

### 过程 2.2.1　砌筑工程施工图识读

根据砌体结构设计说明，该法庭工程为两层砖混结构，365mm 和 490mm 多孔砖外墙，外墙基础类型为钢筋混凝土条形基础上砌毛石基础和实心黏土砖基础；240mm 多孔砖内墙，基础类型为钢筋混凝土条形基础上砌毛石基础；120mm 空心砖内隔墙，基础为混凝土条形基础。具体见内外墙基础平面和剖面图，其中 1-1 剖面为 365mm 和 490mm 外墙基础，2-2 剖面为 240mm 内墙基础，具体尺寸见剖面图。

### 过程 2.2.2　砌筑工程相关知识学习

砌筑工程施工图识读重点是：基础与墙身的划分界限，不同厚度和材料墙体的具体位置，不同位置砌体材料和砌筑砂浆的种类及其强度等级的不同，嵌入砌体中的混凝土梁、柱的截面大小及位置等。本工程外墙基础与墙身划分界限是室内设计地坪（±0.00），以上为墙身，以下为基础，即存在砖基础、毛石基础和钢筋混凝土基础三种类型的基础；内墙基础与墙身划分界限是 -0.3m，以上为墙身，以下为基础。毛石基础和砖基础主要用 M10 水泥砂浆砌筑。

### 过程 2.2.3　砌筑工程清单工程量计算

查阅《计价规范》附录 A 建筑工程工程量清单计价项目及计算规则，熟悉 A.3 砌筑工程的项目划分及各分项工程项目特征、计量单位、工程内容及计算规则，计算并复核分项工程清单工程量，编制砌筑工程分部分项工程量清单。

**1. 熟悉清单项目划分及其工程量计算规则**

砌筑工程工程量清单编制的难点主要在于了解砌筑工程分项工程的项目划分及其工作内容。《计价规范》中砌筑工程项目划分主要以砌体类型和砌体材料的不同来划分，具体编制过程中要根据砌体工程的砌体材料品种、规格及其强度等级，砂浆种类、配合比及强度等级和墙体的类型、厚度、高度及其勾缝要求等划分具体清单项目。计量单位主要是"$m^3$"，计算规则主要是按照砌体的体积计算。

本工程主要应用的砌筑工程清单项目工程量计算规则如下：

（1）砖基础：按设计图示尺寸以体积计算。包括附墙垛基础宽出部分体积；

扣除地梁（圈梁）、构造柱所占体积；不扣除基础大放脚T形接头处的重叠部分及嵌入基础内的钢筋、铁件、管道、基础砂浆防潮层和单个面积 0.3m² 以内的孔洞所占体积；靠墙暖气沟的挑檐不增加。

基础长度：外墙基础按基础中心线，内墙基础按基础净长线。

（2）砖墙：按设计图示尺寸以体积计算。扣除门窗洞口、过人洞、空圈、嵌入墙内的钢筋混凝土柱、梁、圈梁、挑梁、过梁及凹进墙内的壁龛、管槽、暖气槽、消火栓箱所占体积；不扣除梁头、板头、檩头、垫木、木楞头、沿椽木、木砖、门窗走头、砖墙内加固钢筋、木筋、铁件、钢管及单个面积 0.3m² 以内的孔洞所占体积；凸出墙面的腰线、挑檐、压顶、窗台线、虎头砖、门窗套的体积亦不增加；凸出墙面的砖垛并入墙体体积内计算。

（3）毛石基础：按设计图示尺寸以体积计算。包括附墙垛基础宽出部分体积；不扣除基础砂浆防潮层和单个面积 0.3m² 以内的孔洞所占体积；靠墙暖气沟的挑檐不增加。

基础长度：外墙基础按基础中心线，内墙基础按基础净长线。

### 2. 清单工程量计算

砌筑工程包括基础和墙体工程量的计算，在本法庭工程中主要包括砖基础、毛石基础、120mm 砖墙、200mm 砖墙、240mm 砖墙、365mm 砖墙和 490mm 砖墙等项目，主要计算砌体的体积，具体计算过程见表 2-3 所示。

清单工程量计算表

工程名称：××法院法庭工程　　　标段：建筑工程　　　　　　　　表 2-3

| 序号 | 项目编码 | 项目名称 | 单位 | 工程数量 | 计 算 式 |
|---|---|---|---|---|---|
| 1 | 010301001001 | 砖基础 | m³ | 10.78 | 外墙 - 0.6m 以上砖基础<br>砖基础体积＝基础截面积×基础中心线长<br>1. 365mm 厚砖基础<br>＝0.365×(0.6－0.24)×[87.00－(3.9＋0.24×2)×2]<br>＝0.365×0.36×78.24＝10.28m³<br>2. 490mm 厚砖基础＝0.49×(0.6－0.24)×(3.9＋0.24×2)<br>＝0.49×0.36×8.76＝1.55m³<br>3. 扣除嵌入基础的构造柱体积<br>GZ1 体积＝(0.36×0.36＋0.03×0.36×2)×(0.60－0.24)×4<br>＝0.1512×0.36×4＝0.054×4＝0.22m³<br>GZ2 体积＝(0.24×0.24＋0.03×0.24×3)×(0.60－0.24)×6＋(0.24×0.24＋0.03×0.24×2)×(0.60－0.24)×2<br>＝0.0792×0.36×6＋0.072×0.36×2＝0.171＋0.052<br>＝0.22m³<br>GZ3 体积＝(0.24×0.36＋0.03×0.24＋0.03×0.36×2)×(0.60－0.24)×8＝0.1152×0.36×10＝0.41m³<br>GZ4 体积＝(0.49×0.36＋0.03×0.49＋0.03×0.36)×(0.6－0.24)×2<br>＝0.2019×0.36×2＝0.15m³<br>边挺体积＝(0.16×0.36＋0.03×0.36)×(0.60－0.24)<br>＝0.0684×0.36＝0.05m³<br>构造柱体积小计 0.22＋0.22＋0.41＋0.15＋0.05＝1.05m³<br>砖基础体积合计 10.28＋1.55－1.05＝10.78m³ |

续表

| 序号 | 项目编码 | 项目名称 | 单位 | 工程数量 | 计 算 式 |
|---|---|---|---|---|---|
| 2 | 010302006001 | 零星砌砖 | m³ | 0.07 | 一层卫生间蹲台(1.5－0.12)×0.12×0.126＝0.02m³<br>二层卫生间蹲台<br>(1.5－0.12)×0.12×0.126＋(2.1－0.18－0.06)×0.12×0.126＝0.05m³<br>合计 0.02＋0.05＝0.07m³ |
| 3 | 010304001001 | 多孔砖墙<br>(240mm<br>外墙) | m³ | 38.03 | 1. 女儿墙<br>①7.5m标高部分：女儿墙毛体积＝墙长×墙高×墙厚<br>＝[(12.9＋0.06×2)×2＋(7.80＋0.12－0.24)×4]×(7.5－6.52－0.06)×0.24<br>＝(13.02×2＋7.68×4)×0.92×0.24<br>＝56.76×0.92×0.24＝12.53m³<br>扣除女儿墙构造小柱：<br>构造小柱＝截面积×柱高×根数<br>＝(0.24×0.24＋0.03×0.24×2)×(7.5－6.52－0.06)×(13.02÷1.5×2＋7.68÷1.5×4)<br>＝0.072×0.92×(9×2＋6×4)<br>＝0.072×0.92×42＝2.78m³<br>小计 12.53－2.78＝9.75m³<br>②8.4m标高部分<br>女儿墙毛体积＝墙长×墙高×墙厚<br>＝[(13.20＋0.12×2)×2＋(12.9＋0.06＋1.2＋0.18)×2]×(8.4－6.52－0.06)×0.24<br>＝(13.44×2＋14.34×2)×1.82×0.24<br>＝55.56×1.82×0.24＝24.27m³<br>扣除女儿墙构造小柱：<br>构造小柱＝截面积×柱高×根数<br>＝(0.24×0.24＋0.03×0.24×2)×(8.4－6.52－0.06)×(13.44÷1.5×2＋14.34÷1.5×2)＋0.03×0.24×0.92×4<br>＝0.072×1.82×(9×2＋10×2)＋0.026<br>＝0.072×1.82×38＋0.024＝4.980＋0.026＝5.01m³<br>小计 24.27－5.01＝19.26m³<br>女儿墙体积合计＝9.75＋19.26＝29.01m³<br>2. 1/A、①、⑧轴窗下240mm外墙<br>①一层＝墙长×墙高×墙厚<br>＝(1.20×14＋1.5×4)×1.0×0.24＝5.47m³<br>②二层＝墙长×墙高×墙厚＝1.20×14×0.88×0.24<br>＝3.55m³<br>小计 5.47＋3.55＝9.02m³<br>240mm外墙合计 29.01＋9.02＝38.03m³ |

续表

| 序号 | 项目编码 | 项目名称 | 单位 | 工程数量 | 计算式 |
|---|---|---|---|---|---|
| 4 | 010304001002 | 多孔砖墙（365mm 外墙） | m³ | 107.46 | 1. 365mm 外墙毛体积＝(墙长×墙高－门窗洞口面积)×墙厚<br>＝[78.24×6.52－(3.6×3.1＋1.2×2.1×10＋1.5×2.1×4＋1.8×2.1×2＋3.6×1.8＋1.2×1.8×10＋1.8×1.8×6＋2.7×1.8)]×0.365<br>＝[78.24×6.52－(11.16＋2.52×10＋3.15×4＋3.78×2＋6.48＋2.16×10＋3.24×6＋4.86)]×0.365<br>＝(78.24×6.52－108.9)×0.365＝146.45m³<br>2. 扣除<br>①±0.00 以上构造柱体积＝截面积×高度×数量<br>＝GZ1＋GZ2＋GZ3<br>＝(0.36×0.36＋0.03×0.36×2)×4×6.52＋(0.24×0.24＋0.03×0.24×3)×6×6.52＋(0.24×0.36＋0.03×0.36×2)×8×6.52＝0.1512×4×6.52＋0.0792×6×6.52＋0.108×8×6.52<br>＝3.94＋3.10＋5.63＝12.67m³<br>②过梁<br>C1221 过梁头＝截面积×长度×根数<br>＝0.24×0.42×(0.3＋0.25×2)×4＋0.24×0.32×(0.25×2)×2<br>＝0.24×0.42×0.8×4＋0.24×0.32×0.50×2<br>＝0.323＋0.077＝0.40m³<br>C1521 过梁头＝截面积×长度×根数<br>＝0.24×0.42×(0.25×2)×4＝0.24×0.42×0.50×4<br>＝0.20m³<br>C1821 过梁＝截面积×长度×根数<br>＝0.36×0.42×(1.8＋0.25×2)×2＝0.36×0.42×2.3×2<br>＝0.36×0.42×4.6＝0.696m³<br>C3618 过梁＝截面积×长度×根数<br>＝(0.36×0.10)×(3.60＋0.25×2)＝0.036×4.1<br>＝0.148m³<br>C1218 过梁＝截面积×长度×根数<br>＝(0.24×0.32＋0.12×0.10)×[(1.2×2＋0.30＋0.25×2)×4＋(1.2＋0.25×2)×2]<br>＝0.089×(3.2×4＋1.7×2)＝0.089×16.20＝1.44m³<br>C1818 过梁＝截面积×长度×根数<br>＝0.36×0.32×(1.8＋0.25×2)×6＝0.36×0.32×2.3×6<br>＝0.36×0.32×13.8＝1.59m³<br>C2718 过梁＝截面积×长度×根数<br>＝0.36×0.32×(2.7＋0.25×2)×1＝0.36×0.32×3.2×1<br>＝0.369m³<br>过梁小计 0.40＋0.20＋0.696＋0.148＋1.44＋1.59＋0.369<br>＝4.843m³<br>③圈梁<br>一层圈梁体积＝截面积×(圈梁中心线长度－构造柱所占长度－过梁长度)<br>＝0.24×0.18×[(14.28－0.18－0.06×2)×2＋(29.28－0.24×2)×2－3.9×2－5.4＋0.36×2－0.24×18－(16.20＋4.60＋8)]<br>＝0.24×0.18×(13.98×2＋28.80×2－7.8－5.40＋0.72－4.32－28.8)<br>＝0.24×0.18×39.96＝1.726m³<br>二层圈梁体积＝截面积×(圈梁中心线长度－构造柱所占长度－过梁长度) |

60

续表

| 序号 | 项目编码 | 项目名称 | 单位 | 工程数量 | 计 算 式 |
|---|---|---|---|---|---|
| 4 | 010304001002 | 多孔砖墙（365mm外墙） | m³ | 107.46 | $=0.24\times0.18\times[(14.28-0.18-0.06\times2)\times2+(29.28-0.24\times2)\times2-3.9\times2-5.4+0.36\times2-0.24\times18-(16.2+13.8+3.2)]$<br>$=0.24\times0.18\times(13.98\times2+28.80\times2-7.8+0.72-5.40-4.32-33.2)$<br>$=0.24\times0.18\times34.84=1.505\text{m}^3$<br>圈梁小计 $1.726+1.505=3.23\text{m}^3$<br>④洞口边挺<br>M1、C1洞口边挺体积＝截面积×高度×根数<br>$=(0.16\times0.36+0.03\times0.36)\times6.52\times2=0.0684\times6.52\times2$<br>$=0.89\text{m}^3$<br>C2718洞口边挺体积＝截面积×高度×根数<br>$=(0.16\times0.36+0.03\times0.36)\times(6.52-3.52)\times2$<br>$=0.0684\times3.0\times2=0.41\text{m}^3$<br>边挺合计 $0.90+0.41=1.30\text{m}^3$<br>⑤1/A、①、⑧轴窗下墙<br>墙长×墙高×墙厚<br>$=[1.2\times14\times(1.0+0.5+0.8)+1.5\times4\times(0.5+0.8)]\times0.365$<br>$=(138.64+7.8)\times0.365=46.44\times0.365=16.95\text{m}^3$<br>扣除小计＝构造柱＋过梁＋圈梁＋边挺＋窗下墙<br>$=12.67+4.843+3.23+1.30+16.95=38.99\text{m}^3$<br>365mm外墙体积合计<br>365mm外墙毛体积－扣除小计＝$146.45-38.99=107.46\text{m}^3$ |
| 5 | 010304001003 | 多孔砖墙（490mm外墙） | m³ | 8.73 | 1. 490mm外墙毛体积＝（墙长×墙高－门窗洞口面积）×墙厚<br>$=[(3.9+0.24\times2)\times2\times6.52-(1.2\times2.1\times4+1.2\times1.8\times4)]\times0.49$<br>$=(8.76\times6.52-18.72)\times0.49=18.81\text{m}^3$<br>2. 扣除<br>①±0.00以上构造柱体积＝截面积×高度×数量<br>＝GZ2＋GZ4<br>$=(0.24\times0.24+0.03\times0.24\times2)\times2\times6.52+(0.49\times0.36+0.03\times0.49+0.03\times0.36)\times2\times6.52$<br>$=0.072\times2\times6.52+0.2019\times2\times6.52=0.94+2.63$<br>$=3.57\text{m}^3$<br>②圈梁<br>490mm外墙上圈梁＝截面积×长度<br>$=0.24\times0.18\times(3.9\times2-6.4\times2)=0.24\times0.18\times2.8$<br>$=0.12\text{m}^3$<br>③过梁<br>C1221过梁头＝$0.36\times0.42\times(0.3+0.25\times2)\times2$<br>$=0.36\times0.42\times0.8\times2=0.242\text{m}^3$<br>C1218过梁＝截面积×长度×根数<br>$=0.36\times0.32\times(1.2\times2+0.3+0.25\times2)\times2$<br>$=0.36\times0.32\times3.2\times2=0.737\text{m}^3$<br>过梁小计 $0.242+0.737=0.98\text{m}^3$<br>④窗下墙<br>墙长×墙高×墙厚＝$1.2\times4\times(1.0+0.5+0.80)\times0.49$<br>$=4.80\times2.30\times0.49=5.41\text{m}^3$<br>扣除合计＝构造柱＋圈梁＋过梁＋窗下墙<br>$=3.57+0.12+0.98+5.41=10.08\text{m}^3$<br>490mm外墙体积合计<br>490mm外墙毛体积－扣除合计＝$18.81-10.08=8.73\text{m}^3$ |

续表

| 序号 | 项目编码 | 项目名称 | 单位 | 工程数量 | 计 算 式 |
|---|---|---|---|---|---|
| 6 | 010304001004 | 多孔砖墙（240mm内墙） | $m^3$ | 77.07 | 1. 一层240mm内墙毛体积＝(墙长×墙高－门窗洞口面积)×墙厚<br>①一层240mm内墙净长＝(5.4×2＋2.1－0.18×2)×2＋(5.4×2＋1.2－0.36＋0.12×2－0.18×2)×2＋(3.9－0.24)×4<br>＝12.54×2＋11.52×2＋3.66×4＝62.76m<br>②一层240mm内墙墙高＝3.52＋0.06－0.12＝3.46m<br>③一层240mm内墙毛体积＝(墙长×墙高－门窗洞口面积)×墙厚＝[62.76×3.46－(1.0×2.2×3＋1.5×2.2×2＋1.2×2.2＋1.8×1.8)]×0.24＝(62.76×3.46－19.08)×0.24<br>＝47.54$m^3$<br>2. 二层240mm内墙<br>①二层240mm内墙净长<br>＝(5.4－0.18)×6＋(5.4＋1.2－0.36－0.18)×2＋3.9×4＋5.4<br>＝5.22×6＋6.06×2＋3.9×4＋5.4＝64.44m<br>②二层240mm内墙墙高＝6.52－3.52－0.12＝2.88m<br>③二层240mm内墙毛体积＝(墙长×墙高－门窗洞口面积)×墙厚<br>＝[64.44×2.88－(1.0×2.2×4＋1.2×2.2×2)]×0.24<br>＝(64.44×2.88－14.08)×0.24＝41.16$m^3$<br>3. 扣除<br>①±0.00以上构造柱体积＝截面积×高度×数量<br>＝GZ2＋GZ3<br>＝(0.24×0.24＋0.03×0.24×2)×4×(6.52＋0.06)＋(0.24×0.36＋0.03×0.24×3)×4×(3.52＋0.06)＋(0.24×0.36＋0.03×0.24×2)×(6.52－3.52)×4<br>＝0.0864×4×6.58＋0.108×4×3.58＋0.1008×3×4<br>＝1.90＋1.55＋1.21＝4.66$m^3$<br>②圈梁：240mm内墙上圈梁＝截面积×长度<br>＝0.24×0.18×(62.76＋2.1×4－0.12×8－0.24×8)×2<br>＝0.24×0.18×68.28×2＝5.90$m^3$<br>③过梁<br>M1022过梁＝截面积×长度×根数<br>＝0.24×0.18×[(1.0＋0.25×2)×4＋(1.0×2＋0.44＋0.25×2)]<br>＝0.24×0.18×8.94＝0.39$m^3$<br>M1222过梁＝截面积×长度×根数<br>＝0.24×0.18×(1.2＋0.25×2)×3＝0.22$m^3$<br>M1522过梁＝截面积×长度×根数<br>＝0.24×0.18×(1.5＋0.25×2)×2＝0.17$m^3$<br>C1818过梁＝截面积×长度×根数<br>＝0.24×0.18×(1.8＋0.25×2)＝0.10$m^3$<br>过梁小计0.39＋0.22＋0.17＋0.10＝0.88$m^3$<br>④楼梯构造柱体积＝截面积×高度×根数<br>＝(0.24×0.24＋0.03×0.24×2)×(0.06＋1.77－0.50)×2<br>＝0.072×1.33×2＝0.19$m^3$<br>扣除合计＝构造柱＋圈梁＋过梁＋楼梯构造柱<br>＝4.66＋5.90＋0.88＋0.19＝11.63$m^3$<br>240砖内墙体积合计47.54＋41.16－11.63＝77.07$m^3$ |

续表

| 序号 | 项目编码 | 项目名称 | 单位 | 工程数量 | 计　算　式 |
|---|---|---|---|---|---|
| 7 | 010304001005 | 砌块墙（200mm内墙） | m³ | 24.23 | 1. 内墙毛体积=(墙长×墙高-门窗洞口面积)×墙厚<br>={[(3.9-0.12×2)×6+(5.4+0.12-0.18)×3+(3.9×2-0.12×2)]×(3-0.10)-1.0×2.2×7}×0.2<br>=[(3.66×6+5.34×3+7.56)×2.9-8.8]×0.2<br>=(45.54×2.9-8.8)×0.2=24.65m³<br>2. 扣除过梁<br>M1022过梁=截面积×长度×根数<br>=0.20×0.18×[(1.0+0.25×2)×2+(1.0×2+0.44+0.25×2)×1+(1.0×2+0.40+0.25×2)×2]<br>=0.20×0.18×(3+2.94+2.90×2)=0.20×0.18×11.74<br>=0.42m³<br>200mm内墙体积合计=内墙毛体积-过梁=24.65-0.42<br>=24.23m³ |
| 8 | 010304001006 | 空心砖墙（120mm内墙） | m³ | 5.48 | 1. 一层120mm内墙体积<br>①纵向120mm墙毛体积=(墙长×墙高-门窗洞口面积)×墙厚<br>=[(3.9-0.12×2+3.9-1.5-0.12-0.06)×(0.04+3.52-0.35)-0.8×2.2]×0.12<br>=[(3.66+2.22)×3.21-1.76]×0.12<br>=(5.88×3.21-1.76)×0.12=2.05m³<br>②横向120mm墙毛体积=(墙长×墙高-门窗洞口面积)×墙厚<br>=[(1.5-0.06×2)×(0.04+3.52-0.30)-0.8×2.2]×0.12<br>=(1.38×3.26-1.76)×0.12=2.74×0.12=0.33m³<br>③扣除M0822过梁体积=截面积×长度×根数<br>=0.12×0.09×(0.8+0.25×2)=0.12×0.09×1.3×2<br>=0.03m³<br>一层120mm内墙体积合计2.05+0.33-0.03=2.35m³<br>2. 二层120mm内墙毛体积=(墙长×墙高-门窗洞口面积)×墙厚<br>①墙长=(3.9-0.12×2)+(3.9-1.5-0.12-0.06)+(1.5-0.06×2)+(1.8-0.12)+(2.1-0.12)<br>=3.66+2.22+1.38+1.68+1.98=10.92m<br>②墙高=6.52-3.52-0.10=2.9m<br>③门窗洞口面积=M0822×3=0.8×2.2×3=1.76×3<br>=5.28m²<br>二层120mm内墙毛体积=(墙长×墙高-门窗洞口面积)×墙厚<br>=(10.92×2.9-5.28)×0.12=26.388×0.12=3.17m³<br>④扣除M0822过梁体积=截面积×长度×根数<br>=0.12×0.09×(0.8+0.25×2)×3=0.12×0.09×1.3×3<br>=0.04m³<br>二层120mm内墙体积=3.17-0.04=3.13m³<br>120mm内墙体积合计2.35+3.13=5.48m³ |
| 9 | 010305001001 | 毛石基础 | m³ | 79.32 | 1. 外墙毛石基础=毛石基础截面积×毛石基础中心线长<br>=0.5×(1.9-0.1-0.25-0.60)×87.00<br>=0.5×0.95×87.00=41.33m³<br>2. 内墙毛石基础<br>=毛石基础截面积×毛石基础净长线<br>=0.5×(1.9-0.1-0.25-0.30)×[(5.4×2+2.1-0.25×2)×2+(5.4×2+2.1+1.2-0.36-0.25×2)×2+(3.9×2+5.4-0.5×3)×2]<br>=0.5×1.25×(12.4×2+13.24×2+11.7×2)<br>=0.5×1.25×74.68=46.68m³<br>3. 扣除嵌入基础的构造柱体积<br>GZ1体积=0.50×0.50×0.95×4=0.95m³<br>GZ2体积=0.50×0.50×(1.25×4+0.95×8)=3.15m³<br>GZ3体积=0.50×0.50×(1.25×4+0.95×10)=3.63m³<br>GZ4体积=0.50×0.50×0.95×2=0.48m³<br>边挺体积=0.50×0.50×0.95×2=0.48m³<br>构造柱体积小计0.95+3.15+3.63+0.48+0.48=8.69m³<br>毛石基础体积合计41.33+46.68-8.69=79.32m³ |

### 过程 2.2.4　砌筑工程计价工程量计算

砌筑工程计价工程量计算首先需要熟悉定额项目划分情况，其次熟悉施工图纸，第三需要掌握计价工程量计算规则。

**1. 熟悉计价工程量计算规则**

根据某省预算定额，砌体项目划分主要为砖基础、石基础和砖墙、砌块墙等项目，同时根据砌体材料和墙体厚度不同进一步划分为不同分项工程，计价工程量计算规则同清单计价规范工程量计算规则。

**2. 计价工程量计算**

计价工程量的计算主要依据定额项目划分情况和相应的计算规则，同时需要考虑在砌体工程清单项目中所应包含的附项的工程量。如：砖基础清单项目计算计价工程量时，除了要计算主项砖基础项目计价工程量外，还要计算附项基础垫层和防潮层计价工程量。具体计算过程见表 2-4 所示。

**计价工程量计算表**

工程名称：××法院法庭工程　　　　标段：建筑工程　　　　　　　表 2-4

| 序号 | 项目编码 | | 项目名称 | 单位 | 工程数量 | 计　算　式 |
|---|---|---|---|---|---|---|
| 1 | 010301001001 | 主项 | 砖基础 | m³ | 10.78 | 同清单工程量 |
| | | 附项 | 防潮层 | m² | 85.05 | 防潮层＝基础防潮层宽×基础长<br>1. 365 厚基础防潮层<br>＝(0.365＋0.6)×78.24<br>＝0.965×78.24＝75.50m²<br>2. 490 厚基础防潮层<br>＝(0.490＋0.6)×8.76<br>＝1.09×8.76＝9.55m²<br>3. 基础防潮层＝75.50＋9.55<br>＝85.05m² |
| 2 | 010302006001 | 主项 | 零星砌砖（卫生间蹲台） | m³ | 0.07 | 同清单工程量 |
| 3 | 010304001001 | 主项 | 多孔砖墙(240 女儿墙) | m³ | 38.03 | 同清单工程量 |
| 4 | 010304001002 | 主项 | 多孔砖墙(365 外墙) | m³ | 107.46 | 同清单工程量 |
| 5 | 010304001003 | 主项 | 多孔砖墙(490 外墙) | m³ | 8.73 | 同清单工程量 |
| 6 | 010304001004 | 主项 | 多孔砖墙(240 内墙) | m³ | 77.07 | 同清单工程量 |
| 7 | 010304001005 | 主项 | 砌块墙(200 内墙) | m³ | 24.23 | 同清单工程量 |
| 8 | 010304001006 | 主项 | 空心砖墙(120 内墙) | m³ | 5.48 | 同清单工程量 |
| 9 | 010305001001 | 主项 | 毛石基础 | m³ | 79.32 | 同清单工程量 |

## 过程 2.2.5 砌筑工程综合单价计算

### 1. 综合单价计算

砌筑工程综合单价计算方法同土（石）方工程，工料机用量主要参照定额消耗量，工料机单价由投标人根据企业自身经营情况和工程实施期间市场价格确定，管理费率和利润率仍然按照 25.15% 和 3.51% 计算。

### 2. 综合单价分析表填写

砌筑工程综合单价分析表填写时，难点在于主要材料明细表部分填写需要查看材料配合比表进行砂浆的原材料二次分析，同时对同类材料用量进行汇总。可以在材料明细表里把半成品如砂浆的用量加上括号，以方便计算原材料用量，综合单价分析表见下表所示。

**工程量清单综合单价分析表**

工程名称：××法院法庭工程　　标段：建筑工程　　共 9 页，第 1 页

| 清单项目编码 | 010301001001 | 项目名称 | | 砖基础 | | 清单计量单位 | | m³ | |
|---|---|---|---|---|---|---|---|---|---|
| 清单综合单价组成明细 | | | | | | | | | |
| 定额编号 | 定额名称 | 定额单位 | 数量 | 单价 | | | | 合价 | | | |
| | | | | 人工费 | 材料费 | 机械费 | 管理费利润 | 人工费 | 材料费 | 机械费 | 管理费利润 |
| A3-1换 | 砖基础 | 10m³ | 1.08 | 445.40 | 2124.42 | 25.88 | 127.65 | 481.03 | 2294.37 | 27.95 | 137.86 |
| A7-196 | 防水砂浆防潮层 | 100m² | 0.85 | 313.48 | 561.13 | 22.56 | 89.84 | 266.46 | 476.96 | 19.18 | 76.36 |
| 人工单价 | | 小　计 | | | | | | 747.49 | 2771.33 | 47.13 | 214.22 |
| 34元/工日 | | 未计价材料费 | | | | | | | | | |
| 清单项目综合单价 | | | | | | | | 350.67 | | | |

| 材料费明细 | 材料名称、规格、型号 | 单位 | 数量 | 单价 | 合价 | 暂估单价 | 暂估合价 |
|---|---|---|---|---|---|---|---|
| | （水泥砂浆 M10） | m³ | 2.55 | 170.56 | (434.93) | | |
| | 红砖 240×115×53 | 千块 | 5.655 | 327.68 | 1853.03 | | |
| | 42.5硅酸盐水泥 | t | 0.844 | 308.00 | 259.95 | | |
| | 中粗砂 | m³ | 3.11 | 55.18 | 171.61 | | |
| | （水泥砂浆 1:2） | m³ | 1.73 | 230.14 | (398.14) | | |
| | 32.5复合硅酸盐水泥 | t | 1.00 | 287.74 | 287.74 | | |
| | 防水粉 | kg | 94.05 | 1.26 | 118.5 | | |
| | 其他材料费 | | | | 180.50 | | |
| | 材料费小计 | | | | 2871.33 | | |

## 工程量清单综合单价分析表

工程名称：××法院法庭工程　　　标段：建筑工程　　　共9页，第2页

| 清单项目编码 | 010302006001 | 项目名称 | | 蹲台砌砖 | | 清单计量单位 | | m³ |
|---|---|---|---|---|---|---|---|---|

| 清单综合单价组成明细 |||||||||
|---|---|---|---|---|---|---|---|---|
| 定额编号 | 定额名称 | 定额单位 | 数量 | 单价 ||| 合价 |||
| | | | | 人工费 | 材料费 | 机械费 | 管理费利润 | 人工费 | 材料费 | 机械费 | 管理费利润 |
| A3-45 | 零星砌体 | 10m³ | 0.007 | 809.88 | 2128.13 | 23.22 | 232.11 | 5.67 | 14.90 | 0.16 | 1.62 |
| 人工单价 || 小　　计 |||| 5.67 | 14.90 | 0.16 | 1.62 |
| 34元/工日 || 未计价材料费 |||||||
| 清单项目综合单价 |||||||| 319.29 ||||

| 材料费明细 | 材料名称、规格、型号 | 单位 | 数量 | 单价 | 合价 | 暂估单价 | 暂估合价 |
|---|---|---|---|---|---|---|---|
| | 红砖 240×115×53 | 千块 | 0.039 | 327.68 | 12.78 | | |
| | 其他材料费 |||| 2.12 | | |
| | 材料费小计 |||| 14.90 | | |

## 工程量清单综合单价分析表

工程名称：××法院法庭工程　　　标段：建筑工程　　　共9页，第3页

| 清单项目编码 | 010304001001 | 项目名称 | | 多孔砖墙（240mm外墙） | | 清单计量单位 | | m³ |
|---|---|---|---|---|---|---|---|---|

| 清单综合单价组成明细 |||||||||
|---|---|---|---|---|---|---|---|---|
| 定额编号 | 定额名称 | 定额单位 | 数量 | 单价 ||| 合价 |||
| | | | | 人工费 | 材料费 | 机械费 | 管理费利润 | 人工费 | 材料费 | 机械费 | 管理费利润 |
| A3-19 换 | 1砖多孔砖墙 | 10m³ | 3.80 | 448.80 | 1662.32 | 21.23 | 128.63 | 1705.44 | 6316.81 | 80.67 | 488.79 |
| 人工单价 || 小　　计 |||| 1705.44 | 6316.81 | 80.67 | 488.79 |
| 34元/工日 || 未计价材料费 |||||||
| 清单项目综合单价 |||||||| 225.92 ||||

| 材料费明细 | 材料名称、规格、型号 | 单位 | 数量 | 单价 | 合价 | 暂估单价 | 暂估合价 |
|---|---|---|---|---|---|---|---|
| | （混合砂浆 M10） | m³ | 7.18 | 175.73 | (1261.74) | | |
| | 42.5硅酸盐水泥 | t | 2.341 | 308.00 | 721.03 | | |
| | 中粗砂 | m³ | 8.76 | 55.18 | 483.38 | | |
| | 石灰膏 | m³ | 0.29 | 141.37 | 41.00 | | |
| | 多孔砖 240×115×90 | 千块 | 12.160 | 378.72 | 4605.24 | | |
| | 红砖 240×115×53 | 千块 | 1.292 | 327.68 | 423.36 | | |
| | 其他材料费 |||| 42.80 | | |
| | 材料费小计 |||| 6316.81 | | |

## 工程量清单综合单价分析表

工程名称：××法院法庭工程　　标段：建筑工程　　共9页，第4页

| 清单项目编码 | 010304001002 | 项目名称 | | 多孔砖墙（365mm 外墙） | | | 清单计量单位 | | m³ | |
|---|---|---|---|---|---|---|---|---|---|---|
| 清单综合单价组成明细 ||||||||||||

| 定额编号 | 定额名称 | 定额单位 | 数量 | 单价 ||||合价 ||||
|---|---|---|---|---|---|---|---|---|---|---|---|
| | | | | 人工费 | 材料费 | 机械费 | 管理费利润 | 人工费 | 材料费 | 机械费 | 管理费利润 |
| A3-20 换 | 1砖半多孔砖墙 | 10m³ | 10.75 | 410.38 | 1678.47 | 21.90 | 117.61 | 4411.59 | 18043.55 | 235.43 | 1264.31 |
| 人工单价 | | | 小　计 |||| 4411.59 | 18043.55 | 235.43 | 1264.31 |||
| 34元/工日 | | | 未计价材料费 ||||||||||
| | | | 清单项目综合单价 |||||| 222.92 ||||

| 材料费明细 | 材料名称、规格、型号 | 单位 | 数量 | 单价 | 合价 | 暂估单价 | 暂估合价 |
|---|---|---|---|---|---|---|---|
| | （混合砂浆 M10） | m³ | 22.58 | 175.73 | (3967.98) | | |
| | 42.5硅酸盐水泥 | t | 7.361 | 308.00 | 2267.19 | | |
| | 中粗砂 | m³ | 27.55 | 55.18 | 1520.21 | | |
| | 石灰膏 | m³ | 0.90 | 141.37 | 127.23 | | |
| | 多孔砖 240×115×90 | 千块 | 33.863 | 378.72 | 12824.60 | | |
| | 红砖 240×115×53 | 千块 | 3.601 | 327.68 | 1179.98 | | |
| | 其他材料费 ||||124.34|||
| | 材料费小计 ||||18043.55|||

## 工程量清单综合单价分析表

工程名称：××法院法庭工程　　标段：建筑工程　　共9页，第5页

| 清单项目编码 | 010304001003 | 项目名称 | | 多孔砖墙(490 外墙) | | | 清单计量单位 | | m³ | |
|---|---|---|---|---|---|---|---|---|---|---|
| 清单综合单价组成明细 ||||||||||||

| 定额编号 | 定额名称 | 定额单位 | 数量 | 单价 ||||合价 ||||
|---|---|---|---|---|---|---|---|---|---|---|---|
| | | | | 人工费 | 材料费 | 机械费 | 管理费利润 | 人工费 | 材料费 | 机械费 | 管理费利润 |
| A3-21 换 | 2砖多孔砖墙 | 10m³ | 0.87 | 410.38 | 1670.18 | 23.22 | 117.61 | 357.03 | 1453.06 | 20.20 | 102.32 |
| 人工单价 | | | 小　计 |||| 357.03 | 1453.06 | 20.20 | 102.32 |||
| 34元/工日 | | | 未计价材料费 ||||||||||
| | | | 清单项目综合单价 |||||| 221.38 ||||

| 材料费明细 | 材料名称、规格、型号 | 单位 | 数量 | 单价 | 合价 | 暂估单价 | 暂估合价 |
|---|---|---|---|---|---|---|---|
| | 多孔砖 240×115×90 | 千块 | 2.723 | 378.72 | 1031.25 | | |
| | 红砖 240×115×53 | 千块 | 0.290 | 327.68 | 95.03 | | |
| | （混合砂浆 M10） | m³ | 1.83 | 175.73 | (321.59) | | |
| | 42.5硅酸盐水泥 | t | 0.597 | 308.00 | 183.88 | | |
| | 中粗砂 | m³ | 2.23 | 55.18 | 123.05 | | |
| | 石灰膏 | m³ | 0.07 | 141.37 | 9.90 | | |
| | 其他材料费 ||||9.95|||
| | 材料费小计 ||||1453.06|||

## 工程量清单综合单价分析表

工程名称：××法院法庭工程　　　标段：建筑工程　　　共9页，第6页

| 清单项目编码 | 010304001004 | 项目名称 | | 多孔砖墙（240mm内墙） | | | 清单计量单位 | | m³ | |
|---|---|---|---|---|---|---|---|---|---|---|
| 清单综合单价组成明细 | | | | | | | | | | |
| 定额编号 | 定额名称 | 定额单位 | 数量 | 单价 | | | | 合价 | | | |
| | | | | 人工费 | 材料费 | 机械费 | 管理费利润 | 人工费 | 材料费 | 机械费 | 管理费利润 |
| A3-19换 | 1砖多孔砖墙 | 10m³ | 7.71 | 448.80 | 1662.32 | 21.23 | 128.63 | 3460.25 | 12816.49 | 163.68 | 991.74 |
| 人工单价 | | | 小　　计 | | | | | 3460.25 | 12816.49 | 163.68 | 991.74 |
| 34元/工日 | | | 未计价材料费 | | | | | | | | |
| | | | 清单项目综合单价 | | | | | 226.19 | | | |

| 材料费明细 | 材料名称、规格、型号 | 单位 | 数量 | 单价 | 合价 | 暂估单价 | 暂估合价 |
|---|---|---|---|---|---|---|---|
| | （混合砂浆 M10） | m³ | 14.57 | 175.73 | (2560.39) | | |
| | 42.5硅酸盐水泥 | t | 4.750 | 308.00 | 1463.00 | | |
| | 中粗砂 | m³ | 17.78 | 55.18 | 981.10 | | |
| | 石灰膏 | m³ | 0.58 | 141.37 | 81.99 | | |
| | 多孔砖 240×115×90 | 千块 | 24.672 | 378.72 | 9343.78 | | |
| | 红砖 240×115×53 | 千块 | 2.621 | 327.68 | 858.85 | | |
| | 其他材料费 | | | | 87.79 | | |
| | 材料费小计 | | | | 12816.49 | | |

## 工程量清单综合单价分析表

工程名称：××法院法庭工程　　　标段：建筑工程　　　共9页，第7页

| 清单项目编码 | 010304001005 | 项目名称 | | 砌块墙（200mm内墙） | | | 清单计量单位 | | m³ | |
|---|---|---|---|---|---|---|---|---|---|---|
| 清单综合单价组成明细 | | | | | | | | | | |
| 定额编号 | 定额名称 | 定额单位 | 数量 | 单价 | | | | 合价 | | | |
| | | | | 人工费 | 材料费 | 机械费 | 管理费利润 | 人工费 | 材料费 | 机械费 | 管理费利润 |
| A3-74换 | 200mm砌块墙 | 10m³ | 2.42 | 353.26 | 1488.07 | 7.96 | 101.24 | 854.89 | 3601.13 | 19.26 | 245.00 |
| 人工单价 | | | 小　　计 | | | | | 854.89 | 3601.13 | 19.26 | 245.00 |
| 34元/工日 | | | 未计价材料费 | | | | | | | | |
| | | | 清单项目综合单价 | | | | | 194.81 | | | |

| 材料费明细 | 材料名称、规格、型号 | 单位 | 数量 | 单价 | 合价 | 暂估单价 | 暂估合价 |
|---|---|---|---|---|---|---|---|
| | 粉煤灰空心砌块 390×290×190 | m³ | 23.14 | 140.50 | 3251.17 | | |
| | （混合砂浆 M10） | m³ | 1.91 | 175.73 | (335.64) | | |
| | 42.5硅酸盐水泥 | t | 0.623 | 308.00 | 191.88 | | |
| | 中粗砂 | m³ | 2.33 | 55.18 | 128.57 | | |
| | 石灰膏 | m³ | 0.08 | 141.37 | 11.31 | | |
| | 其他材料费 | | | | 18.20 | | |
| | 材料费小计 | | | | 3601.13 | | |

## 工程量清单综合单价分析表

工程名称：××法院法庭工程　　　标段：建筑工程　　　共9页，第8页

| 清单项目编码 | 010304001006 | 项目名称 | 空心砖墙（120mm内墙） | | 清单计量单位 | | m³ | |
|---|---|---|---|---|---|---|---|---|
| 清单综合单价组成明细 ||||||||||

| 定额编号 | 定额名称 | 定额单位 | 数量 | 单 价 |||| 合 价 ||||
|---|---|---|---|---|---|---|---|---|---|---|---|
| | | | | 人工费 | 材料费 | 机械费 | 管理费利润 | 人工费 | 材料费 | 机械费 | 管理费利润 |
| A3-22换 | 1/2砖空心砖墙 | 10m³ | 0.55 | 520.54 | 2198.64 | 14.60 | 149.19 | 286.30 | 1209.25 | 8.03 | 82.05 |
| 人工单价 ||| 小　计 |||||| 286.30 | 1209.25 | 8.03 | 82.05 |
| 34元/工日 ||| 未计价材料费 ||||||||||
| 清单项目综合单价 |||||||||| 289.35 |||

| 材料费明细 | 材料名称、规格、型号 | 单位 | 数量 | 单价 | 合价 | 暂估单价 | 暂估合价 |
|---|---|---|---|---|---|---|---|
| | 空心砖 240×115×115 | 千块 | 1.561 | 690.00 | 1077.09 | | |
| | （混合砂浆 M10） | m³ | 0.73 | 175.73 | (128.28) | | |
| | 42.5硅酸盐水泥 | t | 0.238 | 308.00 | 73.30 | | |
| | 中粗砂 | m³ | 0.89 | 55.18 | 49.11 | | |
| | 石灰膏 | m³ | 0.03 | 141.37 | 4.24 | | |
| | 其他材料费 ||||  5.51 | | |
| | 材料费小计 ||||  1209.25 | | |

## 工程量清单综合单价分析表

工程名称：××法院法庭工程　　　标段：建筑工程　　　共9页，第9页

| 清单项目编码 | 010305001001 | 项目名称 | 毛石基础 | | 清单计量单位 | | m³ | |
|---|---|---|---|---|---|---|---|---|
| 清单综合单价组成明细 ||||||||||

| 定额编号 | 定额名称 | 定额单位 | 数量 | 单 价 |||| 合 价 ||||
|---|---|---|---|---|---|---|---|---|---|---|---|
| | | | | 人工费 | 材料费 | 机械费 | 管理费利润 | 人工费 | 材料费 | 机械费 | 管理费利润 |
| A3-93换 | 毛石基础 | 10m³ | 7.93 | 426.36 | 1334.24 | 43.79 | 122.19 | 3381.03 | 10580.52 | 348.68 | 968.97 |
| 人工单价 ||| 小　计 |||||| 3381.03 | 10580.52 | 348.68 | 968.97 |
| 34元/工日 ||| 未计价材料费 ||||||||||
| 清单项目综合单价 |||||||||| 192.76 |||

| 材料费明细 | 材料名称、规格、型号 | 单位 | 数量 | 单价 | 合价 | 暂估单价 | 暂估合价 |
|---|---|---|---|---|---|---|---|
| | （水泥砂浆 M10） | m³ | 31.16 | 170.56 | (5314.65) | | |
| | 42.5硅酸盐水泥 | t | 10.314 | 308.00 | 3176.71 | | |
| | 中粗砂 | m³ | 38.02 | 55.18 | 2097.94 | | |
| | 毛石 | m³ | 88.97 | 58.76 | 5227.88 | | |
| | 其他材料费 ||||  77.99 | | |
| | 材料费小计 ||||  10580.52 | | |

## 过程 2.2.6　填写分部分项工程量清单与计价表，汇总分部分项工程费用

通过以上综合单价分析表，在工程量清单与计价表中填写各清单项目的综合单价，计算各清单项目分部分项工程费，汇总得砌筑工程分部分项工程费用，分部分项工程量清单与计价表见下表所示。

分部分项工程量清单与计价表

工程名称：××法院法庭工程　　　标段：建筑工程　　　　　　共1页，第1页

| 序号 | 项目编码 | 项目名称 | 项目特征描述 | 计量单位 | 工程量 | 金额（元） | | |
|---|---|---|---|---|---|---|---|---|
| | | | | | | 综合单价 | 合价 | 其中暂估价 |
| | | | A.3 砌筑工程 | | | | | |
| 1 | 010301001001 | 砖基础 | 1. 砖品种、规格、强度等级：MU10 实心黏土砖，规格 240×115×53<br>2. 基础类型：条形基础<br>3. 基础深度：0.6m<br>4. 砂浆类型及强度等级：M10 水泥砂浆 | m³ | 10.78 | 350.67 | 3780.22 | |
| 2 | 010302006001 | 蹲台砌砖 | 1. 零星砌砖名称：卫生间蹲台<br>2. 砂浆强度等级：M5 混合砂浆 | m³ | 0.07 | 319.29 | 22.35 | |
| 3 | 010304001001 | 多孔砖墙（240mm外墙） | 1. 墙体类型：女儿墙、窗下墙<br>2. 墙体厚度：240mm 厚<br>3. 砖品种、规格、强度等级：MU10 多孔砖，规格 240×115×90<br>4. 砂浆强度等级、配合比：M10 水泥白灰混合砂浆 | m³ | 38.03 | 225.92 | 8591.74 | |
| 4 | 010304001002 | 多孔砖墙（365mm外墙） | 1. 墙体类型：外墙<br>2. 墙体厚度：365mm 厚<br>3. 砖品种、规格、强度等级：MU10 多孔砖，规格 240×115×90<br>4. 砂浆强度等级、配合比：M10 水泥白灰混合砂浆 | m³ | 107.46 | 222.92 | 23594.98 | |
| 5 | 010304001003 | 多孔砖墙（490mm外墙） | 1. 墙体类型：外墙<br>2. 墙体厚度：490mm 厚<br>3. 砖品种、规格、强度等级：MU10 多孔砖，规格 240×115×90<br>4. 砂浆强度等级、配合比：M10 水泥白灰混合砂浆 | m³ | 8.73 | 221.38 | 1932.65 | |
| 6 | 010304001004 | 多孔砖墙（240mm内墙） | 1. 墙体类型：内墙<br>2. 墙体厚度：240mm 厚<br>3. 砖品种、规格、强度等级：MU10 多孔砖，规格 240×115×90<br>4. 砂浆强度等级、配合比：M10 水泥白灰混合砂浆 | m³ | 77.07 | 226.19 | 17432.46 | |

续表

| 序号 | 项目编码 | 项目名称 | 项目特征描述 | 计量单位 | 工程量 | 金额（元） | | |
|---|---|---|---|---|---|---|---|---|
| | | | | | | 综合单价 | 合价 | 其中暂估价 |
| | | | A.3　砌筑工程 | | | | | |
| 7 | 010304001005 | 砌块墙（200mm内墙） | 1. 墙体类型：内隔墙<br>2. 墙体厚度：200mm厚<br>3. 砖品种、规格、强度等级：粉煤灰砌块，规格390×290×190<br>4. 砂浆强度等级、配合比：M10水泥白灰混合砂浆 | m³ | 24.23 | 194.81 | 4720.25 | |
| 8 | 010304001006 | 空心砖墙（120mm内墙） | 1. 墙体类型：内隔墙<br>2. 墙体厚度：120mm厚<br>3. 砖品种、规格、强度等级：MU10空心砖，规格240×115×115<br>4. 砂浆强度等级、配合比：M10水泥白灰混合砂浆 | m³ | 5.48 | 289.35 | 1585.64 | |
| 9 | 010305001001 | 毛石基础 | 1. 石料种类、规格、强度等级：MU30毛石<br>2. 基础深度：1.55m<br>3. 基础类型：条形基础<br>4. 砂浆强度等级、配合比：M10水泥砂浆 | m³ | 79.32 | 192.63 | 15279.41 | |
| | | | 分部小计 | | | | 77299.70 | |

## 任务2.3　混凝土及钢筋混凝土工程工程量清单报价

本任务主要包括编制法庭工程钢筋混凝土带形基础、构造柱、地圈梁、圈梁、过梁、楼板、楼梯、单梁、台阶、散水和防滑坡道以及钢筋工程等分项工程的工程量清单报价，编制过程中主要依据计价规范、施工方案、市场价格及相应定额，重点仍是综合单价的计算方法和测算过程。

### 过程2.3.1　混凝土及钢筋混凝土工程施工图识读

根据结构设计说明，法庭工程为两层砖混结构，主要钢筋混凝土构件有C10混凝土垫层、C30钢筋混凝土条形基础、C25钢筋混凝土圈梁、C25钢筋混凝土楼板、C20钢筋混凝土过梁、C20钢筋混凝土楼梯、台阶等。混凝土及钢筋混凝土工程施工图识读重点是：混凝土及钢筋混凝土构件的类型、位置、尺寸、混凝土强度等级及配筋情况等，具体见结构施工图。

### 1. 混凝土及钢筋混凝土工程平面图的识读

钢筋混凝土工程平面施工图主要体现基础的类型及其平面位置、构造柱的布置位置及其数量；3.52m 和 6.52m 标高处楼面结构平面布置情况，包括钢筋混凝土连续梁的长度和位置、钢筋混凝土板的编号、厚度及其配筋情况等；钢筋混凝土圈梁的平面布置情况及其标高；钢筋混凝土楼梯的平面位置、尺寸和平台板配筋情况。

### 2. 混凝土及钢筋混凝土工程剖面图识读

钢筋混凝土工程剖面图中主要体现钢筋混凝土条形基础、毛石基础、砖基础和构造柱的截面形式、具体尺寸及配筋情况；连续梁和圈梁截面形式、标高和配筋情况；钢筋混凝土楼梯的踏步板和楼梯梁的尺寸和配筋情况。

## 过程 2.3.2　混凝土及钢筋混凝土工程相关知识学习

混凝土及钢筋混凝土工程中主要是现浇构件，有现浇钢筋混凝土基础、柱、梁、板、墙、楼梯、阳台、雨篷和台阶、散水等。本分部工程在计算钢筋混凝土构件费用时，分为混凝土、钢筋和模板三部分计算，模板部分主要在措施项目中计算。

## 过程 2.3.3　混凝土及钢筋混凝土工程清单工程量计算

查阅计价规范附录 A 建筑工程工程量清单计价项目及计算规则，熟悉 A.4 混凝土及钢筋混凝土工程的项目划分及各分项工程项目特征、计量单位、工程内容及计算规则，计算并复核分项工程清单工程量，编制混凝土及钢筋混凝土工程分部分项工程量清单。

### 1. 熟悉清单项目划分及其工程量计算规则

混凝土及钢筋混凝土工程主要清单项目有现浇混凝土基础、柱、梁、墙、板、楼梯、其他构件，后浇带，预制混凝土柱、梁、屋架、板、楼梯、其他预制构件，混凝土构筑物、钢筋工程和螺栓铁件等。清单编制人可以根据构件的混凝土强度等级、构件尺寸等分别列项，清单项目设置以方便投标人投标报价为主，力求在适用的基础上尽量简单化。

混凝土及钢筋混凝土工程构件工程量清单计算规则同定额中的计算规则，但清单项目涵盖的工程内容较定额多，如预制混凝土构件包含构件的制作、运输、安装及接头灌浆和养护等内容。

本工程主要应用的钢筋混凝土工程清单项目计算规则如下：

（1）钢筋混凝土基础：按设计图示尺寸以体积计算，不扣除构件内钢筋、预埋铁件的体积；

（2）钢筋混凝土柱：按设计图示尺寸以体积计算，不扣除构件内钢筋、预埋铁件所占体积；

（3）钢筋混凝土梁：按设计图示尺寸以体积计算。不扣除构件内钢筋、预埋铁件所占体积，伸入墙内的梁头、梁垫并入梁体积内计算；

（4）钢筋混凝土板：按设计图示尺寸以体积计算。不扣除构件内钢筋、预埋铁件及单个面积 $0.3m^2$ 以内的孔洞所占体积；有梁板按梁、板体积之和计算，无梁板按板和柱帽体积之和计算；各类板伸入墙内的板头并入板体积内计算；

（5）现浇钢筋混凝土楼梯：按设计图示尺寸以水平投影面积计算。不扣除宽度小于 500mm 的楼梯井，伸入墙内部分不计算；

（6）现浇混凝土散水、坡道：按设计图示尺寸以面积计算。不扣除单个 $0.3m^2$ 以内的孔洞所占面积；

（7）现浇构件钢筋：根据钢种和规格不同，以设计图示长度乘以单位理论质量计算。

**2. 清单工程量计算**

根据施工图纸和计价规范计算并复核分项工程清单工程量，编制混凝土及钢筋混凝土工程分部分项工程量清单。工程量清单编制的难点主要在于详细准确地描述项目特征，重点描述清楚钢筋混凝土工程的构件类型、混凝土强度等级、构件截面尺寸及高度、混凝土拌合料要求等。清单工程量计算过程见表 2-5 所示。

**清单工程量计算表**

工程名称：××法院法庭工　　标段：建筑工程　　　　　　　表 2-5

| 序号 | 项目编码 | 项目名称 | 单位 | 工程数量 | 计　算　式 |
|---|---|---|---|---|---|
| 1 | 010401001001 | 现浇混凝土带形基础 | $m^3$ | 41.83 | 1. 365mm 外墙混凝土带形基础体积＝基础截面积×基础中心线长<br>＝$[(1.2×0.2+(1.2+0.5+0.05×2)×(0.25-0.20)÷2)]×87.00$<br>＝$(0.24+0.045)×87.00=0.285×87.00=24.80m^3$<br>2. 240mm 内墙混凝土带形基础体积＝基础截面积×基础净长线＝$[(1.0×0.2+(1.0+0.5+0.05×2)×(0.25-0.20)÷2)]×[(5.4×2+2.1-0.6×2)×2+(5.4×2+2.1+1.2-0.36-0.6×2)×2+(3.9×2+5.4-1.0×2-0.5×2)×2]$<br>＝$(0.2+0.04)×(11.7×2+12.54×2+10.2×2)$<br>＝$0.24×68.88=16.53m^3$<br>3. 120mm 内墙混凝土带形基础＝基础截面积×基础净长线<br>＝$[(0.3+0.3+0.15×2)×0.15÷2]×[(3.9-0.12×2)+(3.9-1.5-0.12-0.06)+1.5]$<br>＝$0.0675×(3.66+2.22+1.5)=0.0675×7.38$<br>＝$0.50m^3$<br>4. 混凝土带形基础体积＝365mm 外墙混凝土带形基础体积＋240mm 内墙混凝土带形基础体积＋120mm 内墙混凝土带形基础＝$24.80+16.53+0.50=41.83m^3$ |

续表

| 序号 | 项目编码 | 项目名称 | 单位 | 工程数量 | 计 算 式 |
|---|---|---|---|---|---|
| 2 | 010401006001 | 混凝土基础垫层 | m³ | 20.21 | 混凝土垫层体积<br>1. 外墙基础垫层＝垫层截面积×垫层中心线长<br>＝(1.2＋0.1×2)×0.1×87.00＝0.14×87.00<br>＝12.18m³<br>2. 内墙基础垫层＝垫层截面积×垫层净长线＝(1.0＋0.1×2)×0.1×[(5.4×2＋2.1－0.7×2)×2＋(5.1×2＋2.1＋1.2－0.36－0.7×2)×2＋(3.9×2＋5.4－1.2×2－0.60×2)×2]<br>＝1.2×0.1×(11.5×2＋12.34×2＋9.60×2)<br>＝1.2×0.1×66.88＝8.03m³<br>垫层合计 12.18＋8.03＝20.21m³ |
| 3 | 010402001001 | 构造柱GZ1 | m³ | 5.11 | 构造柱体积＝截面积×高度×数量<br>＝[(0.36×0.36＋0.03×0.36×2)×(6.52＋0.60－0.24)＋0.50×0.50×(1.9－0.60－0.10－0.25)]×4<br>＝(0.1512×6.88＋0.25×0.95)×4＝1.278×4<br>＝5.11m³ |
| 4 | 010402001002 | 构造柱GZ2 | m³ | 9.31 | 构造柱体积＝截面积×高度×数量<br>＝[(0.24×0.24＋0.03×0.24×2)×2＋(0.24×0.24＋0.03×0.24×3)×6]×(6.52＋0.60－0.24)＋[(0.24×0.24＋0.03×0.24×2)×4]×(6.52＋0.06)＋0.50×0.50×[0.95×8＋(1.90－0.10－0.25－0.30)×4]<br>＝(0.072×2＋0.0792×6)×6.88＋(0.072×4)×6.58＋0.25×(0.95×8＋1.25×4)<br>＝0.6192×6.88＋0.288×6.58＋0.25×12.60<br>＝4.26＋1.895＋3.15＝9.31m³ |
| 5 | 010402001003 | 构造柱GZ3 | m³ | 11.85 | 构造柱体积＝截面积×高度×数量<br>＝(0.24×0.36＋0.03×0.36×2)×(6.52＋0.60－0.24)×8＋(0.24×0.36＋0.03×0.24×2)×4＋(0.24×0.36＋0.03×0.24×3)×(3.52＋0.06)×4＋0.50×0.50×(0.95×8＋1.25×4)<br>＝0.108×6.88×8＋0.1008×3×4＋0.108×3.58×4＋0.25×12.60<br>＝5.944＋1.21＋1.547＋3.15＝11.85m³ |
| 6 | 010402001004 | 构造柱GZ4 | m³ | 3.25 | 构造柱体积＝截面积×高度×数量<br>＝(0.49×0.36＋0.03×0.49＋0.03×0.36)×(6.52＋0.60－0.24)×2＋0.5×0.5×0.95×2<br>＝0.2019×6.88×2＋0.25×0.95×2＝2.778＋0.475<br>＝3.25m³ |
| 7 | 010402001005 | 构造柱（边挺） | m³ | 1.83 | 1. M1、C1 洞口边挺<br>边挺体积＝截面积×高度×根数<br>＝(0.16×0.36＋0.03×0.36)×(6.52＋0.60－0.24)×2＋0.50×0.50×0.95×2＝0.0684×6.88×2＋0.25×0.95×2＝0.941＋0.475＝1.416m³<br>2. C2718 洞口边挺<br>边挺体积＝截面积×高度×根数<br>＝(0.16×0.36＋0.03×0.36)×(6.52－3.52)×2<br>＝0.0684×3.0×2＝0.41m³<br>边挺合计 1.416＋0.41＝1.83m³ |

续表

| 序号 | 项目编码 | 项目名称 | 单位 | 工程数量 | 计 算 式 |
|---|---|---|---|---|---|
| 8 | 010402001006 | 构造柱（女儿墙） | $m^3$ | 7.79 | 女儿墙构造小柱：<br>1. 7.5m 标高部分：<br>构造小柱＝截面积×柱高×根数<br>＝(0.24×0.24＋0.03×0.24×2)×(7.5－6.52－0.06)×(13.02÷1.5×2＋7.68÷1.5×4)＝0.072×0.92×(9×2＋6×4)＝0.072×0.92×42＝2.78$m^3$<br>2. 8.4m 标高部分：<br>构造小柱＝截面积×柱高×根数<br>＝(0.24×0.24＋0.03×0.24×2)×(8.4－6.52－0.06)×(13.44÷1.5×2＋14.34÷1.5×2)＋0.03×0.24×0.92×4<br>＝0.072×1.82×(9×2＋10×2)＋0.026＝0.072×1.82×38＋0.024<br>＝4.980＋0.026＝5.01$m^3$<br>合计 2.78＋5.01＝7.79$m^3$ |
| 9 | 010402001007 | 楼梯构造柱 | $m^3$ | 0.19 | TGZ体积＝截面积×高度×根数<br>＝(0.24×0.24＋0.03×0.24×2)×(0.06＋1.77－0.50)×2<br>＝0.072×1.33×2＝0.19$m^3$ |
| 10 | 010403001001 | 地圈梁（外墙基础） | $m^3$ | 7.27 | 1. 365mm 外墙基础地圈梁＝截面积×地圈梁中心线长度<br>＝0.36×0.24×[87.00－(3.9＋0.24×2)×2－(0.36×4＋0.24×14)]<br>＝0.36×0.24×(87.00－8.76－4.80)＝0.36×0.24×73.44＝6.35$m^3$<br>2. 490 外墙基础地圈梁＝截面积×地圈梁中心线长度<br>＝0.49×0.24×(8.76－0.24×4)×2＝0.49×0.24×7.80＝0.92$m^3$<br>合计 6.35＋0.92＝7.27$m^3$ |
| 11 | 010403001002 | 地圈梁（内墙基础） | $m^3$ | 4.31 | 240mm 内墙基础地圈梁＝截面积×长度<br>＝0.24×0.24×[(5.4×2＋2.1－0.18×2)×2＋(5.4×2＋2.1＋1.2－0.36－0.18×2)×2＋(3.9×2＋5.4－0.24×3)×2－0.24×8]<br>＝0.24×0.24×(12.54×2＋13.38×2＋12.48×2－1.92)<br>＝0.24×0.24×(76.80－1.92)＝0.24×0.24×74.88<br>＝4.31$m^3$ |
| 12 | 010403004001 | 圈梁（一层） | $m^3$ | 4.58 | 1. 外墙圈梁<br>圈梁体积＝截面积×(圈梁中心线长度－构造柱所占长度－过梁长度)<br>＝0.24×0.18×[(14.28－0.18－0.06×2)×2＋29.28×2－5.4＋0.36×2－0.24×18－(4.6＋6.4＋16.2＋8)]<br>＝0.24×0.18×(13.98×2＋28.80×2－5.40＋0.72－4.32－35.2)<br>＝0.24×0.18×41.36＝1.787$m^3$<br>2. 内墙圈梁<br>圈梁体积＝截面积×圈梁净长线<br>＝0.24×0.18×[(5.4×2＋2.1－0.18×2)×2＋(5.4×2＋2.1＋1.2－0.36－0.18×2)×2＋(3.9－0.12)×4－0.24×8]<br>＝0.24×0.18×(12.54×2＋13.38×2＋3.66×4－1.92)<br>＝0.24×0.18×64.56＝2.789$m^3$<br>合计 1.787＋2.789＝4.58$m^3$ |

续表

| 序号 | 项目编码 | 项目名称 | 单位 | 工程数量 | 计 算 式 |
|---|---|---|---|---|---|
| 13 | 010403004002 | 圈梁（二层） | m³ | 4.39 | 1. 外墙圈梁<br>圈梁体积＝截面积×（圈梁中心线长度－构造柱所占长度－过梁长度）<br>＝0.24×0.18×[76.56－(13.8＋3.2＋6.4＋16.2)]<br>＝0.24×0.18×(76.56－39.60)＝0.24×0.18×36.96<br>＝1.597m³<br>2. 内墙圈梁<br>圈梁体积＝截面积×圈梁净长线<br>＝0.24×0.18×[(5.4×2＋2.1－0.18×2)×2＋(5.4×2＋2.1＋1.2－0.36－0.18×2)×2＋(3.9－0.12×2)×4－0.24×8]<br>＝0.24×0.18×(66.48－1.92)＝0.24×0.18×64.56<br>＝2.789m³<br>合计 1.597＋2.789＝4.39m³ |
| 14 | 010403005001 | 过梁 | m³ | 7.67 | 1. 365mm 外墙过梁<br>①M1 过梁由 L3 代替，不需要另算<br>②C1821 过梁＝截面积×长度×根数<br>＝0.36×0.42×(1.8＋0.25×2)×2<br>＝0.36×0.42×2.3×2＝0.36×0.42×4.6＝0.696m³<br>③C3618 过梁＝截面积×长度×根数<br>＝(0.48×0.10)×(3.60＋0.25×2)<br>＝0.048×4.1＝0.197m³<br>④C1818 过梁＝截面积×长度×根数<br>＝0.36×0.32×(1.8＋0.25×2)×6<br>＝0.36×0.32×2.3×6＝0.36×0.32×13.8<br>＝1.590m³<br>⑤C2718 过梁＝截面积×长度×根数<br>＝0.36×0.32×(2.7＋0.25×2)×1<br>　＝0.36×0.32×3.2×1＝0.369m³<br>365mm 过梁小计 0.696＋0.197＋1.590＋0.369<br>＝2.852m³<br>2. 490mm 外墙过梁<br>①C1221 过梁＝截面积×长度×根数＝0.24×0.42×(1.2×2＋0.3＋0.25×2)×2＝0.24×0.42×3.2×2<br>＝0.24×0.42×6.4＝0.645m³<br>②C1218 过梁＝截面积×长度×根数<br>＝0.24×0.32×(1.2×2＋0.3＋0.25×2)×2<br>＝0.24×0.32×3.2×2＝0.24×0.32×6.4＝0.492m³<br>490mm 过梁小计 0.645＋0.492＝1.137m³<br>3. 240mm 外墙(窗下墙)过梁<br>①C1221 过梁＝截面积×长度×根数＝0.24×0.42×[(1.2×2＋0.3＋0.25×2)×4＋(1.2＋0.25×2)×2]<br>＝0.24×0.42×(3.2×4＋1.7×2)<br>＝0.24×0.42×16.2＝1.633m³<br>②C1521 过梁＝截面积×长度×根数<br>＝0.24×0.42×(1.5＋0.25×2)×4<br>＝0.24×0.42×2×4＝0.24×0.42×8＝0.806m³<br>③C1218 过梁＝截面积×长度×根数<br>＝(0.24×0.32＋0.12×0.10)×[(1.2×2＋0.3＋0.25×2)×4＋(1.2＋0.25×2)×2]<br>＝0.0768×16.2＝1.244m³<br>240mm 外墙过梁小计 1.633＋0.806＋1.244<br>＝3.683m³<br>过梁合计 2.852＋1.137＋3.683＝7.67m³ |

续表

| 序号 | 项目编码 | 项目名称 | 单位 | 工程数量 | 计 算 式 |
|---|---|---|---|---|---|
| 15 | 010405001001 | 有梁板（一层100厚） | $m^3$ | 29.72 | 一层100mm厚板<br>1. 一层①～③、1/A～D轴线间有梁板<br>①L1体积＝截面积×长度×根数＝0.24×(0.70－0.10)×(3.9×2－0.12×2)×2＝0.24×0.60×7.56×2＝2.18$m^3$<br>②L2体积＝截面积×长度×根数＝0.20×(0.50－0.10)×(5.4×2＋2.1－0.18×2－0.24×2)×1＝0.20×0.40×12.06＝0.96$m^3$<br>③板体积＝板面积×板厚<br>＝(3.9×2－0.12×2)×(5.4×2＋2.1－0.18×2)×0.10<br>＝7.56×12.54×0.10＝9.48$m^3$<br>小计 2.18＋0.96＋9.48＝12.62$m^3$<br>2. 一层⑥～⑧、1/A～D轴线间有梁板<br>同①～③、1/A～D轴线间有梁板＝12.62$m^3$<br>3. 一层③～④、C～D轴线间有梁板<br>①LL1体积＝截面积×长度×根数<br>＝0.20×(0.35－0.10)×(3.9＋0.12×2)<br>＝0.20×0.25×4.14＝0.207$m^3$<br>②LL2体积＝截面积×长度×根数<br>＝0.20×(0.30－0.10)×(1.8＋0.12－0.12)×1<br>＝0.20×0.20×1.8＝0.072$m^3$<br>③板体积＝板面积×板厚<br>＝(3.9－0.12×2)×(5.4－0.12－0.18)×0.10<br>＝3.66×5.10×0.10＝1.87$m^3$<br>小计 0.207＋0.072＋1.867＝2.146$m^3$<br>4. 一层⑤～⑥、C～D轴线间有梁板<br>①LL3体积＝截面积×长度×根数<br>＝0.20×(0.35－0.10)×(3.9＋0.12×2)×2<br>＝0.20×0.25×4.14×2＝0.414$m^3$<br>②LL2体积＝截面积×长度×根数<br>＝0.20×(0.30－0.10)×(1.5－0.12－0.12)×1<br>＝0.20×0.20×1.26＝0.0504$m^3$<br>③板体积＝板面积×板厚<br>＝(3.9－0.12×2)×(5.4－0.12－0.18)×0.10<br>＝3.66×5.10×0.10＝1.87$m^3$<br>小计 0.414＋0.0504＋1.87＝2.334$m^3$<br>合计 12.62＋12.62＋2.146＋2.334＝29.72$m^3$ |
| 16 | 010405001002 | 有梁板（二层100厚） | $m^3$ | 25.24 | 二层100mm厚板<br>1. 二层①～③、1/A～D轴线间有梁板<br>①L1a体积＝截面积×长度×根数<br>＝0.24×(0.70－0.10)×(3.9×2－0.12×2)×2<br>＝0.24×0.60×7.56×2＝2.18$m^3$<br>②L2a体积＝截面积×长度×根数<br>＝0.20×(0.50－0.10)×(5.4×2＋2.1－0.18×2－0.24×2)×1＝0.20×0.40×12.06＝0.96$m^3$<br>③板体积＝板面积×板厚<br>＝(3.9×2－0.12×2)×(5.4×2＋2.1－0.18×2)×0.10＝7.56×12.54×0.10＝9.48$m^3$<br>小计 2.18＋0.96＋9.48＝12.62$m^3$<br>2. 二层⑥～⑧、1/A～D轴线间有梁板<br>同①～③、1/A～D轴线间有梁板＝12.62$m^3$<br>合计 12.62＋12.62＝25.24$m^3$ |

续表

| 序号 | 项目编码 | 项目名称 | 单位 | 工程数量 | 计 算 式 |
|---|---|---|---|---|---|
| 17 | 010405001003 | 有梁板（一层120厚） | m³ | 1.15 | 一层120mm厚有梁板：④～⑤、B～C轴线间有梁板<br>1. L4体积计入楼梯<br>2. 板体积＝板面积×板厚<br>＝(5.4－0.12×2)×(2.1－0.12×2)×0.12<br>＝5.16×1.86×0.12＝1.15m³<br>合计 1.15m³ |
| 18 | 010405001004 | 有梁板（二层120厚） | m³ | 1.15 | 二层120mm厚有梁板：④～⑤、B～C轴线间有梁板<br>1. L4a体积计入140mm厚有梁板<br>2. 板体积＝板面积×板厚<br>＝(5.4－0.12×2)×(2.1－0.12×2)×0.12<br>＝5.16×1.86×0.12＝1.15m³<br>合计 1.15m³ |
| 19 | 010405001005 | 有梁板（一层140厚） | m³ | 5.93 | 一层④～⑤、A～B轴线间有梁板<br>1. L4体积＝截面积×长度×根数<br>＝0.24×0.50×(5.4－0.12×2)×1<br>＝0.24×0.50×5.16×1＝0.619m³<br>2. L3体积＝截面积×长度×根数<br>＝0.36×0.50×(5.4＋0.12×2)×1<br>＝0.36×0.50×5.64×1＝1.015m³<br>3. 板体积＝板面积×板厚<br>＝(5.4－0.12×2)×(5.4＋1.2－0.12－0.18－0.36)<br>×0.14<br>＝5.16×5.94×0.14＝4.294m³<br>合计 0.619＋1.015＋4.291＝5.93m³ |
| 20 | 010405001006 | 有梁板（二层140厚） | m³ | 10.59 | 二层④～⑤、A～B、C～D轴线间有梁板<br>1. L4a体积＝截面积×长度×根数<br>＝0.24×0.50×(5.4－0.12×2)×2<br>＝0.24×0.50×5.16×2＝0.6192×2＝1.238m³<br>2. L3a体积＝截面积×长度×根数<br>＝0.36×(0.50＋0.10)×(5.4－0.12×2)×1<br>＝0.36×0.60×5.16＝1.115m³<br>3. 板体积＝板面积×板厚＝[(5.4－0.12×2)×(5.4<br>＋1.2－0.12－0.18)＋(5.4－0.12×2)×(5.4－0.18－<br>0.12)]×0.14<br>＝[(5.16×6.3)＋(5.16×5.1)]×0.14<br>＝58.824×0.14＝8.235m³<br>合计 1.238＋1.115＋8.235＝10.59m³ |
| 21 | 010405003007 | 平板（一层120厚） | m³ | 7.17 | 一层120mm厚平板<br>1. 一层③～④、A～C轴线间平板<br>板体积＝板面积×板厚＝(3.9－0.12×2)×(5.4＋1.2<br>＋2.1－0.18－0.24－0.12)×0.12＝3.66×8.16×0.12<br>＝3.584m³<br>2. 一层⑤～⑥、A～C轴线间平板<br>板体积＝板面积×板厚＝(3.9－0.12×2)×(5.4＋1.2<br>＋2.1－0.18－0.24－0.12)×0.12＝3.66×8.16×0.12<br>＝3.584m³<br>合计 3.584＋3.584＝7.17m³ |

续表

| 序号 | 项目编码 | 项目名称 | 单位 | 工程数量 | 计 算 式 |
|---|---|---|---|---|---|
| 22 | 010405003008 | 平板（二层120厚） | m³ | 11.65 | 二层120mm厚平板<br>1. 二层③~④、A~D轴线间平板<br>板体积＝板面积×板厚＝(3.9－0.12×2)×(5.4×2＋1.2＋2.1－0.18×2－0.24×2)×0.12<br>＝3.66×13.26×0.12＝5.824m³<br>2. 二层⑤~⑥、A~D轴线间平板<br>板体积＝板面积×板厚＝(3.9－0.12×2)×(5.4＋1.2＋2.1－0.18×2－0.24×2)×0.12＝3.66×8.16×0.12<br>＝5.824m³<br>合计5.824＋5.824＝11.65m³ |
| 23 | 010406001001 | 混凝土楼梯 | m² | 27.55 | 楼梯水平投影面积<br>＝(5.40－0.12×2)×(2.02＋3.08＋0.24)<br>＝5.16×5.34＝27.55m² |
| 24 | 010407001001 | 混凝土台阶 | m³ | 3.02 | 台阶体积＝台阶截面积×台阶长度<br>1. 台阶截面积＝0.30×0.15×4＋0.30×4×1.12×0.08＝0.288m²<br>2. 台阶长＝5.40＋0.60×2＋0.30×2＋2.1×2＋0.30×2－1.5＝10.50m<br>台阶体积＝台阶截面积×台阶长度＝0.288×10.50<br>＝3.02m³ |
| 25 | 010407001007 | 混凝土压顶 | m³ | 2.00 | 1. 7.5m标高部分<br>压顶＝截面积×压顶长<br>＝0.30×0.06×[(12.9＋0.03×2)×2＋(3.9×2＋0.09－0.24)×4]<br>＝0.30×0.06×(12.96×2＋7.65×4)<br>＝0.30×0.06×56.52＝1.02m³<br>2. 8.4m标高部分<br>压顶＝截面积×压顶长<br>＝0.30×0.06×[(13.20＋0.09×2)×2＋(12.9＋0.03＋1.2＋0.15)×2]<br>＝0.30×0.06×(13.38×2＋13.98×2)<br>＝0.30×0.06×54.72＝0.98m³<br>合计1.02＋0.98＝2.00m³ |
| 26 | 010407002001 | 混凝土散水 | m² | 73.44 | 散水面积＝散水长度×散水宽度<br>＝[外墙外边线长－台阶长－防滑坡道长＋散水宽×5＋(1.2＋0.3－0.9)]×散水宽<br>＝[(14.58＋29.28)×2－(5.4＋0.6＋0.3×3)－(3.9＋0.24)＋0.9×5＋(1.2＋0.3－0.18－0.9)]×0.9<br>＝(87.72－6.9－4.14＋4.5＋0.42)×0.9<br>＝81.6×0.9＝73.44m² |
| 27 | 010407002002 | 混凝土防滑坡道 | m² | 10.35 | 防滑坡道面积＝防滑坡道长度×防滑坡道宽度<br>＝6.9×1.5＝10.35m² |

续表

| 序号 | 项目编码 | 项目名称 | 单位 | 工程数量 | 计 算 式 |
|---|---|---|---|---|---|
| 28 | 010410003001 | 预制过梁 | m³ | 1.37 | 1. 240内墙过梁<br>①M1022过梁=截面积×长度×根数=0.24×0.18×[(1.0+0.25×2)×4+(1.0×2+0.44+0.25×2)]<br>=0.24×0.18×8.94=0.39m³<br>②M1222过梁=截面积×长度×根数<br>=0.24×0.18×(1.2+0.25×2)×3=0.22m³<br>③M1522过梁=截面积×长度×根数<br>=0.24×0.18×(1.5+0.25×2)×2=0.17m³<br>④C1818过梁=截面积×长度×根数<br>=0.24×0.18×(1.8+0.25×2)=0.10m³<br>240内墙过梁小计 0.39+0.22+0.17+0.10=0.88m³<br>2. 200mm内墙过梁<br>M1022过梁=截面积×长度×根数=0.20×0.18×[(1.0+0.25×2)×2+(1.0×2+0.44+0.25×2)×1+(1.0×2+0.40+0.25×2)×2]<br>=0.20×0.18×(3+2.94+2.90×2)<br>=0.20×0.18×11.74=0.42m³<br>3. 120mm内墙过梁<br>M0822过梁体积=截面积×长度×根数<br>=0.12×0.09×(0.8+0.25×2)×5<br>=0.12×0.09×1.3×5=0.07m³<br>过梁合计 0.88+0.42+0.07=1.37m³ |
| 29 | 010416001001 | （现浇混凝土钢筋HPB235Φ6) | t | 0.264 | 计算过程见钢筋计算表 |
| 30 | 010416001002 | （现浇混凝土箍筋HPB235Φ6) | t | 1.350 | 计算过程见钢筋计算表 |
| 31 | 010416001003 | （现浇混凝土钢筋HPB235Φ6.5) | t | 0.345 | 计算过程见钢筋计算表 |
| 32 | 010416001004 | （现浇混凝土钢筋HPB235Φ8) | t | 4.532 | 计算过程见钢筋计算表 |
| 33 | 010416001005 | （现浇混凝土钢筋HPB235Φ8) | t | 0.737 | 计算过程见钢筋计算表 |
| 34 | 010416001006 | （现浇混凝土钢筋HPB235Φ10) | t | 2.139 | 计算过程见钢筋计算表 |
| 35 | 010416001007 | （现浇混凝土钢筋HPB235Φ12) | t | 7.071 | 计算过程见钢筋计算表 |

续表

| 序号 | 项目编码 | 项目名称 | 单位 | 工程数量 | 计 算 式 |
|---|---|---|---|---|---|
| 36 | 010416001008 | (现浇混凝土钢筋HPB235Φ14) | t | 0.222 | 计算过程见钢筋计算表 |
| 37 | 010416001009 | (现浇混凝土钢筋HPB235Φ16) | t | 0.023 | 计算过程见钢筋计算表 |
| 38 | 010416001010 | (现浇混凝土钢筋HPB235Φ12) | t | 0.148 | 计算过程见钢筋计算表 |
| 39 | 010416001011 | (现浇混凝土钢筋HPB235Φ14) | t | 0.190 | 计算过程见钢筋计算表 |
| 40 | 010416001012 | (现浇混凝土钢筋HPB235Φ16) | t | 0.276 | 计算过程见钢筋计算表 |
| 41 | 010416001013 | (现浇混凝土钢筋HPB235Φ18) | t | 0.600 | 计算过程见钢筋计算表 |
| 42 | 010416001014 | (现浇混凝土钢筋HPB235Φ20) | t | 0.298 | 计算过程见钢筋计算表 |
| 43 | 010416001015 | (现浇混凝土钢筋HPB235Φ22) | t | 0.786 | 计算过程见钢筋计算表 |
| 44 | 010416001016 | (现浇混凝土钢筋HPB235Φ25) | t | 0.843 | 计算过程见钢筋计算表 |
| 45 | 010416002001 | 预制构件冷拔低碳钢丝$\Phi^b 4$ | t | 0.0004 | 计算过程见钢筋计算表 |
| 46 | 010416002002 | (预制构件钢筋HPB235Φ6) | t | 0.018 | 计算过程见钢筋计算表 |
| 47 | 010416002003 | (预制构件箍筋HPB235Φ6) | t | 0.036 | 计算过程见钢筋计算表 |

续表

| 序号 | 项目编码 | 项目名称 | 单位 | 工程数量 | 计算式 |
|---|---|---|---|---|---|
| 48 | 010416002004 | （预制构件钢筋HPB235Φ8） | t | 0.002 | 计算过程见钢筋计算表 |
| 49 | 010416002005 | （预制构件钢筋HPB235Φ10） | t | 0.037 | 计算过程见钢筋计算表 |
| 50 | 010416002006 | （预制构件钢筋HPB235Φ12） | t | 0.008 | 计算过程见钢筋计算表 |
| 51 | 010416002007 | （预制构件钢筋HPB235Φ12） | t | 0.006 | 计算过程见钢筋计算表 |

钢筋计算主要参考结构标准图集、钢筋平面整体表示方法、制图规则和构造详图，计算过程见钢筋下面计算表所示，由于篇幅有限，在钢筋计算表中只列出部分典型构件钢筋计算过程，其他构件计算方法同典型构件，本工程全部钢筋计算结果见钢筋汇总表所示。

### 钢筋汇总表

| 节点名称 | 钢筋类型 | 钢筋直径(mm) | 现浇构件钢筋(kg) | 箍筋(kg) |
|---|---|---|---|---|
| 现浇构件钢筋 | HPB235 | 6.0 | 264.098 | 1350.378 |
| | HPB235 | 6.5 | 344.891 | 0.000 |
| | HPB235 | 8.0 | 4532.168 | 737.208 |
| | HPB235 | 10.0 | 2195.117 | 0.000 |
| | HPB235 | 12.0 | 7070.505 | 0.000 |
| | HPB235 | 14.0 | 222.000 | 0.000 |
| | HPB235 | 16.0 | 22.720 | 0.000 |
| | HRB335 | 12.0 | 147.599 | 0.000 |
| | HRB335 | 14.0 | 189.906 | 0.000 |
| | HRB335 | 16.0 | 276.392 | 0.000 |
| | HRB335 | 18.0 | 599.860 | 0.000 |
| | HRB335 | 20.0 | 298.192 | 0.000 |
| | HRB335 | 22.0 | 785.921 | 0.000 |
| | HRB335 | 25.0 | 843.332 | 0.000 |
| 预制构件钢筋 | 冷拔低碳钢丝 | 4.0 | 0.400 | 0.000 |
| | HPB235 | 6.0 | 18.271 | 36.177 |
| | HPB235 | 8.0 | 2.097 | |
| | HPB235 | 10.0 | 36.897 | |
| | HPB235 | 12.0 | 7.566 | |
| | HRB335 | 12.0 | 6.474 | |
| 合计 | | | 178100.943 | 2123.763 |

## 钢筋计算表

| 序号 | 构件信息 | | 总质 (kg) | 单质 (kg) | 根数 | 级别直径 | 简图 | 单长 (mm) | 计算式 | 备注 |
|---|---|---|---|---|---|---|---|---|---|---|
| 1 | 基础（外墙） | ①轴 | 55.296 | 0.768 | 72 | Φ10 | 1120 | 1245 | 1200−2×40+2×6.25×10 | 受力筋 A10@200 |
| | | | 29.340 | 4.890 | 6 | Φ8 | 12000 | 12380 | 11700+150+150+1×280+2×6.25×8 | 分布筋 A8@250, LaE=25d, L1E=1.4LaE |
| | | D轴 | 112.896 | 0.768 | 147 | Φ10 | 1120 | 1245 | 1200−2×40+2×6.25×10 | 受力筋 A10@200 |
| | | | 70.626 | 11.771 | 6 | Φ8 | 28860 | 29800 | 28560+150+150+3×280+2×6.25×8 | 分布筋 A8@250, LaE=25d, L1E=1.4LaE |
| | | ⑧轴 | 55.296 | 0.768 | 72 | Φ10 | 1120 | 1245 | 1200−2×40+2×6.25×10 | 受力筋 A10@200 |
| | | | 29.340 | 4.890 | 6 | Φ8 | 12000 | 12380 | 11700+150+150+1×280+2×6.25×8 | 分布筋 A8@250, LaE=25d, L1E=1.4LaE |
| | | A轴 | 41.472 | 0.768 | 54 | Φ10 | 1120 | 1245 | 1200−2×40+2×6.25×10 | 受力筋 A10@200 |
| | | | 19.248 | 1.604 | 12 | Φ8 | 3960 | 4060 | 3660+150+150+2×6.25×8 | 分布筋 A8@250, LaE=25d, L1E=1.4LaE |
| | | 1/A轴 ①~③, ⑥~⑧ | 70.656 | 0.768 | 92 | Φ10 | 1120 | 1245 | 1200−2×40+2×6.25×10 | 受力筋 A10@200 |
| | | | 37.164 | 3.097 | 12 | Φ8 | 7740 | 7840 | 7440+150+150+2×6.25×8 | 分布筋 A8@250, LaE=25d, L1E=1.4LaE |
| | | 1/A轴 ④~⑤轴 | 26.112 | 0.768 | 34 | Φ10 | 1120 | 1245 | 1200−2×40+2×6.25×10 | 受力筋@200 |
| | | | 13.176 | 2.196 | 6 | Φ8 | 5460 | 5560 | 5160+150+150+2×6.25×8 | 分布筋 A8@250, LaE=25d, L1E=1.4LaE |

续表

| 序号 | 构件信息 | | 总质(kg) | 单质(kg) | 根数 | 级别直径 | 简图 | 单长(mm) | 计算式 | 备注 |
|---|---|---|---|---|---|---|---|---|---|---|
| 1 | 基础(外墙) | ③轴 | 19.968 | 0.768 | 26 | Φ10 | 1120 | 1245 | 1200−2×40+2×6.25×10 | 受力筋 A10@200 |
| | | ⑥轴 | 5.880 | 0.490 | 12 | Φ8 | 1140 | 1240 | 840+150+150+2×6.25×8 | 分布筋 A8@250, LaE=25d, L1E=1.4LaE |
| | | ③轴 | 86.430 | 0.645 | 134 | Φ10 | 920 | 1045 | 1000−2×40+2×6.25×10 | 受力筋 A10@200 |
| | | ⑥轴 | 52.220 | 5.222 | 10 | Φ8 | 12840 | 13220 | 12540+150+150+1×280+2×6.25×8 | 分布筋 A8@250, LaE=25d, L1E=1.4LaE |
| 2 | 基础(内墙) | ④轴 | 16.125 | 0.645 | 25 | Φ10 | 920 | 1045 | 1000−2×40+2×6.25×10 | 受力筋 A10@200 |
| | | ⑤轴 | 52.220 | 5.222 | 10 | Φ8 | 12840 | 13220 | 12540+150+150+1×280+2×6.25×8 | 分布筋 @250, LaE=25d, L1E=1.4LaE |
| | B, C轴 | | 89.010 | 0.645 | 138 | Φ10 | 920 | 1045 | 1000−2×40+2×6.25×10 | 受力筋 A10@200 |
| | | | 53.880 | 5.388 | 10 | Φ8 | 13260 | 13640 | 12960+150+150+1×280+2×6.25×8 | 分布筋 A8@250, LaE=25d, L1E=1.4LaE |
| 3 | 构造柱①轴与1/A轴交点 GZ1 | 基础层 | 19.320 | 2.415 | 8 | Φ12 | 245⌐2475 | 2720 | 420+1550+600+2×6.25×12 | 柱主筋 4A12 锚入基础底板 35d, 锚固长度 31d, 搭接长 |
| | | | 2.950 | 0.295 | 10 | Φ6 | 296⌐296 | 1327 | 296×2+296×2+23.8×6 | 箍筋 A6@100/200 |
| | | 一层 | 30.336 | 3.792 | 8 | Φ12 | 4120 | 4270 | 3520+600+2×6.25×12 | 主筋一层, 锚固长 28d, 搭接长 50d |
| | | | 6.060 | 0.303 | 20 | Φ6 | 306⌐306 | 1367 | 306×2+306×2+23.8×6 | 箍筋 A6@100/200 |
| | | 二层 | 24.512 | 3.064 | 8 | Φ12 | 300⌐3150 | 3450 | 3000−180+40×12+2×6.25×12 | 主筋一层, 锚入圈梁 40d |
| | | | 7.272 | 0.303 | 24 | Φ6 | 306⌐306 | 1367 | 306×2+306×2+23.8×6 | 箍筋 A6@100/200 |

续表

| 序号 | 构件信息 | | 总质(kg) | 单质(kg) | 根数 | 级别直径 | 简 图 | 单长(mm) | 计 算 式 | 备 注 |
|---|---|---|---|---|---|---|---|---|---|---|
| 4 | 女儿墙构造小柱 | 7.5m高部分 | 159.600 | 0.950 | 168 | Φ10 | 135⌐1130⌐150 | 1540 | 60−25+920+150+31×10+2×6.25×10 | 4A10, 42根柱 |
| | | | 64.176 | 0.191 | 336 | Φ6 | 196⌐⌐196 | 859 | 196×2+196×2+2×6.25×6 | 箍筋 A6@200 |
| | | 8.4m高部分 | 329.380 | 2.167 | 152 | Φ12 | 135⌐2030⌐150 | 2440 | 60−25+1820+150+31×10+2×6.25×10 | 4A10, 42根柱 |
| | | | 94.354 | 0.191 | 494 | Φ6 | 196⌐⌐196 | 859 | 196×2+196×2+2×6.25×6 | 箍筋 A6@200 |
| 5 | 圈梁365外墙 | ①轴 | 27.056 | 13.528 | 2 | Φ12 | 157⌐14170⌐157 | 15234 | 372+13740+372+600+2×6.25×12 | 上部纵筋 2A12, 锚固长 31d, 搭接长 50d |
| | | | 27.056 | 13.528 | 2 | Φ12 | 157⌐14170⌐157 | 15234 | 372+13740+372+600+2×6.25×12 | 下部纵筋 2A12, 锚固长 31d, 搭接长 50d |
| | | | 11.098 | 0.179 | 62 | Φ6 | 130⌐⌐196 | 807 | 196×2+136×2+23.8×6 | 箍筋 A6@200 |
| | | ⑧轴 | 26.960 | 13.480 | 2 | Φ12 | 157⌐14170⌐157 | 15180 | 372+13740+372+600+2×6.25×12 | 上部纵筋 2A12, 锚固长 31d, 搭接长 50d |
| | | | 26.960 | 13.480 | 2 | Φ12 | 157⌐14170⌐157 | 15180 | 372+13740+372+600+2×6.25×12 | 下部纵筋 2A12, 锚固长 31d, 搭接长 50d |
| | | | 11.098 | 0.179 | 62 | Φ6 | 130⌐⌐196 | 807 | 196×2+136×2+23.8×6 | 箍筋 A6@200 |
| | | D轴 | 55.506 | 27.753 | 2 | Φ12 | 157⌐28990⌐157 | 31254 | 372+28560+372+3×600+2×6.25×12 | 上部纵筋 2A12, 锚固长 31d, 搭接长 50d |
| | | | 55.506 | 27.753 | 2 | Φ12 | 157⌐28990⌐157 | 31254 | 372+28560+372+3×600+2×6.25×12 | 下部纵筋 2A12, 锚固长 31d, 搭接长 50d |
| | | | 25.060 | 0.179 | 140 | Φ6 | 130⌐⌐196 | 807 | 196×2+136×2+23.8×6 | 箍筋 A6@200 |

续表

| 序号 | 构件信息 | | 总质(kg) | 单质(kg) | 根数 | 级别直径 | 简图 | 单长(mm) | 计算式 | 备注 |
|---|---|---|---|---|---|---|---|---|---|---|
| 5 | 外墙圈梁 | A轴 | 16.176 | 4.044 | 4 | Φ12 | 157 └4090┘ 157 | 4554 | (372+3660+372+2×6.25×12)×2 | ③～④、⑤～⑥ |
| | | | 15.984 | 3.996 | 4 | Φ12 | 157 └4090┘ 157 | 4500 | (372+3660+372+2×6.25×12)×2 | ③～④、⑤～⑥ |
| | | | 6.802 | 0.179 | 38 | Φ6 | 196 ┌136┐ | 807 | 196×2+136×2+23.8×6 | 箍筋 A6@200 |
| | | ③、⑥轴 | 30.028 | 7.507 | 4 | Φ12 | 157 └7990┘ 157 | 8454 | (372+7560+372+2×6.25×12)×2 | ①～③、⑥～⑦ |
| | | | 30.028 | 7.507 | 4 | Φ12 | 157 └7990┘ 157 | 8454 | (372+7560+372+2×6.25×12)×2 | ①～③、⑥～⑦ |
| | | | 13.604 | 0.179 | 76 | Φ6 | 196 ┌136┐ | 807 | 196×2+136×2+23.8×6 | 箍筋 A6@200 |
| 6 | 内墙圈梁 | ⑥轴 | 6.160 | 1.540 | 4 | Φ12 | 157 └1270┘ 157 | 1734 | (372+840+372+2×6.25×12)×2 | 上部纵筋 2A12，锚固长 31d，搭接长 50d |
| | | | 6.160 | 1.540 | 4 | Φ12 | 157 └1270┘ 157 | 1734 | (372+840+372+2×6.25×12)×2 | 下部纵筋 2A12，锚固长 31d，搭接长 50d |
| | | | 2.148 | 0.179 | 12 | Φ6 | 196 ┌136┐ | 807 | 196×2+136×2+23.8×6 | 箍筋 A6@200 |
| | | | 27.056 | 13.528 | 2 | Φ12 | 157 └14170┘ 157 | 15234 | 372+13740+372+600+2×6.25×12 | 上部纵筋，锚固长 31d，搭接长 50d |
| | | | 27.056 | 13.528 | 2 | Φ12 | 157 └14170┘ 157 | 15234 | 372+13740+372+600+2×6.25×12 | 上部纵筋，锚固长 31d，搭接长 50d |
| | | | 11.098 | 0.179 | 62 | Φ6 | 196 ┌136┐ | 807 | 196×2+136×2+23.8×6 | 箍筋 A6@200 |

续表

| 序号 | 构件信息 | | 总质(kg) | 单质(kg) | 根数 | 级别直径 | 简图 | 单长(mm) | 计算式 | 备注 |
|---|---|---|---|---|---|---|---|---|---|---|
| 7 | 压顶 | ①、⑧轴 | 32.130 | 5.355 | 6 | Φ8 | 13210 | 13558 | 12660+275+275+1×248+2×6.25×8 | 上部纵筋，搭接长31d |
| | | | 11.136 | 0.087 | 128 | Φ6 | 250 | 393 | 300−25−25+23.8×6 | 分布筋 A6@200 |
| | | 1/A、D轴 | 19.176 | 3.196 | 6 | Φ8 | 7990 | 8090 | 7800−120−240+275+275+2×6.25×8 | ①～③、⑥～⑧ |
| | | | 13.224 | 0.087 | 152 | Φ6 | 250 | 393 | 300−25−25+23.8×6 | 分布筋 A6@200 |
| | | ③、⑥轴 | 35.262 | 5.877 | 6 | Φ8 | 14530 | 14878 | 14100−120+275+275+1×248+2×6.25×8 | 上部纵筋，搭接长31d |
| | | | 12.354 | 0.087 | 142 | Φ6 | 250 | 393 | 300−25−25+23.8×6 | 分布筋 A6@200 |
| | | D、A轴 | 33.126 | 5.521 | 6 | Φ8 | 13630 | 13978 | 13200−60−60+275+275+1×248+2×6.25×8 | 上部纵筋，搭接长31d |
| | | | 11.484 | 0.087 | 132 | Φ6 | 250 | 393 | 300−25−25+23.8×6 | 分布筋 A6@200 |
| 8 | 次梁 L1 | | 35.028 | 17.514 | 2 | Φ18 | 8230 270 | 8770 | 335+7560+335+270+270 | 1-1跨上部负载 2B18 |
| | | | 203.976 | 33.996 | 6 | Φ25 | 8230 300 | 8830 | 335+7560+335+300+300 | 1-1、1-1跨下部筋 6B25 |
| | | | 33.705 | 0.749 | 45 | Φ8 | 196 656 | 1895 | 196×2+656×2+23.8×8 | 箍筋 A8@200 |
| | | | 8.768 | 4.384 | 2 | Φ16 | 320 300 919 919 | 2778 | 300+919+919+320+320 | 1跨吊筋 2B16 |
| | | | 14.332 | 7.166 | 2 | Φ12 | 7920 | 8070 | 180+7560+180+2×6.25×12 | 1跨腰筋 2A12 |
| | | | 3.080 | 0.154 | 20 | Φ8 | 198 | 389 | 198+2×11.9×8 | 1跨拉钩筋 1A8 |

续表

| 序号 | 构件信息 | | 总质(kg) | 单质(kg) | 根数 | 级别直径 | 简图 | 单长(mm) | 计算式 | 备注 |
|---|---|---|---|---|---|---|---|---|---|---|
| 9 | 过梁 GL0810 | | 0.588 | 0.294 | 2 | Φ6 | 1250 | 1325 | 1250+2×6.25×6 | 受力筋 2A6 |
| | | | 0.072 | 0.009 | 8 | Φb4 | 90 | 90 | 90 | 分布筋 8Ab4 |
| 10 | 板(①~③、A~D) | 负筋 | 342.108 | 3.978 | 86 | Φ12 | 2180 80 | 4480 | 1090+1090+80+80 | 负筋 A12@120 |
| | | | 5.610 | 0.561 | 10 | Φ8 | 1260 80 | 1420 | 630+630+80+80 | 负筋 A8@200,锚固长31d |
| | | | 31.772 | 0.611 | 52 | Φ8 | 1440 28 | 1548 | 1340−120+248+80 | 负筋 A8@200 |
| | | | 22.344 | 0.588 | 38 | Φ8 | 1380 28 | 1488 | 1340−180+248+80 | 负筋 A8@200 |
| | | | 4.300 | 0.430 | 10 | Φ8 | 980 28 | 1088 | 880−120+248+80 | 负筋 A8@200 |
| | | | 22.192 | 0.584 | 38 | Φ8 | 1370 28 | 1478 | 1330−180+248+80 | 负筋 A8@200 |
| | | | 66.956 | 1.762 | 38 | Φ8 | 4300 80 | 4460 | 1100+1100+2100+80+80 | 负筋 A8@200 |
| | | 分布筋 | 20.608 | 1.288 | 16 | Φ8 | 3260 | 3260 | 5400−1340−1100+150+150 | 分布筋 A8@180 |
| | | | 9.786 | 0.699 | 14 | Φ8 | 1770 | 1770 | 3900−1340−1090+150+150 | 分布筋 A8@180 |
| | | | 9.842 | 0.703 | 14 | Φ8 | 1780 | 1780 | 3900−1330−1090+150+150 | 分布筋 A8@180 |
| | | | 20.608 | 1.288 | 14 | Φ8 | 3260 | 3260 | 5400−1340−1100+150+150 | 分布筋 A8@180 |
| | | | 18.088 | 1.292 | 14 | Φ8 | 3270 | 3270 | 5400−1330−1100+150+150 | 分布筋 A8@180 |

续表

| 序号 | 构件信息 | | 总质(kg) | 单质(kg) | 根数 | 级别直径 | 简 图 | 单长(mm) | 计 算 式 | 备 注 |
|---|---|---|---|---|---|---|---|---|---|---|
| 10 | 板(①~③、A~D) | 底筋 | 182.532 | 2.173 | 84 | Φ8 | 5400 | 5500 | 5400−120−180+120+120+2×6.25×8 | 底筋 A8@180 |
| | | | 36.498 | 0.869 | 42 | Φ8 | 2100 | 2200 | 2100+2×6.25×8 | 底筋 A8@180 |
| | | | 129.116 | 2.483 | 52 | Φ10 | 3900 | 4025 | 3900+2×6.25×10 | 底筋 A10@200 |
| | | | 34.760 | 1.580 | 22 | Φ8 | 3900 | 4000 | 3900+2×6.25×8 | 底筋 A8@180 |
| | | | 34.760 | 1.580 | 70 | Φ8 | 3900 | 4000 | 3900+2×6.25×8 | 底筋 A8@150 |
| 11 | 楼梯 | LT-1 | 14.508 | 0.806 | 18 | Φ10 | 1077 60 | 1306 | 310+770×1.134+60+6.25×10 1117+(36×10−192.9)+(6.25×10) | 楼梯下部负筋 A10@120，锚固长 31d |
| | | | 14.112 | 0.784 | 18 | Φ10 | 998 60 106 | 1270 | 0.4×310+15×10+770×1.134+60+6.25×10 | 楼梯上部负筋 A10@120 |
| | | | 93.420 | 4.671 | 20 | Φ14 | 3692 | 3867 | 3080×1.134+100+100+2×6.25×14 | 楼梯底筋 A14@110 |
| | | | 21.325 | 0.853 | 25 | Φ8 | 2060 | 2160 | 2100−20−20+2×6.25×8 | 梯板分布筋 A8@250 |
| | | LT-2 | 19.344 | 0.806 | 24 | Φ10 | 1077 60 150 106 | 1306 | 310+770×1.134+60+6.25×10 1117+(36×10−192.9)+(6.25×10) | 楼梯下部负筋 A10@120，锚固长 31d |
| | | | 18.816 | 0.784 | 24 | Φ10 | 998 60 | 1270 | 0.4×310+15×10+770×1.134+60+6.25×10 | 楼梯上部负筋 A10@120 |
| | | | 140.130 | 4.671 | 30 | Φ14 | 3692 | 3867 | 3080×1.134+100+100+2×6.25×14 | 楼梯底筋 A14@110 |
| | | | 27.850 | 0.557 | 50 | Φ8 | 1310 | 1410 | 1350−20−20+2×6.25×8 | 梯板分布筋 A8@250 |

续表

| 序号 | 构件信息 | | 总质(kg) | 单质(kg) | 根数 | 级别直径 | 简图 | 单长(mm) | 计算式 | 备注 |
|---|---|---|---|---|---|---|---|---|---|---|
| 11 | 楼梯 | TL-1 | 26.072 | 13.036 | 2 | Φ18 | 469 5590 469 | 6528 | 5400−120−120+38×18+38×18 | 梯梁上部纵筋 2B18 |
| | | | 26.072 | 13.036 | 2 | Φ18 | 469 5590 469 | 6528 | 5400−120−120+38×18+38×18 | 梯梁下部纵筋 2B18 |
| | | | 11.518 | 0.443 | 26 | Φ8 | 158 308 | 1122 | 158×2+308×2+23.8×8 | 箍筋 A8@200 |
| | | TL-2 | 20.602 | 10.301 | 2 | Φ16 | 469 5590 469 | 6528 | 5400−120−120+38×18+38×18 | 梯梁上部纵筋 2B16 |
| | | | 9.856 | 4.928 | 2 | Φ12 | 5400 | 5550 | 5400+2×6.25×12 | 梯梁腰筋 2A12 |
| | | | 58.359 | 19.453 | 3 | Φ22 | 469 5590 469 | 6528 | 5400−120−120+38×18+38×18 | 梯梁下部纵筋 3B22 |
| | | | 1.974 | 0.141 | 14 | Φ8 | 166 | 356 | 166+2×11.9×8 | 第 1 排腰筋拉钩 A8@400 |
| | | | 15.174 | 0.562 | 27 | Φ8 | 158 458 | 1422 | 158+458×2+23.8×8 | 箍筋 A8@200 |
| | | TGZ | 2.167 | 0.197 | 11 | Φ6 | 186 | 887 | 186×2+186×2+23.8×6 | 箍筋 A6@100/200 |
| | | | 8.960 | 2.240 | 4 | Φ12 | 296 1876 150 | 2522 | 496+1330+496+12.5×16 | 上部纵筋 4A12, 锚固长 31d, 搭接长 50d |

### 过程 2.3.4　混凝土及钢筋混凝土工程计价工程量计算

混凝土及钢筋混凝土工程工程量清单报价过程同土方工程。在计算计价工程量时不但要计算每个清单项目主项的计价工程量，同时还要计算清单项目所包含的附项的计价工程量。如：现浇钢筋混凝土带形基础清单项目，计算计价工程量时，不但要计算主项钢筋混凝土基础项目的计价工程量，还要计算附项基础垫层的计价工程量。

**1. 熟悉计价工程量计算规则**

本工程主要应用的钢筋混凝土工程计价项目计算规则同清单项目工程量计算规则。

**2. 混凝土及钢筋混凝土构件计价工程量计算**

混凝土及钢筋混凝土构件计价工程量计算过程见表 2-6 所示。

计价工程量计算表　　　　　　　　　　　　　　　　　　表 2-6

工程名称：××法院法庭工程　　　标段：建筑工程

| 序号 | 项目编码 | | 项目名称 | 单位 | 工程数量 | 计 算 式 |
|---|---|---|---|---|---|---|
| 1 | 010401001001 | 主项 | 现浇混凝土带型基础 | m³ | 41.83 | 同清单工程量 |
| 2 | 010401006001 | 主项 | 混凝土基础垫层 | m² | 20.21 | 同清单工程量 |
| 3 | 010402001001 | 主项 | 构造柱 GZ1 | m³ | 5.11 | 同清单工程量 |
| 4 | 010402001002 | 主项 | 构造柱 GZ2 | m³ | 9.31 | 同清单工程量 |
| 5 | 010402001003 | 主项 | 构造柱 GZ3 | m³ | 11.85 | 同清单工程量 |
| 6 | 010402001004 | 主项 | 构造柱 GZ4 | m³ | 3.25 | 同清单工程量 |
| 7 | 010402001004 | 主项 | 构造柱（边挺） | m³ | 1.83 | 同清单工程量 |
| 8 | 010402001005 | 主项 | 构造柱（女儿墙） | m³ | 7.79 | 同清单工程量 |
| 9 | 010402001005 | 主项 | 楼梯构造柱 TGZ | m³ | 0.19 | 同清单工程量 |
| 10 | 010403001001 | 主项 | 地圈梁（外墙基础） | m³ | 7.27 | 同清单工程量 |
| 11 | 010403001002 | 主项 | 地圈梁（内墙基础） | m³ | 4.31 | 同清单工程量 |
| 12 | 010403004001 | 主项 | 圈梁（一层） | m³ | 4.58 | 同清单工程量 |
| 13 | 010403004002 | 主项 | 圈梁（二层） | m³ | 4.39 | 同清单工程量 |
| 14 | 010403005001 | 主项 | 过梁 | m³ | 7.67 | 同清单工程量 |
| 15 | 010405001001 | 主项 | 有梁板（一层 100 厚） | m³ | 29.72 | 同清单工程量 |
| 16 | 010405001002 | 主项 | 有梁板（二层 100 厚） | m³ | 25.24 | 同清单工程量 |
| 17 | 010405001003 | 主项 | 有梁板（一层 120 厚） | m³ | 1.15 | 同清单工程量 |
| 18 | 010405001004 | 主项 | 有梁板（二层 120 厚） | m³ | 1.15 | 同清单工程量 |
| 19 | 010405001005 | 主项 | 有梁板（一层 140 厚） | m³ | 5.93 | 同清单工程量 |
| 20 | 010405001006 | 主项 | 有梁板（二层 140 厚） | m³ | 10.59 | 同清单工程量 |
| 21 | 010405003007 | 主项 | 平板（一层 120 厚） | m³ | 7.17 | 同清单工程量 |
| 22 | 010405003008 | 主项 | 平板（二层 120 厚） | m³ | 11.65 | 同清单工程量 |
| 23 | 010406001001 | 主项 | 楼梯 | m² | 27.55 | 同清单工程量 |
| 24 | 010407001001 | 主项 | 混凝土台阶 | m³ | 3.02 | 同清单工程量 |
| | | 附项 | 中砂防冻胀层 | m³ | 5.07 | 中砂防冻胀层体积＝砂垫层截面积×砂垫层长度＝(0.3×2＋0.3×1.12)×0.3×10.50＝1.608×0.3×10.50＝5.07m³ |

续表

| 序号 | 项目编码 | | 项目名称 | 单位 | 工程数量 | 计　算　式 |
|---|---|---|---|---|---|---|
| 25 | 010407001007 | 主项 | 混凝土压顶 | m³ | 2.00 | 同清单工程量 |
| 26 | 010407002001 | 主项 | 混凝土散水 | m² | 73.44 | 同清单工程量 |
| | | 附项 | 中砂防冻胀层 | m³ | 29.92 | 中砂防冻胀层体积＝冻胀层中心线长度×冻胀层宽×冻胀层厚＝[外墙外边线长－台阶长－防滑坡道长＋冻胀层宽×5＋(1.2＋0.3－0.18－0.9)]×冻胀层宽×冻胀层厚＝[(14.58＋29.28)×2－(5.4＋0.6＋0.3×3)－(3.9＋0.24)＋(0.9＋0.30)×5＋(1.2＋0.3－0.18－0.9)]×(0.9＋0.30)×0.30＝(87.72－6.9－4.14＋6＋0.42)×1.20×0.30＝83.10×1.20×0.30＝29.92m³ |
| 27 | 010407002002 | 主项 | 混凝土防滑坡道 | m² | 10.35 | 同清单工程量 |
| | | 附项 | 中砂防冻胀层 | m³ | 3.89 | 中砂防冻胀层体积＝冻胀层中心线长度×冻胀层宽×冻胀层厚＝(6.9＋0.30)×(1.5＋0.30)×0.30＝7.20×1.80×0.30＝3.89m³ |
| 28 | 010416001001 | 主项 | 预制过梁 | m³ | 1.39 | 1.37×1.015＝1.39m³ |
| | | 附项 | 过梁运输 | m³ | 1.37 | 1.37×1.013＝1.39m³ |
| | | | 过梁安装 | m³ | 1.38 | 1.37×1.005＝1.38m³ |
| 29 | 010416001002 | 主项 | 现浇混凝土 HPB235 钢筋Φ6 | t | 0.264 | 同清单工程量 |
| 30 | 010416001002 | 主项 | 现浇混凝土 HPB235 箍筋Φ6 | t | 1.350 | 同清单工程量 |
| 31 | 010416001003 | 主项 | 现浇混凝土 HPB235 钢筋Φ6.5 | t | 0.345 | 同清单工程量 |
| 32 | 010416001004 | 主项 | 现浇混凝土 HPB235 钢筋Φ8 | t | 4.532 | 同清单工程量 |
| 33 | 010416001005 | 主项 | 现浇混凝土 HPB235 箍筋Φ8 | t | 0.737 | 同清单工程量 |
| 34 | 010416001006 | 主项 | 现浇混凝土 HPB235 钢筋Φ10 | t | 2.139 | 同清单工程量 |
| 35 | 010416001007 | 主项 | 现浇混凝土 HPB235 钢筋Φ12 | t | 7.071 | 同清单工程量 |
| 36 | 010416001008 | 主项 | 现浇混凝土 HPB235 钢筋Φ14 | t | 0.222 | 同清单工程量 |
| 37 | 010416001009 | 主项 | 现浇混凝土 HPB235 钢筋Φ16 | t | 0.023 | 同清单工程量 |
| 38 | 010416001010 | 主项 | 现浇混凝土 HRB335 钢筋Φ14 | t | 0.148 | 同清单工程量 |

续表

| 序号 | 项目编码 | | 项目名称 | 单位 | 工程数量 | 计算式 |
|---|---|---|---|---|---|---|
| 39 | 010416001011 | 主项 | 现浇混凝土 HRB335 钢筋Φ14 | t | 0.190 | 同清单工程量 |
| 40 | 010416001012 | 主项 | 现浇混凝土 HRB335 钢筋Φ16 | t | 0.276 | 同清单工程量 |
| 41 | 010416001013 | 主项 | 现浇混凝土 HRB335 钢筋Φ18 | t | 0.600 | 同清单工程量 |
| 42 | 010416001014 | 主项 | 现浇混凝土 Φ HRB335 钢筋Φ20 | t | 0.298 | 同清单工程量 |
| 43 | 010416001014 | 主项 | 现浇混凝土 HRB335 钢筋Φ22 | t | 0.786 | 同清单工程量 |
| 44 | 010416001015 | 主项 | 现浇混凝土 HRB335 钢筋Φ25 | t | 0.843 | 同清单工程量 |
| 45 | 010416002001 | 主项 | 预制过梁 冷拔低碳钢丝$\phi^b 4$ | t | 0.004 | 同清单工程量 |
| 46 | 010416002002 | 主项 | 预制过梁 HPB235 钢筋Φ6 | t | 0.018 | 同清单工程量 |
| 47 | 010416002003 | 主项 | 预制过梁 HPB235 箍筋Φ6 | t | 0.036 | 同清单工程量 |
| 48 | 010416002004 | 主项 | 预制过梁 HPB235 钢筋Φ8 | t | 0.002 | 同清单工程量 |
| 49 | 010416002005 | 主项 | 预制过梁 HPB235 钢筋Φ10 | t | 0.037 | 同清单工程量 |
| 50 | 010416002006 | 主项 | 预制过梁 HPB235 钢筋Φ12 | t | 0.008 | 同清单工程量 |
| 51 | 010416002007 | 主项 | 预制过梁 HRB335 钢筋Φ12 | t | 0.006 | 同清单工程量 |

### 过程 2.3.5 混凝土及钢筋混凝土工程综合单价计算

混凝土及钢筋混凝土工程综合单价包含人工费、材料费、机械费、管理费、利润和风险费，其计算过程同前面各清单项目。

**1. 综合单价计算**

混凝土及钢筋混凝土工程综合单价计算方法同土方工程，其工料机用量主要参照定额消耗量，工料机单价由投标人根据企业自身经营情况和工程实施期间市场价格确定，管理费率和利润率仍然根据工程类别及企业状况分别按照 25.15% 和 3.51% 计算。

**2. 综合单价分析表填写**

混凝土及钢筋混凝土工程综合单价分析表填写时，难点主要在于主要材料明细表部分填写时需要查看材料配合比表进行混凝土的原材料二次分析，同时对同类材料用量进行汇总，综合单价分析表见下表所示。

## 工程量清单综合单价分析表

工程名称：××法院法庭工程　　　标段：建筑工程　　　共51页，第1页

| 清单项目编码 | 010401001001 | 项目名称 | | 现浇混凝土带型基础 | | 清单计量单位 | | m³ |
|---|---|---|---|---|---|---|---|---|

| 清单综合单价组成明细 ||||||||||
|---|---|---|---|---|---|---|---|---|---|
| 定额编号 | 定额名称 | 定额单位 | 数量 | 单价 ||||合价 ||||
| | | | | 人工费 | 材料费 | 机械费 | 管理费利润 | 人工费 | 材料费 | 机械费 | 管理费利润 |
| A4-3 | 混凝土带形基础（商混） | 10m³ | 4.18 | 227.46 | 3209.65 | 9.08 | 65.19 | 950.78 | 13416.34 | 37.95 | 272.49 |
| 人工单价 ||| 小计 |||| 950.78 | 13416.34 | 37.95 | 272.49 |
| 34元/工日 ||| 未计价材料费 |||| | | | |
| 清单项目综合单价 |||||||| 351.47 ||||

| 材料费明细 | 材料名称、规格、型号 | 单位 | 数量 | 单价 | 合价 | 暂估单价 | 暂估合价 |
|---|---|---|---|---|---|---|---|
| | 商品混凝土（综合） | m³ | 42.64 | 309.00 | 13175.76 | | |
| | 塑料薄膜 | m² | 42.13 | 1.72 | 72.46 | | |
| | 其他材料费 ||||168.13 | | |
| | 材料费小计 |||| 13416.34 | | |

## 工程量清单综合单价分析表

工程名称：××法院法庭工程　　　标段：建筑工程　　　共51页，第2页

| 清单项目编码 | 010401006001 | 项目名称 | | 混凝土基础垫层 | | 清单计量单位 | | m³ |
|---|---|---|---|---|---|---|---|---|

| 清单综合单价组成明细 ||||||||||
|---|---|---|---|---|---|---|---|---|---|
| 定额编号 | 定额名称 | 定额单位 | 数量 | 单价 ||||合价 ||||
| | | | | 人工费 | 材料费 | 机械费 | 管理费利润 | 人工费 | 材料费 | 机械费 | 管理费利润 |
| A2-131 | C10混凝土垫层 | 10m³ | 2.02 | 567.80 | 2000.75 | 52.51 | 162.73 | 1146.96 | 4041.52 | 106.07 | 328.71 |
| 人工单价 ||| 小计 |||| 1146.97 | 4041.52 | 106.07 | 328.71 |
| 34元/工日 ||| 未计价材料费 |||| | | | |
| 清单项目综合单价 |||||||| 278.24 ||||

| 材料费明细 | 材料名称、规格、型号 | 单位 | 数量 | 单价 | 合价 | 暂估单价 | 暂估合价 |
|---|---|---|---|---|---|---|---|
| | （半干硬混凝土C10—40） | m³ | 20.40 | 172.35 | (3515.94) | | |
| | 42.5硅酸盐水泥 | t | 5.080 | 308.00 | 1564.64 | | |
| | 中粗砂 | m³ | 12.44 | 55.18 | 686.44 | | |
| | 碎石40mm | m³ | 17.34 | 71.76 | 1244.32 | | |
| | 二等板材 | m³ | 0.212 | 1555.90 | 329.85 | | |
| | 其他材料费 |||| 216.27 | | |
| | 材料费小计 |||| 4041.52 | | |

## 工程量清单综合单价分析表

工程名称：××法院法庭工程　　标段：建筑工程　　共51页，第3页

| 清单项目编码 | 010402001001 | 项目名称 | | 构造柱GZ1 | | 清单计量单位 | | $m^3$ |
|---|---|---|---|---|---|---|---|---|

| 清单综合单价组成明细 ||||||||||
|---|---|---|---|---|---|---|---|---|---|
| 定额编号 | 定额名称 | 定额单位 | 数量 | 单价 |||| 合价 ||||
| | | | | 人工费 | 材料费 | 机械费 | 管理费利润 | 人工费 | 材料费 | 机械费 | 管理费利润 |
| A4-25 | 构造柱 | $10m^3$ | 0.51 | 553.18 | 3268.55 | 17.27 | 158.54 | 282.12 | 1666.96 | 8.81 | 80.86 |
| 人工单价 ||| 小计 |||| 282.12 | 1666.96 | 8.81 | 80.86 |
| 34元/工日 ||| 未计价材料费 |||| | | | |
| 清单项目综合单价 ||||||||| 398.97 |||

| 材料费明细 | 材料名称、规格、型号 | 单位 | 数量 | 单价 | 合价 | 暂估单价 | 暂估合价 |
|---|---|---|---|---|---|---|---|
| | 商品混凝土（综合） | $m^3$ | 5.20 | 309.00 | 1606.80 | | |
| | 塑料薄膜 | $m^2$ | 1.71 | 1.72 | 2.94 | | |
| | （水泥砂浆1∶2） | $m^3$ | 0.16 | 230.14 | (36.82) | | |
| | 中粗砂 | $m^3$ | 0.18 | 55.18 | 9.93 | | |
| | 32.5复合硅酸盐水泥 | t | 0.092 | 287.74 | 26.47 | | |
| | 其他材料费 | | | | 20.82 | | |
| | 材料费小计 | | | | 1666.96 | | |

## 工程量清单综合单价分析表

工程名称：××法院法庭工程　　标段：建筑工程　　共51页，第4页

| 清单项目编码 | 010402001002 | 项目名称 | | 构造柱GZ2 | | 清单计量单位 | | $m^3$ |
|---|---|---|---|---|---|---|---|---|

| 清单综合单价组成明细 ||||||||||
|---|---|---|---|---|---|---|---|---|---|
| 定额编号 | 定额名称 | 定额单位 | 数量 | 单价 |||| 合价 ||||
| | | | | 人工费 | 材料费 | 机械费 | 管理费利润 | 人工费 | 材料费 | 机械费 | 管理费利润 |
| A4-25 | 构造柱 | $10m^3$ | 0.86 | 553.18 | 3268.55 | 17.27 | 158.54 | 475.73 | 2810.95 | 14.85 | 136.34 |
| 人工单价 ||| 小计 |||| 475.73 | 2810.95 | 14.85 | 136.34 |
| 34元/工日 ||| 未计价材料费 |||| | | | |
| 清单项目综合单价 ||||||||| 402.09 |||

| 材料费明细 | 材料名称、规格、型号 | 单位 | 数量 | 单价 | 合价 | 暂估单价 | 暂估合价 |
|---|---|---|---|---|---|---|---|
| | 商品混凝土（综合） | $m^3$ | 8.77 | 309.00 | 2709.93 | | |
| | 塑料薄膜 | $m^2$ | 2.89 | 1.72 | 4.97 | | |
| | （水泥砂浆1∶2） | $m^3$ | 0.27 | 230.14 | (62.14) | | |
| | 中粗砂 | $m^3$ | 0.31 | 55.18 | 17.11 | | |
| | 32.5复合硅酸盐水泥 | t | 0.156 | 287.74 | 44.89 | | |
| | 其他材料费 | | | | 34.05 | | |
| | 材料费小计 | | | | 2810.95 | | |

## 工程量清单综合单价分析表

工程名称：××法院法庭工程　　　标段：建筑工程　　　共51页，第5页

| 清单项目编码 | 010402001003 | 项目名称 | | 构造柱GZ3 | | 清单计量单位 | | m³ |
|---|---|---|---|---|---|---|---|---|

| 清单综合单价组成明细 |||||||||
|---|---|---|---|---|---|---|---|---|
| 定额编号 | 定额、名称 | 定额单位 | 数量 | 单价 ||||  合价 ||||
| ^ | ^ | ^ | ^ | 人工费 | 材料费 | 机械费 | 管理费利润 | 人工费 | 材料费 | 机械费 | 管理费利润 |
| A4-25 | 构造柱 | 10m³ | 1.19 | 553.18 | 3268.55 | 17.27 | 158.54 | 658.28 | 3889.57 | 20.55 | 188.66 |
| 人工单价 ||| 小计 |||| 658.28 | 3889.57 | 20.55 | 188.66 |
| 34元/工日 ||| 未计价材料费 |||||||
| 清单项目综合单价 |||||||| 401.44 |||

| 材料费明细 | 材料名称、规格、型号 | 单位 | 数量 | 单价 | 合价 | 暂估单价 | 暂估合价 |
|---|---|---|---|---|---|---|---|
| ^ | 商品混凝土（综合） | m³ | 12.14 | 309.00 | 3751.26 | | |
| ^ | 塑料薄膜 | m² | 4.00 | 1.72 | 6.88 | | |
| ^ | （水泥砂浆1∶2） | m³ | 0.37 | 230.14 | (85.15) | | |
| ^ | 中粗砂 | m³ | 0.42 | 55.18 | 23.18 | | |
| ^ | 32.5复合硅酸盐水泥 | t | 0.213 | 287.74 | 61.29 | | |
| ^ | 其他材料费 ||||  46.96 | | |
| ^ | 材料费小计 ||||  3889.57 | | |

## 工程量清单综合单价分析表

工程名称：××法院法庭工程　　　标段：建筑工程　　　共51页，第6页

| 清单项目编码 | 010402001004 | 项目名称 | | 构造柱GZ4 | | 清单计量单位 | | m³ |
|---|---|---|---|---|---|---|---|---|

| 清单综合单价组成明细 |||||||||
|---|---|---|---|---|---|---|---|---|
| 定额编号 | 定额、名称 | 定额单位 | 数量 | 单价 ||||  合价 ||||
| ^ | ^ | ^ | ^ | 人工费 | 材料费 | 机械费 | 管理费利润 | 人工费 | 材料费 | 机械费 | 管理费利润 |
| A4-25 | 构造柱 | 10m³ | 0.33 | 553.18 | 3268.55 | 17.27 | 158.54 | 182.55 | 1078.62 | 5.70 | 52.32 |
| 人工单价 ||| 小计 |||| 182.55 | 1078.62 | 5.70 | 52.32 |
| 34元/工日 ||| 未计价材料费 |||||||
| 清单项目综合单价 |||||||| 405.90 |||

| 材料费明细 | 材料名称、规格、型号 | 单位 | 数量 | 单价 | 合价 | 暂估单价 | 暂估合价 |
|---|---|---|---|---|---|---|---|
| ^ | 商品混凝土（综合） | m³ | 3.37 | 309.00 | 1041.33 | | |
| ^ | 塑料薄膜 | m² | 1.11 | 1.72 | 1.91 | | |
| ^ | （水泥砂浆1∶2） | m³ | 0.10 | 230.14 | (23.01) | | |
| ^ | 中粗砂 | m³ | 0.11 | 55.18 | 6.07 | | |
| ^ | 32.5复合硅酸盐水泥 | t | 0.058 | 287.74 | 16.67 | | |
| ^ | 其他材料费 ||||  12.64 | | |
| ^ | 材料费小计 ||||  1078.62 | | |

## 工程量清单综合单价分析表

工程名称：××法院法庭工程　　标段：建筑工程　　共51页，第7页

| 清单项目编码 | 010402001005 | 项目名称 | | 构造柱（边挺） | | | 清单计量单位 | | | m³ |
|---|---|---|---|---|---|---|---|---|---|---|
| 清单综合单价组成明细 ||||||||||||

| 定额编号 | 定额名称 | 定额单位 | 数量 | 单价 |||| 合价 ||||
|---|---|---|---|---|---|---|---|---|---|---|---|
| | | | | 人工费 | 材料费 | 机械费 | 管理费利润 | 人工费 | 材料费 | 机械费 | 管理费利润 |
| A4-25 | 构造柱 | 10m³ | 0.18 | 553.18 | 3268.55 | 17.27 | 158.54 | 99.57 | 588.34 | 3.11 | 28.54 |
| 人工单价 ||| 小计 |||| | 99.57 | 588.34 | 3.11 | 28.54 |
| 34元/工日 ||| 未计价材料费 |||||||||
| 清单项目综合单价 |||||||| 393.20 ||||

| 材料费明细 | 材料名称、规格、型号 | 单位 | 数量 | 单价 | 合价 | 暂估单价 | 暂估合价 |
|---|---|---|---|---|---|---|---|
| | 商品混凝土（综合） | m³ | 1.84 | 309.00 | 568.56 | | |
| | 塑料薄膜 | m² | 0.60 | 1.72 | 1.03 | | |
| | （水泥砂浆1:2） | m³ | 0.06 | 230.14 | (13.81) | | |
| | 中粗砂 | m³ | 0.07 | 55.18 | 3.86 | | |
| | 32.5复合硅酸盐水泥 | t | 0.035 | 287.74 | 10.07 | | |
| | 其他材料费 ||||| 4.82 | | |
| | 材料费小计 ||||| 588.34 | | |

## 工程量清单综合单价分析表

工程名称：××法院法庭工程　　标段：建筑工程　　共51页，第8页

| 清单项目编码 | 010402001006 | 项目名称 | | 构造柱（女儿墙） | | | 清单计量单位 | | | m³ |
|---|---|---|---|---|---|---|---|---|---|---|
| 清单综合单价组成明细 ||||||||||||

| 定额编号 | 定额名称 | 定额单位 | 数量 | 单价 |||| 合价 ||||
|---|---|---|---|---|---|---|---|---|---|---|---|
| | | | | 人工费 | 材料费 | 机械费 | 管理费利润 | 人工费 | 材料费 | 机械费 | 管理费利润 |
| A4-25 | 构造柱 | 10m³ | 0.78 | 553.18 | 3268.55 | 17.27 | 158.54 | 431.48 | 2549.47 | 13.47 | 123.66 |
| 人工单价 ||| 小计 |||| | 431.48 | 2549.47 | 13.47 | 123.66 |
| 34元/工日 ||| 未计价材料费 |||||||||
| 清单项目综合单价 |||||||| 400.26 ||||

| 材料费明细 | 材料名称、规格、型号 | 单位 | 数量 | 单价 | 合价 | 暂估单价 | 暂估合价 |
|---|---|---|---|---|---|---|---|
| | 商品混凝土（综合） | m³ | 7.96 | 309.00 | 2459.64 | | |
| | 塑料薄膜 | m² | 2.62 | 1.72 | 4.51 | | |
| | （水泥砂浆1:2） | m³ | 0.24 | 230.14 | (55.23) | | |
| | 中粗砂 | m³ | 0.27 | 55.18 | 14.90 | | |
| | 32.5复合硅酸盐水泥 | t | 0.138 | 287.74 | 39.71 | | |
| | 其他材料费 ||||| 30.71 | | |
| | 材料费小计 ||||| 2549.47 | | |

## 工程量清单综合单价分析表

工程名称：××法院法庭工程　　　标段：建筑工程　　　共51页，第9页

| 清单项目编码 | 010402001007 | 项目名称 | | 楼梯构造柱TGZ | | | 清单计量单位 | | m³ | |
|---|---|---|---|---|---|---|---|---|---|---|
| 清单综合单价组成明细 ||||||||||||

| 定额编号 | 定额名称 | 定额单位 | 数量 | 单价 ||||合价 ||||
| | | | | 人工费 | 材料费 | 机械费 | 管理费利润 | 人工费 | 材料费 | 机械费 | 管理费利润 |
|---|---|---|---|---|---|---|---|---|---|---|---|
| A4-25 | 构造柱 | 10m³ | 0.02 | 553.18 | 3268.55 | 17.27 | 158.54 | 11.06 | 65.37 | 0.35 | 3.17 |
| 人工单价 ||| 小计 |||| 11.06 | 65.37 | 0.35 | 3.17 |||
| 34元/工日 ||| 未计价材料费 ||||||||
| 清单项目综合单价 |||||||||| 420.79 |||

| 材料费明细 | 材料名称、规格、型号 | 单位 | 数量 | 单价 | 合价 | 暂估单价 | 暂估合价 |
|---|---|---|---|---|---|---|---|
| | 商品混凝土（综合） | m³ | 0.20 | 309.00 | 61.80 | | |
| | 塑料薄膜 | m² | 0.07 | 1.72 | 0.12 | | |
| | （水泥砂浆1∶2） | m³ | 0.01 | 230.14 | (2.30) | | |
| | 中粗砂 | m³ | 0.01 | 55.18 | 0.55 | | |
| | 32.5复合硅酸盐水泥 | t | 0.006 | 287.74 | 1.72 | | |
| | 其他材料费 | | | | 1.18 | | |
| | 材料费小计 | | | | 65.37 | | |

## 工程量清单综合单价分析表

工程名称：××法院法庭工程　　　标段：建筑工程　　　共51页，第10页

| 清单项目编码 | 010403001001 | 项目名称 | | 地圈梁（外墙基础） | | | 清单计量单位 | | m³ | |
|---|---|---|---|---|---|---|---|---|---|---|
| 清单综合单价组成明细 ||||||||||||

| 定额编号 | 定额名称 | 定额单位 | 数量 | 单价 ||||合价 ||||
| | | | | 人工费 | 材料费 | 机械费 | 管理费利润 | 人工费 | 材料费 | 机械费 | 管理费利润 |
|---|---|---|---|---|---|---|---|---|---|---|---|
| A4-31 | 地圈梁 | 10m³ | 0.73 | 249.56 | 3238.04 | 14.74 | 71.52 | 182.18 | 2363.77 | 10.76 | 52.21 |
| 人工单价 ||| 小计 |||| 182.18 | 2363.77 | 10.76 | 52.21 |||
| 34元/工日 ||| 未计价材料费 ||||||||
| 清单项目综合单价 |||||||||| 358.86 |||

| 材料费明细 | 材料名称、规格、型号 | 单位 | 数量 | 单价 | 合价 | 暂估单价 | 暂估合价 |
|---|---|---|---|---|---|---|---|
| | 商品混凝土（综合） | m³ | 7.45 | 309.00 | 2302.05 | | |
| | 塑料薄膜 | m² | 17.61 | 1.72 | 30.28 | | |
| | 其他材料费 | | | | 31.44 | | |
| | 材料费小计 | | | | 2363.77 | | |

## 工程量清单综合单价分析表

工程名称：××法院法庭工程　　标段：建筑工程　　共51页，第11页

| 清单项目编码 | 010403001002 | 项目名称 | | 地圈梁(内墙基础) | | | 清单计量单位 | | | m³ |
|---|---|---|---|---|---|---|---|---|---|---|
| 清单综合单价组成明细 ||||||||||| 
| 定额编号 | 定额名称 | 定额单位 | 数量 | 单价 |||| 合价 ||||
| | | | | 人工费 | 材料费 | 机械费 | 管理费利润 | 人工费 | 材料费 | 机械费 | 管理费利润 |
| A4-31 | 地圈梁 | 10m³ | 0.43 | 249.56 | 3238.04 | 14.74 | 71.52 | 107.31 | 1392.36 | 6.34 | 30.75 |
| 人工单价 ||| | 小计 |||| 107.31 | 1392.36 | 6.34 | 30.75 |
| 34元/工日 ||| | 未计价材料费 |||| | | | |
| 清单项目综合单价 |||||||| 356.56 ||||

| 材料费明细 | 材料名称、规格、型号 | 单位 | 数量 | 单价 | 合价 | 暂估单价 | 暂估合价 |
|---|---|---|---|---|---|---|---|
| | 商品混凝土(综合) | m³ | 4.39 | 309.00 | 1356.51 | | |
| | 塑料薄膜 | m² | 10.37 | 1.72 | 17.84 | | |
| | 其他材料费 | | | | 18.01 | | |
| | 材料费小计 | | | | 1392.36 | | |

## 工程量清单综合单价分析表

工程名称：××法院法庭工程　　标段：建筑工程　　共51页，第12页

| 清单项目编码 | 010403004001 | 项目名称 | | 圈梁(一层) | | | 清单计量单位 | | | m³ |
|---|---|---|---|---|---|---|---|---|---|---|
| 清单综合单价组成明细 |||||||||||
| 定额编号 | 定额名称 | 定额单位 | 数量 | 单价 |||| 合价 ||||
| | | | | 人工费 | 材料费 | 机械费 | 管理费利润 | 人工费 | 材料费 | 机械费 | 管理费利润 |
| A4-37 | 混凝土圈梁 | 10m³ | 0.46 | 527.68 | 3252.02 | 9.08 | 151.23 | 242.73 | 1495.93 | 4.18 | 69.57 |
| 人工单价 ||| | 小计 |||| 242.73 | 1495.93 | 4.18 | 69.57 |
| 34元/工日 ||| | 未计价材料费 |||| 未计价材料费 ||||
| 清单项目综合单价 |||||||| 395.72 ||||

| 材料费明细 | 材料名称、规格、型号 | 单位 | 数量 | 单价 | 合价 | 暂估单价 | 暂估合价 |
|---|---|---|---|---|---|---|---|
| | 商品混凝土(综合) | m³ | 4.69 | 309.00 | 1449.83 | | |
| | 塑料薄膜 | m² | 15.19 | 1.72 | 26.13 | | |
| | 其他材料费 | | | | 19.97 | | |
| | 材料费小计 | | | | 1495.93 | | |

## 工程量清单综合单价分析表

工程名称：××法院法庭工程　　　标段：建筑工程　　　共51页，第13页

| 清单项目编码 | 010403004001 | 项目名称 | 圈梁(二层) | | | 清单计量单位 | | m³ |
|---|---|---|---|---|---|---|---|---|

| 清单综合单价组成明细 ||||||||||
|---|---|---|---|---|---|---|---|---|---|
| 定额编号 | 定额名称 | 定额单位 | 数量 | 单价 ||||合价 ||||
| | | | | 人工费 | 材料费 | 机械费 | 管理费利润 | 人工费 | 材料费 | 机械费 | 管理费利润 |
| A4-37 | 混凝土圈梁 | 10m³ | 0.44 | 527.68 | 3252.02 | 9.08 | 151.23 | 232.18 | 1430.89 | 4.00 | 66.54 |
| 人工单价 ||| 小计 |||| 232.18 | 1430.89 | 4.00 | 66.54 |
| 34元/工日 ||| 未计价材料费 |||| 394.90 ||||
| 清单项目综合单价 |||||||||||

| 材料费明细 | 材料名称、规格、型号 | 单位 | 数量 | 单价 | 合价 | 暂估单价 | 暂估合价 |
|---|---|---|---|---|---|---|---|
| | 商品混凝土(综合) | m³ | 4.49 | 309.00 | 1387.41 | | |
| | 塑料薄膜 | m² | 14.53 | 1.72 | 24.99 | | |
| | 其他材料费 ||||18.49 | | |
| | 材料费小计 ||||1430.89 | | |

## 工程量清单综合单价分析表

工程名称：××法院法庭工程　　　标段：建筑工程　　　共51页，第14页

| 清单项目编码 | 010403005001 | 项目名称 | 过梁 | | | 清单计量单位 | | m³ |
|---|---|---|---|---|---|---|---|---|

| 清单综合单价组成明细 ||||||||||
|---|---|---|---|---|---|---|---|---|---|
| 定额编号 | 定额名称 | 定额单位 | 数量 | 单价 ||||合价 ||||
| | | | | 人工费 | 材料费 | 机械费 | 管理费利润 | 人工费 | 材料费 | 机械费 | 管理费利润 |
| A4-39 | 混凝土过梁 | 0.77 | 1.22 | 558.96 | 3337.65 | 14.74 | 160.20 | 430.40 | 2570.00 | 11.35 | 123.35 |
| 人工单价 ||| 小计 |||| 430.40 | 2570.00 | 11.35 | 123.35 |
| 34元/工日 ||| 未计价材料费 |||| 408.75 ||||
| 清单项目综合单价 |||||||||||

| 材料费明细 | 材料名称、规格、型号 | 单位 | 数量 | 单价 | 合价 | 暂估单价 | 暂估合价 |
|---|---|---|---|---|---|---|---|
| | 商品混凝土(综合) | m³ | 7.85 | 309.00 | 2425.65 | | |
| | 塑料薄膜 | m² | 57.20 | 1.72 | 98.38 | | |
| | 其他材料费 ||||72.25 | | |
| | 材料费小计 ||||2570.00 | | |

## 工程量清单综合单价分析表

工程名称：××法院法庭工程　　标段：建筑工程　　　　　　　　共51页，第15页

| 清单项目编码 | 010405001001 | 项目名称 | | 有梁板(一层100厚) | | 清单计量单位 | | m³ |

| 清单综合单价组成明细 |||||||||||
|---|---|---|---|---|---|---|---|---|---|---|
| 定额编号 | 定额名称 | 定额单位 | 数量 | 单价 ||||  合价 ||||
| | | | | 人工费 | 材料费 | 机械费 | 管理费利润 | 人工费 | 材料费 | 机械费 | 管理费利润 |
| A4-55 | 混凝土有梁板 | 10m³ | 2.97 | 219.30 | 3219.85 | 16.22 | 62.85 | 651.32 | 9562.95 | 48.17 | 186.66 |
| 人工单价 | | 小计 | | | | | | 651.32 | 9562.95 | 48.17 | 186.66 |
| 34元/工日 | | 未计价材料费 | | | | | | | | | |
| 清单项目综合单价 | | | | | | | | 351.58 | | | |

| 材料费明细 | 材料名称、规格、型号 | 单位 | 数量 | 单价 | 合价 | 暂估单价 | 暂估合价 |
|---|---|---|---|---|---|---|---|
| | 商品混凝土(综合) | m³ | 30.29 | 309.00 | 9359.61 | | |
| | 草袋子 | m² | 32.64 | 1.36 | 44.39 | | |
| | 其他材料费 | | | | 158.95 | | |
| | 材料费小计 | | | | 9562.95 | | |

## 工程量清单综合单价分析表

工程名称：××法院法庭工程　　标段：建筑工程　　　　　　　　共51页，第16页

| 清单项目编码 | 010405001002 | 项目名称 | | 有梁板(二层100厚) | | 清单计量单位 | | m³ |

| 清单综合单价组成明细 |||||||||||
|---|---|---|---|---|---|---|---|---|---|---|
| 定额编号 | 定额名称 | 定额单位 | 数量 | 单价 |||| 合价 ||||
| | | | | 人工费 | 材料费 | 机械费 | 管理费利润 | 人工费 | 材料费 | 机械费 | 管理费利润 |
| A4-55 | 混凝土有梁板 | 10m³ | 2.52 | 219.30 | 3219.85 | 16.22 | 62.85 | 552.64 | 8114.02 | 40.87 | 158.38 |
| 人工单价 | | 小计 | | | | | | 552.64 | 8114.02 | 40.87 | 158.38 |
| 34元/工日 | | 未计价材料费 | | | | | | | | | |
| 清单项目综合单价 | | | | | | | | 351.26 | | | |

| 材料费明细 | 材料名称、规格、型号 | 单位 | 数量 | 单价 | 合价 | 暂估单价 | 暂估合价 |
|---|---|---|---|---|---|---|---|
| | 商品混凝土(综合) | m³ | 25.70 | 309.00 | 7941.30 | | |
| | 草袋子 | m² | 27.69 | 1.36 | 37.66 | | |
| | 其他材料费 | | | | 135.06 | | |
| | 材料费小计 | | | | 8114.02 | | |

## 工程量清单综合单价分析表

工程名称：××法院法庭工程　　标段：建筑工程　　共51页，第17页

| 清单项目编码 | 010405001003 | 项目名称 | | 有梁板（一层120厚） | | 清单计量单位 | | m³ |
|---|---|---|---|---|---|---|---|---|

| 清单综合单价组成明细 |||||||||
|---|---|---|---|---|---|---|---|---|
| 定额编号 | 定额名称 | 定额单位 | 数量 | 单价 |||  合价 |||
| | | | | 人工费 | 材料费 | 机械费 | 管理费利润 | 人工费 | 材料费 | 机械费 | 管理费利润 |
| A4-55 | 混凝土有梁板 | 10m³ | 0.12 | 219.30 | 3219.85 | 16.22 | 62.85 | 26.32 | 286.38 | 1.95 | 7.54 |
| 人工单价 ||| 小计 |||| 26.32 | 286.38 | 1.95 | 7.54 |
| 34元/工日 ||| 未计价材料费 |||| 280.17 ||||
| 清单项目综合单价 |||||||| 280.17 ||||

| 材料费明细 | 材料名称、规格、型号 | 单位 | 数量 | 单价 | 合价 | 暂估单价 | 暂估合价 |
|---|---|---|---|---|---|---|---|
| | 商品混凝土（综合） | m³ | 1.22 | 309.00 | 278.22 | | |
| | 草袋子 | m² | 1.32 | 1.36 | 1.80 | | |
| | 其他材料费 |||| 6.36 | | |
| | 材料费小计 |||| 286.38 | | |

## 工程量清单综合单价分析表

工程名称：××法院法庭工程　　标段：建筑工程　　共51页，第18页

| 清单项目编码 | 010405001004 | 项目名称 | | 有梁板（二层120厚） | | 清单计量单位 | | m³ |
|---|---|---|---|---|---|---|---|---|

| 清单综合单价组成明细 |||||||||
|---|---|---|---|---|---|---|---|---|
| 定额编号 | 定额名称 | 定额单位 | 数量 | 单价 |||  合价 |||
| | | | | 人工费 | 材料费 | 机械费 | 管理费利润 | 人工费 | 材料费 | 机械费 | 管理费利润 |
| A4-55 | 混凝土有梁板 | 10m³ | 0.12 | 219.30 | 3219.85 | 16.22 | 62.85 | 26.32 | 286.38 | 1.95 | 7.54 |
| 人工单价 ||| 小计 |||| 26.32 | 286.38 | 1.95 | 7.54 |
| 34元/工日 ||| 未计价材料费 |||| 280.17 ||||
| 清单项目综合单价 |||||||| 280.17 ||||

| 材料费明细 | 材料名称、规格、型号 | 单位 | 数量 | 单价 | 合价 | 暂估单价 | 暂估合价 |
|---|---|---|---|---|---|---|---|
| | 商品混凝土（综合） | m³ | 1.22 | 309.00 | 278.22 | | |
| | 草袋子 | m² | 1.32 | 1.36 | 1.80 | | |
| | 其他材料费 |||| 6.36 | | |
| | 材料费小计 |||| 286.38 | | |

## 工程量清单综合单价分析表

工程名称：××法院法庭工程　　标段：建筑工程　　共51页，第19页

| 清单项目编码 | 010405001005 | 项目名称 | | 有梁板（一层140厚） | | | 清单计量单位 | | m³ | |
|---|---|---|---|---|---|---|---|---|---|---|

### 清单综合单价组成明细

| 定额编号 | 定额名称 | 定额单位 | 数量 | 单价 | | | | 合价 | | | |
|---|---|---|---|---|---|---|---|---|---|---|---|
| | | | | 人工费 | 材料费 | 机械费 | 管理费利润 | 人工费 | 材料费 | 机械费 | 管理费利润 |
| A4-55 | 混凝土有梁板 | 10m³ | 0.59 | 219.30 | 3219.85 | 16.22 | 62.85 | 129.39 | 1899.71 | 9.57 | 37.08 |
| 人工单价 | | | 小计 | | | | | 129.39 | 1899.71 | 9.57 | 37.08 |
| 34元/工日 | | | 未计价材料费 | | | | | 350.04 | | | |
| 清单项目综合单价 | | | | | | | | | | | |

### 材料费明细

| 材料名称、规格、型号 | 单位 | 数量 | 单价 | 合价 | 暂估单价 | 暂估合价 |
|---|---|---|---|---|---|---|
| 商品混凝土(综合) | m³ | 6.02 | 309.00 | 1860.18 | | |
| 草袋子 | m² | 6.48 | 1.36 | 8.12 | | |
| 其他材料费 | | | | 31.41 | | |
| 材料费小计 | | | | 1899.71 | | |

## 工程量清单综合单价分析表

工程名称：××法院法庭工程　　标段：建筑工程　　共51页，第20页

| 清单项目编码 | 010405001006 | 项目名称 | | 有梁板（二层140厚） | | | 清单计量单位 | | m³ | |
|---|---|---|---|---|---|---|---|---|---|---|

### 清单综合单价组成明细

| 定额编号 | 定额名称 | 定额单位 | 数量 | 单价 | | | | 合价 | | | |
|---|---|---|---|---|---|---|---|---|---|---|---|
| | | | | 人工费 | 材料费 | 机械费 | 管理费利润 | 人工费 | 材料费 | 机械费 | 管理费利润 |
| A4-55 | 混凝土有梁板 | 10m³ | 1.06 | 219.30 | 3219.85 | 16.22 | 62.85 | 232.46 | 3413.04 | 17.19 | 66.62 |
| 人工单价 | | | 小计 | | | | | 232.46 | 3413.04 | 17.19 | 66.62 |
| 34元/工日 | | | 未计价材料费 | | | | | 352.15 | | | |
| 清单项目综合单价 | | | | | | | | | | | |

### 材料费明细

| 材料名称、规格、型号 | 单位 | 数量 | 单价 | 合价 | 暂估单价 | 暂估合价 |
|---|---|---|---|---|---|---|
| 商品混凝土(综合) | m³ | 10.81 | 309.00 | 3340.29 | | |
| 草袋子 | m² | 11.65 | 1.36 | 15.84 | | |
| 其他材料费 | | | | 56.91 | | |
| 材料费小计 | | | | 3413.04 | | |

## 工程量清单综合单价分析表

工程名称：××法院法庭工程　　　标段：建筑工程　　　共51页，第21页

| 清单项目编码 | 010405003001 | 项目名称 | | 平板（一层120厚） | | | 清单计量单位 | | m³ |
|---|---|---|---|---|---|---|---|---|---|
| 清单综合单价组成明细 ||||||||||
| 定额编号 | 定额名称 | 定额单位 | 数量 | 单价 |||| 合价 |||
| | | | | 人工费 | 材料费 | 机械费 | 管理费利润 | 人工费 | 材料费 | 机械费 | 管理费利润 |
| A4-59 | 混凝土平板 | 10m³ | 0.72 | 234.60 | 3228.00 | 16.32 | 67.24 | 168.91 | 2324.16 | 11.75 | 48.41 |
| 人工单价 ||| 小计 |||| 168.91 | 2324.16 | 11.75 | 48.41 |
| 34元/工日 ||| 未计价材料费 |||||| 356.10 |||
| 清单项目综合单价 |||||||| 356.10 |||

| 材料费明细 | 材料名称、规格、型号 | 单位 | 数量 | 单价 | 合价 | 暂估单价 | 暂估合价 |
|---|---|---|---|---|---|---|---|
| | 商品混凝土（综合） | m³ | 7.34 | 309.00 | 2268.06 | | |
| | 草袋子 | m² | 10.24 | 1.36 | 13.92 | | |
| | 其他材料费 ||||  42.18 | | |
| | 材料费小计 |||| 2324.16 | | |

## 工程量清单综合单价分析表

工程名称：××法院法庭工程　　　标段：建筑工程　　　共51页，第22页

| 清单项目编码 | 010405003002 | 项目名称 | | 平板（二层120厚） | | | 清单计量单位 | | m³ |
|---|---|---|---|---|---|---|---|---|---|
| 清单综合单价组成明细 ||||||||||
| 定额编号 | 定额名称 | 定额单位 | 数量 | 单价 |||| 合价 |||
| | | | | 人工费 | 材料费 | 机械费 | 管理费利润 | 人工费 | 材料费 | 机械费 | 管理费利润 |
| A4-59 | 混凝土平板 | 10m³ | 1.17 | 234.60 | 3228.00 | 16.32 | 67.24 | 274.48 | 3776.76 | 19.09 | 78.67 |
| 人工单价 ||| 小计 |||| 274.48 | 3776.76 | 19.09 | 78.67 |
| 34元/工日 ||| 未计价材料费 |||||||||
| 清单项目综合单价 |||||||| 356.14 |||

| 材料费明细 | 材料名称、规格、型号 | 单位 | 数量 | 单价 | 合价 | 暂估单价 | 暂估合价 |
|---|---|---|---|---|---|---|---|
| | 商品混凝土（综合） | m³ | 11.93 | 309.00 | 3687.61 | | |
| | 草袋子 | m² | 16.64 | 1.36 | 22.63 | | |
| | 其他材料费 |||| 66.52 | | |
| | 材料费小计 |||| 3776.76 | | |

## 工程量清单综合单价分析表

工程名称：××法院法庭工程　　　标段：建筑工程　　　共51页，第23页

| 清单项目编码 | 010406001001 | 项目名称 | | 混凝土楼梯 | | 清单计量单位 | | m² |

| 清单综合单价组成明细 |||||||||
|---|---|---|---|---|---|---|---|---|
| 定额编号 | 定额名称 | 定额单位 | 数量 | 单价 |||| 合价 ||||
| | | | | 人工费 | 材料费 | 机械费 | 管理费利润 | 人工费 | 材料费 | 机械费 | 管理费利润 |
| A4-70 | 混凝土楼梯 | 10m² | 2.76 | 134.98 | 822.27 | 6.13 | 38.69 | 372.54 | 2269.46 | 16.92 | 106.78 |
| 人工单价 ||| 小计 |||| 372.54 | 2269.46 | 16.92 | 106.78 |
| 34元/工日 ||| 未计价材料费 |||| | | | |
| 清单项目综合单价 ||||||||| 100.39 |||

| 材料费明细 | 材料名称、规格、型号 | 单位 | 数量 | 单价 | 合价 | 暂估单价 | 暂估合价 |
|---|---|---|---|---|---|---|---|
| | 商品混凝土（综合） | m³ | 7.20 | 309.00 | 2225.91 | | |
| | 草袋子 | m² | 6.02 | 1.36 | 8.18 | | |
| | 其他材料费 ||||  35.37 | | |
| | 材料费小计 ||||  2269.46 | | |

## 工程量清单综合单价分析表

工程名称：××法院法庭工程　　　标段：建筑工程　　　共51页，第24页

| 清单项目编码 | 010407001002 | 项目名称 | | 混凝土台阶 | | 清单计量单位 | | m³ |

| 清单综合单价组成明细 |||||||||
|---|---|---|---|---|---|---|---|---|
| 定额编号 | 定额名称 | 定额单位 | 数量 | 单价 |||| 合价 ||||
| | | | | 人工费 | 材料费 | 机械费 | 管理费利润 | 人工费 | 材料费 | 机械费 | 管理费利润 |
| A4-78 | 混凝土台阶 | 10m³ | 0.30 | 342.72 | 3226.80 | 23.58 | 98.22 | 102.82 | 968.04 | 7.07 | 29.47 |
| A2-117 | 中砂防冻胀层 | 10m³ | 0.51 | 158.44 | 724.20 | 4.76 | 45.41 | 80.80 | 369.34 | 2.43 | 23.16 |
| 人工单价 ||| 小计 |||| 183.62 | 1337.38 | 9.50 | 52.63 |
| 34元/工日 ||| 未计价材料费 |||| | | | |
| 清单项目综合单价 ||||||||| 524.22 |||

| 材料费明细 | 材料名称、规格、型号 | 单位 | 数量 | 单价 | 合价 | 暂估单价 | 暂估合价 |
|---|---|---|---|---|---|---|---|
| | 商品混凝土（综合） | m³ | 3.06 | 309.00 | 945.54 | | |
| | 净干砂 | m³ | 5.88 | 61.28 | 360.33 | | |
| | 其他材料费 ||||  31.51 | | |
| | 材料费小计 ||||  1337.38 | | |

## 工程量清单综合单价分析表

工程名称：××法院法庭工程　　　标段：建筑工程　　　共51页，第25页

| 清单项目编码 | 010407001001 | 项目名称 | | 混凝土压顶 | | 清单计量单位 | | $m^3$ |

| 清单综合单价组成明细 ||||||||||
|---|---|---|---|---|---|---|---|---|---|
| 定额编号 | 定额名称 | 定额单位 | 数量 | 单价 ||||  合价 ||||
| | | | | 人工费 | 材料费 | 机械费 | 管理费利润 | 人工费 | 材料费 | 机械费 | 管理费利润 |
| A4-80 | 混凝土压顶 | $10m^3$ | 0.20 | 567.12 | 3506.01 | 0.00 | 162.54 | 113.42 | 701.20 | 0.00 | 32.51 |
| 人工单价 ||| 小计 |||| 113.42 | 701.20 | 0.00 | 32.51 |
| 34元/工日 ||| 未计价材料费 ||||||||
| 清单项目综合单价 |||||||| 423.57 ||||

| 材料费明细 | 材料名称、规格、型号 | 单位 | 数量 | 单价 | 合价 | 暂估单价 | 暂估合价 |
|---|---|---|---|---|---|---|---|
| | 商品混凝土（综合） | $m^3$ | 2.04 | 309.00 | 630.36 | | |
| | 塑料薄膜 | $m^2$ | 30.67 | 1.72 | 52.76 | | |
| | 其他材料费 |||| 18.08 | | |
| | 材料费小计 |||| 701.20 | | |

## 工程量清单综合单价分析表

工程名称：××法院法庭工程　　　标段：建筑工程　　　共51页，第26页

| 清单项目编码 | 010407002001 | 项目名称 | | 混凝土散水 | | 清单计量单位 | | $m^3$ |

| 清单综合单价组成明细 ||||||||||
|---|---|---|---|---|---|---|---|---|---|
| 定额编号 | 定额名称 | 定额单位 | 数量 | 单价 ||||  合价 ||||
| | | | | 人工费 | 材料费 | 机械费 | 管理费利润 | 人工费 | 材料费 | 机械费 | 管理费利润 |
| A4-88换 | 混凝土散水 | $100m^2$ | 0.73 | 983.28 | 1631.81 | 55.33 | 281.81 | 727.79 | 1191.22 | 40.39 | 205.72 |
| A2-117 | 中砂防冻胀层 | $10m^3$ | 2.99 | 158.44 | 724.20 | 4.76 | 45.41 | 473.74 | 2165.36 | 14.23 | 135.78 |
| 人工单价 ||| 小计 |||| 1201.53 | 3356.58 | 54.62 | 341.50 |
| 34元/工日 ||| 未计价材料费 ||||||||
| 清单项目综合单价 |||||||| 67.46 ||||

| 材料费明细 | 材料名称、规格、型号 | 单位 | 数量 | 单价 | 合价 | 暂估单价 | 暂估合价 |
|---|---|---|---|---|---|---|---|
| | （半干硬性混凝土C20—40） | $m^3$ | 5.19 | 193.45 | (1004.01) | | |
| | 42.5硅酸盐水泥 | t | 1.490 | 349.00 | 520.01 | | |
| | 碎石40mm | $m^3$ | 2.67 | 71.76 | 191.60 | | |
| | （水泥砂浆1∶1） | $m^3$ | 0.37 | 264.37 | (97.82) | | |
| | 32.5复合硅酸盐水泥 | t | 0.283 | 287.74 | 81.43 | | |
| | 粗砂 | $m^3$ | 0.28 | 55.18 | 15.45 | | |
| | 石油沥青30号 | kg | 0.81 | 3.90 | 3.16 | | |
| | 模板板方材 | $m^3$ | 0.03 | 1370.29 | 41.11 | | |
| | 草袋子 | $m^2$ | 16.28 | 1.36 | 75.21 | | |
| | 净干砂 | $m^3$ | 34.47 | 61.28 | 2112.32 | | |
| | 其他材料费 |||| 316.29 | | |
| | 材料费小计 |||| 3356.58 | | |

## 工程量清单综合单价分析表

工程名称：××法院法庭工程　　　标段：建筑工程　　　共51页，第27页

| 清单项目编码 | 010407002002 | 项目名称 | | 防滑坡道 | | 清单计量单位 | | | m³ |
|---|---|---|---|---|---|---|---|---|---|
| 清单综合单价组成明细 ||||||||||
| 定额编号 | 定额名称 | 定额单位 | 数量 | 单价 |||| 合价 |||
| | | | | 人工费 | 材料费 | 机械费 | 管理费利润 | 人工费 | 材料费 | 机械费 | 管理费利润 |
| A4-89 | 防滑坡道 | 100m² | 0.10 | 1482.74 | 691.05 | 28.53 | 424.95 | 148.27 | 69.11 | 2.85 | 42.50 |
| A2-117 | 中砂防冻胀层 | 10m³ | 0.39 | 158.44 | 724.20 | 4.76 | 45.41 | 61.79 | 282.44 | 1.86 | 17.71 |
| 人工单价 ||| 小计 |||||| 210.06 | 351.55 | 4.71 | 60.21 |
| 34元/工日 ||| 未计价材料费 ||||||||
| 清单项目综合单价 ||||||||| 60.53 |||

| 材料费明细 | 材料名称、规格、型号 | 单位 | 数量 | 单价 | 合价 | 暂估单价 | 暂估合价 |
|---|---|---|---|---|---|---|---|
| | （素水泥浆） | m³ | 0.01 | 439.56 | (4.40) | | |
| | 32.5复合硅酸盐水泥 | t | 0.165 | 287.74 | 47.48 | | |
| | （水泥砂浆1∶2） | m³ | 0.26 | 230.14 | (59.84) | | |
| | 中粗砂 | m³ | 0.29 | 55.18 | 16.00 | | |
| | 草袋子 | m² | 2.24 | 1.36 | 3.05 | | |
| | 净干砂 | m³ | 4.50 | 61.28 | 275.76 | | |
| | 其他材料费 ||||| 9.26 | | |
| | 材料费小计 ||||| 351.55 | | |

## 工程量清单综合单价分析表

工程名称：××法院法庭工程　　　标段：建筑工程　　　共51页，第28页

| 清单项目编码 | 010410003001 | 项目名称 | | 预制过梁 | | 清单计量单位 | | | m³ |
|---|---|---|---|---|---|---|---|---|---|
| 清单综合单价组成明细 ||||||||||
| 定额编号 | 定额名称 | 定额单位 | 数量 | 单价 |||| 合价 |||
| | | | | 人工费 | 材料费 | 机械费 | 管理费利润 | 人工费 | 材料费 | 机械费 | 管理费利润 |
| A4-102 | 预制过梁制作 | 10m³ | 0.14 | 459.68 | 2411.52 | 232.87 | 131.74 | 64.36 | 337.61 | 32.60 | 18.44 |
| A4-358 | 过梁运输 | 10m³ | 0.14 | 107.44 | 35.95 | 910.84 | 30.79 | 15.04 | 5.03 | 127.52 | 4.31 |
| A4-487 | 过梁安装 | 10m³ | 0.14 | 561.34 | 153.77 | 0.00 | 160.88 | 78.59 | 21.53 | 0.00 | 22.52 |
| 人工单价 ||| 小计 |||||| 157.99 | 364.17 | 160.12 | 45.27 |
| 34元/工日 ||| 未计价材料费 ||||||||
| 清单项目综合单价 ||||||||| 531.06 |||

| 材料费明细 | 材料名称、规格、型号 | 单位 | 数量 | 单价 | 合价 | 暂估单价 | 暂估合价 |
|---|---|---|---|---|---|---|---|
| | 半干硬性混凝土C20—30 | m³ | 1.42 | 227.30 | (322.77) | | |
| | 42.5硅酸盐水泥 | t | 0.558 | 349.00 | 194.74 | | |
| | 中粗砂 | m³ | 0.76 | 55.18 | 41.94 | | |
| | 碎石20mm | m³ | 71.76 | 1.18 | 84.68 | | |
| | 草袋子 | m² | 1.01 | 1.36 | 1.37 | | |
| | 二等板方材 | m³ | 0.0034 | 1555.9 | 4.67 | | |
| | 钢丝绳 | kg | 0.045 | 6.30 | 0.28 | | |
| | 镀锌钢丝8号 | kg | 0.44 | 5.85 | 2.57 | | |
| | 其他材料费 ||||| 33.92 | | |
| | 材料费小计 ||||| 364.17 | | |

## 工程量清单综合单价分析表

工程名称：××法院法庭工程　　标段：建筑工程　　共51页，第29页

| 清单项目编码 | 010416001001 | 项目名称 | 现浇混凝土钢筋 HPB235 φ6 | | | 清单计量单位 | | | t | |
|---|---|---|---|---|---|---|---|---|---|---|
| 清单综合单价组成明细 |||||||||||
| 定额编号 | 定额名称 | 定额单位 | 数量 | 单价 ||||合价 ||||
| | | | | 人工费 | 材料费 | 机械费 | 管理费利润 | 人工费 | 材料费 | 机械费 | 管理费利润 |
| A4-207 | 现浇混凝土钢筋φ6 | t | 0.264 | 769.42 | 5206.41 | 36.80 | 220.52 | 203.13 | 1374.49 | 9.72 | 58.22 |
| 人工单价 ||| 小计 |||| 203.13 | 1374.49 | 9.72 | 58.22 |
| 34元/工日 ||| 未计价材料费 |||||||||
| 清单项目综合单价 |||||||| 6233.18 ||||

| 材料费明细 | 材料名称、规格、型号 | 单位 | 数量 | 单价 | 合价 | 暂估单价 | 暂估合价 |
|---|---|---|---|---|---|---|---|
| | 钢筋φ6 | t | 0.269 | 5009.08 | 1347.44 | | |
| | 镀锌钢丝22号 | kg | 4.14 | 6.20 | 25.67 | | |
| | 其他材料费 | | | | 1.38 | | |
| | 材料费小计 | | | | 1374.49 | | |

## 工程量清单综合单价分析表

工程名称：××法院法庭工程　　标段：建筑工程　　共51页，第30页

| 清单项目编码 | 010416001002 | 项目名称 | 现浇混凝土箍筋 HPB235 φ6 | | | 清单计量单位 | | | t | |
|---|---|---|---|---|---|---|---|---|---|---|
| 清单综合单价组成明细 |||||||||||
| 定额编号 | 定额名称 | 定额单位 | 数量 | 单价 ||||合价 ||||
| | | | | 人工费 | 材料费 | 机械费 | 管理费利润 | 人工费 | 材料费 | 机械费 | 管理费利润 |
| A4-234 | 现浇混凝土箍筋φ6 | t | 1.350 | 981.92 | 5206.41 | 39.46 | 281.42 | 1325.59 | 7028.65 | 53.27 | 379.92 |
| 人工单价 ||| 小计 |||| 1325.59 | 7028.65 | 53.27 | 379.92 |
| 34元/工日 ||| 未计价材料费 |||||||||
| 清单项目综合单价 |||||||| 6509.21 ||||

| 材料费明细 | 材料名称、规格、型号 | 单位 | 数量 | 单价 | 合价 | 暂估单价 | 暂估合价 |
|---|---|---|---|---|---|---|---|
| | 钢筋φ6 | t | 1.377 | 5009.08 | 6897.50 | | |
| | 镀锌钢丝22号 | kg | 21.154 | 6.20 | 131.15 | | |
| | 其他材料费 | | | | 0.00 | | |
| | 其他材料费材料费小计 | | | | 7028.65 | | |

## 工程量清单综合单价分析表

工程名称：××法院法庭工程　　　标段：建筑工程　　　共51页，第31页

| 清单项目编码 | 010416001003 | 项目名称 | 现浇混凝土钢筋HPB235φ6.5 | | | 清单计量单位 | | | t | |
|---|---|---|---|---|---|---|---|---|---|---|
| \multicolumn{11}{c}{清单综合单价组成明细} | | | | | | | | | | |
| 定额编号 | 定额名称 | 定额单位 | 数量 | 单价 | | | | 合价 | | | |
| | | | | 人工费 | 材料费 | 机械费 | 管理费利润 | 人工费 | 材料费 | 机械费 | 管理费利润 |
| A4-207 | 现浇混凝土钢筋HPB235φ6.5 | t | 0.345 | 769.42 | 5206.41 | 36.80 | 220.52 | 265.45 | 1796.21 | 12.70 | 76.08 |
| 人工单价 | | | 小计 | | | | | 265.45 | 1796.21 | 12.70 | 76.08 |
| 34元/工日 | | | 未计价材料费 | | | | | | | | |
| 清单项目综合单价 | | | | | | | | 6233.16 | | | |

| 材料费明细 | 材料名称、规格、型号 | 单位 | 数量 | 单价 | 合价 | 暂估单价 | 暂估合价 |
|---|---|---|---|---|---|---|---|
| | 钢筋φ6.5 | t | 0.3519 | 5009.08 | 1762.70 | | |
| | 镀锌钢丝22号 | kg | 5.406 | 6.20 | 33.51 | | |
| | 其他材料费 | | | | 0.00 | | |
| | 材料费小计 | | | | 1796.21 | | |

## 工程量清单综合单价分析表

工程名称：××法院法庭工程　　　标段：建筑工程　　　共51页，第32页

| 清单项目编码 | 010416001004 | 项目名称 | 现浇混凝土钢筋HPB235φ8 | | | 清单计量单位 | | | t | |
|---|---|---|---|---|---|---|---|---|---|---|
| \multicolumn{11}{c}{清单综合单价组成明细} | | | | | | | | | | |
| 定额编号 | 定额名称 | 定额单位 | 数量 | 单价 | | | | 合价 | | | |
| | | | | 人工费 | 材料费 | 机械费 | 管理费利润 | 人工费 | 材料费 | 机械费 | 管理费利润 |
| A4-208 | 现浇混凝土钢筋HPB235φ8 | t | 4.532 | 501.50 | 5163.82 | 40.45 | 143.73 | 2272.80 | 23402.43 | 183.32 | 651.38 |
| 人工单价 | | | 小计 | | | | | 2272.80 | 23402.43 | 183.32 | 651.38 |
| 34元/工日 | | | 未计价材料费 | | | | | | | | |
| 清单项目综合单价 | | | | | | | | 5849.50 | | | |

| 材料费明细 | 材料名称、规格、型号 | 单位 | 数量 | 单价 | 合价 | 暂估单价 | 暂估合价 |
|---|---|---|---|---|---|---|---|
| | 钢筋φ8 | t | 4.62264 | 5009.08 | 23155.17 | | |
| | 镀锌钢丝22号 | kg | 39.88 | 6.20 | 247.26 | | |
| | 其他材料费 | | | | | | |
| | 材料费小计 | | | | 23402.43 | | |

## 工程量清单综合单价分析表

工程名称：××法院法庭工程　　标段：建筑工程　　共51页，第33页

| 清单项目编码 | 010416001005 | 项目名称 | 现浇混凝土箍筋HPB235φ8 | | | 清单计量单位 | | t | |
|---|---|---|---|---|---|---|---|---|---|
| 清单综合单价组成明细 | | | | | | | | | |
| 定额编号 | 定额名称 | 定额单位 | 数量 | 单价 | | | 合价 | | |
| | | | | 人工费 | 材料费 | 机械费 | 人工费 | 材料费 | 机械费 |
| | | | | | | 管理费利润 | | | 管理费利润 |
| A4-235 | 现浇混凝土箍筋HPB235φ8 | t | 0.737 | 634.78 | 5163.82 | 62.10 | 467.83 | 3805.74 | 45.77 |
| | | | | | | 181.28 | | | 133.60 |
| 人工单价 | | 小计 | | | | | 467.83 | 3805.74 | 45.77 |
| | | | | | | | | | 133.60 |
| 34元/工日 | | 未计价材料费 | | | | | | | |
| 清单项目综合单价 | | | | | | | 6041.98 | | |

| 材料费明细 | 材料名称、规格、型号 | 单位 | 数量 | 单价 | 合价 | 暂估单价 | 暂估合价 |
|---|---|---|---|---|---|---|---|
| | 钢筋φ8 | t | 0.75174 | 5009.08 | 3765.53 | | |
| | 镀锌钢丝22号 | kg | 6.486 | 6.20 | 40.21 | | |
| | 其他材料费 | | | | 0.00 | | |
| | 材料费小计 | | | | 3805.74 | | |

## 工程量清单综合单价分析表

工程名称：××法院法庭工程　　标段：建筑工程　　共51页，第34页

| 清单项目编码 | 010416001006 | 项目名称 | 现浇混凝土钢筋HPB235φ10 | | | 清单计量单位 | | t | |
|---|---|---|---|---|---|---|---|---|---|
| 清单综合单价组成明细 | | | | | | | | | |
| 定额编号 | 定额名称 | 定额单位 | 数量 | 单价 | | | 合价 | | |
| | | | | 人工费 | 材料费 | 机械费 | 人工费 | 材料费 | 机械费 |
| | | | | | | 管理费利润 | | | 管理费利润 |
| A4-209 | 现浇混凝土钢筋HPB235φ10 | t | 2.139 | 370.60 | 5144.23 | 36.84 | 792.71 | 11003.51 | 78.8 |
| | | | | | | 11.95 | | | 25.56 |
| 人工单价 | | 小计 | | | | | 792.71 | 11003.51 | 78.8 |
| | | | | | | | | | 25.56 |
| 34元/工日 | | 未计价材料费 | | | | | | | |
| 清单项目综合单价 | | | | | | | 5563.62 | | |

| 材料费明细 | 材料名称、规格、型号 | 单位 | 数量 | 单价 | 合价 | 暂估单价 | 暂估合价 |
|---|---|---|---|---|---|---|---|
| | 钢筋φ10 | t | 2.18178 | 5009.08 | 10928.71 | | |
| | 镀锌钢丝22号 | kg | 12.064 | 6.20 | 74.80 | | |
| | 其他材料费 | | | | 0.00 | | |
| | 材料费小计 | | | | 11003.51 | | |

## 工程量清单综合单价分析表

工程名称：××法院法庭工程　　　标段：建筑工程　　　共51页，第35页

| 清单项目编码 | 010416001007 | 项目名称 | | 现浇混凝土钢筋 HPB235φ12 | | | 清单计量单位 | | t |
|---|---|---|---|---|---|---|---|---|---|
| 清单综合单价组成明细 ||||||||||
| 定额编号 | 定额名称 | 定额单位 | 数量 | 单价 |||| 合价 ||||
| | | | | 人工费 | 材料费 | 机械费 | 管理费利润 | 人工费 | 材料费 | 机械费 | 管理费利润 |
| A4-210 | 现浇混凝土钢筋 HPB235φ12 | t | 7.071 | 324.36 | 5516.10 | 112.23 | 92.96 | 2293.55 | 39004.34 | 793.58 | 657.32 |
| 人工单价 | | 小计 |||||| 2293.55 | 39004.34 | 793.58 | 657.32 |
| 34元/工日 | | 未计价材料费 ||||||||||
| 清单项目综合单价 |||||||| 6045.65 ||||

| 材料费明细 | 材料名称、规格、型号 | 单位 | 数量 | 单价 | 合价 | 暂估单价 | 暂估合价 |
|---|---|---|---|---|---|---|---|
| | 钢筋φ12 | t | 7.318 | 5265.08 | 38529.86 | | |
| | 镀锌钢丝22号 | kg | 32.67 | 6.20 | 202.55 | | |
| | 其他材料费 | | | | 271.93 | | |
| | 材料费小计 | | | | 39004.34 | | |

## 工程量清单综合单价分析表

工程名称：××法院法庭工程　　　标段：建筑工程　　　共51页，第36页

| 清单项目编码 | 010416001008 | 项目名称 | | 现浇混凝土钢筋 HPB235φ14 | | | 清单计量单位 | | t |
|---|---|---|---|---|---|---|---|---|---|
| 清单综合单价组成明细 ||||||||||
| 定额编号 | 定额名称 | 定额单位 | 数量 | 单价 |||| 合价 ||||
| | | | | 人工费 | 材料费 | 机械费 | 管理费利润 | 人工费 | 材料费 | 机械费 | 管理费利润 |
| A4-211 | 现浇混凝土钢筋 HPB235φ14 | t | 0.222 | 280.50 | 5508.48 | 104.14 | 80.39 | 62.27 | 1222.88 | 23.12 | 17.85 |
| 人工单价 | | 小计 |||||| 62.27 | 1222.88 | 23.12 | 17.85 |
| 34元/工日 | | 未计价材料费 ||||||||||
| 清单项目综合单价 |||||||| 5937.51 ||||

| 材料费明细 | 材料名称、规格、型号 | 单位 | 数量 | 单价 | 合价 | 暂估单价 | 暂估合价 |
|---|---|---|---|---|---|---|---|
| | 钢筋φ14 | t | 0.230 | 5265.08 | 1210.97 | | |
| | 镀锌钢丝22号 | kg | 0.753 | 6.20 | 4.67 | | |
| | 其他材料费 | | | | 7.24 | | |
| | 材料费小计 | | | | 1222.88 | | |

## 工程量清单综合单价分析表

工程名称：××法院法庭工程　　　标段：建筑工程　　　共51页，第37页

| 清单项目编码 | 010416001009 | 项目名称 | 现浇混凝土钢筋HPB235φ16 | | 清单计量单位 | | t | |
|---|---|---|---|---|---|---|---|---|
| 清单综合单价组成明细 ||||||||||

| 定额编号 | 定额名称 | 定额单位 | 数量 | 单价 ||||  合价 ||||
|---|---|---|---|---|---|---|---|---|---|---|---|
| | | | | 人工费 | 材料费 | 机械费 | 管理费利润 | 人工费 | 材料费 | 机械费 | 管理费利润 |
| A4-212 | 现浇混凝土钢筋HPB235φ16 | t | 0.023 | 248.88 | 5344.60 | 102.35 | 71.33 | 5.72 | 122.93 | 2.35 | 1.65 |
| 人工单价 ||| 小计 |||| 5.72 | 122.93 | 2.35 | 1.65 ||
| 34元/工日 ||| 未计价材料费 ||||||||
| 清单项目综合单价 |||||||| 5767.39 ||||

| 材料费明细 | 材料名称、规格、型号 | 单位 | 数量 | 单价 | 合价 | 暂估单价 | 暂估合价 |
|---|---|---|---|---|---|---|---|
| | 钢筋φ16 | t | 0.0238 | 5111.48 | 121.65 | | |
| | 镀锌钢丝22号 | kg | 0.060 | 6.20 | 0.37 | | |
| | 其他材料费 ||||  0.91 | | |
| | 材料费小计 ||||  122.93 | | |

## 工程量清单综合单价分析表

工程名称：××法院法庭工程　　　标段：建筑工程　　　共51页，第38页

| 清单项目编码 | 010416001010 | 项目名称 | 现浇混凝土钢筋HRB335φ12 | | 清单计量单位 | | t | |
|---|---|---|---|---|---|---|---|---|
| 清单综合单价组成明细 ||||||||||

| 定额编号 | 定额名称 | 定额单位 | 数量 | 单价 |||| 合价 ||||
|---|---|---|---|---|---|---|---|---|---|---|---|
| | | | | 人工费 | 材料费 | 机械费 | 管理费利润 | 人工费 | 材料费 | 机械费 | 管理费利润 |
| A4-221 | 现浇混凝土钢筋HRB335φ12 | t | 0.148 | 366.18 | 5516.10 | 129.84 | 104.95 | 54.19 | 816.38 | 19.22 | 15.53 |
| 人工单价 ||| 小计 |||| 54.19 | 816.38 | 19.22 | 15.53 ||
| 34元/工日 ||| 未计价材料费 ||||||||
| 清单项目综合单价 |||||||| 6117.03 ||||

| 材料费明细 | 材料名称、规格、型号 | 单位 | 数量 | 单价 | 合价 | 暂估单价 | 暂估合价 |
|---|---|---|---|---|---|---|---|
| | 钢筋φ14 | t | 0.153 | 5265.08 | 805.56 | | |
| | 镀锌钢丝22号 | kg | 0.83 | 6.20 | 5.15 | | |
| | 其他材料费 ||||  5.67 | | |
| | 材料费小计 ||||  816.38 | | |

## 工程量清单综合单价分析表

工程名称：××法院法庭工程　　　标段：建筑工程　　　共51页，第39页

| 清单项目编码 | 010416001011 | 项目名称 | | 现浇混凝土钢筋 HRB335 Φ14 | | | 清单计量单位 | | | t |
|---|---|---|---|---|---|---|---|---|---|---|
| 清单综合单价组成明细 ||||||||||||

| 定额编号 | 定额名称 | 定额单位 | 数量 | 单价 ||||  合价 ||||
| --- | --- | --- | --- | --- | --- | --- | --- | --- | --- | --- | --- |
| | | | | 人工费 | 材料费 | 机械费 | 管理费利润 | 人工费 | 材料费 | 机械费 | 管理费利润 |
| 4-222 | 现浇混凝土钢筋 HRB335 Φ14 | t | 0.190 | 307.02 | 5508.48 | 120.88 | 87.99 | 58.33 | 1046.61 | 22.97 | 16.72 |
| 人工单价 | | | 小计 |||| | 58.33 | 1046.61 | 22.97 | 16.72 |
| 34元/工日 | | | 未计价材料费 |||| | | | | |
| 清单项目综合单价 |||||||| 6024.37 ||||

| 材料费明细 | 材料名称、规格、型号 | 单位 | 数量 | 单价 | 合价 | 暂估单价 | 暂估合价 |
| --- | --- | --- | --- | --- | --- | --- | --- |
| | 钢筋Φ14 | t | 0.197 | 5265.08 | 1037.22 | | |
| | 镀锌钢丝22号 | kg | 0.644 | 6.20 | 3.99 | | |
| | 其他材料费 | | | | 5.40 | | |
| | 材料费小计 | | | | 1046.61 | | |

## 工程量清单综合单价分析表

工程名称：××法院法庭工程　　　标段：建筑工程　　　共51页，第40页

| 清单项目编码 | 010416001012 | 项目名称 | | 现浇混凝土钢筋 HRB335 Φ16 | | | 清单计量单位 | | | t |
|---|---|---|---|---|---|---|---|---|---|---|
| 清单综合单价组成明细 ||||||||||||

| 定额编号 | 定额名称 | 定额单位 | 数量 | 单价 ||||  合价 ||||
| --- | --- | --- | --- | --- | --- | --- | --- | --- | --- | --- | --- |
| | | | | 人工费 | 材料费 | 机械费 | 管理费利润 | 人工费 | 材料费 | 机械费 | 管理费利润 |
| A4-223 | 现浇混凝土钢筋 HRB335 Φ16 | t | 0.276 | 277.44 | 5344.60 | 119.10 | 79.51 | 76.57 | 1475.11 | 32.87 | 21.94 |
| 人工单价 | | | 小计 |||| | 76.57 | 1475.11 | 32.87 | 21.94 |
| 34元/工日 | | | 未计价材料费 |||| | | | | |
| 清单项目综合单价 |||||||| 5820.62 ||||

| 材料费明细 | 材料名称、规格、型号 | 单位 | 数量 | 单价 | 合价 | 暂估单价 | 暂估合价 |
| --- | --- | --- | --- | --- | --- | --- | --- |
| | 钢筋Φ16 | t | 0.286 | 5111.48 | 1461.88 | | |
| | 镀锌钢丝22号 | kg | 0.718 | 6.20 | 4.45 | | |
| | 其他材料费 | | | | 8.78 | | |
| | 材料费小计 | | | | 1475.11 | | |

## 工程量清单综合单价分析表

工程名称：××法院法庭工程　　　标段：建筑工程　　　共51页，第41页

| 清单项目编码 | 010416001013 | 项目名称 | 现浇混凝土钢筋HRB335Φ18 | | 清单计量单位 | | t | |
|---|---|---|---|---|---|---|---|---|
| 清单综合单价组成明细 | | | | | | | | |
| 定额编号 | 定额名称 | 定额单位 | 数量 | 单价 | | | | |
| | | | | 人工费 | 材料费 | 机械费 | 管理费利润 | |
| A4-224 | 现浇混凝土钢筋HRB335Φ18 | t | 0.600 | 240.04 | 5359.44 | 108.81 | 68.80 | |
| 人工单价 | | | | 小计 | | | | |
| 34元/工日 | | | | 未计价材料费 | | | | |
| 清单项目综合单价 | | | | | | 5777.08 | | |

| 定额编号 | 定额名称 | 定额单位 | 数量 | 合价 | | | |
|---|---|---|---|---|---|---|---|
| | | | | 人工费 | 材料费 | 机械费 | 管理费利润 |
| A4-224 | 现浇混凝土钢筋HRB335Φ18 | t | 0.600 | 144.02 | 3215.66 | 65.29 | 41.28 |
| 小计 | | | | 144.02 | 3215.66 | 65.29 | 41.28 |

| 材料费明细 | 材料名称、规格、型号 | 单位 | 数量 | 单价 | 合价 | 暂估单价 | 暂估合价 |
|---|---|---|---|---|---|---|---|
| | 钢筋Φ18 | t | 0.621 | 5111.48 | 3174.23 | | |
| | 镀锌钢丝22号 | kg | 1.812 | 6.20 | 11.23 | | |
| | 其他材料费 | | | | 30.20 | | |
| | 材料费小计 | | | | 3215.66 | | |

## 工程量清单综合单价分析表

工程名称：××法院法庭工程　　　标段：建筑工程　　　共51页，第42页

| 清单项目编码 | 010416001014 | 项目名称 | 现浇混凝土钢筋HRB335Φ20 | | 清单计量单位 | | t | |
|---|---|---|---|---|---|---|---|---|
| 清单综合单价组成明细 | | | | | | | | |
| 定额编号 | 定额名称 | 定额单位 | 数量 | 单价 | | | | |
| | | | | 人工费 | 材料费 | 机械费 | 管理费利润 | |
| 4-225 | 现浇混凝土钢筋HRB335Φ20 | t | 0.298 | 220.66 | 5279.24 | 108.50 | 63.24 | |
| 人工单价 | | | | 小计 | | | | |
| 34元/工日 | | | | 未计价材料费 | | | | |
| 清单项目综合单价 | | | | | | 5671.64 | | |

| 定额编号 | 定额名称 | 定额单位 | 数量 | 合价 | | | |
|---|---|---|---|---|---|---|---|
| | | | | 人工费 | 材料费 | 机械费 | 管理费利润 |
| 4-225 | 现浇混凝土钢筋HRB335Φ20 | t | 0.298 | 65.76 | 1573.21 | 32.33 | 18.85 |
| 小计 | | | | 65.76 | 1573.21 | 32.33 | 18.85 |

| 材料费明细 | 材料名称、规格、型号 | 单位 | 数量 | 单价 | 合价 | 暂估单价 | 暂估合价 |
|---|---|---|---|---|---|---|---|
| | 钢筋Φ20 | t | 0.308 | 5039.80 | 1552.26 | | |
| | 镀锌钢丝22号 | kg | 0.611 | 6.20 | 3.79 | | |
| | 其他材料费 | | | | 17.16 | | |
| | 材料费小计 | | | | 1573.21 | | |

## 工程量清单综合单价分析表

工程名称：××法院法庭工程　　标段：建筑工程　　共51页，第43页

| 清单项目编码 | 010416001015 | 项目名称 | 现浇混凝土钢筋 HRB335 Φ22 | | 清单计量单位 | | t |
|---|---|---|---|---|---|---|---|
| 清单综合单价组成明细 ||||||||

| 定额编号 | 定额名称 | 定额单位 | 数量 | 单价 ||||  合价 ||||
|---|---|---|---|---|---|---|---|---|---|---|---|
| | | | | 人工费 | 材料费 | 机械费 | 管理费利润 | 人工费 | 材料费 | 机械费 | 管理费利润 |
| 4-226 | 现浇混凝土钢筋 HRB335 Φ22 | t | 0.786 | 197.20 | 5276.64 | 95.30 | 56.52 | 155.00 | 4147.44 | 74.91 | 44.42 |
| 人工单价 ||| 小计 |||| 155.00 | 4147.44 | 74.91 | 44.42 |
| 34元/工日 ||| 未计价材料费 ||||||||
| 清单项目综合单价 |||||||| 5625.66 ||||

| 材料费明细 | 材料名称、规格、型号 | 单位 | 数量 | 单价 | 合价 | 暂估单价 | 暂估合价 |
|---|---|---|---|---|---|---|---|
| | 钢筋Φ22 | t | 0.814 | 5039.8 | 4102.40 | | |
| | 镀锌钢丝22号 | kg | 1.313 | 6.20 | 8.14 | | |
| | 其他材料费 |||| — | 36.90 | | |
| | 材料费小计 |||| | 4147.44 | | |

## 工程量清单综合单价分析表

工程名称：××法院法庭工程　　标段：建筑工程　　共51页，第44页

| 清单项目编码 | 010416001016 | 项目名称 | 现浇混凝土钢筋 HRB335 Φ25 | | 清单计量单位 | | t |
|---|---|---|---|---|---|---|---|
| 清单综合单价组成明细 ||||||||

| 定额编号 | 定额名称 | 定额单位 | 数量 | 单价 ||||  合价 ||||
|---|---|---|---|---|---|---|---|---|---|---|---|
| | | | | 人工费 | 材料费 | 机械费 | 管理费利润 | 人工费 | 材料费 | 机械费 | 管理费利润 |
| A4-227 | 现浇混凝土钢筋 HRB335 Φ25 | t | 0.843 | 176.46 | 5285.33 | 82.66 | 50.57 | 148.76 | 4455.53 | 69.68 | 42.63 |
| 人工单价 ||| 小计 |||| 148.76 | 4455.53 | 69.68 | 42.63 |
| 34元/工日 ||| 未计价材料费 ||||||||
| 清单项目综合单价 |||||||| 5595.02 ||||

| 材料费明细 | 材料名称、规格、型号 | 单位 | 数量 | 单价 | 合价 | 暂估单价 | 暂估合价 |
|---|---|---|---|---|---|---|---|
| | 钢筋Φ25 | t | 0.873 | 5039.80 | 4399.75 | | |
| | 镀锌钢丝22号 | kg | 0.902 | 6.20 | 5.59 | | |
| | 其他材料费 |||| | 50.19 | | |
| | 材料费小计 |||| | 4455.53 | | |

## 工程量清单综合单价分析表

工程名称：××法院法庭工程　　　标段：建筑工程　　　共51页，第45页

| 清单项目编码 | 010416002001 | 项目名称 | | 预制构件冷拔低碳钢丝Φ$^b$4 | | | 清单计量单位 | | | t |
|---|---|---|---|---|---|---|---|---|---|---|
| 清单综合单价组成明细 |||||||||||
| 定额编号 | 定额名称 | 定额单位 | 数量 | 单价 ||| 合价 ||||
| | | | | 人工费 | 材料费 | 机械费 | 管理费利润 | 人工费 | 材料费 | 机械费 | 管理费利润 |
| A4-238 | 预制构件冷拔低碳钢丝Φ$^b$4 | t | 0.0004 | 1389.58 | 6092.15 | 41.98 | 398.25 | 0.56 | 2.44 | 0.02 | 0.16 |
| 人工单价 ||| 小计 |||| 0.56 | 2.44 | 0.02 | 0.16 |
| 34元/工日 ||| 未计价材料费 |||||||| |
| 清单项目综合单价 |||||||| 7950 |||

| 材料费明细 | 材料名称、规格、型号 | 单位 | 数量 | 单价 | 合价 | 暂估单价 | 暂估合价 |
|---|---|---|---|---|---|---|---|
| | 冷拔低碳钢丝Φ$^b$4 | t | 0.0004 | 5500.00 | 2.20 | | |
| | 镀锌钢丝22号 | kg | 0.0063 | 6.20 | 0.04 | | |
| | 其他材料费 ||||  0.20 | | |
| | 材料费小计 ||||  2.44 | | |

## 工程量清单综合单价分析表

工程名称：××法院法庭工程　　　标段：建筑工程　　　共51页，第46页

| 清单项目编码 | 010416002002 | 项目名称 | | 预制过梁钢筋Φ6 | | | 清单计量单位 | | | t |
|---|---|---|---|---|---|---|---|---|---|---|
| 清单综合单价组成明细 |||||||||||
| 定额编号 | 定额名称 | 定额单位 | 数量 | 单价 ||| 合价 ||||
| | | | | 人工费 | 材料费 | 机械费 | 管理费利润 | 人工费 | 材料费 | 机械费 | 管理费利润 |
| A4-240 | 预制构件钢筋Φ6 | t | 0.018 | 728.62 | 5181.37 | 32.94 | 208.82 | 13.12 | 93.26 | 0.59 | 3.76 |
| 人工单价 ||| 小计 |||| 13.12 | 93.26 | 0.59 | 3.76 |
| 34元/工日 ||| 未计价材料费 |||||||| |
| 清单项目综合单价 |||||||| 6151.67 |||

| 材料费明细 | 材料名称、规格、型号 | 单位 | 数量 | 单价 | 合价 | 暂估单价 | 暂估合价 |
|---|---|---|---|---|---|---|---|
| | 钢筋Φ6 | t | 0.018 | 5009.08 | 90.16 | | |
| | 镀锌钢丝22号 | kg | 0.282 | 6.20 | 1.75 | | |
| | 其他材料费 ||||  1.35 | | |
| | 材料费小计 ||||  93.26 | | |

## 工程量清单综合单价分析表

工程名称：××法院法庭工程　　　标段：建筑工程　　　共51页，第47页

| 清单项目编码 | 010416002003 | 项目名称 | | 预制构件箍筋Φ6 | | | 清单计量单位 | | | t | |
|---|---|---|---|---|---|---|---|---|---|---|---|
| 清单综合单价组成明细 | | | | | | | | | | | |
| 定额编号 | 定额名称 | 定额单位 | 数量 | 单价 | | | | 合价 | | | |
| | | | | 人工费 | 材料费 | 机械费 | 管理费利润 | 人工费 | 材料费 | 机械费 | 管理费利润 |
| A4-240 | 预制构件箍筋Φ6 | t | 0.036 | 728.62 | 5181.37 | 32.94 | 208.82 | 26.23 | 186.53 | 1.19 | 7.52 |
| 人工单价 | | | | 小计 | | | | 26.23 | 186.53 | 1.19 | 7.52 |
| 34元/工日 | | | | 未计价材料费 | | | | | | | |
| 清单项目综合单价 | | | | | | | | 6151.94 | | | |
| 材料费明细 | 材料名称、规格、型号 | | | 单位 | 数量 | | 单价 | 合价 | | 暂估单价 | 暂估合价 |
| | 钢筋Φ6 | | | t | 0.036 | | 5009.08 | 180.33 | | | |
| | 镀锌钢丝22号 | | | kg | 0.56 | | 6.20 | 3.47 | | | |
| | 其他材料费 | | | | | | | 2.73 | | | |
| | 材料费小计 | | | | | | | 186.53 | | | |

## 工程量清单综合单价分析表

工程名称：××法院法庭工程　　　标段：建筑工程　　　共51页，第48页

| 清单项目编码 | 010416002004 | 项目名称 | | 预制构件箍筋Φ8 | | | 清单计量单位 | | | t | |
|---|---|---|---|---|---|---|---|---|---|---|---|
| 清单综合单价组成明细 | | | | | | | | | | | |
| 定额编号 | 定额名称 | 定额单位 | 数量 | 单价 | | | | 合价 | | | |
| | | | | 人工费 | 材料费 | 机械费 | 管理费利润 | 人工费 | 材料费 | 机械费 | 管理费利润 |
| A4-242 | 预制构件箍筋Φ8 | t | 0.002 | 475.66 | 5138.78 | 36.19 | 136.32 | 0.95 | 10.28 | 0.07 | 0.27 |
| 人工单价 | | | | 小计 | | | | 0.95 | 10.28 | 0.07 | 0.27 |
| 34元/工日 | | | | 未计价材料费 | | | | | | | |
| 清单项目综合单价 | | | | | | | | 5785.00 | | | |
| 材料费明细 | 材料名称、规格、型号 | | | 单位 | 数量 | | 单价 | 合价 | | 暂估单价 | 暂估合价 |
| | 钢筋Φ8 | | | t | 0.002 | | 5009.08 | 10.02 | | | |
| | 镀锌钢丝22号 | | | kg | 0.02 | | 6.20 | 0.12 | | | |
| | 其他材料费 | | | | | | | 0.14 | | | |
| | 材料费小计 | | | | | | | 10.28 | | | |

## 工程量清单综合单价分析表

工程名称：××法院法庭工程　　　标段：建筑工程　　　共51页，第49页

| 清单项目编码 | 010416002005 | 项目名称 | | 预制构件钢筋φ10 | | | 清单计量单位 | | | t | |
|---|---|---|---|---|---|---|---|---|---|---|---|
| 清单综合单价组成明细 ||||||||||||
| 定额编号 | 定额名称 | 定额单位 | 数量 | 单价 ||| 合价 ||||
| | | | | 人工费 | 材料费 | 机械费 | 管理费利润 | 人工费 | 材料费 | 机械费 | 管理费利润 |
| A4-244 | 预制构件钢筋φ10 | t | 0.037 | 351.22 | 5119.19 | 32.96 | 100.66 | 13.0 | 189.41 | 1.22 | 3.72 |
| 人工单价 ||| 小计 |||| 13.0 | 189.41 | 1.22 | 3.72 |
| 34元/工日 ||| 未计价材料费 |||| | | | |
| 清单项目综合单价 |||||||| 5604.05 ||||

| 材料费明细 | 材料名称、规格、型号 | 单位 | 数量 | 单价 | 合价 | 暂估单价 | 暂估合价 |
|---|---|---|---|---|---|---|---|
| | 钢筋φ10 | t | 0.037 | 5009.08 | 185.34 | | |
| | 镀锌钢丝22号 | kg | 0.21 | 6.20 | 1.30 | | |
| | 其他材料费 | | | | 2.77 | | |
| | 材料费小计 | | | | 189.41 | | |

## 工程量清单综合单价分析表

工程名称：××法院法庭工程　　　标段：建筑工程　　　共51页，第50页

| 清单项目编码 | 010416002006 | 项目名称 | | 预制构件钢筋φ12 | | | 清单计量单位 | | | t | |
|---|---|---|---|---|---|---|---|---|---|---|---|
| 清单综合单价组成明细 ||||||||||||
| 定额编号 | 定额名称 | 定额单位 | 数量 | 单价 ||| 合价 ||||
| | | | | 人工费 | 材料费 | 机械费 | 管理费利润 | 人工费 | 材料费 | 机械费 | 管理费利润 |
| A4-246 | 预制构件钢筋φ12 | t | 0.008 | 307.36 | 5516.10 | 107.13 | 88.09 | 2.46 | 44.13 | 0.86 | 0.70 |
| 人工单价 ||| 小计 |||| 2.46 | 44.13 | 0.86 | 0.70 |
| 34元/工日 ||| 未计价材料费 |||| | | | |
| 清单项目综合单价 |||||||| 6018.75 ||||

| 材料费明细 | 材料名称、规格、型号 | 单位 | 数量 | 单价 | 合价 | 暂估单价 | 暂估合价 |
|---|---|---|---|---|---|---|---|
| | 钢筋φ12 | t | 0.007 | 5265.08 | 36.86 | | |
| | 镀锌钢丝22号 | kg | 0.03 | 6.20 | 0.19 | | |
| | 其他材料费 | | | | 1.56 | | |
| | 材料费小计 | | | | 38.61 | | |

## 工程量清单综合单价分析表

工程名称：××法院法庭工程　　　标段：建筑工程　　　共51页，第51页

| 清单项目编码 | 010416002007 | 项目名称 | | 预制构件钢筋φ12 | | | 清单计量单位 | | | t |
|---|---|---|---|---|---|---|---|---|---|---|

清单综合单价组成明细

| 定额编号 | 定额名称 | 定额单位 | 数量 | 单价 | | | | 合价 | | | |
|---|---|---|---|---|---|---|---|---|---|---|---|
| | | | | 人工费 | 材料费 | 机械费 | 管理费利润 | 人工费 | 材料费 | 机械费 | 管理费利润 |
| A4-260 | 预制构件钢筋φ12 | t | 0.006 | 347.48 | 5516.10 | 125.31 | 99.59 | 2.08 | 33.10 | 0.75 | 0.60 |
| 人工单价 | | | | 小计 | | | | 2.08 | 33.10 | 0.75 | 0.60 |
| 34元/工日 | | | | 未计价材料费 | | | | | | | |
| 清单项目综合单价 | | | | | | | | 6088.33 | | | |

| 材料费明细 | 材料名称、规格、型号 | 单位 | 数量 | 单价 | 合价 | 暂估单价 | 暂估合价 |
|---|---|---|---|---|---|---|---|
| | 钢筋φ12 | t | 0.006 | 5265.08 | 31.59 | | |
| | 镀锌钢丝22号 | kg | 0.03 | 6.20 | 0.19 | | |
| | 其他材料费 | | | | 1.32 | | |
| | 材料费小计 | | | | 33.10 | | |

### 过程2.3.6 填写分部分项工程量清单计价表，汇总分部分项工程费用

通过以上综合单价分析测算，可以在分部分项工程量清单与计价表中填写综合单价，各项目综合单价乘以相应的清单工程量得各分项工程费用，汇总得本分部工程分部分项工程费用，分部分项工程量清单及计价表见下表所示。

### 分部分项工程量清单与计价表

工程名称：××法院法庭工程　　　标段：建筑工程　　　共1页，第1页

| 序号 | 项目编码 | 项目名称 | 项目特征描述 | 计量单位 | 工程量 | 金额（元） | | |
|---|---|---|---|---|---|---|---|---|
| | | | | | | 综合单价 | 合价 | 其中暂估价 |
| | | A.4 混凝土及钢筋混凝土工程 | | | | | | |
| 1 | 010401001001 | 现浇混凝土带型基础 | 1. 混凝土强度等级：C30<br>2. 混凝土拌合料要求：中粗砂，5～20mm碎石 | m³ | 41.83 | 351.47 | 14701.99 | |
| 2 | 010401006001 | 混凝土基础垫层 | 1. 垫层材料种类、厚度：混凝土垫层，100mm厚<br>2. 混凝土强度等级：C10<br>3. 混凝土拌合料要求：中粗砂，5～40mm碎石 | m³ | 20.21 | 278.24 | 5901.47 | |
| 3 | 010402001001 | 构造柱GZ1 | 1. 柱高：6.58m<br>2. 柱截面尺寸：360×360<br>3. 混凝土强度等级：C25<br>4. 混凝土拌合料要求：中粗砂，5～20mm碎石 | m³ | 5.11 | 398.97 | 2038.74 | |

续表

| 序号 | 项目编码 | 项目名称 | 项目特征描述 | 计量单位 | 工程量 | 金额（元） | | |
|---|---|---|---|---|---|---|---|---|
| | | | | | | 综合单价 | 合价 | 其中暂估价 |
| 4 | 010402001002 | 构造柱 GZ2 | 1. 柱高：6.58m<br>2. 柱截面尺寸：240×240<br>3. 混凝土强度等级：C25<br>4. 混凝土拌合料要求：中粗砂，5～20mm碎石 | m³ | 8.55 | 402.09 | 3437.87 | |
| 5 | 010402001003 | 构造柱 GZ3 | 1. 柱高：6.58m<br>2. 柱截面尺寸：240×360<br>3. 混凝土强度等级：C25<br>4. 混凝土拌合料要求：中粗砂，5～20mm碎石 | m³ | 11.85 | 401.44 | 4757.06 | |
| 6 | 010402001004 | 构造柱 GZ4 | 1. 柱高：6.58m<br>2. 柱截面尺寸：490×360<br>3. 混凝土强度等级：C25<br>4. 混凝土拌合料要求：中粗砂，5～20mm碎石 | m³ | 3.25 | 405.90 | 1319.18 | |
| 7 | 010402001005 | 构造柱（边挺） | 1. 柱高：6.58m<br>2. 柱截面尺寸：160×360<br>3. 混凝土强度等级：C25<br>4. 混凝土拌合料要求：中粗砂，5～20mm碎石 | m³ | 1.83 | 393.20 | 719.56 | |
| 8 | 010402001006 | 构造柱（女儿墙） | 1. 柱高：0.92(1.82)m<br>2. 柱截面尺寸：240×240<br>3. 混凝土强度等级：C25<br>4. 混凝土拌合料要求：中粗砂，5～20mm碎石 | m³ | 7.79 | 400.26 | 3118.03 | |
| 9 | 010402001007 | 楼梯构造柱 TGZ | 1. 柱高：1.33m<br>2. 柱截面尺寸：240×240<br>3. 混凝土强度等级：C25<br>4. 混凝土拌合料要求：中粗砂，5～20mm碎石 | m³ | 0.19 | 420.79 | 79.95 | |
| 10 | 010403001001 | 地圈梁（外墙基础） | 1. 梁底标高：−0.3m<br>2. 梁截面：360×240<br>3. 混凝土强度等级：C20<br>4. 混凝土拌合料要求：中粗砂，5～20mm碎石 | m³ | 7.27 | 358.86 | 2608.91 | |
| 11 | 010403001002 | 地圈梁（内墙基础） | 1. 梁底标高：−0.3m<br>2. 梁截面：240×240<br>3. 混凝土强度等级：C20<br>4. 混凝土拌合料要求：中粗砂，5～20mm碎石 | m³ | 4.31 | 356.56 | 1536.77 | |
| 12 | 010403004001 | 圈梁（一层） | 1. 梁底标高：3.34m<br>2. 梁截面：240×180<br>3. 混凝土强度等级：C25<br>4. 混凝土拌合料要求：中粗砂，5～20mm碎石 | m³ | 4.58 | 395.72 | 1812.40 | |

续表

| 序号 | 项目编码 | 项目名称 | 项目特征描述 | 计量单位 | 工程量 | 金额(元) | | |
|---|---|---|---|---|---|---|---|---|
| | | | | | | 综合单价 | 合价 | 其中暂估价 |
| 13 | 010403004002 | 圈梁(二层) | 1. 梁底标高：6.34m<br>2. 梁截面：240×180<br>3. 混凝土强度等级：C25<br>4. 混凝土拌合料要求：中粗砂，5~20mm碎石 | m³ | 4.39 | 394.90 | 1733.61 | |
| 14 | 010403005001 | 过梁 | 1. 梁底标高：3.10m；6.20m<br>2. 梁截面：360(240)×500(400)<br>3. 混凝土强度等级：C25<br>4. 混凝土拌合料要求：中粗砂，5~20mm碎石 | m³ | 7.67 | 408.75 | 3135.11 | |
| 15 | 010405001001 | 有梁板(一层100厚) | 1. 板底标高：3.42m<br>2. 板厚度：100mm<br>3. 混凝土强度等级：C25<br>4. 混凝土拌合料要求：中粗砂，5~20mm碎石 | m³ | 29.72 | 351.58 | 10448.96 | |
| 16 | 010405001002 | 有梁板(二层100厚) | 1. 板底标高：6.42m<br>2. 板厚度：100mm<br>3. 混凝土强度等级：C25<br>4. 混凝土拌合料要求：中粗砂，5~20mm碎石 | m³ | 25.24 | 351.26 | 8865.80 | |
| 17 | 010405001003 | 有梁板(一层120厚) | 1. 板底标高：3.40m<br>2. 板厚度：120mm<br>3. 混凝土强度等级：C25<br>4. 混凝土拌合料要求：中粗砂，5~20mm碎石 | m³ | 1.15 | 280.17 | 322.20 | |
| 18 | 010405001004 | 有梁板(二层120厚) | 1. 板底标高：6.40m<br>2. 板厚度：120mm<br>3. 混凝土强度等级：C25<br>4. 混凝土拌合料要求：中粗砂，5~20mm碎石 | m³ | 1.15 | 280.17 | 322.20 | |
| 19 | 010405001005 | 有梁板(一层140厚) | 1. 板底标高：3.38m<br>2. 板厚度：140mm<br>3. 混凝土强度等级：C25<br>4. 混凝土拌合料要求：中粗砂，5~20mm碎石 | m³ | 5.93 | 350.04 | 2075.74 | |
| 20 | 010405001006 | 有梁板(二层140厚) | 1. 板底标高：6.38m<br>2. 板厚度：140mm<br>3. 混凝土强度等级：C25<br>4. 混凝土拌合料要求：中粗砂，5~20mm碎石 | m³ | 10.59 | 352.15 | 3729.27 | |
| 21 | 010405003007 | 平板(一层120厚) | 1. 板底标高：3.40m<br>2. 板厚度：120mm<br>3. 混凝土强度等级：C25<br>4. 混凝土拌合料要求：中粗砂，5~20mm碎石 | m³ | 7.17 | 356.10 | 2553.24 | |

续表

| 序号 | 项目编码 | 项目名称 | 项目特征描述 | 计量单位 | 工程量 | 金额(元) | | 其中暂估价 |
|---|---|---|---|---|---|---|---|---|
| | | | | | | 综合单价 | 合价 | |
| 22 | 010405003008 | 平板（二层120厚） | 1. 板底标高：6.40m<br>2. 板厚度：120mm<br>3. 混凝土强度等级：C25<br>4. 混凝土拌合料要求：中粗砂，5～20mm碎石 | m³ | 11.65 | 356.14 | 4149.03 | |
| 23 | 010406001001 | 楼梯 | 1. 混凝土强度等级：C20<br>2. 混凝土拌合料要求：中粗砂，5～20mm碎石 | m³ | 27.55 | 100.39 | 2765.74 | |
| 24 | 010407001002 | 混凝土台阶 | 1. 构件类型：台阶<br>2. 混凝土强度等级：C20<br>3. 混凝土拌合料要求：中粗砂，5～20mm碎石 | m³ | 3.02 | 524.22 | 1583.14 | |
| 25 | 010407001001 | 压顶 | 1. 构件类型：女儿墙压顶<br>2. 混凝土强度等级：C20<br>3. 混凝土拌合料要求：中粗砂，5～20mm碎石 | m³ | 2.00 | 423.57 | 847.14 | |
| 26 | 010407002001 | 混凝土散水 | 1. 垫层材料种类：中粗砂<br>2. 面层厚度：60mm<br>3. 混凝土强度等级：C20<br>4. 混凝土拌合料要求：中粗砂，5～20mm碎石<br>5. 填塞材料种类：10mm厚沥青砂浆 | m² | 73.44 | 67.46 | 4954.26 | |
| 27 | 010407002002 | 混凝土防滑坡道 | 1. 垫层材料种类：中粗砂<br>2. 面层厚度：60mm<br>3. 混凝土强度等级：C20<br>4. 混凝土拌合料要求：中粗砂，5～20mm碎石<br>5. 填塞材料种类：10mm厚沥青砂浆 | m² | 10.35 | 60.53 | 626.49 | |
| 28 | 010410003001 | 预制过梁 | 1. 混凝土强度等级：C30<br>2. 砂浆强度等级M5 | m³ | 1.37 | 531.06 | 727.55 | |
| 29 | 010416001001 | 现浇混凝土钢筋 | 钢筋种类、规格：HPB235 Φ6 | t | 0.264 | 6233.18 | 1645.56 | |
| 30 | 010416001002 | 现浇混凝土钢筋 | 钢筋种类、规格：HPB235 箍筋Φ6 | t | 1.350 | 6509.21 | 8787.43 | |
| 31 | 010416001003 | 现浇混凝土钢筋 | 钢筋种类、规格：HPB235 Φ6.5 | t | 0.345 | 6233.16 | 2150.44 | |
| 32 | 010416001004 | 现浇混凝土钢筋 | 钢筋种类、规格：HPB235 Φ8 | t | 4.532 | 5849.50 | 26509.93 | |

续表

| 序号 | 项目编码 | 项目名称 | 项目特征描述 | 计量单位 | 工程量 | 金额(元) | | |
|---|---|---|---|---|---|---|---|---|
| | | | | | | 综合单价 | 合价 | 其中暂估价 |
| 33 | 010416001005 | 现浇混凝土钢筋 | 钢筋种类、规格：箍筋 HPB235 Φ8 | t | 0.737 | 6041.98 | 4452.94 | |
| 34 | 010416001006 | 现浇混凝土钢筋 | 钢筋种类、规格：HPB235 Φ10 | t | 2.139 | 5563.62 | 11900.58 | |
| 35 | 010416001007 | 现浇混凝土钢筋 | 钢筋种类、规格：HPB235 Φ12 | t | 7.071 | 6045.65 | 42748.79 | |
| 36 | 010416001008 | 现浇混凝土钢筋 | 钢筋种类、规格：HPB235 Φ14 | t | 0.222 | 5937.51 | 1318.13 | |
| 37 | 010416001009 | 现浇混凝土钢筋 | 钢筋种类、规格：HPB235 Φ16 | t | 0.023 | 5767.39 | 132.65 | |
| 38 | 010416001010 | 现浇混凝土钢筋 | 钢筋种类、规格：HRB335 Φ12 | t | 0.148 | 6117.03 | 905.32 | |
| 39 | 010416001010 | 现浇混凝土钢筋 | 钢筋种类、规格：HRB335 Φ14 | t | 0.190 | 6024.37 | 1144.63 | |
| 40 | 010416001011 | 现浇混凝土钢筋 | 钢筋种类、规格：HRB335 Φ16 | t | 0.276 | 5820.62 | 1606.49 | |
| 41 | 010416001012 | 现浇混凝土钢筋 | 钢筋种类、规格：HRB335 Φ18 | t | 0.600 | 5777.08 | 3466.25 | |
| 42 | 010416001013 | 现浇混凝土钢筋 | 钢筋种类、规格：HRB335 Φ20 | t | 0.298 | 5671.64 | 1690.15 | |
| 43 | 010416001014 | 现浇混凝土钢筋 | 钢筋种类、规格：HRB335 Φ22 | t | 0.786 | 5625.66 | 4421.77 | |
| 44 | 010416001015 | 现浇混凝土钢筋 | 钢筋种类、规格：HRB335 Φ25 | t | 0.843 | 5595.02 | 4716.60 | |
| 45 | 010416007001 | 预制构件钢筋 | 钢筋种类、规格：冷拔低碳钢丝 Φ$^b$4 | t | 0.0004 | 7950.00 | 3.18 | |
| 46 | 010416002002 | 预制构件钢筋 | 钢筋种类、规格：HPB235 Φ6 | t | 0.018 | 6151.67 | 110.73 | |
| 47 | 010416002003 | 预制构件钢筋 | 钢筋种类、规格：箍筋 HPB235 Φ6 | t | 0.036 | 6151.94 | 221.47 | |
| 48 | 010416002004 | 预制构件钢筋 | 钢筋种类、规格：HPB235 Φ8 | t | 0.002 | 5785.00 | 11.57 | |
| 49 | 010416002005 | 预制构件钢筋 | 钢筋种类、规格：HPB235 Φ10 | t | 0.037 | 5604.05 | 207.35 | |

续表

| 序号 | 项目编码 | 项目名称 | 项目特征描述 | 计量单位 | 工程量 | 金额(元) | | |
|---|---|---|---|---|---|---|---|---|
| | | | | | | 综合单价 | 合价 | 其中暂估价 |
| 50 | 010416002006 | 预制构件钢筋 | 钢筋种类、规格：HPB235φ12 | t | 0.008 | 6018.75 | 48.15 | |
| 51 | 010416002007 | 预制构件钢筋 | 钢筋种类、规格：HRB335φ12 | t | 0.006 | 6088.33 | 36.53 | |
| | | | 合　价 | | | | 207069.31 | |

## 任务2.4　屋面及防水工程工程量清单报价

本任务主要包括编制法庭工程屋面卷材防水、屋面排水及厨房变压式通风道等项目工程量清单报价，编制过程中的主要依据同土(石)方工程，重点突出防水层综合单价的计算方法和测算过程。

### 过程2.4.1　屋面及防水工程施工图识读

根据建筑设计总说明，查阅相应标准图集得知该法院法庭工程屋面防水采用4mm厚SBS改性沥青防水卷材防水，具体工程做法见施工图。根据工程做法，通过建筑施工图查阅屋面防水位置及具体尺寸。

### 过程2.4.2　屋面及防水工程清单工程量计算

查阅计价规范附录A建筑工程工程量清单计价项目及计算规则，熟悉A.7屋面及防水工程项目划分及各分项工程项目特征、计量单位、工程内容及计算规则，计算并复核分项工程清单工程量，熟悉清单规范中每个分项工程的工作内容，重点做好各分项工程的项目特征描述，尤其是防水材料的品种、规格及找平层和保护层的材料种类及做法等，作为投标报价的主要依据，必须确保项目特征描述准确完整，以保证投标报价的准确性。

**1. 熟悉清单工程量计算规则**

本法庭工程主要应用的清单工程量计算规则如下：

(1)卷材屋面：按设计图示尺寸以面积计算。平屋面按水平投影面积计算，屋面女儿墙、伸缩缝和天窗等处的弯起部分，并入屋面工程量内。

(2)屋面排水管：按设计图示尺寸以长度计算。如设计未标注尺寸，以檐口至设计室外散水表面垂直距离计算。

**2. 清单工程量计算**

根据以上计算规则，清单工程量计算过程见表2-7所示。

**清单工程量计算表**  表 2-7

工程名称：××法院法庭工程　　　　标段：建筑工程

| 序号 | 项目编码 | 项目名称 | 单位 | 工程数量 | 计 算 式 |
|---|---|---|---|---|---|
| 1 | 010702001001 | 屋面卷材防水 | m² | 439.64 | 1. 平屋面部分<br>屋面净面积=(7.8-0.24)×(12.9-0.06×2)×2+13.20×(12.9+1.2-0.06+0.06)<br>=7.56×12.78×2+13.20×14.1<br>=96.617×2+186.12=379.35m²<br>2. 女儿墙弯起部分<br>弯起面积=女儿墙净长×弯起高度=(7.56×4+12.78×4×13.2×2+14.1×2)×(0.48-0.10-0.03-0.03+0.12)=135.96×0.44=59.82m²<br>屋面卷材防水层合计 379.82+59.82=439.64m² |
| 2 | 010702004001 | 屋面排水管 | m | 26.64 | 排水管道长度=(6.6+0.6)×4=6.66×4=26.64m |
| 3 | 010704001001 | 厨房及卫生间变压式排风道 | m | 13.72 | 排风道长度=(6.6+0.06+0.80)×2=6.86×2=13.72m |

### 过程 2.4.3　屋面及防水工程计价工程量计算

工程量清单报价时，需要结合施工企业施工方案或施工组织设计，考虑具体施工措施，如卷材铺贴方式等。在计算屋面工程计价工程量时除了要计算每个清单项目主项的计价工程量外，还要计算清单项目所包含的附项的计价工程量。如：屋面 SBS 卷材防水工程清单项目，计算计价工程量时，除了要计算主项 SBS 卷材防水项目的计价工程量外，还要计算附项找平层的计价工程量。

**1. 熟悉计价工程量计算规则**

本法院法庭工程主要应用的计价工程量计算规则同清单工程量计算规则。

**2. 计价工程量计算**

根据以上计算规则，清单工程量计算过程见表 2-8 所示。

**计价工程量计算表**  表 2-8

工程名称：××法院法庭工程　　　　标段：建筑工程

| 序号 | 项目编码 | | 项目名称 | 单位 | 工程数量 | 计算式 |
|---|---|---|---|---|---|---|
| 1 | 010702001001 | 主项 | 屋面 SBS 卷材防水 | m² | 439.64 | 同清单工程量 |
|   |              | 附项 | C20 细石混凝土找平层 | m² | 439.64 | 同防水层面积 |
| 2 | 010702004001 | 主项 | 屋面排水管 | m | 26.64 | 同清单工程量 |
|   |              | 附项 | 塑料水斗 | 个 | 4 | 4 |
| 3 | 010704001001 | 主项 | 厨房及卫生间变压式排风道 | m | 13.72 | 同清单工程量 |
|   |              | 附项 | 排风道风帽 | 个 | 2 | 2 |

### 过程 2.4.4　屋面及防水工程综合单价计算

综合单价计算同前面各分项工程综合单价计算，综合单价分析表见下表所示。

## 工程量清单综合单价分析表

工程名称：××法院法庭工程　　　　标段：建筑工程　　　　共3页，第1页

| 清单项目编码 | 010702001001 | 项目名称 | | 屋面SBS卷材防水 | | 清单计量单位 | | $m^2$ | |
|---|---|---|---|---|---|---|---|---|---|
| 清单综合单价组成明细 ||||||||||
| 定额编号 | 定额名称 | 定额单位 | 数量 | 单价 ||||合价 ||||
| | | | | 人工费 | 材料费 | 机械费 | 管理费利润 | 人工费 | 材料费 | 机械费 | 管理费利润 |
| A-73 | SBS防水卷材 | 100$m^2$ | 4.40 | 166.94 | 4383.34 | 0.00 | 47.85 | 734.54 | 19286.26 | 0.00 | 210.54 |
| A1-19 | C20细石混凝土找平层 | 100$m^2$ | 4.40 | 241.74 | 683.58 | 24.21 | 69.28 | 1063.66 | 3007.75 | 106.52 | 304.83 |
| 人工单价 | | 小　　计 |||||| 1798.20 | 22294.01 | 106.52 | 515.37 |
| 34元/工日 | | 未计价材料费 ||||||||||
| 清单项目综合单价 |||||||| 56.21 ||||

| 材料费明细 | 材料名称、规格、型号 | 单位 | 数量 | 单价 | 合价 | 暂估单价 | 暂估合价 |
|---|---|---|---|---|---|---|---|
| | SBS改性沥青防水卷材 | $m^2$ | 527.56 | 35.65 | 18807.51 | | |
| | 汽油 | kg | 19.80 | 6.70 | 132.66 | | |
| | 乙酸乙酯 | kg | 19.80 | 17.5 | 346.50 | | |
| | （低流动C20-15混凝土） | $m^3$ | 13.33 | 209.93 | (2798.37) | | |
| | （素水泥浆） | $m^3$ | 0.44 | 439.56 | (193.41) | | |
| | 42.5硅酸盐水泥 | t | 5.264 | 308.00 | 1621.31 | | |
| | 中粗砂 | $m^3$ | 7.33 | 55.18 | 404.47 | | |
| | 碎石20mm | $m^3$ | 10.53 | 71.76 | 755.63 | | |
| | 32.5复合硅酸盐水泥 | t | 0.667 | 287.74 | 191.92 | | |
| | 水 | $m^3$ | 3.05 | 5.88 | 17.93 | | |
| | 其他材料费 ||||16.08 | | |
| | 材料费小计 ||||22294.01 | | |

## 工程量清单综合单价分析表

工程名称：××法院法庭工程　　　　标段：建筑工程　　　　共3页，第2页

| 清单项目编码 | 010702004001 | 项目名称 | | 屋面排水管 | | 清单计量单位 | | m | |
|---|---|---|---|---|---|---|---|---|---|
| 清单综合单价组成明细 ||||||||||
| 定额编号 | 定额名称 | 定额单位 | 数量 | 单价 ||||合价 ||||
| | | | | 人工费 | 材料费 | 机械费 | 管理费利润 | 人工费 | 材料费 | 机械费 | 管理费利润 |
| A7-123 | 塑料水落管 | 10m | 2.66 | 98.26 | 306.00 | 0.00 | 28.16 | 261.37 | 813.96 | 0.00 | 74.91 |

续表

| 定额编号 | 定额名称 | 定额单位 | 数量 | 单价 ||||合价||||
|---|---|---|---|---|---|---|---|---|---|---|---|
| | | | | 人工费 | 材料费 | 机械费 | 管理费利润 | 人工费 | 材料费 | 机械费 | 管理费利润 |
| A7-125 | 塑料水斗 | 10个 | 0.4 | 98.26 | 331.19 | 0.00 | 28.16 | 39.30 | 132.48 | 0.00 | 11.26 |
| 人工单价 | | | | 小 计 | | | | 300.67 | 946.44 | 0.00 | 86.17 |
| 34元/工日 | | | | 未计价材料费 | | | | | | | |
| | | | | 清单项目综合单价 | | | | 50.05 | | | |

| | 材料名称、规格、型号 | 单位 | 数量 | 单价 | 合价 | 暂估单价 | 暂估合价 |
|---|---|---|---|---|---|---|---|
| 材料费明细 | 密封胶 | kg | 0.33 | 34.10 | 11.25 | | |
| | 卡箍膨胀螺栓Φ10 | 套 | 18.99 | 1.40 | 26.59 | | |
| | PVC检查口Φ10 | 个 | 2.69 | 16.24 | 43.69 | | |
| | PVC伸缩节Φ10 | 个 | 2.95 | 16.81 | 49.59 | | |
| | PVC水管Φ10 | 个 | 27.98 | 24.48 | 684.95 | | |
| | 铁钉 | kg | 0.08 | 4.88 | 0.39 | | |
| | PVC水斗 | 个 | 4.04 | 32.12 | 129.76 | | |
| | 其他材料费 | | | | 0.22 | | |
| | 材料费小计 | | | | 946.44 | | |

### 工程量清单综合单价分析表

工程名称：××法院法庭工程　　　标段：建筑工程　　　共3页，第3页

| 清单项目编码 | 010704001001 | 项目名称 | 厨房及卫生间变压式排风道 | 清单计量单位 | m |
|---|---|---|---|---|---|

清单综合单价组成明细

| 定额编号 | 定额名称 | 定额单位 | 数量 | 单价 ||||合价||||
|---|---|---|---|---|---|---|---|---|---|---|---|
| | | | | 人工费 | 材料费 | 机械费 | 管理费利润 | 人工费 | 材料费 | 机械费 | 管理费利润 |
| A7-239 | 变压式排风道 | 10m | 1.37 | 40.80 | 306.14 | 2.00 | 3.10 | 55.90 | 419.41 | 2.74 | 42.47 |
| A7-241 | 排风道风帽 | 10个 | 0.2 | 170.00 | 990.90 | 265.36 | 48.72 | 34.00 | 198.18 | 53.07 | 9.74 |
| 人工单价 | | | | 小 计 | | | | 89.90 | 617.59 | 55.81 | 52.21 |
| 34元/工日 | | | | 未计价材料费 | | | | | | | |
| | | | | 清单项目综合单价 | | | | 59.44 | | | |

| | 材料名称、规格、型号 | 单位 | 数量 | 单价 | 合价 | 暂估单价 | 暂估合价 |
|---|---|---|---|---|---|---|---|
| 材料费明细 | 变压式排风道（多层） | m | 13.97 | 28.00 | 391.16 | | |
| | 108胶 | kg | 2.74 | 4.02 | 11.01 | | |
| | 32.5复合硅酸盐水泥 | t | 0.021 | 287.74 | 6.04 | | |
| | 排风道风帽 | 个 | 0.2 | 86.00 | 17.2 | | |
| | 麻刀 | kg | 0.5 | 3.27 | 1.64 | | |
| | 电焊条 | kg | 4 | 5.17 | 20.68 | | |
| | 垫铁 | kg | 1 | 5.50 | 5.50 | | |
| | 材料费小计 | | | | 617.59 | | |

### 过程 2.4.5 填写分部分项工程量清单计价表，汇总分部分项工程费用

通过以上综合单价分析测算，可以在分部分项工程量清单与计价表中填写综合单价并进行汇总分部分项工程费用，分部分项工程量清单及计价表见下表所示。

**分部分项工程量清单与计价表**

工程名称：××法院法庭工程　　　标段：建筑工程　　　　　共1页，第1页

| 序号 | 项目编码 | 项目名称 | 项目特征描述 | 计量单位 | 工程量 | 金额（元） | | |
|---|---|---|---|---|---|---|---|---|
| | | | | | | 综合单价 | 合价 | 其中暂估价 |
| | | | A.7 屋面工程 | | | | | |
| 1 | 010702001001 | 屋面卷材防水 | 1. 卷材品种、规格：4mm厚SBS防水卷材 2. 防水层做法：热熔 3. 嵌缝材料种类：沥青嵌缝油膏 | $m^2$ | 439.64 | 56.21 | 24712.16 | |
| 2 | 010702004001 | 屋面排水管 | 1. 排水管品种、规格、品牌、颜色：白色PVC$\phi$110水管 2. 接缝、嵌缝材料种类：密封胶 | m | 26.64 | 50.05 | 1333.33 | |
| 3 | 010704001001 | 厨房变压式排风道 | 成品 | m | 13.72 | 59.44 | 815.52 | |
| | | | 分部小计 | | | | 26861.01 | |

## 任务 2.5　防腐、隔热、保温工程工程量清单报价

本任务主要包括编制法庭工程屋面保温、外墙面保温等分项工程的工程量清单报价，编制过程中主要依据计价规范、企业施工方案、市场价格及相应定额，重点突出综合单价的计算方法和测算过程。

### 过程 2.5.1　防腐、隔热、保温工程施工图识读

根据建筑设计总说明，查阅相关标准图集，得知法庭工程屋面保温采用100mm厚聚苯板保温，外墙面保温采用50mm厚聚苯板保温，具体计算尺寸见建筑施工图。

### 过程 2.5.2　防腐、隔热、保温工程清单工程量计算

查阅计价规范附录A建筑工程工程量清单计价项目及计算规则，熟悉A.8防

腐、隔热、保温工程项目划分及各分项工程项目特征、计量单位、工程内容及计算规则，计算并复核分项工程清单工程量，编制防腐、隔热、保温工程分部分项工程量清单。

1. **熟悉清单项目划分及其工程量计算规则**

防腐、隔热、保温工程项目划分主要以防腐材料和保温位置划分，计量单位为"m²"。工程量清单编制时要熟悉清单规范中每个分项工程的工作内容，重点做好各分项工程的项目特征描述，尤其是保温隔热部位、保温材料的种类、品种及其基层和面层处理方式、材料等，作为投标报价的主要依据，必须确保项目特征描述准确完整，以保证投标报价的准确性。

本工程主要应用的清单工程量计算规则如下：

（1）屋面保温：以屋面保温面积计算；
（2）墙面保温：以墙面保温面积计算。

2. **清单工程量计算**

根据施工图纸和计价规范，计算屋面保温和外墙面保温的清单工程量，计算过程见表2-9所示。

**清单工程量计算表**

工程名称：××法院法庭工程　　　标段：建筑工程　　　　　　　表2-9

| 序号 | 项目编码 | 项目名称 | 单位 | 工程数量 | 计　算　式 |
|---|---|---|---|---|---|
| 1 | 010803001001 | 屋面聚苯板保温100mm厚 | m² | 379.35 | 屋面保温面积＝(7.8－0.24)×(12.9－0.06×2)×2＋13.2×(12.9＋1.2－0.06＋0.06)<br>＝7.56×12.78×2＋13.20×14.1<br>＝96.6168×2＋186.12<br>＝379.35m² |
| 2 | 010803003001 | 聚苯板墙面保温50mm厚（涂料墙面） | m² | 170.77 | 北立面墙刷外墙涂料面积＝外墙外边线长×墙高<br>1. 7.5m标高部分<br>外墙面积＝外墙外边线长×墙高<br>＝(7.8＋0.24－0.24)×(7.5－1.0)×2＝7.8×6.5×2<br>＝101.40m²<br>2. 8.4m标高部分<br>外墙面积＝外墙外边线长×墙高<br>＝(13.2＋0.24×2)×(8.4－1.0)＝13.68×7.4<br>＝101.23m²<br>3. 扣除门窗洞口面积<br>C1821：1.8×2.1×2＝3.78×2＝7.56m²<br>C1818：1.8×1.8×6＝3.24×6＝19.44m²<br>C2718：2.7×1.8×1＝4.86m²<br>扣除面积小计 7.56＋19.44＋4.86＝31.86m²<br>合计 101.40＋101.23－31.86＝170.77m² |

续表

| 序号 | 项目编码 | 项目名称 | 单位 | 工程数量 | 计 算 式 |
|---|---|---|---|---|---|
| 3 | 010803003002 | 聚苯板墙面保温50厚贴砖墙面 | m² | 462.66 | 外墙贴砖面积＝外墙外边线长×墙高<br>1. 北立面墙下部贴灰色外墙面砖<br>墙面贴砖面积＝外墙外边线长×墙高<br>＝29.28×(0.6+1.0)＝29.28×1.6＝46.85m²<br>2. 西立面墙面贴砖<br>①7.5m 标高部分<br>外墙面贴砖面积＝外墙外边线长×墙高－门窗洞口面积＝(12.9+0.18×2)×(7.5+0.6)－(1.5×2.1×2+1.2×2.1×1+1.2×1.8×1)<br>＝13.26×8.1－10.98＝107.41－10.98＝96.43m²<br>② 8.4m 标高部分<br>外墙面贴砖面积＝外墙外边线长×墙高<br>＝(1.2－0.18+0.30)×(8.4+0.6)+13.26×(8.4－7.5)＝1.32×9.0+13.26×0.90<br>＝11.88+11.93＝23.81m²<br>西立面小计 96.43+23.81＝120.24m²<br>3. 东立面墙面贴砖同西立面＝120.24m²<br>4. 南立面前面贴砖<br>① 7.5m 标高部分<br>外墙面积＝外墙外边线长×墙高<br>＝(7.8+0.24－0.24)×(7.5+0.6)×2<br>＝7.8×8.1×2＝126.36m²<br>② 8.4m 标高部分<br>外墙面积＝外墙外边线长×墙高<br>＝(13.2+0.24×2)×(8.4+0.6)＝13.68×9.0<br>＝123.12m²<br>③ 6.2m 标高部分<br>外墙面积＝(0.36－0.18+0.30)×2×6.2<br>＝0.48×2×6.2＝5.95m²<br>④扣除门窗洞口面积＝1.2×2.1×12+3.6×3.1+1.2×1.8×12+3.6×1.8<br>＝2.52×12+11.16+2.16×18+6.48＝73.80m²<br>⑤扣除台阶所占面积＝(5.4+0.6×2)×0.6+0.3×0.45+0.3×0.3+0.3×0.15＝4.23m²<br>⑥ 扣除防滑坡道所占面积＝6.9×0.6×1/2＝2.07m²<br>南立面小计 126.36+123.12+5.95－73.80－4.23－2.07＝175.33m²<br>外墙贴砖面积合计 46.85+120.24+120.24+175.33＝462.66m² |

### 过程2.5.3 防腐、隔热、保温工程计价工程量计算

工程量清单报价时，需要结合施工企业施工方案或施工组织设计，考虑具体

施工措施,如保温材料粘结方式等。具体计算时,要根据工程量清单计价规范和投标报价所依据的定额项目内容划分的情况,确定具体的计算项目。如:聚苯板屋面保温工程清单项目,计算计价工程量时,不但要计算聚苯板屋面保温项目计价工程量,还要计算附项找坡层和屋面上人孔项目的计价工程量。

1. 熟悉计价工程量计算规则

本工程主要应用的计价工程量计算规则如下:

(1) 屋面保温:按设计图示尺寸以面积计算;

(2) 墙面保温:按设计图示尺寸以面积计算。扣除门窗洞口所占面积;门窗洞口侧壁需要做保温时,并入保温墙体工程量内。

2. 计价工程量计算

根据以上计价工程量计算规则计算计价工程量,计算过程见表2-10所示。

计价工程量计算表

工程名称:××法院法庭工程　　标段:建筑工程　　　　　　　表2-10

| 序号 | 项目编码 | | 项目名称 | 单位 | 工程数量 | 计　算　式 |
|---|---|---|---|---|---|---|
| 1 | 010803001001 | 主项 | 100厚屋面聚苯板保温 | m³ | 37.94 | 屋面保温面积=379.35m² <br> 屋面苯板保温体积 <br> =379.35×0.10=37.94 m³ |
| | | 附项 | 1:6水泥焦渣找坡 | m³ | 34.14 | 屋面找坡面积 <br> =379.35m² <br> 找坡层平均厚度=最薄处厚度+ $1/2 \times L \times i$ <br> =0.03+1/2×12.78×0.5×2% <br> =0.09m <br> 屋面水泥焦渣找坡体积 <br> =379.35×0.09=34.14m³ |
| | | | 屋面上人孔 | 个 | 1 | 见建施3屋面平面图 |
| 2 | 010803003001 | 主项 | 50mm厚聚苯板墙面保温(涂料墙面) | m² | 170.77 | 同清单工程量 |
| 3 | 010803003002 | 主项 | 50m厚聚苯板墙面保温(贴砖墙面) | m² | 462.66 | 同清单工程量 |

### 过程2.5.4 防腐、隔热、保温工程综合单价计算

防腐、隔热、保温工程综合单价计算过程同土(石)方工程。综合单价分析表见下表所示。

## 工程量清单综合单价分析表

工程名称：××法院法庭工程　　　　　　标段：建筑工程　　　　共3页，第1页

| 清单项目编码 | 010803001001 | 项目名称 | | 屋面聚苯板保温 | | 清单计量单位 | | m² |
|---|---|---|---|---|---|---|---|---|

清单综合单价组成明细

| 定额编号 | 定额名称 | 定额单位 | 数量 | 单价 | | | | 合价 | | | |
|---|---|---|---|---|---|---|---|---|---|---|---|
| | | | | 人工费 | 材料费 | 机械费 | 管理费利润 | 人工费 | 材料费 | 机械费 | 管理费利润 |
| A8-206 | 100mm厚屋面聚苯板保温 | 10m³ | 3.79 | 200.26 | 4294.20 | 0.00 | 57.39 | 758.99 | 16275.02 | 0.00 | 217.51 |
| A8-203 | 1:6水泥焦渣找坡 | 10m³ | 3.41 | 362.10 | 1179.78 | 0.00 | 103.78 | 1234.76 | 4023.15 | 0.00 | 353.89 |
| A8-198 | 屋面上人孔 | 个 | 1 | 165.92 | 332.75 | 0.00 | 47.55 | 165.92 | 332.75 | 0.00 | 47.55 |
| 人工单价 | | | 小 计 | | | | | 2159.67 | 20630.92 | 0.00 | 618.95 |
| 34元/工日 | | | 未计价材料费 | | | | | | | | |
| 清单项目综合单价 | | | | | | | | 61.71 | | | |

| | 材料名称、规格、型号 | 单位 | 数量 | 单价 | 合价 | 暂估单价 | 暂估合价 |
|---|---|---|---|---|---|---|---|
| 材料费明细 | 聚氯乙烯苯板 | m³ | 38.66 | 421.00 | 16275.86 | | |
| | [水泥炉渣（1:6）] | m³ | 34.44 | 116.81 | (4022.94) | | |
| | 32.5复合硅酸盐水泥 | t | 9.299 | 287.74 | 2675.69 | | |
| | 炉渣 | m³ | 42.02 | 30.62 | 1286.65 | | |
| | 一等板方材 | m³ | 0.037 | 1655.81 | 61.26 | | |
| | 镀锌薄钢板0.7mm（24号） | m² | 0.71 | 42.457 | 30.14 | | |
| | 红丹防锈漆 | kg | 0.17 | 12.50 | 2.13 | | |
| | 模板板方材 | m³ | 0.042 | 1370.29 | 57.55 | | |
| | 二等板方材 | m³ | 0.012 | 1555.90 | 18.67 | | |
| | 水泥聚苯板 | m³ | 0.06 | 208.90 | 12.53 | | |
| | 钢筋Φ10以内 | t | 0.01 | 5009.08 | 50.09 | | |
| | 其他材料费 | | | | 160.35 | | |
| | 材料费小计 | | | | 20630.92 | | |

## 工程量清单综合单价分析表

工程名称:××法院法庭工程　　　标段:建筑工程　　　共3页,第2页

| 清单项目编码 | 010803003001 | 项目名称 | 聚苯板墙面保温(涂料墙面) | 清单计量单位 | m³ |
|---|---|---|---|---|---|

| 清单综合单价组成明细 ||||||||||
|---|---|---|---|---|---|---|---|---|---|
| 定额编号 | 定额名称 | 定额单位 | 数量 | 单价 ||| 合价 |||
| ^ | ^ | ^ | ^ | 人工费 | 材料费 | 机械费 | 管理费利润 | 人工费 | 材料费 | 机械费 | 管理费利润 |
| A8-222 | 墙面50mm厚聚苯板保温 | 10m² | 17.08 | 102.00 | 351.08 | 0.00 | 29.23 | 1742.16 | 5996.45 | 0.00 | 499.25 |
| 人工单价 || 小　　计 | 1742.16 | 5996.45 | 0.00 | 499.25 |
| 34元/工日 || 未计价材料费 ||||
| 清单项目综合单价 |||||| 48.23 ||

| 材料费明细 | 材料名称、规格、型号, | 单位 | 数量 | 单价 | 合价 | 暂估单价 | 暂估合价 |
|---|---|---|---|---|---|---|---|
| ^ | 聚苯保温板 50mm 厚 18kg/m² | m² | 187.88 | 15.87 | 2981.66 | | |
| ^ | 聚苯保温板胶粘剂 | kg | 580.72 | 3.2 | 1858.30 | | |
| ^ | 32.5复合硅酸盐水泥 | t | 0.55 | 287.74 | 158.26 | | |
| ^ | 耐碱玻纤网格布 | m² | 222.04 | 2.50 | 555.10 | | |
| ^ | 其他材料费 |||| | | |
| ^ | 材料费小计 |||| 5996.45 | | |

## 工程量清单综合单价分析表

工程名称:××法院法庭工程　　　标段:建筑工程　　　共3页,第3页

| 清单项目编码 | 010803003002 | 项目名称 | 聚苯板墙面保温(贴砖墙面) | 清单计量单位 | m³ |
|---|---|---|---|---|---|

| 清单综合单价组成明细 ||||||||||
|---|---|---|---|---|---|---|---|---|---|
| 定额编号 | 定额名称 | 定额单位 | 数量 | 单价 ||| 合价 |||
| ^ | ^ | ^ | ^ | 人工费 | 材料费 | 机械费 | 管理费利润 | 人工费 | 材料费 | 机械费 | 管理费利润费 |
| A8-223 | 墙面50mm厚聚苯板保温 | 10m² | 46.27 | 119.00 | 476.88 | 0.00 | 34.11 | 5506.13 | 22065.24 | 0.00 | 1578.27 |
| 人工单价 || 小　　计 | 5506.13 | 22065.24 | 0.00 | 1578.27 |
| 34元/工日 || 未计价材料费 ||||
| 清单项目综合单价 |||||| 63.00 ||

| 材料费明细 | 材料名称、规格、型号, | 单位 | 数量 | 单价 | 合价 | 暂估单价 | 暂估合价 |
|---|---|---|---|---|---|---|---|
| ^ | 聚苯保温板 50mm 厚 22kg/m² | m² | 485.84 | 18.94 | 9201.81 | | |
| ^ | 聚苯保温板胶粘剂 | kg | 1665.72 | 3.20 | 5330.30 | | |
| ^ | 32.5复合硅酸盐水泥 | t | 1.481 | 287.74 | 426.14 | | |
| ^ | 加强型耐碱玻纤网格布 | m² | 1017.94 | 3.80 | 3868.17 | | |
| ^ | 角钢托架 | kg | 370.16 | 5.50 | 2035.88 | | |
| ^ | 塑料胀塞 | 个 | 1850.80 | 0.40 | 740.32 | | |
| ^ | 其他材料费 |||| 4632.62 | | |
| ^ | 材料费小计 |||| 22065.24 | | |

**过程 2.5.5 填写分部分项工程量清单计价表，汇总分部分项工程费用**

通过以上综合单价分析测算，可以在工程量清单及计价表中填写分部分项工程量清单及计价表并进行汇总分部分项工程费用，分部分项工程量清单及计价表见下表所示。

分部分项工程量清单与计价表

工程名称：××法院法庭工程　　　标段：建筑工程　　　　　共1页，第1页

| 序号 | 项目编码 | 项目名称 | 项目特征描述 | 计量单位 | 工程量 | 金额（元） | | |
|---|---|---|---|---|---|---|---|---|
| | | | | | | 综合单价 | 合价 | 其中暂估价 |
| | | | A.8　防腐、隔热、保温工程 | | | | | |
| 1 | 010803001001 | 保温隔热屋面 | 1. 保温隔热部位：屋面 2. 保温隔热方式：外保温 3. 保温隔热材料品种、规格、性能：100mm厚聚苯板 | m² | 379.35 | 61.71 | 23409.69 | |
| 2 | 010803003001 | 保温隔热墙（涂料墙面） | 1. 保温隔热部位：外墙面 2. 保温隔热方式：外保温 3. 保温隔热材料品种、规格、性能：50mm厚聚苯板 | m² | 170.77 | 48.23 | 8236.24 | |
| 3 | 010803003002 | 保温隔热墙（贴砖墙面） | 1. 保温隔热部位：外墙面 2. 保温隔热方式：外保温 3. 保温隔热材料品种、规格、性能：50mm厚聚苯板 | m² | 462.66 | 63.00 | 29147.58 | |
| | | | 合　　计 | | | | 60793.51 | |

## 任务 2.6　建筑工程工程量清单报价书编制

在完成法庭工程建筑工程各分部工程的分部分项工程量清单与计价表的编制后，可以根据前面数据编制完整的建筑工程工程量清单报价书了，主要包括分部分项工程量清单与计价表、措施项目清单与计价表、其他项目清单与计价表、规费和税金项目清单与计价表等几部分。

## 过程 2.6.1　分部分项工程量清单报价

根据前面任务 2.1 至任务 2.5 分部分项工程工程量清单与计价表中分部分项工程费用的计算，可以进行分部分项工程费用的汇总，具体见下表所示。

分部分项工程量清单与计价表

工程名称：××法院法庭工程　　　标段：建筑工程　　　共1页，第1页

| 序号 | 项目编码 | 项目名称 | 项目特征描述 | 计量单位 | 工程量 | 金额（元） | | |
|---|---|---|---|---|---|---|---|---|
| | | | | | | 综合单价 | 合价 | 其中暂估价 |
| | | | A.1　土石方工程 | | | | | |
| 1 | 010101001001 | 人工平整场地 | 1. 土壤类别：三类土<br>2. 弃土运距：5km<br>3. 取土运距：现场取土 | m² | 403.95 | 4.54 | 1833.93 | |
| 2 | 010101003001 | 人工挖基础土方（外墙基础） | 1. 土壤类别：三类土<br>2. 基础类型：混凝土条形基础、毛石基础<br>3. 垫层宽度：1200mm<br>4. 挖土深度：1.3m<br>5. 弃土运距：5km | m³ | 158.34 | 66.04 | 10456.77 | |
| 3 | 010101003002 | 人工挖基础土方（内墙基础） | 1. 土壤类别：三类土<br>2. 基础类型：混凝土条形基础、毛石基础<br>3. 垫层宽度：1000mm<br>4. 挖土深度：1.3m<br>5. 弃土运距：5km | m³ | 104.34 | 69.46 | 7247.46 | |
| 4 | 010103001001 | 人工基础土方回填 | 1. 土质要求：含砾石粉质黏土<br>2. 密实度要求：密实<br>3. 粒径要求：10～40mm砾石<br>4. 夯填：分层夯填<br>5. 运输距离：10km | m³ | 113.13 | 212.11 | 23996.00 | |
| 5 | 010103001002 | 人工室内回填土 | 1. 土质要求：含砾石粉质黏土<br>2. 密实度要求：密实<br>3. 粒径要求：10～40mm砾石<br>4. 夯填：分层夯填<br>5. 运输距离：10km | m³ | 170.56 | 101.61 | 17330.60 | |
| | | | 分　部　小　计 | | | | 60864.76 | |

续表

| 序号 | 项目编码 | 项目名称 | 项目特征描述 | 计量单位 | 工程量 | 金额（元） | | |
|---|---|---|---|---|---|---|---|---|
| | | | | | | 综合单价 | 合价 | 其中暂估价 |
| | | | A.3 砌筑工程 | | | | | |
| 6 | 010301001001 | 砖基础 | 1. 砖品种、规格、强度等级：MU10 实心黏土砖，规格240×115×53<br>2. 基础类型：条形基础<br>3. 基础深度：0.6m<br>4. 砂浆类型及强度等级：M10 水泥砂浆 | m³ | 10.78 | 350.67 | 3780.22 | |
| 7 | 010302006001 | 蹲台砌砖 | 1. 零星砌砖名称：卫生间蹲台<br>2. 砂浆强度等级：M5 混合砂浆 | m³ | 0.07 | 319.29 | 22.35 | |
| 8 | 010304001001 | 多孔砖墙（240mm外墙） | 1. 墙体类型：女儿墙、窗下墙<br>2. 墙体厚度：240mm 厚<br>3. 砖品种、规格、强度等级：MU10 多孔砖，规格240×115×90<br>4. 砂浆强度等级、配合比：M10 水泥白灰混合砂浆 | m³ | 38.03 | 225.92 | 8591.74 | |
| 9 | 010304001002 | 多孔砖墙（365mm外墙） | 1. 墙体类型：外墙<br>2. 墙体厚度：365mm 厚<br>3. 砖品种、规格、强度等级：MU10 多孔砖，规格240×115×90<br>4. 砂浆强度等级、配合比：M10 水泥白灰混合砂浆 | m³ | 107.46 | 222.92 | 23594.98 | |
| 10 | 010304001003 | 多孔砖墙（490mm外墙） | 1. 墙体类型：外墙<br>2. 墙体厚度：490mm 厚<br>3. 砖品种、规格、强度等级：MU10 多孔砖，规格240×115×90<br>4. 砂浆强度等级、配合比：M10 水泥白灰混合砂浆 | m³ | 8.73 | 221.38 | 1932.65 | |
| 11 | 010304001004 | 多孔砖墙（240mm内墙） | 1. 墙体类型：内墙<br>2. 墙体厚度：240mm 厚<br>3. 砖品种、规格、强度等级：MU10 多孔砖，规格240×115×90<br>4. 砂浆强度等级、配合比：M10 水泥白灰混合砂浆 | m³ | 77.07 | 226.19 | 17432.46 | |

续表

| 序号 | 项目编码 | 项目名称 | 项目特征描述 | 计量单位 | 工程量 | 金额（元） | | |
|---|---|---|---|---|---|---|---|---|
| | | | | | | 综合单价 | 合价 | 其中暂估价 |
| 12 | 010304001005 | 砌块墙（200mm内墙） | 1. 墙体类型：内隔墙<br>2. 墙体厚度：200mm厚<br>3. 砖品种、规格、强度等级：粉煤灰砌块，规格390×290×190<br>4. 砂浆强度等级、配合比：M10水泥白灰混合砂浆 | m³ | 24.23 | 194.81 | 4720.25 | |
| 13 | 010304001006 | 空心砖墙（120mm内墙） | 1. 墙体类型：内隔墙<br>2. 墙体厚度：120mm厚<br>3. 砖品种、规格、强度等级：MU10空心砖，规格240×115×115<br>4. 砂浆强度等级、配合比：M10水泥白灰混合砂浆 | m³ | 5.48 | 289.35 | 1585.64 | |
| 14 | 010305001001 | 毛石基础 | 1. 石料种类、规格、强度等级：MU30毛石<br>2. 基础深度：1.55m<br>3. 基础类型：条形基础<br>4. 砂浆强度等级、配合比：M10水泥砂浆 | m³ | 79.32 | 192.63 | 15279.41 | |
| | | | 分 部 小 计 | | | | 77299.70 | |
| | A.4 | 混凝土及钢筋混凝土工程 | | | | | | |
| 15 | 010401001001 | 现浇混凝土带形基础 | 1. 混凝土强度等级：C30<br>2. 混凝土拌合料要求：中粗砂，5～20mm碎石 | m³ | 41.83 | 351.47 | 14701.99 | |
| 16 | 010401006001 | 混凝土基础垫层 | 1. 垫层材料种类、厚度：混凝土垫层，100mm厚<br>2. 混凝土强度等级：C10<br>3. 混凝土拌合料要求：中粗砂，5～40mm碎石 | m³ | 20.21 | 278.24 | 5901.47 | |
| 17 | 010402001001 | 构造柱GZ1 | 1. 柱高：6.58m<br>2. 柱截面尺寸：360×360<br>3. 混凝土强度等级：C25<br>4. 混凝土拌合料要求：中粗砂，5～20mm碎石 | m³ | 5.11 | 398.97 | 2038.74 | |

续表

| 序号 | 项目编码 | 项目名称 | 项目特征描述 | 计量单位 | 工程量 | 金额（元） | | |
|---|---|---|---|---|---|---|---|---|
| | | | | | | 综合单价 | 合价 | 其中暂估价 |
| 18 | 010402001002 | 构造柱GZ2 | 1. 柱高：6.58m<br>2. 柱截面尺寸：240×240<br>3. 混凝土强度等级：C25<br>4. 混凝土拌合料要求：中粗砂，5～20mm碎石 | m³ | 8.55 | 402.09 | 3437.87 | |
| 19 | 010402001003 | 构造柱GZ3 | 1. 柱高：6.58m<br>2. 柱截面尺寸：240×360<br>3. 混凝土强度等级：C25<br>4. 混凝土拌合料要求：中粗砂，5～20mm碎石 | m³ | 11.85 | 401.44 | 4757.06 | |
| 20 | 010402001004 | 构造柱GZ4 | 1. 柱高：6.58m<br>2. 柱截面尺寸：490×360<br>3. 混凝土强度等级：C25<br>4. 混凝土拌合料要求：中粗砂，5～20mm碎石 | m³ | 3.25 | 405.90 | 1319.18 | |
| 21 | 010402001005 | 构造柱（边挺） | 1. 柱高：6.58m<br>2. 柱截面尺寸：160×360<br>3. 混凝土强度等级：C25<br>4. 混凝土拌合料要求：中粗砂，5～20mm碎石 | m³ | 1.83 | 393.20 | 719.56 | |
| 22 | 010402001006 | 构造柱（女儿墙） | 1. 柱高：0.92（1.82）m<br>2. 柱截面尺寸：240×240<br>3. 混凝土强度等级：C25<br>4. 混凝土拌合料要求：中粗砂，5～20mm碎石 | m³ | 7.79 | 400.26 | 3118.03 | |
| 23 | 010402001007 | 楼梯构造柱TGZ | 1. 柱高：1.33m<br>2. 柱截面尺寸：240×240<br>3. 混凝土强度等级：C25<br>4. 混凝土拌合料要求：中粗砂，5～20mm碎石 | m³ | 0.19 | 420.79 | 79.95 | |

续表

| 序号 | 项目编码 | 项目名称 | 项目特征描述 | 计量单位 | 工程量 | 金额（元） | | |
|---|---|---|---|---|---|---|---|---|
| | | | | | | 综合单价 | 合价 | 其中暂估价 |
| 24 | 010403001001 | 地圈梁（外墙基础） | 1. 梁底标高：-0.3m<br>2. 梁截面：360×240<br>3. 混凝土强度等级：C20<br>4. 混凝土拌合料要求：中粗砂，5~20mm碎石 | m³ | 7.27 | 358.86 | 2608.91 | |
| 25 | 010403001002 | 地圈梁（内墙基础） | 1. 梁底标高：-0.3m<br>2. 梁截面：240×240<br>3. 混凝土强度等级：C20<br>4. 混凝土拌合料要求：中粗砂，5~20mm碎石 | m³ | 4.31 | 356.56 | 1536.77 | |
| 26 | 010403004001 | 圈梁（一层） | 1. 梁底标高：3.34m<br>2. 梁截面：240×180<br>3. 混凝土强度等级：C25<br>4. 混凝土拌合料要求：中粗砂，5~20mm碎石 | m³ | 4.58 | 395.72 | 1812.40 | |
| 27 | 010403004002 | 圈梁（二层） | 1. 梁底标高：6.34m<br>2. 梁截面：240×180<br>3. 混凝土强度等级：C25<br>4. 混凝土拌合料要求：中粗砂，5~20mm碎石 | m³ | 4.39 | 394.90 | 1733.61 | |
| 28 | 010403005001 | 过梁 | 1. 梁底标高：3.10m；6.20m<br>2. 梁截面：360（240）×500（400）<br>3. 混凝土强度等级：C25<br>4. 混凝土拌合料要求：中粗砂，5~20mm碎石 | m³ | 7.67 | 408.75 | 3135.11 | |
| 29 | 010405001001 | 有梁板（一层100厚） | 1. 板底标高：3.42m<br>2. 板厚度：100mm<br>3. 混凝土强度等级：C25<br>4. 混凝土拌合料要求：中粗砂，5~20mm碎石 | m³ | 29.72 | 351.58 | 10448.96 | |
| 30 | 010405001002 | 有梁板（二层100厚） | 1. 板底标高：6.42m<br>2. 板厚度：100mm<br>3. 混凝土强度等级：C25<br>4. 混凝土拌合料要求：中粗砂，5~20mm碎石 | m³ | 25.24 | 351.26 | 8865.80 | |
| 31 | 010405001003 | 有梁板（一层120厚） | 1. 板底标高：3.40m<br>2. 板厚度：120mm<br>3. 混凝土强度等级：C25<br>4. 混凝土拌合料要求：中粗砂，5~20mm碎石 | m³ | 1.15 | 280.17 | 322.20 | |

续表

| 序号 | 项目编码 | 项目名称 | 项目特征描述 | 计量单位 | 工程量 | 金额（元） | | |
|---|---|---|---|---|---|---|---|---|
| | | | | | | 综合单价 | 合价 | 其中暂估价 |
| 32 | 010405001004 | 有梁板（二层120厚） | 1. 板底标高：6.40m<br>2. 板厚度：120mm<br>3. 混凝土强度等级：C25<br>4. 混凝土拌合料要求：中粗砂，5～20mm碎石 | m³ | 1.15 | 280.17 | 322.20 | |
| 33 | 010405001005 | 有梁板（一层140厚） | 1. 板底标高：3.38m<br>2. 板厚度：140mm<br>3. 混凝土强度等级：C25<br>4. 混凝土拌合料要求：中粗砂，5～20mm碎石 | m³ | 5.93 | 350.04 | 2075.74 | |
| 34 | 010405001006 | 有梁板（二层140厚） | 1. 板底标高：6.38m<br>2. 板厚度：140mm<br>3. 混凝土强度等级：C25<br>4. 混凝土拌合料要求：中粗砂，5～20mm碎石 | m³ | 10.59 | 352.15 | 3729.27 | |
| 35 | 010405003007 | 平板（一层120厚） | 1. 板底标高：3.40m<br>2. 板厚度：120mm<br>3. 混凝土强度等级：C25<br>4. 混凝土拌合料要求：中粗砂，5～20mm碎石 | m³ | 7.17 | 356.10 | 2553.24 | |
| 36 | 010405003008 | 平板（二层120厚） | 1. 板底标高：6.40m<br>2. 板厚度：120mm<br>3. 混凝土强度等级：C25<br>4. 混凝土拌合料要求：中粗砂，5～20mm碎石 | m³ | 11.65 | 356.14 | 4149.03 | |
| 37 | 010406001001 | 楼梯 | 1. 混凝土强度等级：C20<br>2. 混凝土拌合料要求：中粗砂，5～20mm碎石 | m³ | 27.55 | 100.39 | 2765.74 | |
| 38 | 010407001002 | 混凝土台阶 | 1. 构件类型：台阶<br>2. 混凝土强度等级：C20<br>3. 混凝土拌合料要求：中粗砂，5～20mm碎石 | m³ | 3.02 | 524.22 | 1583.14 | |
| 39 | 010407001001 | 压顶 | 1. 构件类型：女儿墙压顶<br>2. 混凝土强度等级：C20<br>3. 混凝土拌合料要求：中粗砂，5～20mm碎石 | m³ | 2.00 | 423.57 | 847.14 | |

续表

| 序号 | 项目编码 | 项目名称 | 项目特征描述 | 计量单位 | 工程量 | 金额（元） | | |
|---|---|---|---|---|---|---|---|---|
| | | | | | | 综合单价 | 合价 | 其中暂估价 |
| 40 | 010407002001 | 混凝土散水 | 1. 垫层材料种类：中粗砂<br>2. 面层厚度：60mm<br>3. 混凝土强度等级：C20<br>4. 混凝土拌合料要求：中粗砂，5~20mm碎石<br>5. 填塞材料种类：10mm厚沥青砂浆 | $m^2$ | 73.44 | 67.46 | 4954.26 | |
| 41 | 010407002002 | 混凝土防滑坡道 | 1. 垫层材料种类：中粗砂<br>2. 面层厚度：60mm<br>3. 混凝土强度等级：C20<br>4. 混凝土拌合料要求：中粗砂，5~20mm碎石<br>5. 填塞材料种类：10mm厚沥青砂浆 | $m^2$ | 10.35 | 60.53 | 626.49 | |
| 42 | 010410003001 | 预制过梁 | 1. 混凝土强度等级：C30<br>2. 砂浆强度等级：M5 | $m^3$ | 1.37 | 531.06 | 727.55 | |
| 43 | 010416001001 | 现浇混凝土钢筋 | 钢筋种类、规格：HPB235 Φ6 | t | 0.264 | 6233.18 | 1645.56 | |
| 44 | 010416001002 | 现浇混凝土钢筋 | 钢筋种类、规格：箍筋 HPB-235 Φ6 | t | 1.350 | 6509.21 | 8787.43 | |
| 45 | 010416001003 | 现浇混凝土钢筋 | 钢筋种类、规格：HPB235 Φ6.5 | t | 0.345 | 6233.16 | 2150.44 | |
| 46 | 010416001004 | 现浇混凝土钢筋 | 钢筋种类、规格：HPB235 Φ8 | t | 4.532 | 5849.50 | 26509.93 | |
| 47 | 010416001005 | 现浇混凝土钢筋 | 钢筋种类、规格：箍筋 HPB235 Φ8 | t | 0.737 | 6041.98 | 4452.94 | |
| 48 | 010416001006 | 现浇混凝土钢筋 | 钢筋种类、规格：HPB235 Φ10 | t | 2.139 | 5563.62 | 11900.58 | |

续表

| 序号 | 项目编码 | 项目名称 | 项目特征描述 | 计量单位 | 工程量 | 金额（元） | | |
|---|---|---|---|---|---|---|---|---|
| | | | | | | 综合单价 | 合价 | 其中暂估价 |
| 49 | 010416001007 | 现浇混凝土钢筋 | 钢筋种类、规格：HPB-235 Φ12 | t | 7.071 | 6045.65 | 42748.79 | |
| 50 | 010416001008 | 现浇混凝土钢筋 | 钢筋种类、规格：HPB-235 Φ14 | t | 0.222 | 5937.51 | 1318.13 | |
| 51 | 010416001009 | 现浇混凝土钢筋 | 钢筋种类、规格：HPB-235 Φ16 | t | 0.023 | 5767.39 | 132.65 | |
| 52 | 010416001010 | 现浇混凝土钢筋 | 钢筋种类、规格：HRB-335 Φ12 | t | 0.148 | 6117.03 | 905.32 | |
| 53 | 010416001010 | 现浇混凝土钢筋 | 钢筋种类、规格：HRB-335 Φ14 | t | 0.190 | 6024.37 | 1144.63 | |
| 54 | 010416001011 | 现浇混凝土钢筋 | 钢筋种类、规格：HRB-335 Φ16 | t | 0.276 | 5820.62 | 1606.49 | |
| 55 | 010416001012 | 现浇混凝土钢筋 | 钢筋种类、规格：HRB-335 Φ18 | t | 0.600 | 5777.08 | 3466.25 | |
| 56 | 010416001013 | 现浇混凝土钢筋 | 钢筋种类、规格：HRB-335 Φ20 | t | 0.298 | 5671.64 | 1690.15 | |
| 57 | 010416001014 | 现浇混凝土钢筋 | 钢筋种类、规格：HRB-335 Φ22 | t | 0.786 | 5625.66 | 4421.77 | |
| 58 | 010416001015 | 现浇混凝土钢筋 | 钢筋种类、规格：HRB-335 Φ25 | t | 0.843 | 5595.02 | 4716.60 | |
| 59 | 010416007001 | 预制构件钢筋 | 钢筋种类、规格：冷拔低碳钢丝 $\Phi^b$4 | t | 0.0004 | 7950.00 | 3.18 | |
| 60 | 010416002002 | 预制构件钢筋 | 钢筋种类、规格：HPB-235 Φ6 | t | 0.018 | 6151.67 | 110.73 | |
| 61 | 010416002003 | 预制构件钢筋 | 钢筋种类、规格：箍筋HPB-235 Φ6 | t | 0.036 | 6151.94 | 221.47 | |
| 62 | 010416002004 | 预制构件钢筋 | 钢筋种类、规格：HPB-235 Φ8 | t | 0.002 | 5785.00 | 11.57 | |
| 63 | 010416002005 | 预制构件钢筋 | 钢筋种类、规格：HPB-235 Φ10 | t | 0.037 | 5604.05 | 207.35 | |
| 64 | 010416002006 | 预制构件钢筋 | 钢筋种类、规格：HPB-235 Φ12 | t | 0.008 | 6018.75 | 48.15 | |
| 65 | 010416002007 | 预制构件钢筋 | 钢筋种类、规格：HRB-335 Φ12 | t | 0.006 | 6088.33 | 36.53 | |

续表

| 序号 | 项目编码 | 项目名称 | 项目特征描述 | 计量单位 | 工程量 | 金额（元） | | |
|---|---|---|---|---|---|---|---|---|
| | | | | | | 综合单价 | 合价 | 其中暂估价 |
| | | | 分部小计 | | | | 207069.31 | |
| | | A.7 屋面工程 | | | | | | |
| 66 | 010702001001 | 屋面卷材防水 | 1. 卷材品种、规格：4mm厚SBS防水卷材<br>2. 防水层做法：热熔<br>3. 嵌缝材料种类：沥青嵌缝油膏 | m² | 439.64 | 56.21 | 24712.16 | |
| 67 | 010702004001 | 屋面排水管 | 1. 排水管品种、规格、品牌、颜色：白色PVCφ110水管<br>2. 接缝、嵌缝材料种类：密封胶 | m | 26.64 | 50.05 | 1333.33 | |
| 68 | 010704001001 | 厨房变压式排风道 | 成品排风道 | m | 13.72 | 59.44 | 815.52 | |
| | | | 分部小计 | | | | 26861.01 | |
| | | A.8 防腐、隔热、保温工程 | | | | | | |
| 69 | 010803001001 | 保温隔热屋面 | 1. 保温隔热部位：屋面<br>2. 保温隔热方式：外保温<br>3. 保温隔热材料品种、规格、性能：100mm厚聚苯板 | m² | 379.35 | 61.71 | 23409.69 | |
| 70 | 010803003001 | 保温隔热墙（涂料墙面） | 1. 保温隔热部位：外墙面<br>2. 保温隔热方式：外保温<br>3. 保温隔热材料品种、规格、性能：50mm厚聚苯板 | m² | 170.77 | 48.23 | 8236.24 | |
| 71 | 010803003002 | 保温隔热墙（贴砖墙面） | 1. 保温隔热部位：外墙面<br>2. 保温隔热方式：外保温<br>3. 保温隔热材料品种、规格、性能：50mm厚聚苯板 | m² | 462.66 | 63.00 | 29147.58 | |
| | | | 分部小计 | | | | 60793.51 | |
| | | | 合 价 | | | | 432888.29 | |

### 过程 2.6.2　措施项目工程量清单报价

措施项目清单计价分为表（一）和表（二）两部分。

表（一）部分主要是以项为计量单位计算的措施项目费用，计算基础是本工程人工费合计数额，计算费率可以参照工程当地相关部门规定的费率标准，结合企业施工方案计算各措施项目费用，汇总成为表（一）措施项目费用；表（二）主要是能够利用工程量计算规则计算工程量的措施性费用，投标报价时根据施工方案和施工组织设计，计算各措施项目工程量，根据分部分项工程综合单价计算的思路和方法计算各措施项目综合单价，各措施项目综合单价乘以相应的工程量得到各措施项目费，汇总得表（二）措施项目费小计；表（一）和表（二）措施项目费用合计成为本工程全部措施项目费用。由于表（一）中费用计算基础包含表（二）中的人工费，因此在编制措施项目清单与计价表时表（二）放在了表（一）的前面。

**1. 措施项目清单与计价表（二）填写**

本法院法庭工程能够利用工程量计算规则计算工程量的主要有综合脚手架工程、混凝土构件模板工程和垂直运输工程。措施项目清单与计价表（二）填写首先要根据施工方案和定额计算规则计算各措施项目计价工程量，其次利用分部分项工程综合单价测算方法计算措施项目综合单价。

（1）措施项目工程量计算

综合脚手架工程和垂直运输工程工程量以建筑物建筑面积计算，现浇混凝土构件模板以混凝土与模板的接触面积计算，预制构件模板以其混凝土体积计算。本法院法庭工程具体计算过程及结果见表 2-11 所示：

**工程量计算表**

工程名称：××法院法庭工程　　　　　标段：建筑工程　　　　　表 2-11

| 序号 | 项目编码 | 项目名称 | 单位 | 工程数量 | 计　算　式 |
|---|---|---|---|---|---|
| 1 | 011101001001 | 综合脚手架 | m² | 816.26 | 建筑面积＝建筑物首层面积＋建筑物二层面积<br>1. 建筑物首层面积＝(29.28＋0.05×2)×(14.58＋0.05×2)－(3.9×2＋0.05×2－0.24＋0.24)×(1.2－0.18＋0.3)×2－(5.4－0.24×2－0.05×2)×(0.36－0.18＋0.3)<br>＝29.38×14.68－7.90×1.32×2－4.82×0.48<br>＝431.30－20.86－2.31＝408.13m²<br>2. 二层面积＝首层面积＝408.13m²<br>合计 408.13＋408.13＝816.26m² |
| 2 | 011201001007 | 带形基础组合钢模 | m² | 58.35 | 1. 365mm 外墙混凝土带形基础模板面积<br>＝基础高×基础中心线长×2<br>＝0.20×(87.00×2－1.0×8)＝0.20×166<br>＝33.20m² |

续表

| 序号 | 项目编码 | 项目名称 | 单位 | 工程数量 | 计 算 式 |
|---|---|---|---|---|---|
| 2 | 011201001007 | 带形基础组合钢模 | m² | 58.35 | 2.240mm内墙混凝土带形基础模板面积＝基础高×基础净长线×2＝0.20×(68.88×2－1.0×12)＝0.20×125.76＝25.15m²<br>合计 33.20＋25.15＝58.35m² |
| 3 | 011201002001 | 构造柱组合钢模 | m² | 254.29 | 1. GZ1 模板面积<br>＝[(0.36×2＋0.06×4)×(0.6－0.24＋6.52)＋(0.50×2)×0.95]×4<br>＝(0.96×6.88＋0.95)×4＝7.55×4＝30.20m²<br>2. GZ2 模板面积<br>＝[0.06×2×2＋0.06×4×4＋(0.24＋0.06×4)×2]×(0.6－0.24＋6.52)＋(0.24×2＋0.06×4)×4×(0.06＋6.52)＋0.5×6×0.95＋0.5×2×2×0.95<br>＝2.16×6.88＋2.88×6.58＋3×0.95＋2×0.95<br>＝14.86＋18.95＋2.85＋1.9＝38.56m²<br>3. GZ3 模板面积<br>＝(0.24×2＋0.06×4)×8×(0.6－0.24＋6.52)＋(0.24＋0.06×4＋0.18×2)×4×(0.06＋3.52)＋(0.24×2＋0.06×2＋0.18×2)×4×(6.52－3.52)＋0.50×1.25×4＋0.50×0.95×8<br>＝5.76×6.88＋3.36×3.58＋3.84×3＋2×1.25＋8×0.95<br>＝39.63＋12.03＋11.52＋2.50＋7.60<br>＝73.28m²<br>4. GZ4 模板面积<br>(0.36＋0.49＋0.06×4)×(0.60－0.24＋6.52)×2＋0.50×2×0.95×2<br>＝1.09×6.88×2＋2×0.95＝15.00＋1.9<br>＝16.90m²<br>5. 边挺模板面积<br>＝(0.36＋0.16×2＋0.06×2)×(0.6－0.24＋6.52)×2＋(0.36＋0.16×2＋0.06×2)×3.00×2<br>＝11.01＋4.80＝15.81m²<br>6. TGZ 模板面积<br>＝(0.24×2＋0.06×4)×1.33×2＝1.92m²<br>7. 女儿墙 GZ 模板面积<br>＝(0.24×2＋0.06×4)×(42×0.92＋38×1.82)<br>＝0.72×107.80＝77.62m²<br>合计 30.20＋38.56＋73.28＋16.90＋15.81＋1.92＋77.62＝254.29m² |

续表

| 序号 | 项目编码 | 项目名称 | 单位 | 工程数量 | 计 算 式 |
|---|---|---|---|---|---|
| 4 | 011201003001 | 地圈梁组合钢模 | m² | 77.47 | 1. 外墙地圈梁模板面积＝地圈梁高×2×地圈梁长<br>＝0.24×(2×87.00－0.24×8)＝0.24×172.48<br>＝41.30m²<br>2. 内墙圈梁面积＝地圈梁高×2×地圈梁长<br>＝0.24×[(5.4×2＋2.1－0.18×2)×2＋(5.4×2＋2.1－0.18×2－0.24×2)×2＋(5.4×2＋2.1＋1.2－0.36－0.18×2－0.24×2)×4＋(3.9×2＋5.4－0.24×3)×4]<br>＝0.24×(12.54×2＋12.06×2＋12.90×4＋12.48×4)<br>＝0.24×150.72＝36.17m²<br>合计 41.30＋36.17＝77.47m² |
| 5 | 011201002005 | 过梁组合钢模 | m² | 50.95 | 1. 365mm 外墙过梁模板<br>①C1821 过梁模板面积[0.36×1.8＋(0.42－0.18)×2.3×2]×2＝3.50m²<br>②C3618 过梁模板面积 0.54×3.60＋0.32×4.1×2＝4.57m²<br>③C1818 过梁模板面积[0.36×1.8＋(0.32－0.18)×2.3]×6＝7.75m²<br>④C2718 过梁模板面积 0.36×2.7＋(0.32－0.18)×2×3.2＝1.87m²<br>小计 3.50＋4.57＋7.75＋1.87＝17.69m²<br>2. 490mm 外墙过梁模板<br>①C1221 过梁模板面积<br>[1.2×0.24×2＋(0.42－0.18)×3.2×2]×2<br>＝4.22m²<br>②C1218 过梁模板面积<br>[1.2×0.36×2＋(0.32－0.18)×3.2×2]×2<br>＝3.52m²<br>小计 4.22＋3.52＝7.74m²<br>3. 240mm 外墙过梁模板<br>①C1221 过梁模板面积[0.24×1.2×2＋(0.42－0.18)×2×3.2]×4＋[0.24×1.2＋(0.42－0.18)×2×1.7]×2＝2.112×4＋1.104×2＝10.66m²<br>②C1521 过梁模板面积[0.36×1.5＋(0.42－0.18)×2.0×2]×4＝6.00m²<br>③C1218 过梁模板面积[0.36×1.2×2＋(0.32－0.18)×3.2×2]×4＋[0.36×1.2＋(0.32－0.18)×2×1.7]×2＝1.76×4＋0.908×2＝8.86m²<br>小计 10.66＋6.00＋8.86＝25.52m²<br>过梁模板面积合计 17.69＋7.74＋25.52<br>＝50.95m² |

续表

| 序号 | 项目编码 | 项目名称 | 单位 | 工程数量 | 计 算 式 |
|---|---|---|---|---|---|
| 6 | 011201003010 | 圈梁组合钢模 | m² | 102.46 | 1. 一层外墙圈梁模板面积＝圈梁高×2×圈梁长<br>＝0.18×[(87.00－8.76)×2－0.24×8]<br>＝0.18×154.56＝27.82m²<br>2. 二层外墙圈梁模板面积同一层＝27.82m²<br>3. 一层内墙圈梁模板面积＝圈梁高×2×圈梁长<br>＝0.18×[(5.4×2＋2.1－0.18×2)×2＋(5.4×2＋2.1－0.18×2－0.24×2)×2＋(5.4×2＋2.1＋1.2－0.36－0.18×2－0.24×2)×4＋(3.9－0.24)×8]<br>＝0.18×(12.54×2＋12.06×2＋12.90×4＋3.66×8)＝0.18×130.08＝23.41m²<br>4. 二层内墙圈梁模板面积同一层＝23.41m²<br>合计 27.82×2＋23.41×2＝102.46m² |
| 7 | 011201005001 | 有梁板竹胶模板 | m² | 679.47 | 1. 一层100mm厚有梁板模板面积<br>① ①～③轴：<br>L1模板面积＝0.6×2×(7.8－0.12×2)×2<br>＝1.20×7.56×2<br>＝18.14m²<br>L2模板面积＝0.40×2×(12.54－0.24×2)×1<br>＝0.80×12.06＝9.65m²<br>板模板面积＝7.56×12.54＝94.80m²<br>小计 18.14＋9.65＋94.80＝122.59m²<br>② ⑥～⑧轴同①～③轴＝122.59m²<br>③ ③～④轴：<br>LL1模板面积＝0.25×2×4.14＝2.07m²<br>LL2模板面积＝0.20×2×1.8＝0.72m²<br>板模板面积＝3.66×5.10＝18.666m²<br>小计 2.07＋0.72＋18.666＝21.46m²<br>④ ⑤～⑥轴<br>LL3模板面积＝0.25×2×4.14×2＝4.14m²<br>LL2模板面积＝0.20×2×1.26＝0.504m²<br>板模板面积＝3.66×5.10＝18.666m²<br>小计 4.14＋0.504＋18.666＝23.31m²<br>一层100mm厚有梁板模板面积合计<br>122.59×2＋21.46＋23.31＝289.95m²<br>2. 二层100mm厚有梁板模板面积<br>① ①～③轴：<br>L1a模板面积＝0.6×2×(7.8－0.12×2)×2<br>＝1.20×7.56×2＝18.14m²<br>L2a模板面积＝0.40×2×(12.54－0.24×2)×1<br>＝0.80×12.06＝9.65m²<br>板模板面积＝7.56×12.54＝94.80m²<br>小计 18.14＋9.65＋94.80＝122.59m²<br>② ⑥～⑧轴同①～③轴＝122.59m²<br>二层100mm厚有梁板模板面积合计 122.59×2<br>＝245.18m² |

续表

| 序号 | 项目编码 | 项目名称 | 单位 | 工程数量 | 计 算 式 |
|---|---|---|---|---|---|
| 7 | 011201005001 | 有梁板竹胶模板 | m² | 679.47 | 3. 一层120mm厚有梁板模板面积=5.16×1.86<br>=9.60m²<br>4. 二层120mm厚有梁板模板面积=5.16×1.86<br>=9.60m²<br>5. 一层140mm厚有梁板模板面积<br>L4模板面积=(0.24+0.50×2)×5.16<br>=6.40m²<br>L3模板面积=(0.36+0.50×2)×5.64<br>=7.67m²<br>板模板面积=5.16×5.94=30.65m²<br>小计 6.40+7.67+30.65=44.72m²<br>6. 二层140mm厚有梁板模板面积<br>L4a模板面积=(0.24+0.50×2)×5.16×2<br>=6.40×2=12.80m²<br>L3a模板面积=(0.36+0.60×2)×5.64<br>=8.80m²<br>板模板面积=5.16××6.30+5.16×5.10<br>=58.82m²<br>小计 12.80+8.80+58.82=80.42m²<br>有梁板模板面积合计<br>289.95+245.18+9.60+9.60+44.72+80.42<br>=679.47m² |
| 8 | 011201005006 | 平板竹胶模板 | m² | 138.13 | 一层120mm厚平板模板面积=3.66×8.16×2<br>=59.73m²<br>2. 二层120mm厚平板模板面积=3.66×13.26<br>+3.66×8.16=78.40m²<br>合计 59.73+78.40=138.13m² |
| 9 | 011201008001 | 楼梯模板 | m² | 27.55 | 楼梯水平投影面积=(5.4-0.12×2)×(2.02+<br>3.08+0.24)<br>=5.16×5.34=27.55m² |
| 10 | 011201008003 | 台阶模板 | m² | 12.60 | [5.4+0.60×2+0.30×2+2.1+0.3+2.1+0.3<br>-1.50]×1.20<br>=10.50×1.20=12.60m² |
| 11 | 011201008011 | 压顶模板 | m² | 20.02 | 0.06×3×(56.52+54.72)=0.06×3×111.24<br>=20.02m² |
| 12 | 011202003004 | 预制过梁模板 | m³ | 1.37 | 同预制过梁混凝土实体积 |
| 13 | 011201002006 | 垂直运输 | m² | 816.26 | 按照建筑面积计算 |

(2) 措施项目综合单价测算

措施项目综合单价的计算过程与分部分项工程项目综合单价计算相同。如综合脚手架工程,根据建筑面积计算规范计算的本法院法庭工程建筑面积为

816.26m²；根据综合单价计算方法，计算综合脚手架项目的综合单价。各措施项目综合单价测算过程见综合单价分析表所示。

**工程量清单综合单价分析表**

工程名称：××法院法庭工程　　　　　　标段：建筑工程　　　　　共13页，第1页

| 清单项目编码 | 011101001001 | | 项目名称 | | 综合脚手架 | | 清单计量单位 | | m² |
|---|---|---|---|---|---|---|---|---|---|
| 清单综合单价组成明细 ||||||||||
| 定额编号 | 定额名称 | 定额单位 | 数量 | 单价 ||||合价 ||
| | | | | 人工费 | 材料费 | 机械费 | 管理费利润 | 人工费 | 材料费 | 机械费 | 管理费利润 |
| A11-1 | 综合脚手架 | 100m² | 8.16 | 347.14 | 869.82 | 71.27 | 99.49 | 2832.66 | 7097.73 | 581.56 | 811.84 |
| 人工单价 | | | 小　计 |||| 2832.66 | 7097.73 | 581.56 | 811.84 |
| 34元/工日 | | | 未计价材料费 |||||||||
| 清单项目综合单价 ||||||||| 13.87 ||||

| 材料费明细 | 材料名称、规格、型号 | 单位 | 数量 | 单价 | 合价 | 暂估单价 | 暂估合价 |
|---|---|---|---|---|---|---|---|
| | 脚手架钢管Φ48×3.5 | t | 0.498 | 5469.88 | 2724.00 | | |
| | 对接扣件 | 个 | 15.92 | 5.12 | 81.51 | | |
| | 回转扣件 | 个 | 7.75 | 5.12 | 39.68 | | |
| | 直角扣件 | 个 | 99.98 | 5.45 | 544.89 | | |
| | 垫木60×60×60 | 块 | 14.28 | 4.30 | 61.40 | | |
| | 木脚手板 | m³ | 0.979 | 960.69 | 940.52 | | |
| | 镀锌钢丝8号 | kg | 99.23 | 5.85 | 580.50 | | |
| | 防锈漆 | kg | 37.70 | 9.87 | 372.10 | | |
| | 密网 | m² | 262.50 | 5.56 | 1459.50 | | |
| | 安全网 | m² | 35.09 | 5.56 | 195.10 | | |
| | 铁钉 | kg | 19.10 | 4.88 | 93.21 | | |
| | 其他材料费 | | | | 5.32 | | |
| | 材料费小计 | | | | 7097.73 | | |

**工程量清单综合单价分析表**

工程名称：××法院法庭工程　　　　　　标段：建筑工程　　　　　共13页，第2页

| 清单项目编码 | 01121001007 | | 项目名称 | | 带形基础组合钢模 | | 清单计量单位 | | m² |
|---|---|---|---|---|---|---|---|---|---|
| 清单综合单价组成明细 ||||||||||
| 定额编号 | 定额名称 | 定额单位 | 数量 | 单价 |||| 合价 ||||
| | | | | 人工费 | 材料费 | 机械费 | 管理费利润 | 人工费 | 材料费 | 机械费 | 管理费利润 |
| A12-7 | 带形基础组合钢模 | 100m² | 0.58 | 1084.26 | 1385.65 | 298.91 | 310.75 | 628.87 | 803.68 | 173.37 | 180.24 |

续表

| 定额编号 | 定额名称 | 定额单位 | 数量 | 单价 | | | | 合价 | | | |
|---|---|---|---|---|---|---|---|---|---|---|---|
| | | | | 人工费 | 材料费 | 机械费 | 管理费利润 | 人工费 | 材料费 | 机械费 | 管理费利润 |
| 人工单价 | | | 小 计 | | | | | 628.87 | 803.68 | 173.37 | 180.24 |
| 34元/工日 | | | 未计价材料费 | | | | | | | | |
| 清单项目综合单价 | | | | | | | | 30.61 | | | |

| 材料费明细 | 材料名称、规格、型号 | 单位 | 数量 | 单价 | 合价 | 暂估单价 | 暂估合价 |
|---|---|---|---|---|---|---|---|
| | 组合钢模板 | kg | 41.95 | 6.40 | 268.48 | | |
| | 模板板方材 | m³ | 0.158 | 1370.29 | 216.51 | | |
| | 支撑方木 | m³ | 0.139 | 950.00 | 132.05 | | |
| | 零星卡具 | kg | 6.62 | 6.50 | 43.03 | | |
| | 铁钉 | kg | 14.10 | 4.88 | 68.81 | | |
| | 其他材料费 | | | | 74.80 | | |
| | 材料费小计 | | | | 803.68 | | |

### 工程量清单综合单价分析表

工程名称：××法院法庭工程　　　　标段：建筑工程　　　　共13页，第3页

| 清单项目编码 | 011201002001 | 项目名称 | 构造柱组合钢模 | 清单计量单位 | m² |
|---|---|---|---|---|---|

清单综合单价组成明细

| 定额编号 | 定额名称 | 定额单位 | 数量 | 单价 | | | | 合价 | | | |
|---|---|---|---|---|---|---|---|---|---|---|---|
| | | | | 人工费 | 材料费 | 机械费 | 管理费利润 | 人工费 | 材料费 | 机械费 | 管理费利润 |
| A12-35 | 构造柱组合钢模 | 100m² | 2.54 | 1394.00 | 1725.78 | 183.66 | 399.52 | 3540.76 | 4383.48 | 466.50 | 1014.78 |
| 人工单价 | | | 小 计 | | | | | 3540.76 | 4383.48 | 466.50 | 1014.78 |
| 34元/工日 | | | 未计价材料费 | | | | | | | | |
| 清单项目综合单价 | | | | | | | | 36.99 | | | |

| 材料费明细 | 材料名称、规格、型号 | 单位 | 数量 | 单价 | 合价 | 暂估单价 | 暂估合价 |
|---|---|---|---|---|---|---|---|
| | 组合钢模板 | kg | 198.35 | 6.40 | 1269.44 | | |
| | 模板板方材 | m³ | 0.163 | 1370.29 | 223.36 | | |
| | 支撑钢管及扣件 | kg | 81.69 | 8.40 | 686.20 | | |
| | 支撑方木 | m³ | 0.719 | 950.00 | 683.05 | | |
| | 零星卡具 | kg | 164.77 | 6.50 | 1071.01 | | |
| | 铁钉 | kg | 6.27 | 4.88 | 30.60 | | |
| | 草板纸80号 | 张 | 76.20 | 1.25 | 95.25 | | |
| | 隔离剂 | kg | 25.40 | 5.74 | 145.80 | | |
| | 其他材料费 | | | | 179.77 | | |
| | 材料费小计 | | | | 4383.48 | | |

## 工程量清单综合单价分析表

工程名称：××法院法庭工程　　　　标段：建筑工程　　　共13页，第4页

| 清单项目编码 | 011201003001 | 项目名称 | | 地圈梁组合钢模 | | 清单计量单位 | | m² |
|---|---|---|---|---|---|---|---|---|

| 清单综合单价组成明细 ||||||||||||
|---|---|---|---|---|---|---|---|---|---|---|---|
| 定额编号 | 定额名称 | 定额单位 | 数量 | 单价 |||| 合价 ||||
| | | | | 人工费 | 材料费 | 机械费 | 管理费利润 | 人工费 | 材料费 | 机械费 | 管理费利润 |
| A12-42 | 地圈梁组合钢模 | 100m² | 0.77 | 1154.98 | 1595.91 | 139.22 | 331.02 | 889.33 | 1228.85 | 107.20 | 254.89 |
| 人工单价 | | | 小　计 ||||| 889.33 | 1228.85 | 107.20 | 254.89 |
| 34元/工日 | | | 未计价材料费 |||||||||
| 清单项目综合单价 ||||||||| 32.02 |||

| 材料费明细 | 材料名称、规格、型号 | 单位 | 数量 | 单价 | 合价 | 暂估单价 | 暂估合价 |
|---|---|---|---|---|---|---|---|
| | 组合钢模板 | kg | 59.04 | 6.40 | 377.86 | | |
| | 模板板方材 | m³ | 0.033 | 1370.29 | 45.22 | | |
| | 支撑方木 | m³ | 0.293 | 950.00 | 278.35 | | |
| | 零星卡具 | kg | 24.50 | 6.50 | 159.25 | | |
| | 梁卡具 | kg | 9.25 | 5.33 | 49.30 | | |
| | 镀锌钢丝8号 | kg | 18.20 | 5.85 | 106.47 | | |
| | 草板纸80号 | 张 | 23.10 | 1.25 | 28.88 | | |
| | 隔离剂 | kg | 7.70 | 5.74 | 44.20 | | |
| | 其他材料费 | | | | 139.32 | | |
| | 材料费小计 | | | | 1228.85 | | |

## 工程量清单综合单价分析表

工程名称：××法院法庭工程　　　　标段：建筑工程　　　共13页，第5页

| 清单项目编码 | 011201003005 | 项目名称 | | 过梁组合钢模 | | 清单计量单位 | | m² |
|---|---|---|---|---|---|---|---|---|

| 清单综合单价组成明细 ||||||||||||
|---|---|---|---|---|---|---|---|---|---|---|---|
| 定额编号 | 定额名称 | 定额单位 | 数量 | 单价 |||| 合价 ||||
| | | | | 人工费 | 材料费 | 机械费 | 管理费利润 | 人工费 | 材料费 | 机械费 | 管理费利润 |
| A12-46 | 过梁组合钢模 | 100m² | 0.51 | 1992.74 | 2115.43 | 169.08 | 570.83 | 1016.30 | 1078.87 | 86.23 | 291.12 |
| 人工单价 | | | 小　计 ||||| 1016.30 | 1078.87 | 86.23 | 291.12 |
| 34元/工日 | | | 未计价材料费 |||||||||
| 清单项目综合单价 ||||||||| 48.53 |||

续表

| 定额编号 | 定额名称 | 定额单位 | 数量 | 单价 | | | | 合价 | | | |
|---|---|---|---|---|---|---|---|---|---|---|---|
| | | | | 人工费 | 材料费 | 机械费 | 管理费利润 | 人工费 | 材料费 | 机械费 | 管理费利润 |
| 材料费明细 | 材料名称、规格、型号 | | | 单位 | 数量 | | | 单价 | 合价 | 暂估单价 | 暂估合价 |
| | 组合钢模板 | | | kg | 37.64 | | | 6.40 | 240.90 | | |
| | 模板板方材 | | | m³ | 0.098 | | | 1370.29 | 134.29 | | |
| | 支撑方木 | | | m³ | 0.426 | | | 950.00 | 404.70 | | |
| | 铁钉 | | | kg | 32.21 | | | 4.88 | 157.18 | | |
| | 镀锌钢丝8号 | | | kg | 6.14 | | | 5.85 | 35.92 | | |
| | 镀锌钢丝22号 | | | kg | 0.09 | | | 6.20 | 0.56 | | |
| | 草板纸80号 | | | 张 | 15.30 | | | 1.25 | 19.13 | | |
| | 隔离剂 | | | kg | 5.10 | | | 5.74 | 29.27 | | |
| | 其他材料费 | | | | | | | | 56.92 | | |
| | 材料费小计 | | | | | | | | 1078.87 | | |

### 工程量清单综合单价分析表

工程名称：××法院法庭工程　　　　　　标段：建筑工程　　共13页，第6页

| 清单项目编码 | 011201003010 | | 项目名称 | | 圈梁组合钢模 | | | 清单计量单位 | | m² | |
|---|---|---|---|---|---|---|---|---|---|---|---|
| 清单综合单价组成明细 | | | | | | | | | | | |
| 定额编号 | 定额名称 | 定额单位 | 数量 | 单价 | | | | 合价 | | | |
| | | | | 人工费 | 材料费 | 机械费 | 管理费利润 | 人工费 | 材料费 | 机械费 | 管理费利润 |
| A12-51 | 圈梁组合钢模 | 100m² | 1.02 | 1227.06 | 1275.58 | 95.12 | 366.01 | 1251.60 | 1301.09 | 97.02 | 373.33 |
| 人工单价 | | | 小计 | | | | | 1251.60 | 1301.09 | 97.02 | 373.33 |
| 34元/工日 | | | 未计价材料费 | | | | | | | | |
| 清单项目综合单价 | | | | | | | | 29.50 | | | |
| 材料费明细 | 材料名称、规格、型号 | | | 单位 | 数量 | | | 单价 | 合价 | 暂估单价 | 暂估合价 |
| | 组合钢模板 | | | kg | 77.27 | | | 6.40 | 494.53 | | |
| | 模板板方材 | | | m³ | 0.014 | | | 1370.29 | 19.18 | | |
| | 支撑方木 | | | m³ | 0.110 | | | 950.00 | 104.50 | | |
| | 铁钉 | | | kg | 33.30 | | | 4.88 | 162.50 | | |
| | 镀锌钢丝8号 | | | kg | 65.19 | | | 5.85 | 381.36 | | |
| | 镀锌钢丝22号 | | | kg | 0.182 | | | 6.20 | 1.13 | | |
| | 草板纸80号 | | | 张 | 30.30 | | | 1.25 | 37.88 | | |
| | 隔离剂 | | | kg | 10.1 | | | 5.74 | 57.97 | | |
| | 其他材料费 | | | | | | | | 29.29 | | |
| | 材料费小计 | | | | | | | | 1288.34 | | |

## 工程量清单综合单价分析表

工程名称：××法院法庭工程　　　　标段：建筑工程　　　共13页，第7页

| 清单项目编码 | | 011201005001 | | 项目名称 | | 有梁板竹胶模板 | | 清单计量单位 | | m² |
|---|---|---|---|---|---|---|---|---|---|---|
| 清单综合单价组成明细 | | | | | | | | | | |
| 定额编号 | 定额名称 | 定额单位 | 数量 | 单　价 | | | | 合　价 | | |
| | | | | 人工费 | 材料费 | 机械费 | 管理费利润 | 人工费 | 材料费 | 机械费 | 管理费利润 |

| 定额编号 | 定额名称 | 定额单位 | 数量 | 人工费 | 材料费 | 机械费 | 管理费利润 | 人工费 | 材料费 | 机械费 | 管理费利润 |
|---|---|---|---|---|---|---|---|---|---|---|---|
| A12-65 | 有梁板竹胶模板 | 100m² | 6.79 | 1261.06 | 1881.14 | 251.96 | 361.42 | 8562.60 | 12772.94 | 1710.81 | 2454.04 |
| 人工单价 | | | 小　计 | | | | | 8562.60 | 12772.94 | 1710.81 | 2454.04 |
| 34元/工日 | | | 未计价材料费 | | | | | | | | |
| 清单项目综合单价 | | | | | | | | 37.53 | | | |

| | 材料名称、规格、型号 | 单位 | 数量 | 单价 | 合价 | 暂估单价 | 暂估合价 |
|---|---|---|---|---|---|---|---|
| 材料费明细 | 组合钢模板 | kg | 32.18 | 6.40 | 205.95 | | |
| | 竹胶板（多层） | m² | 111.02 | 40.33 | 4477.44 | | |
| | 模板板方材 | m³ | 0.448 | 1370.29 | 613.89 | | |
| | 支撑钢管及扣件 | kg | 275.88 | 8.40 | 2317.39 | | |
| | 支撑方木 | m³ | 2.77 | 950.00 | 2631.50 | | |
| | 梁卡具 | kg | 25.94 | 5.33 | 138.26 | | |
| | 镀锌钢丝8号 | kg | 171.38 | 5.85 | 1002.57 | | |
| | 草板纸80号 | 张 | 203.70 | 1.25 | 254.63 | | |
| | 隔离剂 | kg | 67.90 | 5.74 | 389.75 | | |
| | 镀锌钢丝22号 | kg | 1.22 | 6.20 | 7.56 | | |
| | 铁钉 | kg | 69.73 | 4.88 | 340.28 | | |
| | 其他材料费 | | | | 393.72 | | |
| | 材料费小计 | | | | 12772.94 | | |

## 工程量清单综合单价分析表

工程名称：××法院法庭工程　　　　标段：建筑工程　　　共13页，第8页

| 清单项目编码 | | 011201005006 | | 项目名称 | | 平板竹胶模板 | | 清单计量单位 | | m² |
|---|---|---|---|---|---|---|---|---|---|---|
| 清单综合单价组成明细 | | | | | | | | | | |

| 定额编号 | 定额名称 | 定额单位 | 数量 | 人工费 | 材料费 | 机械费 | 管理费利润 | 人工费 | 材料费 | 机械费 | 管理费利润 |
|---|---|---|---|---|---|---|---|---|---|---|---|
| A12-69 | 平板竹胶模板 | 100m² | 1.38 | 1066.92 | 1631.49 | 210.58 | 305.78 | 1472.35 | 2251.46 | 290.60 | 421.98 |
| 人工单价 | | | 小　计 | | | | | 1472.35 | 2251.46 | 290.60 | 421.98 |
| 34元/工日 | | | 未计价材料费 | | | | | | | | |
| 清单项目综合单价 | | | | | | | | 32.12 | | | |

续表

| 定额编号 | 定额名称 | 定额单位 | 数量 | 单价 | | | | 合价 | | | |
|---|---|---|---|---|---|---|---|---|---|---|---|
| | | | | 人工费 | 材料费 | 机械费 | 管理费利润 | 人工费 | 材料费 | 机械费 | 管理费利润 |
| 材料费明细 | 材料名称、规格、型号 | | 单位 | 数量 | | 单价 | | 合价 | | 暂估单价 | 暂估合价 |
| | 竹胶板（多层） | | m² | 22.22 | | 40.33 | | 896.13 | | | |
| | 模板板方材 | | m³ | 0.070 | | 1370.29 | | 95.92 | | | |
| | 支撑钢管及扣件 | | kg | 46.38 | | 8.40 | | 389.59 | | | |
| | 支撑方木 | | m³ | 0.658 | | 950.00 | | 625.10 | | | |
| | 草板纸80号 | | 张 | 41.40 | | 1.25 | | 51.75 | | | |
| | 隔离剂 | | kg | 13.80 | | 5.74 | | 79.21 | | | |
| | 镀锌钢丝22号 | | kg | 0.248 | | 6.20 | | 1.54 | | | |
| | 铁钉 | | kg | 9.922 | | 4.88 | | 48.42 | | | |
| | 其他材料费 | | | | | | | 63.80 | | | |
| | 材料费小计 | | | | | | | 2251.46 | | | |

### 工程量清单综合单价分析表

工程名称：××法院法庭工程　　　　标段：建筑工程　　　　共13页，第9页

| 清单项目编码 | | 011201008001 | | 项目名称 | | | 楼梯模板 | 清单计量单位 | | | m² |
|---|---|---|---|---|---|---|---|---|---|---|---|
| 清单综合单价组成明细 | | | | | | | | | | | |
| 定额编号 | 定额名称 | 定额单位 | 数量 | 单价 | | | | 合价 | | | |
| | | | | 人工费 | 材料费 | 机械费 | 管理费利润 | 人工费 | 材料费 | 机械费 | 管理费利润 |
| A12-77 | 楼梯模板 | 10m² | 2.76 | 361.42 | 471.01 | 29.99 | 103.58 | 997.52 | 1299.99 | 82.77 | 285.88 |
| 人工单价 | | | | 小计 | | | | 997.52 | 1299.99 | 82.77 | 285.88 |
| 34元/工日 | | | | 未计价材料费 | | | | | | | |
| 清单项目综合单价 | | | | | | | | 96.78 | | | |
| 材料费明细 | 材料名称、规格、型号 | | 单位 | 数量 | | 单价 | | 合价 | | 暂估单价 | 暂估合价 |
| | 模板板方材 | | m³ | 0.491 | | 1370.29 | | 672.81 | | | |
| | 支撑方木 | | m³ | 0.464 | | 950.00 | | 440.80 | | | |
| | 隔离剂 | | kg | 5.63 | | 5.74 | | 32.32 | | | |
| | 铁钉 | | kg | 29.48 | | 4.88 | | 143.86 | | | |
| | 其他材料费 | | | | | | | 10.20 | | | |
| | 材料费小计 | | | | | | | 1299.99 | | | |

## 工程量清单综合单价分析表

工程名称：××法院法庭工程　　　　标段：建筑工程　　　共 13 页，第 10 页

| 清单项目编码 | 011201008003 | 项目名称 | | 台阶模板 | | 清单计量单位 | | m² |

| 清单综合单价组成明细 ||||||||||
|---|---|---|---|---|---|---|---|---|---|
| 定额编号 | 定额名称 | 定额单位 | 数量 | 单价 ||||合价||||
| | | | | 人工费 | 材料费 | 机械费 | 管理费利润 | 人工费 | 材料费 | 机械费 | 管理费利润 |
| A12-79 | 台阶模板 | 10m² | 1.26 | 87.72 | 109.56 | 4.20 | 25.14 | 110.53 | 138.05 | 5.29 | 31.68 |
| 人工单价 | | | 小　计 |||| 110.53 | 138.05 | 5.29 | 31.68 |
| 34元/工日 | | | 未计价材料费 |||| | | | |
| 清单项目综合单价 |||||||| 22.66 ||||

| 材料费明细 | 材料名称、规格、型号 | 单位 | 数量 | 单价 | 合价 | 暂估单价 | 暂估合价 |
|---|---|---|---|---|---|---|---|
| | 模板板方材 | m³ | 0.082 | 1370.29 | 112.36 | | |
| | 支撑方木 | m³ | 0.013 | 950.00 | 12.35 | | |
| | 隔离剂 | kg | 0.63 | 5.74 | 3.62 | | |
| | 铁钉 | kg | 1.865 | 4.88 | 9.10 | | |
| | 其他材料费 | | | | 0.62 | | |
| | 材料费小计 | | | | 138.05 | | |

## 工程量清单综合单价分析表

工程名称：××法院法庭工程　　　　标段：建筑工程　　　共 13 页，第 11 页

| 清单项目编码 | 011201008011 | 项目名称 | | 压顶模板 | | 清单计量单位 | | m² |

| 清单综合单价组成明细 ||||||||||
|---|---|---|---|---|---|---|---|---|---|
| 定额编号 | 定额名称 | 定额单位 | 数量 | 单价 ||||合价||||
| | | | | 人工费 | 材料费 | 机械费 | 管理费利润 | 人工费 | 材料费 | 机械费 | 管理费利润 |
| A12-87 | 压顶模板 | 100m² | 0.20 | 1821.38 | 1800.62 | 71.19 | 522.01 | 364.28 | 360.12 | 14.24 | 104.40 |
| 人工单价 | | | 小　计 |||| 364.28 | 360.12 | 14.24 | 104.40 |
| 34元/工日 | | | 未计价材料费 |||| | | | |
| 清单项目综合单价 |||||||| 41.73 ||||

| 材料费明细 | 材料名称、规格、型号 | 单位 | 数量 | 单价 | 合价 | 暂估单价 | 暂估合价 |
|---|---|---|---|---|---|---|---|
| | 模板板方材 | m³ | 0.168 | 1370.29 | 230.21 | | |
| | 支撑方木 | m³ | 0.077 | 950.00 | 73.15 | | |
| | 隔离剂 | kg | 2.00 | 5.74 | 11.48 | | |
| | 铁钉 | kg | 15.22 | 4.88 | 74.27 | | |
| | 其他材料费 | | | | 28.99 | | |
| | 材料费小计 | | | | 360.12 | | |

## 工程量清单综合单价分析表

工程名称：××法院法庭工程　　　　标段：建筑工程　　　共13页，第12页

| 清单项目编码 | 011202003004 | 项目名称 | | 预制过梁模板 | | 清单计量单位 | | m² |
|---|---|---|---|---|---|---|---|---|
| 清单综合单价组成明细 ||||||||| 

| 定额编号 | 定额名称 | 定额单位 | 数量 | 单价 ||||合价 ||||
|---|---|---|---|---|---|---|---|---|---|---|---|
| | | | | 人工费 | 材料费 | 机械费 | 管理费利润 | 人工费 | 材料费 | 机械费 | 管理费利润 |
| A12-106 | 预制过梁模板 | 10m³ | 0.14 | 623.90 | 1057.23 | 2.80 | 178.81 | 87.35 | 148.01 | 0.39 | 25.03 |
| 人工单价 ||| 小　计 |||| 87.35 | 148.01 | 0.39 | 25.03 |
| 34元/工日 ||| 未计价材料费 |||||||||
| 清单项目综合单价 |||||||| 190.35 ||||

| 材料费明细 | 材料名称、规格、型号 | 单位 | 数量 | 单价 | 合价 | 暂估单价 | 暂估合价 |
|---|---|---|---|---|---|---|---|
| | 模板板方材 | m³ | 0.062 | 1370.29 | 84.96 | | |
| | 隔离剂 | kg | 2.47 | 5.74 | 14.18 | | |
| | 铁钉 | kg | 1.01 | 4.88 | 4.93 | | |
| | 其他材料费 | | | | 43.94 | | |
| | 材料费小计 | | | | 148.01 | | |

## 工程量清单综合单价分析表

工程名称：××法院法庭工程　　　　标段：建筑工程　　　共13页，第13页

| 清单项目编码 | 011201002006 | 项目名称 | | 垂直运输 | | 清单计量单位 | | m² |
|---|---|---|---|---|---|---|---|---|
| 清单综合单价组成明细 |||||||||

| 定额编号 | 定额名称 | 定额单位 | 数量 | 单价 |||| 合价 ||||
|---|---|---|---|---|---|---|---|---|---|---|---|
| | | | | 人工费 | 材料费 | 机械费 | 管理费利润 | 人工费 | 材料费 | 机械费 | 管理费利润 |
| 13-25 | 垂直运输 | 100m² | 8.16 | 0.00 | 0.00 | 1781.41 | 0.00 | 0.00 | 0.00 | 14536.31 | 0.00 |
| 人工单价 ||| 小　计 |||||| 14536.31 ||
| 34元/工日 ||| 未计价材料费 |||||||||
| 清单项目综合单价 |||||||| 17.81 ||||

| 材料费明细 | 材料名称、规格、型号 | 单位 | 数量 | 单价 | 合价 | 暂估单价 | 暂估合价 |
|---|---|---|---|---|---|---|---|
| | 其他材料费 | | | | | | |
| | 材料费小计 | | | | | | |

（3）措施项目计价表（二）填写

根据工程量计算表和综合单价分析表数据填写措施项目清单与计价表（二），见下表所示。填写方法同分部分项工程量清单计价表。

## 措施项目清单与计价表（二）

工程名称：××法院法庭工程　　　　标段：建筑工程　　　　共1页，第1页

| 序号 | 项目编码 | 项目名称 | 项目特征描述 | 计量单位 | 工程量 | 金额（元） | |
|---|---|---|---|---|---|---|---|
| | | | | | | 综合单价 | 合价 |
| 1 | 011101001001 | 综合脚手架 | 1. 脚手管材质：钢管48×3.5<br>2. 脚手板材质：木质<br>3. 安全网 | m² | 816.26 | 13.87 | 11321.53 |
| 2 | 011201001007 | 带形基础组合钢模 | 1. 模板材质：组合钢模<br>2. 支撑材质：方木支撑 | m² | 58.35 | 30.61 | 1786.09 |
| 3 | 011201002001 | 构造柱组合钢模 | 1. 模板材质：组合钢模<br>2. 支撑材质：方木支撑 | m² | 254.29 | 36.99 | 9406.19 |
| 4 | 011201003001 | 地圈梁组合钢模 | 1. 模板材质：组合钢模<br>2. 支撑材质：方木支撑 | m² | 77.47 | 32.02 | 2480.59 |
| 5 | 011201003005 | 过梁组合钢模 | 1. 模板材质：组合钢模<br>2. 支撑材质：方木支撑 | m² | 50.95 | 48.53 | 2472.60 |
| 6 | 011201003010 | 圈梁组合钢模 | 1. 模板材质：组合钢模<br>2. 支撑材质：方木支撑 | m² | 102.46 | 29.50 | 3022.57 |
| 7 | 011201005001 | 有梁板竹胶模板 | 1. 模板材质：组合钢模、竹胶板（多层）<br>2. 支撑材质：钢管、方木支撑 | m² | 679.47 | 37.53 | 25500.51 |
| 8 | 011201005006 | 平板竹胶模板 | 1. 模板材质：组合钢模、竹胶板（多层）<br>2. 支撑材质：钢管、方木支撑 | m² | 138.13 | 32.12 | 4436.74 |
| 9 | 011201008001 | 楼梯模板 | 1. 模板材质：木模板<br>2. 支撑材质：木支撑 | m² | 27.55 | 96.78 | 2666.29 |
| 10 | 011201008003 | 台阶模板 | 1. 模板材质：木模板<br>2. 支撑材质：木支撑 | m² | 12.6 | 22.66 | 285.52 |
| 11 | 011201008011 | 压顶模板 | 1. 模板材质：木模板<br>2. 支撑材质：木支撑 | m² | 20.02 | 41.73 | 835.43 |
| 12 | 011202003004 | 预制过梁模板 | 1. 模板材质：木模板<br>2. 支撑材质：木支撑 | m³ | 1.37 | 190.35 | 260.78 |
| 13 | 011201002006 | 垂直运输 | 1. 垂直运输机械：塔式起重机60kNm<br>2. 卷扬机：单筒快速20kN | m² | 816.26 | 17.81 | 14537.59 |
| | | 合　计 | | | | | 79012.43 |

## 2. 措施项目清单与计价表（一）填写

表（一）中措施项目费用计算是以人工费为计算基础，乘以一定的费率包干计算后汇总而来。

（1）人工费计算

本法院法庭工程项目的人工费，可以根据各分部分项工程量清单综合单价分析表中汇总得来，具体计算过程见表 2-12 所示。

人工费计算表　　　　　　　表 2-12

| 序号 | 项目编码 | 项目名称 | 计量单位 | 人工费 |
|---|---|---|---|---|
| | | 土石方工程 | | |
| 1 | 010101001001 | 人工平整场地 | 元 | 1005.10 |
| 2 | 010101003001 | 人工挖基础土方（外墙基础） | 元 | 5084.50 |
| 3 | 010101003002 | 人工挖基础土方（内墙基础） | 元 | 3554.65 |
| 4 | 010103001001 | 人工基础土方回填 | 元 | 4280.43 |
| 5 | 010103001002 | 人工室内回填土 | 元 | 3100.13 |
| | | 小　　计 | 元 | 17024.81 |
| | | 砌筑工程 | | |
| 6 | 010301001001 | 砖基础 | 元 | 747.49 |
| 7 | 010302006001 | 卫生间蹲台 | 元 | 5.67 |
| 8 | 010304001001 | 多孔砖墙（240mm 外墙） | 元 | 1705.44 |
| 9 | 010304001002 | 多孔砖墙（365mm 外墙） | 元 | 4411.59 |
| 10 | 010304001003 | 多孔砖墙（490mm 外墙） | 元 | 357.03 |
| 11 | 010304001003 | 多孔砖墙（240mm 内墙） | 元 | 3460.25 |
| 12 | 010304001004 | 砌块墙（200mm 内墙） | 元 | 854.89 |
| 13 | 010304001002 | 空心砖墙（120mm 内墙） | 元 | 286.30 |
| 14 | 010305001001 | 毛石基础 | 元 | 3381.03 |
| | | 小　　计 | 元 | 15209.69 |
| | | 混凝土及钢筋混凝土工程 | | |
| 15 | 010401001001 | 现浇混凝土带形基础 | 元 | 950.78 |
| 16 | 010401006001 | 混凝土基础垫层 | 元 | 1146.96 |
| 17 | 010402001001 | 构造柱（GZ1） | 元 | 282.12 |
| 18 | 010402001002 | 构造柱（GZ2） | 元 | 475.73 |
| 19 | 010402001003 | 构造柱（GZ3） | 元 | 658.28 |
| 20 | 010402001004 | 构造柱（GZ4） | 元 | 182.55 |
| 21 | 010402001005 | 构造柱（边挺） | 元 | 99.57 |
| 22 | 010402001006 | 构造柱（女儿墙） | 元 | 431.48 |
| 23 | 010402001007 | 楼梯构造柱 TGZ | 元 | 11.06 |
| 24 | 010403001001 | 地圈梁（外墙基础） | 元 | 182.18 |

续表

| 序号 | 项目编码 | 项目名称 | 计量单位 | 人工费 |
|---|---|---|---|---|
| 25 | 010403001002 | 地圈梁（内墙基础） | 元 | 107.31 |
| 26 | 010403004001 | 圈梁（一层） | 元 | 242.73 |
| 27 | 010403004002 | 圈梁（二层） | 元 | 232.18 |
| 28 | 010403005001 | 过梁 | 元 | 430.40 |
| 29 | 010405001001 | 有梁板（一层100厚） | 元 | 651.32 |
| 30 | 010405001002 | 有梁板（二层100厚） | 元 | 552.64 |
| 31 | 010405001003 | 有梁板（一层120厚） | 元 | 26.32 |
| 32 | 010405001004 | 有梁板（二层120厚） | 元 | 26.32 |
| 33 | 010405001005 | 有梁板（一层140厚） | 元 | 129.39 |
| 34 | 010405001006 | 有梁板（二层140厚） | 元 | 232.46 |
| 35 | 010405003007 | 平板（一层120厚） | 元 | 168.91 |
| 36 | 010405003008 | 平板（二层120厚） | 元 | 274.48 |
| 37 | 010406001001 | 楼梯 | 元 | 372.54 |
| 38 | 010407001002 | 混凝土台阶 | 元 | 183.62 |
| 39 | 010407001001 | 压顶 | 元 | 113.42 |
| 40 | 010407002001 | 混凝土散水 | 元 | 1201.53 |
| 41 | 010407002002 | 混凝土防滑坡道 | 元 | 210.06 |
| 42 | 010410003001 | 预制过梁 | 元 | 157.99 |
| 43 | 010416001001 | 现浇混凝土钢筋 HPB235 Φ6 | 元 | 203.13 |
| 44 | 010416001002 | 现浇混凝土钢筋 HPB235 Φ6 箍筋 | 元 | 1325.59 |
| 45 | 010416001003 | 现浇混凝土钢筋 HPB235 Φ6.5 | 元 | 265.45 |
| 46 | 010416001004 | 现浇混凝土钢筋 HPB235 Φ8 | 元 | 2272.80 |
| 47 | 010416001005 | 现浇混凝土钢筋箍筋 HPB235 Φ8 | 元 | 467.83 |
| 48 | 010416001006 | 现浇混凝土钢筋 HPB235 Φ10 | 元 | 792.71 |
| 49 | 010416001007 | 现浇混凝土钢筋 HPB235 Φ12 | 元 | 2293.55 |
| 50 | 010416001008 | 现浇混凝土钢筋 HPB235 Φ14 | 元 | 62.27 |
| 51 | 010416001009 | 现浇混凝土钢筋 HPB235 Φ16 | 元 | 5.72 |
| 52 | 010416001010 | 现浇混凝土钢筋 HRB335 Φ12 | 元 | 54.19 |
| 53 | 010416001011 | 现浇混凝土钢筋 HRB335 Φ14 | 元 | 58.33 |
| 54 | 010416001012 | 现浇混凝土钢筋 HRB335 Φ16 | 元 | 76.57 |
| 55 | 010416001013 | 现浇混凝土钢筋 HRB335 Φ18 | 元 | 144.02 |
| 56 | 010416001014 | 现浇混凝土钢筋 HRB335 Φ20 | 元 | 65.76 |
| 57 | 010416001015 | 现浇混凝土钢筋 HRB335 Φ22 | 元 | 155.00 |
| 58 | 010416001016 | 现浇混凝土钢筋 HRB335 Φ25 | 元 | 148.76 |
| 59 | 010416002001 | 预制构件冷拔低碳钢丝 $\Phi^b 4$ | 元 | 0.56 |

续表

| 序号 | 项目编码 | 项目名称 | 计量单位 | 人工费 |
|---|---|---|---|---|
| 60 | 010416002002 | 预制构件钢筋 HPB235 Φ6 | 元 | 13.12 |
| 61 | 010416002003 | 预制构件钢筋箍筋 HPB235 Φ6 | 元 | 26.32 |
| 62 | 010416002004 | 预制构件钢筋 HPB235 Φ8 | 元 | 0.95 |
| 63 | 010416002005 | 预制构件钢筋 HPB235 Φ10 | 元 | 13.00 |
| 64 | 010416002006 | 预制构件钢筋 HPB235 Φ12 | 元 | 2.46 |
| 65 | 010416002007 | 预制构件钢筋 HRB335 Φ12 | 元 | 2.08 |
|  |  | 小 计 |  | 18184.50 |
|  |  | 屋面及防水工程 |  |  |
| 66 | 010702001001 | 屋面卷材防水 | 元 | 1798.20 |
| 67 | 010702004001 | 屋面排水管 | 元 | 300.67 |
| 68 | 010704001001 | 厨房变压式排风道 | 元 | 89.90 |
|  |  | 小 计 | 元 | 2188.77 |
|  |  | 防腐、保温与隔热工程 |  |  |
| 69 | 010803001001 | 保温隔热屋面 | 元 | 2159.67 |
| 70 | 010803003001 | 保温隔热墙（涂料墙面） | 元 | 1742.16 |
| 71 | 010803003002 | 保温隔热墙（贴砖墙面） | 元 | 5506.13 |
|  |  | 小 计 | 元 | 9407.96 |
|  |  | 措施项目 |  |  |
| 72 | 011101001001 | 综合脚手架 | 元 | 2832.66 |
| 73 | 011201001007 | 带形基础组合钢模 | 元 | 628.87 |
| 74 | 011201002001 | 构造柱组合钢模 | 元 | 3540.76 |
| 75 | 011201003001 | 地圈梁组合钢模 | 元 | 899.33 |
| 76 | 011201003005 | 过梁组合钢模 | 元 | 1016.30 |
| 77 | 011201003010 | 圈梁组合钢模 | 元 | 1251.60 |
| 78 | 011201005001 | 有梁板竹胶模板 | 元 | 8562.60 |
| 79 | 011201005006 | 平板竹胶模板 | 元 | 1472.35 |
| 80 | 011201008001 | 楼梯模板 | 元 | 997.52 |
| 81 | 011201008003 | 台阶模板 | 元 | 110.53 |
| 82 | 011201008001 | 压顶模板 | 元 | 364.28 |
| 83 | 011202003004 | 预制过梁模板 | 元 | 87.35 |
| 84 | 011201002006 | 垂直运输 | 元 | 0.00 |
|  |  | 小 计 | 元 | 21764.15 |
|  |  | 合 计 | 元 | 83779.88 |

(2) 措施项目费用计算

根据前面人工费计算表汇总数据，参考相关费用定额，结合工程项目竞争情况，确定各措施项目费费率，其中环境保护费、安全施工费、文明施工费和临时设施费为不可竞争性费用，投标报价时必须依据工程所在地工程造价管理部门相关规定费率计算，具体计算过程见下表所示。

**措施项目清单与计价表（一）**

工程名称：××法院法庭工程　　　　　标段：建筑工程　　　　　共1页，第1页

| 序号 | 项目名称 | 计算基础 | 费率（%） | 金额（元） |
|---|---|---|---|---|
| 1 | 安全文明（环保、安全、文明、临设） | 83779.88 | 6.27 | 5253.00 |
| 2 | 夜间施工 | 83779.88 | 0.39 | 326.74 |
| 3 | 二次搬运 | 83779.88 | 0.98 | 821.04 |
| 4 | 冬雨期施工 | 83779.88 | 0.74 | 619.97 |
| 5 | 生产工具用具使用费 | 83779.88 | 0.88 | 737.26 |
| 6 | 检验试验费 | 83779.88 | 0.32 | 268.10 |
| 7 | 工程定位、复测、工程点交、场地清理费 | 83779.88 | 0.25 | 209.45 |
| 8 | 塔式起重机（60kNm）固定基础 | | | 4695.53 |
| 9 | 塔式起重机（60kNm）安拆费 | | | 7564.22 |
| 10 | 塔式起重机（60kNm）场外运费 | | | 9862.06 |
| 12 | 施工排水 | 无 | | 0.00 |
| 13 | 施工降水 | 无 | | 0.00 |
| 14 | 地上、地下设施、建筑物的临时保护设施 | 无 | | 0.00 |
| 15 | 已完工程及设备保护 | 83779.88 | 0.40 | 335.12 |
| | 合　　计 | | | 30692.49 |

## 过程 2.6.3　其他项目工程量清单报价

其他项目清单计价表主要用来计算分部分项工程费和措施项目费中未包括的、在工程实施期间可能发生的不可预见费用、暂定费用、零星工作费用以及总承包商的协调服务费用等。该清单中的费用主要来自于各详细报价表，其他项目清单与计价汇总表见下表所示。

**其他项目清单与计价汇总表**

工程名称：××法院法庭工程　　　　　标段：建筑工程　　　　　共1页，第1页

| 序号 | 项目名称 | 计量单位 | 金额（元） | 备注 |
|---|---|---|---|---|
| 1 | 暂列金额 | 元 | 15000 | |
| 2 | 暂估价 | 元 | 15440 | |
| 2.1 | 材料暂估价 | 元 | 0.00 | 来自于后面详细报表 |
| 2.2 | 专业工程暂估价 | 元 | 15440 | |
| 3 | 计日工 | 元 | 1325.49 | |
| 4 | 总承包服务费 | 无 | 0.00 | |
| | 合　　计 | | 31765.49 | |

## 1. 专业工程暂估价

专业工程暂估价，在本法庭工程中，建筑工程暂估价主要是轻钢雨篷工程项目，根据常用轻钢骨架镶嵌玻璃雨篷制作工艺及相关材料价格，做出雨篷暂估价，专业工程暂估价如下。

**专业工程暂估价表**

工程名称：××法院法庭工程　　　　标段：建筑工程　　　　共1页，第1页

| 序号 | 工程名称 | 工作内容 | 金额（元） | 备注 |
|---|---|---|---|---|
| 1 | 轻钢雨篷 | 1. 轻钢雨篷骨架制作、安装和油漆<br>2. 玻璃安装 | 15440 | 按照每平方米2000元估价 |
|  | 合　计 |  | 15440 |  |

## 2. 计日工

计日工主要用来计算在施工图纸中没有包括，但工程施工过程中必须发生的零星用工费用，通常由招标人提供暂估数量，投标人填报综合单价，工程实施完成后，根据实际发生的工程量和施工现场工料机的实际支出情况，乘以投标人投标报价书中的综合单价计算合计费用，并计入其他项目清单费用。本法院法庭工程施工过程中主要零星用工是挖运施工场地原有树木，拟采用人工挖，载重汽车运输，具体计算过程见下表所示。

**计 日 工 表**

工程名称：××法院法庭工程　　　　标段：建筑工程　　　　共1页，第1页

| 序号 | 项目名称 | 单位 | 暂定数量 | 综合单价 | 合价 |
|---|---|---|---|---|---|
| 一 | 人工 | 工日 | 20 | 43.74 | 874.80 |
| 1 |  |  |  |  |  |
| 2 |  |  |  |  |  |
|  | 人工小计 |  |  |  | 874.80 |
| 二 | 材料 |  |  |  |  |
| 1 | 钢丝绳 | kg | 12 | 6.30 | 75.60 |
| 2 |  |  |  |  |  |
|  | 材料小计 |  |  |  | 75.60 |
| 三 | 施工机械 |  |  |  |  |
| 1 | 6t载重汽车 | 台班 | 1 | 375.09 | 375.09 |
| 2 |  |  |  |  |  |
|  | 施工机械小计 |  |  |  | 375.09 |
|  | 合　计 |  |  |  | 1325.49 |

## 3. 暂列金额

暂列金额是招标人在工程量清单中暂定并包括在合同价款中的一笔款项。用于施工合同签订时尚未确定或者不可预见的所需材料、设备、服务的采购，施工中可能发生的工程变更、合同约定的调整因素出现时的工程价款调整以及发生的索赔、现场签证确认等的费用。本法院法庭工程暂定金额根据工程具体情况拟暂估为15000元，见下表所示。

**暂列金额明细表**

工程名称：××法院法庭工程　　　　标段：建筑工程　　　　共1页，第1页

| 序号 | 项目名称 | 计量单位 | 暂列金额（元） | 备注 |
|---|---|---|---|---|
| 1 | 建筑工程 | 元 | 15000 | |
| 2 | | | | |
| 3 | | | | |
| 合　计 | | | 15000 | |

### 过程 2.6.4　规费、税金项目清单报价

规费是根据省级或省级有关权利部门规定必须缴纳的，应计入建筑安装工程造价的费用，计算时按照工程当地有关部门规定的计算基础和费率计算；税金是根据国家税法规定的应计入建筑安装工程造价内的营业税、城市维护建设税及教育费附加等。本法院法庭工程以某省预算定额中规定的相关规费费率和税率计算规费和税金，具体计算过程见下表所示。

**规费、税金项目清单与计价表**

工程名称：××法院法庭工程　　　　标段：建筑工程　　　　共1页，第1页

| 序号 | 项目名称 | 计算基础 | | 费率（%） | 金额（元） |
|---|---|---|---|---|---|
| | | 费用名称 | 数量 | | |
| 1 | 规费 | | | | 15599.81 |
| 1.1 | 工程排污费 | 根据工程当地有关规定计算 | | | |
| 1.2 | 社会保险费 | 人工费 | 83779.88 | 15.22 | 12751.30 |
| (1) | 养老保险 | 人工费 | 83779.88 | 10.81 | 9056.61 |
| (2) | 失业保险 | 人工费 | 83779.88 | 0.91 | 762.40 |
| (3) | 医疗保险 | 人工费 | 83779.88 | 3.50 | 2932.30 |
| 1.3 | 住房公积金 | 人工费 | 83779.88 | 2.91 | 2437.99 |
| 1.4 | 危险作业意外伤害保险 | 人工费 | 83779.88 | 0.49 | 410.52 |
| 1.5 | 工程定额测定费 | 目前已经停止征收 | | 0.00 | 0.00 |
| 2 | 税金 | 分部分项工程费＋措施项目费＋其他项目费＋规费 | 589958.51 | 3.4126 | 20132.92 |
| 3 | 劳保基金 | 工程含税造价 | 610091.43 | 3 | 18302.74 |
| 合　计 | | | | | 54035.47 |

### 过程 2.6.5　工程量清单报价书编制

通过过程 2.6.1～过程 2.6.4 各项费用的计算，下面就可以编制完整的投标报价书了，主要包括封面、总说明、单位工程投标报价汇总表、分部分项工程量清单与计价表、措施项目清单与计价表、其他项目清单与计价表、规费税金项目清单与计价表等。

# 投 标 总 价

招 标 人：<u>××省××市××区人民法院</u>

工 程 名 称：<u>××法院法庭建筑工程</u>

投 标 总 价（小写）：<u>628394 元</u>

（大写）：<u>陆拾贰万捌仟叁佰玖拾肆元整</u>

投 标 人：<u>广胜建筑公司</u>（单位盖章）

法定代表人
或其授权人：<u>张广胜</u>　　（签字或盖章）

编 制 人：<u>李宏伟</u>　　（造价人员签字盖专用章）

编 制 时 间：2008 年 10 月 1 日

## 总 说 明

工程名称：××法院法庭工程　　　　　　　　　　　　　　　　　　　第1页　共1页

1. 工程概况：本工程为××法院法庭工程，建筑面积816.26m²，两层砖砌体结构，外墙为365mm和490mm多孔砖墙，内墙为240mm多孔砖墙，内隔墙为200mm粉煤灰砌块墙和120mm大孔砖墙。
2. 招标范围：建筑工程部分。
3. 编制依据：《建设工程工程量清单计价规范》GB 50500—2008、施工图纸、施工组织设计（方案）、消耗量定额及工料机市场价格等。
4. 考虑工程量清单可能有误或者施工中发生设计变更，预留暂列金额15000元。
5. 考虑到施工场地原有树木需要挖移，估算了相应的计日工，并计算了相应的计日工综合单价。
6. 施工图纸中轻钢雨篷"由"甲方自定，在本报价书中按照常规施工方案以每平方米2000元估价，工程结算时可以实际施工方案和工料机价格结算。
7. 根据某省劳动保险费的计取办法，实行社会基金化，按照工程含税造价的3‰计算，并计入工程总造价。

## 单位工程投标报价汇总表

工程名称：××法院法庭工程　　　　标段：建筑工程　　　　共1页，第1页

| 序号 | 汇总内容 | 金额（元） |
|---|---|---|
| 1 | 分部分项工程 | 432888.29 |
| 2 | 措施项目费 | 10970.49 |
| 2.1 | 安全文明施工费 | 5253.00 |
| 2.2 | 其他措施项目费 | 104451.92 |
| 3 | 其他项目 | 31765.49 |
| 3.1 | 暂列金额 | 15000 |
| 3.2 | 专业工程暂估价 | 15440 |
| 3.3 | 计日工 | 1325.49 |
| 3.4 | 总承包服务费 | 0.00 |
| 4 | 规费 | 15599.81 |
| 5 | 税金 | 20132.92 |
| 6 | 劳保基金 | 18302.74 |
| 工程总报价合计＝1＋2＋3＋4＋5 | | 628394 |

## 分部分项工程量清单与计价表

工程名称：××法院法庭工程　　　　标段：建筑工程　　　　共1页，第1页

| 序号 | 项目编码 | 项目名称 | 项目特征描述 | 计量单位 | 工程量 | 综合单价 | 合价 | 其中暂估价 |
|---|---|---|---|---|---|---|---|---|
| | | | A.1　土石方工程 | | | | | |
| 1 | 010101001001 | 人工平整场地 | 1. 土壤类别：三类土<br>2. 弃土运距：5km<br>3. 取土运距：现场取土 | m² | 403.95 | 4.54 | 1833.93 | |
| 2 | 010101003001 | 人工挖基础土方（外墙基础） | 1. 土壤类别：三类土<br>2. 基础类型：混凝土条形基础、毛石基础<br>3. 垫层宽度：1200mm<br>4. 挖土深度：1.3m<br>5. 弃土运距：5km | m³ | 158.34 | 66.04 | 10456.77 | |
| 3 | 010101003002 | 人工挖基础土方（内墙基础） | 1. 土壤类别：三类土<br>2. 基础类型：混凝土条形基础、毛石基础<br>3. 垫层宽度：1000mm<br>4. 挖土深度：1.3m<br>5. 弃土运距：5km | m³ | 104.34 | 69.46 | 7247.46 | |
| 4 | 010103001001 | 人工基础土方回填 | 1. 土质要求：含砾石粉质黏土<br>2. 密实度要求：密实<br>3. 粒径要求：10～40mm砾石<br>4. 夯填：分层夯填<br>5. 运输距离：10km | m³ | 113.13 | 212.11 | 23996.00 | |

续表

| 序号 | 项目编码 | 项目名称 | 项目特征描述 | 计量单位 | 工程量 | 金额（元） | | |
|---|---|---|---|---|---|---|---|---|
| | | | | | | 综合单价 | 合价 | 其中暂估价 |
| 5 | 010103001002 | 人工室内回填土 | 1. 土质要求：含砾石粉质黏土<br>2. 密实度要求：密实<br>3. 粒径要求：10～40mm砾石<br>4. 夯填：分层夯填<br>5. 运输距离：10km | m³ | 170.56 | 101.61 | 17330.60 | |
| | | 分 部 小 计 | | | | | 60864.76 | |
| | | | A.3 砌筑工程 | | | | | |
| 6 | 010301001001 | 砖基础 | 1. 砖品种、规格、强度等级：MU10实心黏土砖，规格240×115×53<br>2. 基础类型：条形基础<br>3. 基础深度：0.6m<br>4. 砂浆类型及强度等级：M10水泥砂浆 | m³ | 10.78 | 350.67 | 3780.22 | |
| 7 | 010302006001 | 蹲台砌砖 | 1. 零星砌砖名称：卫生间蹲台<br>2. 砂浆强度等级：M5混合砂浆 | m³ | 0.07 | 319.29 | 22.35 | |
| 8 | 010304001001 | 多孔砖墙（240mm外墙） | 1. 墙体类型：女儿墙、窗下墙<br>2. 墙体厚度：240mm厚<br>3. 砖品种、规格、强度等级：MU10多孔砖，规格240×115×90<br>4. 砂浆强度等级、配合比：M10水泥白灰混合砂浆 | m³ | 38.03 | 225.92 | 8591.74 | |
| 9 | 010304001002 | 多孔砖墙（365mm外墙） | 1. 墙体类型：外墙<br>2. 墙体厚度：365mm厚<br>3. 砖品种、规格、强度等级：MU10多孔砖，规格240×115×90<br>4. 砂浆强度等级、配合比：M10水泥白灰混合砂浆 | m³ | 107.46 | 222.92 | 23594.98 | |
| 10 | 010304001003 | 多孔砖墙（490mm外墙） | 1. 墙体类型：外墙<br>2. 墙体厚度：490mm厚<br>3. 砖品种、规格、强度等级：MU10多孔砖，规格240×115×90<br>4. 砂浆强度等级、配合比：M10水泥白灰混合砂浆 | m³ | 8.73 | 221.38 | 1932.65 | |

续表

| 序号 | 项目编码 | 项目名称 | 项目特征描述 | 计量单位 | 工程量 | 金额（元） | | |
|---|---|---|---|---|---|---|---|---|
| | | | | | | 综合单价 | 合价 | 其中暂估价 |
| 11 | 010304001004 | 多孔砖墙（240mm内墙） | 1. 墙体类型：内墙<br>2. 墙体厚度：240mm厚<br>3. 砖品种、规格、强度等级：MU10多孔砖，规格240×115×90<br>4. 砂浆强度等级、配合比：M10水泥白灰混合砂浆 | m³ | 77.07 | 226.19 | 17432.46 | |
| 12 | 010304001005 | 砌块墙（200mm内墙） | 1. 墙体类型：内隔墙<br>2. 墙体厚度：200mm厚<br>3. 砖品种、规格、强度等级：粉煤灰砌块，规格390×290×190<br>4. 砂浆强度等级、配合比：M10水泥白灰混合砂浆 | m³ | 24.23 | 194.81 | 4720.25 | |
| 13 | 010304001006 | 空心砖墙（120mm内墙） | 1. 墙体类型：内隔墙<br>2. 墙体厚度：120mm厚<br>3. 砖品种、规格、强度等级：MU10空心砖，规格240×115×115<br>4. 砂浆强度等级、配合比：M10水泥白灰混合砂浆 | m³ | 5.48 | 289.35 | 1585.64 | |
| 14 | 010305001001 | 毛石基础 | 1. 石料种类、规格、强度等级：MU30毛石<br>2. 基础深度：1.55m<br>3. 基础类型：条形基础<br>4. 砂浆强度等级、配合比：M10水泥砂浆 | m³ | 79.32 | 192.63 | 15279.41 | |
| | | | 分 部 小 计 | | | | 77299.70 | |
| | | | A.4 混凝土及钢筋混凝土工程 | | | | | |
| 15 | 010401001001 | 现浇混凝土带型基础 | 1. 混凝土强度等级：C30<br>2. 混凝土拌合料要求：中粗砂，5~20mm碎石 | m³ | 41.83 | 351.47 | 14701.99 | |
| 16 | 010401006001 | 混凝土基础垫层 | 1. 垫层材料种类、厚度：混凝土垫层，100mm厚<br>2. 混凝土强度等级：C10<br>3. 混凝土拌合料要求：中粗砂，5~40mm碎石 | m³ | 20.21 | 278.24 | 5901.47 | |

续表

| 序号 | 项目编码 | 项目名称 | 项目特征描述 | 计量单位 | 工程量 | 金额（元） | | |
|---|---|---|---|---|---|---|---|---|
| | | | | | | 综合单价 | 合价 | 其中暂估价 |
| 17 | 010402001001 | 构造柱GZ1 | 1. 柱高：6.58m<br>2. 柱截面尺寸：360×360<br>3. 混凝土强度等级：C25<br>4. 混凝土拌合料要求：中粗砂，5～20mm碎石 | m³ | 5.11 | 398.97 | 2038.74 | |
| 18 | 010402001002 | 构造柱GZ2 | 1. 柱高：6.58m<br>2. 柱截面尺寸：240×240<br>3. 混凝土强度等级：C25<br>4. 混凝土拌合料要求：中粗砂，5～20mm碎石 | m³ | 8.55 | 402.09 | 3437.87 | |
| 19 | 010402001003 | 构造柱GZ3 | 1. 柱高：6.58m<br>2. 柱截面尺寸：240×360<br>3. 混凝土强度等级：C25<br>4. 混凝土拌合料要求：中粗砂，5～20mm碎石 | m³ | 11.85 | 401.44 | 4757.06 | |
| 20 | 010402001004 | 构造柱GZ4 | 1. 柱高：6.58m<br>2. 柱截面尺寸：490×360<br>3. 混凝土强度等级：C25<br>4. 混凝土拌合料要求：中粗砂，5～20mm碎石 | m³ | 3.25 | 405.90 | 1319.18 | |
| 21 | 010402001005 | 构造柱（边挺） | 1. 柱高：6.58m<br>2. 柱截面尺寸：160×360<br>3. 混凝土强度等级：C25<br>4. 混凝土拌合料要求：中粗砂，5～20mm碎石 | m³ | 1.83 | 393.20 | 719.56 | |
| 22 | 010402001006 | 构造柱（女儿墙） | 1. 柱高：0.92（1.82）m<br>2. 柱截面尺寸：240×240<br>3. 混凝土强度等级：C25<br>4. 混凝土拌合料要求：中粗砂，5～20mm碎石 | m³ | 7.79 | 400.26 | 3118.03 | |
| 23 | 010402001007 | 楼梯构造柱TGZ | 1. 柱高：1.33m<br>2. 柱截面尺寸：240×240<br>3. 混凝土强度等级：C25<br>4. 混凝土拌合料要求：中粗砂，5～20mm碎石 | m³ | 0.19 | 420.79 | 79.95 | |
| 24 | 010403001001 | 地圈梁（外墙基础） | 1. 梁底标高：−0.3m<br>2. 梁截面：360×240<br>3. 混凝土强度等级：C20<br>4. 混凝土拌合料要求：中粗砂，5～20mm碎石 | m³ | 7.27 | 358.86 | 2608.91 | |
| 25 | 010403001002 | 地圈梁（内墙基础） | 1. 梁底标高：−0.3m<br>2. 梁截面：240×240<br>3. 混凝土强度等级：C20<br>4. 混凝土拌合料要求：中粗砂，5～20mm碎石 | m³ | 4.31 | 356.56 | 1536.77 | |

续表

| 序号 | 项目编码 | 项目名称 | 项目特征描述 | 计量单位 | 工程量 | 金额（元） | | |
|---|---|---|---|---|---|---|---|---|
| | | | | | | 综合单价 | 合价 | 其中暂估价 |
| 26 | 010403004001 | 圈梁（一层） | 1. 梁底标高：3.34m<br>2. 梁截面：240×180<br>3. 混凝土强度等级：C25<br>4. 混凝土拌合料要求：中粗砂，5~20mm碎石 | m³ | 4.58 | 395.72 | 1812.40 | |
| 27 | 010403004002 | 圈梁（二层） | 1. 梁底标高：6.34m<br>2. 梁截面：240×180<br>3. 混凝土强度等级：C25<br>4. 混凝土拌合料要求：中粗砂，5~20mm碎石 | m³ | 4.39 | 394.90 | 1733.61 | |
| 28 | 010403005001 | 过梁 | 1. 梁底标高：3.10m；6.20m<br>2. 梁截面：360（240）×500（400）<br>3. 混凝土强度等级：C25<br>4. 混凝土拌合料要求：粗砂，5~20mm碎石 | m³ | 7.67 | 408.75 | 3135.11 | |
| 29 | 010405001001 | 有梁板（一层100厚） | 1. 板底标高：3.42m<br>2. 板厚度：100mm<br>3. 混凝土强度等级：C25<br>4. 混凝土拌合料要求：中粗砂，5~20mm碎石 | m³ | 29.72 | 351.58 | 10448.96 | |
| 30 | 010405001002 | 有梁板（二层100厚） | 1. 板底标高：6.42m<br>2. 板厚度：100mm<br>3. 混凝土强度等级：C25<br>4. 混凝土拌合料要求：中粗砂，5~20mm碎石 | m³ | 25.24 | 351.26 | 8865.80 | |
| 31 | 010405001003 | 有梁板（一层120厚） | 1. 板底标高：3.40m<br>2. 板厚度：120mm<br>3. 混凝土强度等级：C25<br>4. 混凝土拌合料要求：中粗砂，5~20mm碎石 | m³ | 1.15 | 280.17 | 322.20 | |
| 32 | 010405001004 | 有梁板（二层120厚） | 1. 板底标高：6.40m<br>2. 板厚度：120mm<br>3. 混凝土强度等级：C25<br>4. 混凝土拌合料要求：中粗砂，5~20mm碎石 | m³ | 1.15 | 280.17 | 322.20 | |
| 33 | 010405001005 | 有梁板（一层140厚） | 1. 板底标高：3.38m<br>2. 板厚度：140mm<br>3. 混凝土强度等级：C25<br>4. 混凝土拌合料要求：中粗砂，5~20mm碎石 | m³ | 5.93 | 350.04 | 2075.74 | |

续表

| 序号 | 项目编码 | 项目名称 | 项目特征描述 | 计量单位 | 工程量 | 金额（元） | | |
|---|---|---|---|---|---|---|---|---|
| | | | | | | 综合单价 | 合价 | 其中暂估价 |
| 34 | 010405001006 | 有梁板（二层140厚） | 1. 板底标高：6.38m<br>2. 板厚度：140mm<br>3. 混凝土强度等级：C25<br>4. 混凝土拌合料要求：中粗砂，5～20mm碎石 | m³ | 10.59 | 352.15 | 3729.27 | |
| 35 | 010405003007 | 平板（一层120厚） | 1. 板底标高：3.40m<br>2. 板厚度：120mm<br>3. 混凝土强度等级：C25<br>4. 混凝土拌合料要求：中粗砂，5～20mm碎石 | m³ | 7.17 | 356.10 | 2553.24 | |
| 36 | 010405003008 | 平板（二层120厚） | 1. 板底标高：6.40m<br>2. 板厚度：120mm<br>3. 混凝土强度等级：C25<br>4. 混凝土拌合料要求：中粗砂，5～20mm碎石 | m³ | 11.65 | 356.14 | 4149.03 | |
| 37 | 010406001001 | 楼梯 | 1. 混凝土强度等级：C20<br>2. 混凝土拌合料要求：中粗砂，5～20mm碎石 | m³ | 27.55 | 100.39 | 2765.74 | |
| 38 | 010407001002 | 混凝土台阶 | 1. 构件类型：台阶<br>2. 混凝土强度等级：C20<br>3. 混凝土拌合料要求：中粗砂，5～20mm碎石 | m³ | 3.02 | 524.22 | 1583.14 | |
| 39 | 010407001001 | 压顶 | 1. 构件类型：女儿墙压顶<br>2. 混凝土强度等级：C20<br>3. 混凝土拌合料要求：中粗砂，5～20mm碎石 | m³ | 2.00 | 423.57 | 847.14 | |
| 40 | 010407002001 | 混凝土散水 | 1. 垫层材料种类：中粗砂<br>2. 面层厚度：60mm<br>3. 混凝土强度等级：C20<br>4. 混凝土拌合料要求：中粗砂，5～20mm碎石<br>5. 填塞材料种类：10mm厚沥青砂浆 | m² | 73.44 | 67.46 | 4954.26 | |
| 41 | 010407002002 | 混凝土防滑坡道 | 1. 垫层材料种类：中粗砂<br>2. 面层厚度：60mm<br>3. 混凝土强度等级：C20<br>4. 混凝土拌合料要求：中粗砂，5～20mm碎石<br>5. 填塞材料种类：10mm厚沥青砂浆 | m² | 10.35 | 60.53 | 626.49 | |

续表

| 序号 | 项目编码 | 项目名称 | 项目特征描述 | 计量单位 | 工程量 | 综合单价 | 合价 | 其中暂估价 |
|---|---|---|---|---|---|---|---|---|
| | | | | | | 金额（元） | | |
| 42 | 010410003001 | 预制过梁 | 1. 混凝土强度等级：C30<br>2. 砂浆强度等级：M5 | m³ | 1.37 | 531.06 | 727.55 | |
| 43 | 010416001001 | 现浇混凝土钢筋 | 钢筋种类、规格：HPB235 Φ6 | t | 0.264 | 6233.18 | 1645.56 | |
| 44 | 010416001002 | 现浇混凝土钢筋 | 钢筋种类、规格：箍筋 HPB235 Φ6 | t | 1.350 | 6509.21 | 8787.43 | |
| 45 | 010416001003 | 现浇混凝土钢筋 | 钢筋种类、规格：HPB235 Φ6.5 | t | 0.345 | 6233.16 | 2150.44 | |
| 46 | 010416001004 | 现浇混凝土钢筋 | 钢筋种类、规格：HPB235 Φ8 | t | 4.532 | 5849.50 | 26509.93 | |
| 47 | 010416001005 | 现浇混凝土钢筋 | 钢筋种类、规格：箍筋 HPB235 Φ8 | t | 0.737 | 6041.98 | 4452.94 | |
| 48 | 010416001006 | 现浇混凝土钢筋 | 钢筋种类、规格：HPB235 Φ10 | t | 2.139 | 5563.62 | 11900.58 | |
| 49 | 010416001007 | 现浇混凝土钢筋 | 钢筋种类、规格：HPB235 Φ12 | t | 7.071 | 6045.65 | 42748.79 | |
| 50 | 010416001008 | 现浇混凝土钢筋 | 钢筋种类、规格：HPB235 Φ14 | t | 0.222 | 5937.51 | 1318.13 | |
| 51 | 010416001009 | 现浇混凝土钢筋 | 钢筋种类、规格：HPB235 Φ16 | t | 0.023 | 5767.39 | 132.65 | |
| 52 | 010416001010 | 现浇混凝土钢筋 | 钢筋种类、规格：HRB335 Φ12 | t | 0.148 | 6117.03 | 905.32 | |
| 53 | 010416001010 | 现浇混凝土钢筋 | 钢筋种类、规格：HRB335 Φ14 | t | 0.190 | 6024.37 | 1144.63 | |
| 54 | 010416001011 | 现浇混凝土钢筋 | 钢筋种类、规格：HRB335 Φ16 | t | 0.276 | 5820.62 | 1606.49 | |
| 55 | 010416001012 | 现浇混凝土钢筋 | 钢筋种类、规格：HRB335 Φ18 | t | 0.600 | 5777.08 | 3466.25 | |
| 56 | 010416001013 | 现浇混凝土钢筋 | 钢筋种类、规格：HRB335 Φ20 | t | 0.298 | 5671.64 | 1690.15 | |

续表

| 序号 | 项目编码 | 项目名称 | 项目特征描述 | 计量单位 | 工程量 | 金额（元） | | 其中暂估价 |
|---|---|---|---|---|---|---|---|---|
| | | | | | | 综合单价 | 合价 | |
| 57 | 010416001014 | 现浇混凝土钢筋 | 钢筋种类、规格：HRB335 Φ22 | t | 0.786 | 5625.66 | 4421.77 | |
| 58 | 010416001015 | 现浇混凝土钢筋 | 钢筋种类、规格：HRB335 Φ25 | t | 0.843 | 5595.02 | 4716.60 | |
| 59 | 010416007001 | 预制构件钢筋 | 钢筋种类、规格：冷拔低碳钢丝$\phi^b 4$ | t | 0.0004 | 7950.00 | 3.18 | |
| 60 | 010416002002 | 预制构件钢筋 | 钢筋种类、规格：HPB235 Φ6 | t | 0.018 | 6151.67 | 110.73 | |
| 61 | 010416002003 | 预制构件钢筋 | 钢筋种类、规格：箍筋 HPB235 Φ6 | t | 0.036 | 6151.94 | 221.47 | |
| 62 | 010416002004 | 预制构件钢筋 | 钢筋种类、规格：HPB235 Φ8 | t | 0.002 | 5785.00 | 11.57 | |
| 63 | 010416002005 | 预制构件钢筋 | 钢筋种类、规格：HPB235 Φ10 | t | 0.037 | 5604.05 | 207.35 | |
| 64 | 010416002006 | 预制构件钢筋 | 钢筋种类、规格：HPB235 Φ12 | t | 0.008 | 6018.75 | 48.15 | |
| 65 | 010416002007 | 预制构件钢筋 | 钢筋种类、规格：HRB335 Φ12 | t | 0.006 | 6088.33 | 36.53 | |
| | | 分部小计 | | | | | 207069.31 | |
| | | A.7 屋面工程 | | | | | | |
| 66 | 010702001001 | 屋面卷材防水 | 1. 卷材品种、规格：4mm 厚 SBS 防水卷材<br>2. 防水层做法：热熔<br>3. 嵌缝材料种类：沥青嵌缝油膏 | m² | 439.64 | 56.21 | 24712.16 | |
| 67 | 010702004001 | 屋面排水管 | 1. 排水管品种、规格、品牌、颜色：白色 PVCφ110 水管<br>2. 接缝、嵌缝材料种类：密封胶 | m | 26.64 | 50.05 | 1333.33 | |
| 68 | 010704001001 | 厨房变压式排风道 | 成品排风道 | m | 13.72 | 59.44 | 815.52 | |
| | | 分部小计 | | | | | 26861.01 | |

续表

| 序号 | 项目编码 | 项目名称 | 项目特征描述 | 计量单位 | 工程量 | 金额（元） | | |
|---|---|---|---|---|---|---|---|---|
| | | | | | | 综合单价 | 合价 | 其中暂估价 |
| | | A.8 防腐、隔热、保温工程 | | | | | | |
| 69 | 010803001001 | 保温隔热屋面 | 1.保温隔热部位：屋面 2.保温隔热方式：外保温 3.保温隔热材料品种、规格、性能：100mm厚聚苯板 | m² | 379.35 | 61.71 | 23409.69 | |
| 70 | 010803003001 | 保温隔热墙（涂料墙面） | 1.保温隔热部位：外墙面 2.保温隔热方式：外保温 3.保温隔热材料品种、规格、性能：50mm厚聚苯板 | m² | 170.77 | 48.23 | 8236.24 | |
| 71 | 010803003002 | 保温隔热墙（贴砖墙面） | 1.保温隔热部位：外墙面 2.保温隔热方式：外保温 3.保温隔热材料品种、规格、性能：50mm厚聚苯板 | m² | 462.66 | 63.00 | 29147.58 | |
| | | 分部小计 | | | | | 60793.51 | |
| | | 合 价 | | | | | 432888.29 | |

### 措施项目清单与计价表（一）

工程名称：××法院法庭工程　　　标段：建筑工程　　　　　　　共1页，第1页

| 序号 | 项目名称 | 计算基础 | 费率（%） | 金额（元） |
|---|---|---|---|---|
| 1 | 安全文明（环保、安全、文明、临设） | 83779.88 | 6.27 | 5253.00 |
| 2 | 夜间施工 | 83779.88 | 0.39 | 326.74 |
| 3 | 二次搬运 | 83779.88 | 0.98 | 821.04 |
| 4 | 冬雨期施工 | 83779.88 | 0.74 | 619.97 |
| 5 | 生产工具用具使用费 | 83779.88 | 0.88 | 737.26 |
| 6 | 检验试验费 | 83779.88 | 0.32 | 268.10 |
| 7 | 工程定位、复测、工程点交、场地清理费 | 83779.88 | 0.25 | 209.45 |
| 8 | 塔式起重机（60kNm）固定基础 | | | 4695.53 |
| 9 | 塔式起重机（60kNm）安拆费 | | | 7564.22 |
| 10 | 塔式起重机（60kNm）场外运费 | | | 9862.06 |
| 11 | 施工排水 | 无 | | 0.00 |
| 12 | 施工降水 | 无 | | 0.00 |
| 13 | 地上、地下设施、建筑物的临时保护设施 | 无 | | 0.00 |
| 14 | 已完工程及设备保护 | 83779.88 | 0.40 | 335.12 |
| | 合　计 | | | 30692.49 |

## 措施项目清单与计价表（二）

工程名称：××法院法庭工程　　标段：建筑工程　　共1页，第1页

| 序号 | 项目编码 | 项目名称 | 项目特征描述 | 计量单位 | 工程量 | 金额（元） | |
|---|---|---|---|---|---|---|---|
| | | | | | | 综合单价 | 合价 |
| 1 | 011101001001 | 综合脚手架 | 1. 脚手管材质：钢管48×3.5<br>2. 脚手板材质：木质<br>3. 安全网 | m² | 816.26 | 13.87 | 11321.53 |
| 2 | 011201001007 | 带型基础组合钢模 | 1. 模板材质：组合钢模<br>2. 支撑材质：方木支撑 | m² | 58.35 | 30.61 | 1786.09 |
| 3 | 011201002001 | 构造柱组合钢模 | 1. 模板材质：组合钢模<br>2. 支撑材质：方木支撑 | m² | 254.29 | 36.99 | 9406.19 |
| 4 | 011201003001 | 地圈梁组合钢模 | 1. 模板材质：组合钢模<br>2. 支撑材质：方木支撑 | m² | 77.47 | 32.02 | 2480.59 |
| 5 | 011201003005 | 过梁组合钢模 | 1. 模板材质：组合钢模<br>2. 支撑材质：方木支撑 | m² | 50.95 | 48.53 | 2472.60 |
| 6 | 011201003010 | 圈梁组合钢模 | 1. 模板材质：组合钢模<br>2. 支撑材质：方木支撑 | m² | 102.46 | 29.50 | 3022.57 |
| 7 | 011201005001 | 有梁板竹胶模板 | 1. 模板材质：组合钢模、竹胶板（多层）<br>2. 支撑材质：钢管、方木支撑 | m² | 679.47 | 37.53 | 25500.51 |
| 8 | 011201005006 | 平板竹胶模板 | 1. 模板材质：组合钢模、竹胶板（多层）<br>2. 支撑材质：钢管、方木支撑 | m² | 138.13 | 32.12 | 4436.74 |
| 9 | 011201008001 | 楼梯模板 | 1. 模板材质：木模板<br>2. 支撑材质：木支撑 | m² | 27.55 | 96.78 | 2666.29 |
| 10 | 011201008003 | 台阶模板 | 1. 模板材质：木模板<br>2. 支撑材质：木支撑 | m² | 12.6 | 22.66 | 285.52 |
| 11 | 011201008011 | 压顶模板 | 1. 模板材质：木模板<br>2. 支撑材质：木支撑 | m² | 20.02 | 41.73 | 835.43 |
| 12 | 011202003004 | 预制过梁模板 | 1. 模板材质：木模板<br>2. 支撑材质：木支撑 | m³ | 1.37 | 190.35 | 260.78 |
| 13 | 011201002006 | 垂直运输 | 1. 垂直运输机械：塔式起重机 60kNm<br>2. 卷扬机：单筒快速20kN | m² | 816.26 | 17.81 | 14537.59 |
| | | 合　计 | | | | | 79012.43 |

## 其他项目清单与计价汇总表

工程名称：××法院法庭工程　　　标段：建筑工程　　　共1页，第1页

| 序号 | 项目名称 | 计量单位 | 金额（元） | 备注 |
|---|---|---|---|---|
| 1 | 暂列金额 | 元 | 15000 | |
| 2 | 暂估价 | 元 | 15440 | |
| 2.1 | 材料暂估价 | 元 | 0.00 | 来自于后面详细报表 |
| 2.2 | 专业工程暂估价 | 元 | 15440 | |
| 3 | 计日工 | 元 | 1325.49 | |
| 4 | 总承包服务费 | 无 | 0.00 | |
| | 合　计 | | 31765.49 | |

## 专业工程暂估价表

工程名称：××法院法庭工程　　　标段：建筑工程　　　共1页，第1页

| 序号 | 工程名称 | 工作内容 | 金额（元） | 备注 |
|---|---|---|---|---|
| 1 | 轻钢雨篷 | 1. 轻钢雨篷骨架制作、安装和油漆<br>2. 玻璃安装 | 15440 | 按照每平方米2000元估价 |
| | 合　计 | | 15440 | |

## 计 日 工 表

工程名称：××法院法庭工程　　　标段：建筑工程　　　共1页，第1页

| 序号 | 项目名称 | 单位 | 暂定数量 | 综合单价 | 合价 |
|---|---|---|---|---|---|
| 一 | 人工 | 工日 | 20 | 43.74 | 874.80 |
| 1 | | | | | |
| 2 | | | | | |
| | 人工小计 | | | | 874.80 |
| 二 | 材料 | | | | |
| 1 | 钢丝绳 | kg | 12 | 6.30 | 75.60 |
| 2 | | | | | |
| | 材料小计 | | | | 75.60 |
| 三 | 施工机械 | | | | |
| 1 | 6t载重汽车 | 台班 | 1 | 375.09 | 375.09 |
| 2 | | | | | |
| | 施工机械小计 | | | | 375.09 |
| | 合　计 | | | | 1325.49 |

**暂列金额明细表**

工程名称：××法院法庭工程　　　标段：建筑工程　　　共1页，第1页

| 序号 | 项目名称 | 计量单位 | 暂列金额（元） | 备注 |
|---|---|---|---|---|
| 1 | 建筑工程 | 元 | 15000 | |
| 2 | | | | |
| 3 | | | | |
| | 合　　计 | | 15000 | |

**规费、税金项目清单与计价表**

工程名称：××法院法庭工程　　　标段：建筑工程　　　共1页，第1页

| 序号 | 项目名称 | 计算基础 | | 费率（%） | 金额（元） |
|---|---|---|---|---|---|
| | | 费用名称 | 数量 | | |
| 1 | 规费 | | | | 15599.81 |
| 1.1 | 工程排污费 | 根据工程当地有关规定计算 | | | |
| 1.2 | 社会保险费 | 人工费 | 83779.88 | 15.22 | 12751.30 |
| (1) | 养老保险 | 人工费 | 83779.88 | 10.81 | 9056.61 |
| (2) | 失业保险 | 人工费 | 83779.88 | 0.91 | 762.40 |
| (3) | 医疗保险 | 人工费 | 83779.88 | 3.50 | 2932.30 |
| 1.3 | 住房公积金 | 人工费 | 83779.88 | 2.91 | 2437.99 |
| 1.4 | 危险作业意外伤害保险 | 人工费 | 83779.88 | 0.49 | 410.52 |
| 1.5 | 工程定额测定费 | 目前已经停止征收 | | 0.00 | 0.00 |
| 2 | 税金 | 分部分项工程费＋措施项目费＋其他项目费＋规费 | 589958.51 | 3.4126 | 20132.92 |
| 3 | 劳保基金 | 工程含税造价 | 610091.43 | 3 | 18302.74 |
| | 合　　计 | | | | 54035.47 |

[任务拓展]

1. 土石方工程清单工程量计算规则与计价工程量计算规则有什么不同？举例说明。

2. 某土方工程挖基础土方清单项目清单工程量为126$m^3$，计价工程量为168$m^3$，定额人工消耗量1.5工日/$m^3$，人工单价50元/工日，计算该项目综合单价。

3. 某建筑物为矩形平面布局，底层纵向外墙外边线长为66m，横向外墙外边线长30m，试计算：

(1) 平整场地清单工程量；

(2) 平整场地计价工程量；

(3) 若人工平整场地项目编码为010101001001，其中主项为平整场地，定额基价2.5元/$m^2$；附项为人工运土方，计价工程量18$m^3$，定额基价9.6元/$m^3$；管理费率25％，利润率13％，试计算人工平整场地项目综合单价。

4. 工程量清单编制时为什么要准确描述项目特征?

5. 某建筑工程采用钢筋混凝土条形基础,"C10—40"混凝土基础垫层,垫层底宽1.6m,室外设计地坪—0.3m,垫层底标高—1.80m,一、二类土,基础中心线长为20m,试计算:

(1) 基槽土方开挖清单工程量;

(2) 基槽土方开挖计价工程量;

(3) 若人工挖基础土方项目编码为010101003001,其中主项为挖基础土方,工程单价为15.04元/$m^3$;附项为人工外运土方,计价工程量$18m^3$,工程单价为9.6元/$m^3$;管理费率20%,利润率8%,试计算人工挖土方项目综合单价。

6. 某工程240mm厚砖墙基础为三层等高式大放脚砖基础,基础下为100mm厚、800mm宽"C10—40"混凝土垫层,基础垫层底标高为—1.50m,—0.06m处为20mm厚1:2水泥砂浆(掺5%防水粉)防潮层,基础中心线长76m,试计算砖基础项目清单工程量和计价工程量,并根据当地消耗量定额和工料机单价计算砖基础项目综合单价,填写综合单价分析表和分部分项工程量清单与计价表。

7. 根据本教材××法庭工程施工图,列表计算以下构件钢筋重量。

(1) L3;

(2) 构造柱1、2、3;

(3) 现浇板;

(4) 地圈梁。

8. 措施项目费用包括哪些?如何计算?措施项目计价表(一)与计价表(二)的费用有何区别与联系?

9. 综合单价分析表如何填写?

10. 暂列金额包括哪些费用?如何确定?

11. 计日工主要计算哪些费用?如何计算?

12. 在填写其他项目清单计价表时,暂估价如何计算?

13. 如何在招标控制价的范围内根据评标办法有效调整投标报价?

14. 屋面工程如何列出清单项目?其包含的定额计价项目有哪些?

15. 外墙面保温工程清单工程量如何计算?如何判断墙面保温工程清单项目所包含的定额项目数量?

# 3 装饰装修工程工程量清单报价书编制

本书采用任务引领型的方式,通过××法院法庭工程装饰装修工程工程量清单及工程量清单报价书的编制,系统介绍装饰装修工程工程量清单及工程量清单报价书的编制方法与编制过程。《计价规范》附录 B 分为楼地面工程,墙柱面工程,天棚工程,门窗工程,油漆、裱糊、涂料工程和其他工程等六个分部工程,本部分主要介绍法院法庭工程涉及楼地面工程,墙柱面工程,天棚工程,门窗工程,油漆、裱糊、涂料工程等五个分部工程工程量清单报价书的编制,现分别编制如下:

## 任务 3.1 楼地面工程工程量清单报价

本任务主要包括编制××法院法庭工程楼地面面层工程、踢脚线、楼梯装饰、扶手、栏杆、栏板装饰、台阶装饰等分部分项工程工程量清单及计价表,编制过程中主要依据《计价规范》、楼地面工程各分项工程的工程做法、工料机市场价格及消耗量定额,重点突出综合单价的测算方法和测算过程。

### 过程 3.1.1 楼地面工程施工图识读

根据建筑施工图的建筑设计说明,××法院法庭工程的楼地面面层为陶瓷地砖;卫生间和厨房地面带有 JS-Ⅱ型涂膜防水层,面层为防滑地砖;楼梯地面和台阶地面面层均铺陶瓷地砖;不锈钢楼梯栏杆和扶手;与楼地面工程相关的各分项工程的做法参看建筑施工图的建筑设计说明中具体工程做法。

### 过程 3.1.2　楼地面工程清单工程量计算

查阅《计价规范》附录 B 装饰装修工程工程量清单项目及其计算规则（B.1 楼地面工程），熟悉楼地面工程项目划分，掌握楼地面工程各分项工程项目编码、项目特征、计量单位、工程内容及计算规则，计算并复核分项工程清单工程量，编制楼地面工程各分部分项工程量清单。工程量清单编制时要熟悉计价规范中每个分项工程的工作内容，重点做好各分项工程的项目特征描述，尤其是楼地面面层材料、颜色、规格，垫层种类厚度，防水层材料种类，踢脚线材料及高度，栏杆扶手材料种类、楼梯及台阶面层材料等，作为投标报价的主要依据。只有确保项目特征描述准确完整，才能保证投标报价的准确性。

**1. 熟悉清单项目划分及其工程量计算规则**

本章清单计价规范中清单项目划分与定额项目划分基本相同，只是地面垫层、找平层、防水层项目均包括在楼地面面层项目中了，另外楼梯的扶手和弯头项目合并到扶手、栏杆、栏板项目里。楼地面工程清单项目的工程量计算规则与定额项目的工程量计算规则相比，变化不大，主要是块料面层的楼地面工程的工程量计算发生变化，在编制楼地面工程的工程量清单时要多加注意。

在编制分部分项工程量清单时，本工程主要应用的楼地面工程清单项目的工程量计算规则主要有：

（1）块料面层

按设计图示尺寸以面积计算。扣除凸出地面的构筑物、设备基础、室内铁道、地沟等所占的面积；不扣除间壁墙和 0.3$m^2$ 以内柱、垛、附墙烟囱及孔洞所占面积；门洞、空圈、暖气包槽、壁龛的开口部分不增加。

（2）踢脚线

按设计图示长度乘以高度以面积计算。

（3）楼梯

按设计图示尺寸以楼梯（包括踏步、休息平台及 500mm 以内的楼梯井）水平投影面积计算；楼梯与楼地面相连时，算至梯口梁内侧边沿，无楼口梁者，算至最上一层踏步边沿加 300mm。

（4）扶手、栏杆、拦板

按设计图示尺寸以扶手中心线长度（包括弯头长度）计算。

（5）台阶

按设计图示尺寸以台阶（包括最上层踏步边沿加 300mm）水平投影面积计算。

（6）零星装饰项目

均按设计图示尺寸以面积计算。

**2. 清单工程量计算**

根据××法院法庭工程施工图纸和计价规范，计算并复核楼地面工程包含的各分项工程清单工程量，编制分部分项工程量清单计算表，见表 3-1 所示。

清单工程量计算表　　　　　　　　　　　　　　　表 3-1

工程名称：××法院法庭工程　　标段：装饰装修工程

| 序号 | 项目编码 | 项目名称 | 单位 | 工程数量 | 计算式 |
|---|---|---|---|---|---|
| 1 | 020102002001 | 块料地面 | $m^2$ | 337.94 | $S=$主墙间净面积<br>1. 两个法庭$(7.8-0.12\times2)\times(12.9-0.18\times2)\times2=189.60m^2$<br>2. 立案室、值班、接待室$(3.9-0.12\times2)\times(6.6-0.12-0.18)\times2=46.12m^2$<br>3. 走道$(13.2-0.12\times2)\times(2.1-0.12\times2)=24.11m^2$<br>4. 门厅$(5.4-0.12\times2)\times(6.6-0.36-0.18+0.12)=31.89m^2$<br>4. 楼梯间$(5.4-0.12\times2)\times(5.4-0.18+0.12)=27.55m^2$<br>5. 办公室$(3.9-0.12\times2)\times(5.4-0.18-0.12)=18.67m^2$<br>合计<br>$189.60+46.12+24.11+31.89+27.55+18.67=337.94m^2$ |
| 2 | 020102002002 | 块料地面（有防水） | $m^2$ | 17.29 | $S=$主墙间净面积$=(3.9-0.12\times2)\times(5.4-0.18-0.12)-(1.5-0.12)\times1.0=17.29m^2$ |
| 3 | 020102002003 | 块料地面（有中砂防冻层） | $m^2$ | 11.42 | $(2.1-0.3\times2)\times(6.6-0.3\times2)+(5.4-0.18\times2)\times(0.18+0.3)=11.42m^2$ |
| 4 | 020102002003 | 块料楼面 | $m^2$ | 282.29 | $S=$主墙间净面积<br>1. 男、女休息室、打印室、餐厅、审判员办公室$(5.4-0.18-0.08)\times(3.9-0.12-0.1)\times6=113.49m^2$<br>2. 调解室$(5.4-0.18-0.08)\times(7.8-0.12\times2)=38.86m^2$<br>3. 副庭长办公室$(6.6-0.12-0.18)\times(3.9-0.12\times2)\times2=46.17m^2$<br>4. 庭长办公室$(6.24-0.18-0.12)\times(5.4-0.12\times2)=30.65m^2$<br>5. 走道$(29.28-0.36\times2)\times(2.1-0.12\times2)=53.12m^2$<br>合计 $113.49+38.86+46.17+30.65+53.12=282.29m^2$ |
| 5 | 020102002004 | 块料楼面（有防水） | $m^2$ | 33.73 | $S=$主墙间净面积<br>$(5.4-0.18-0.12)\times(3.9-0.12\times2)\times2-(2.1-0.18-0.06)\times1.2-(1.5-0.12)\times1.0=33.73m^2$ |

续表

| 序号 | 项目编码 | 项目名称 | 单位 | 工程数量 | 计 算 式 |
|---|---|---|---|---|---|
| 6 | 0201005003001 | 块料踢脚线 | m² | 50.83 | $S=$踢脚线长×踢脚线高<br>一层<br>1. 法庭[(7.8−0.12×2+12.9−0.18−0.18)×2−1.5+0.1×2]×0.12×2=9.34m²<br>2. 立案室、值班、接待室[(3.9−0.12×2+6.6−0.18−0.12)×2−1.0+0.1×2]×0.12×2=4.59m²<br>3. 办公室[(3.9−0.12×2+5.4−0.18−0.12)×2−1.0+0.1×2]×0.12=2.01m²<br>4. 走道[(3.9×4−1.0×3+0.1×2×3−1.2+0.24×2)+(2.1−0.12×2)×2−1.5+0.1×2]×0.12=1.63m²<br>5. 前厅[(6.24−0.18+0.12)×2+5.4−0.12×2−3.6+0.15×2]×0.12=1.71m²<br>6. 楼梯间[(5.4−0.18+0.12)×2+5.4−0.12×2]×0.12=1.90m²<br>一层小计 9.34+4.59+2.01+1.63+1.71+1.9=21.18m²<br>二层<br>1. 男、女休息室、打印室、餐厅、审判员办公室[(3.9−0.12−0.1+5.4−0.18−0.08)×2−1.0+0.1×2]×0.12×6=12.13m²<br>2. 副厅长办公室[(3.9−0.12×2+6.6−0.12−0.18)×2−1.0+0.1×2]×0.12×2=4.59m²<br>3. 庭长办公室[(5.4−0.12×2+6.24−0.12−0.18)×2−1.0+0.1×2]×0.12=2.57m²<br>4. 调解室[(7.8−0.12×2+5.4−0.18−0.08)×2−1.0+0.1×2]×0.12=2.95m²<br>5. 走道[(29.28−0.36×2+2.1−0.12×2)×2−1.0×11+0.1×2×11−1.2+0.24×2−(5.4−0.12×2)]×0.12=5.51m²<br>6. 楼梯[(3.08+0.24+2.02)×2+5.4−0.12×2]×0.12=1.90m²<br>二层小计 12.13+4.59+2.57+2.95+5.51+1.90=29.65m²<br>两层合计 21.18+29.65=50.83m² |
| 7 | 020106002001 | 块料楼梯面层 | m² | 27.55 | $S=$楼梯水平投影面积<br>(5.4−0.18+0.12)×(5.4−0.12×2)=27.55m² |
| 8 | 020107001001 | 金属扶手带栏杆 | m | 17.75 | $L=$楼梯扶手中心线长<br>斜长系数=$\dfrac{\sqrt{0.28^2+0.15^2}}{0.28}=1.134$<br>3.08×1.134×4+0.12×8+0.18×2+2.1+0.18×2=17.75m |

续表

| 序号 | 项目编码 | 项目名称 | 单位 | 工程数量 | 计 算 式 |
|---|---|---|---|---|---|
| 9 | 0201108002001 | 块料台阶面层 | m² | 12.69 | $S=$ 台阶水平投影面积 $=[(2.1-0.3+0.3)+(5.4+0.6\times2+0.3\times2)+(3.0-0.6)]\times1.2-(1.5\times0.3\times3)=12.69\text{m}^2$ |
| 10 | 020109003001 | 块料零星项目 | m² | 1.63 | 卫生间蹲台 $=(1.5-0.12)\times1.0+(1.5-0.12)\times0.18=1.63\text{m}^2$ |
| 11 | 020109003002 | 块料零星项目 | m² | 4.19 | 卫生间蹲台 $=(1.5-0.12)\times1.0+(2.1-0.18-0.06)\times1.2+[(1.5-0.12)+(2.1-0.18-0.06)]\times0.18=4.19\text{m}^2$ |

## 过程3.1.3 楼地面工程计价工程量计算

计价工程量是投标人根据工程施工图纸、施工方案和所采用的定额及其相应的工程量计算规则来计算的,是用以确定分项工程综合单价的依据。施工方案不同,其实际发生的工程量是不同的;依据的定额不同,其综合单价的综合结果也会不同。

**1. 熟悉计价工程量计算规则**

计价工程量是根据所采用的定额和相对应的工程量计算规则计算的,本书以某省计价定额为例,来编制楼地面工程各清单项目的计价工程量。学习过程中,要注意将清单工程量计算规则与定额的工程量计算规则相对比并加以区别。本工程主要应用的楼地面工程的计价工程量计算规则主要有:

(1) 垫层

按主墙间的净面积乘以设计厚度以立方米计算。应扣除凸出地面的构筑物、设备基础、室内铁道、地沟等所占面积;不扣除柱、垛、间壁墙、附墙烟囱及面积在0.3m²以内孔洞所占面积。

(2) 整体面层和找平层

按主墙间的净面积以平方米计算。应扣除凸出地面的构筑物、设备基础、室内铁道、地沟等所占面积;不扣除柱、垛、间壁墙、附墙烟囱及面积在0.3m²以内孔洞所占面积;但门洞口、空圈、暖气包槽、壁龛的开口部分亦不增加。

(3) 块料面层

按饰面的净面积计算。不扣除0.1m²以内孔洞所占面积。

(4) 楼梯面层

(包括踏步、休息平台以及小于500mm宽的楼梯井) 按水平投影面积计算。

(5) 台阶

(包括踏步及最上面一层踏步沿300mm) 按水平投影面积计算。

(6) 踢脚线

按实贴长乘高以平方米计算,成品踢脚线按实贴延长米计算,楼梯踢脚线按相应定额乘以1.15系数。

(7) 栏杆和扶手

均按其中心线长度以延长米计算,计算扶手时不扣除弯头所占长度。

(8) 弯头

按个计算。

(9) 零星项目

按实铺面积计算。

**2. 计价工程量计算**

由于工程量清单项目综合程度高,在计算计价工程量时不但要计算每个清单项目主项的计价工程量,同时还要计算清单项目所包含的附项的计价工程量。因此在计算计价工程量时,首先需要熟悉清单项目的工作内容及项目特征,其次掌握定额项目划分、工作内容,再次确定一个清单项目包含哪几个附项定额项目,最后再依据定额的工程量计算规则计算出每一清单项目所包含定额项目的计价工程量。××法院法庭工程楼地面工程各分部分项工程的计价工程量见表3-2所示。

**计价工程量计算表** 表3-2

工程名称:××法院法庭工程　　标段:装饰装修工程

| 序号 | 项目编码 | | 项目名称 | 单位 | 工程数量 | 计算式 |
|---|---|---|---|---|---|---|
| 1 | 020102002001 | 主项 | 块料地面 | $m^2$ | 340.96 | $S=$主墙间净面积+门洞开口部分面积<br>1. 主墙间面积=同清单工程量$=337.94m^2$<br>2. 门洞开口部分面积$=1.5\times0.24\times2+1.0\times0.24\times3+3.6\times0.36+1.2\times0.24=3.02m^2$<br>合计 $337.94+3.02=340.96m^2$ |
| | | 附项 | 80厚C15混凝土地面垫层 | $m^3$ | 27.04 | 地面垫层$V=$主墙间净面积×垫层厚度<br>地面垫层$V=337.94\times0.08=27.04m^3$ |
| 2 | 020102002002 | 主项 | 块料地面(有防水层) | $m^2$ | 17.29 | $S=$室内主墙间净面积=同清单工程量=17.29 |
| | | 附项 | 1.5厚合成高分子涂膜防水层 | $m^2$ | 21.67 | $S=$室内主墙间净面积+墙面卷起部分面积<br>1. 主墙间净面积$=17.29m^2$<br>2. 墙面卷起部分面积$=[(3.9-0.12\times2+2.1-0.18-0.06)\times2+(3.3-0.06-0.12+3.9-0.12\times2)\times2+(1.4\times2+1.5-0.06\times2)]\times0.15=4.32m^2$<br>合计 $17.29+4.32=21.67m^2$ |
| | | | 20厚1:3水泥砂浆找平层 | $m^2$ | 17.29 | $S=$室内主墙间净面积$=17.29m^2$ |
| | | | 80厚C15混凝土垫层 | $m^3$ | 1.38 | $V=$室内主墙间净面积×垫层厚度$=17.29\times0.08=1.38m^3$ |

续表

| 序号 | 项目编码 | | 项目名称 | 单位 | 工程数量 | 计算式 |
|---|---|---|---|---|---|---|
| 3 | 020102002003 | 主项 | 块料地面(有中砂防冻层) | m² | 11.42 | 同清单工程量=11.42m² |
| | | 附项 | 20厚1:3水泥砂浆找平层 | m² | 11.42 | 同地砖地面工程量=11.42m² |
| | | | 80厚C10混凝土垫层 | m³ | 0.91 | 11.42×0.06=0.91m³ |
| | | | 300厚中砂防冻层 | m³ | 3.43 | 11.42×0.3=3.43m³ |
| 4 | 020102002003 | 主项 | 块料楼面 | m² | 285.23 | $S$=室内主墙间净面积+门洞开口部分面积<br>1. 室内主墙间净面积=同清单工程量=282.29m²<br>2. 门洞开口部分面积=1.0×0.2×7+1.0×0.24×4+1.2×0.24×2=2.94m²<br>小计 282.29+2.94=285.23m² |
| | | 附项 | 50厚1:6水泥炉渣垫层 | m³ | 14.12 | $V$=室内主墙间净面积×垫层厚度=282.29×0.05=14.12m³ |
| 5 | 020102002004 | 主项 | 块料楼面(有防水层) | m² | 33.73 | 同清单工程量=33.73m² |
| | | 附项 | 1.5厚合成高分子涂膜防水层 | m² | 41.10 | $S$=室内主墙间净面积+墙面卷起部分面积<br>1. 主墙间净面积=同主项工程量=33.73m²<br>2. 墙面卷起部分面积=<br>①卫生间墙面卷起部分=[(3.9-1.2-0.12×2)×2+2.1-0.18-0.06+(3.3-0.06-0.12+3.9-0.12×2)×2+(1.4×2+1.5-0.06×2)]×0.15=3.68m²<br>②厨房墙面卷起部分=[(3.9-0.12×2+5.4-0.18-0.12)×2+(1.8-0.12-0.06+2.1-0.12-0.06)×2]×0.15=3.69m²<br>小计 3.68+3.69=7.37m²<br>合计 33.73+7.37=41.10m² |
| | | | 20厚1:3水泥砂浆找平层 | m² | 33.73 | $S$=室内主墙间净面积=33.73m² |
| | | | 50厚1:6水泥炉渣垫层 | m³ | 1.69 | $V$=室内主墙间净面积×垫层厚度=33.73×0.05=1.69m³ |

续表

| 序号 | 项目编码 | | 项目名称 | 单位 | 工程数量 | 计算式 |
|---|---|---|---|---|---|---|
| 6 | 020105003001 | 主项 | 块料踢脚线 | m² | 50.94 | S＝踢脚线长×踢脚线高<br>一层同清单工程量＝21.18m²<br>二层<br>　1. 男女休息室、打印室、餐厅、审判员办公室[(3.9－0.12－0.1＋5.4－0.18－0.08)×2－1.0＋0.1×2]×0.12×6＝12.13m²<br>　2. 副庭长办公室[(3.9－0.12×2＋6.6－0.12－0.18)×2－1.0＋0.1×2]×0.12×2＝4.59m²<br>　3. 庭长办公室[(5.4－0.12×2＋6.24－0.12－0.18)×2－1.0＋0.1×2]×0.12＝2.57m²<br>　4. 调解室[(7.8－0.12×2＋5.4－0.18－0.08)×2－1.0＋0.1×2]×0.12＝2.95m²<br>　5. 走道[(29.28－0.36×2＋2.1－0.12×2)×2－1.0×11＋0.1×2×11－1.2＋0.24×2－(5.4－0.12×2)]×0.12＝5.51m²<br>　6. 楼梯[11×0.28×1.15×2＋(2.02＋0.24)×2＋5.4－0.12×2]×0.12＝2.01m²<br>二层小计<br>　12.13＋4.59＋2.57＋2.95＋5.51＋2.01＝29.76m²<br>合计 21.18＋29.76＝50.94m² |
| 7 | 020106002001 | 主项 | 块料楼梯面层 | m² | 27.55 | 同清单工程量＝27.55m² |
| 8 | 020107001001 | 主项 | 不锈钢栏杆 | m | 17.75 | 同清单工程量＝17.75m |
| | | 附项 | 不锈钢扶手 | m | 17.75 | 同主项工程量＝17.75m |
| | | | 不锈钢弯头 | 个 | 4 | 栏杆实际转弯的数量＝4个 |
| 9 | 020108002001 | 主项 | 块料台阶面层 | m² | 12.69 | 同清单工程量＝12.69m² |
| | | 附项 | 20厚1∶3水泥砂浆找平层 | m² | 19.17 | S＝12.69＋[(2.1＋5.4＋0.6×2＋2.1－0.3－1.5)×4＋(0.3＋0.6＋0.9)×4]×0.15＝19.17m² |

续表

| 序号 | 项目编码 | | 项目名称 | 单位 | 工程数量 | 计算式 |
|---|---|---|---|---|---|---|
| 10 | 020109003001 | 主项 | 零星项目(一层卫生间蹲台) | m² | 1.63 | 同清单工程量=1.63m² |
| | | 附项 | 1.5厚合成高分子涂膜防水层 | m² | 2.14 | 1.63+(1.5-0.12+1.0×2)×0.15(墙面卷起部分)=2.14m² |
| | | | 20厚1:3水泥砂浆找平层 | m² | 1.63 | 同主项工程量=1.63m² |
| | | | 120厚1:6水泥炉渣垫层 | m³ | 0.15 | (1.5-0.12)×(1.0-0.12)×0.12=0.15m³ |
| | | | 80厚C15混凝土垫层 | m³ | 0.11 | (1.5-0.12)×1.0×0.08=0.11m³ |
| 11 | 020109003002 | 主项 | 零星项目(二层卫生间蹲台) | m² | 4.19 | 同清单工程量=4.19m² |
| | | 附项 | 1.5厚合成高分子涂膜防水层 | m² | 5.34 | 4.19+[(1.5-0.12+1.0×2)+(2.1-0.18-0.06+1.2×2)]×0.15=4.19+1.15=5.34m² |
| | | | 20厚1:3水泥砂浆找平层 | m² | 4.19 | 同主项工程量=4.19m² |
| | | | 120厚1:6水泥炉渣垫层 | m³ | 0.39 | [(1.5-0.12)×(1.0-0.12)+(2.1-0.18-0.06)×(1.2-0.12)]×0.12=0.39m³ |

### 过程3.1.4 楼地面工程综合单价计算

综合单价以分部分项工程量清单项目为对象,包括了除规费和税金以外的,完成分部分项工程量清单项目规定的,计量单位合格产品所需的全部费用。主要包括工料机费用,管理费、利润和相应风险费用。这里的风险费用是指承包人承担的能根据自身技术水平、管理、经营状况能够自主控制的风险,如:一定范围内的材料价格风险及施工机械使用费风险,承包人的管理费、利润的风险,承包人确定的施工方案和施工方法等风险。因此承包人应根据企业自身实际,结合市场情况自主报价,在投标报价时应合理测算风险费并计入综合单价中。

**1. 综合单价计算**

综合单价的计算过程是:第一,根据定额工料机消耗量和工料机市场单价计算各计价项目工料机费用。第二,以各计价项目的人工费或直接工程费为计算基础,乘以相应的管理费率和利润率计算管理费和利润;本例主要以某省计价定额为参考,根据工程类别和企业资质情况,拟定管理费率25.15%,利润率3.51%,管理费和利润的计算基础为人工费。第三,各计价项目单价乘以计价工程量计算各计价项目的工料机合价。第四,汇总全部计价项目的工料机费用及管理费和利润，合计得本清单项目的费用小计。第五，用费用小计除以清单项目清单工程量得该清单项目的综合单价。

综合单价计算时应注意的是：装饰装修工程清单项目综合单价的确定与前面建筑工程清单项目综合单价的计算原理是一样的；在计算综合单价的过程中已将承包人应承担的风险考虑在内了。

### 2. 综合单价分析表填写

综合单价确定过程是以综合单价分析表来体现的。在填写综合单价分析表时，首先要注意各计价项目工程量的计量单位；其次要填写各主要材料的费用明细，需要通过材料分析计算各主要材料数量，以及某些材料的暂估单价、材料数量、暂估总价。主要运用定额计价下的定额的应用和工料分析的相关知识。其中表格中未计价材料费主要为水暖电等安装工程主要材料费用。××法院法庭工程楼地面工程的工程量清单综合单价的确定参看工程量清单综合单价分析表。

**工程量清单综合单价分析表**

工程名称：××法院法庭工程　　标段：装饰装修工程　　共11页，第1页

| 清单项目编码 | 020102002001 | | 项目名称 | | 块料地面 | | 清单计量单位 | | m² |
|---|---|---|---|---|---|---|---|---|---|
| 清单综合单价组成明细 ||||||||||
| 定额编号 | 定额名称 | 定额单位 | 数量 | 单价 ||| 合价 |||
| | | | | 人工费 | 材料费 | 机械费 | 管理费利润 | 人工费 | 材料费 | 机械费 | 管理费利润 |
| B1-66 | 块料地面 | 100m² | 3.4096 | 948.94 | 6826.08 | 126.88 | 271.97 | 3235.51 | 23274.20 | 432.61 | 927.31 |
| A2-131 | C15混凝土垫层 | 10m³ | 2.704 | 567.80 | 2097.31 | 52.51 | 162.73 | 1535.33 | 5671.13 | 141.99 | 440.02 |
| 人工单价 | | 小计 |||||| 4767.71 | 28926.77 | 574.22 | 1366.44 |
| 34元/工日 | | 未计价材料费 |||||||||
| | | 清单项目综合单价 ||||||| 105.58 |||

| | 材料名称、规格、型号 | 单位 | 数量 | 单价 | 合价 | 暂估单价 | 暂估合价 |
|---|---|---|---|---|---|---|---|
| 材料费明细 | 白水泥 | kg | 34.79 | 0.55 | 19.13 | | |
| | 陶瓷地砖 600×600 | m² | 349.48 | | | 62.00 | 21667.76 |
| | 32.5复合硅酸盐水泥 | t | 2.783 | 287.74 | 800.78 | | |
| | 中砂 | m³ | 8.46 | 55.18 | 466.82 | | |
| | 水 | m³ | 2.05 | 5.88 | 12.05 | | |
| | 42.5硅酸盐水泥 | t | 7.696 | 308.00 | 2370.37 | | |
| | 中砂 | m³ | 15.28 | 55.18 | 843.15 | | |
| | 碎石 40mm | m³ | 24.02 | 71.76 | 1723.68 | | |
| | 水 | m³ | 4.64 | 5.88 | 27.28 | | |
| | 其他材料费 | | | | 1014.31 | | |
| | 材料费小计 | | | | 7277.57 | | 21667.76 |

## 工程量清单综合单价分析表

工程名称：××法院法庭工程　　标段：装饰装修工程　　共11页，第2页

| 清单项目编码 | 020102002002 | 项目名称 | | 块料地面（有防水层） | | 清单计量单位 | | m² |
|---|---|---|---|---|---|---|---|---|

### 清单综合单价组成明细

| 定额编号 | 定额名称 | 定额单位 | 数量 | 单价 人工费 | 单价 材料费 | 单价 机械费 | 单价 管理费利润 | 合价 人工费 | 合价 材料费 | 合价 机械费 | 合价 管理费利润 |
|---|---|---|---|---|---|---|---|---|---|---|---|
| B1-63 | 块料地面 | 100m² | 0.1729 | 971.38 | 5596.08 | 126.88 | 278.40 | 167.95 | 967.56 | 21.94 | 48.14 |
| A7-195 | 涂膜防水层 | 100m² | 0.2167 | 217.60 | 3952.05 | | 62.36 | 47.15 | 856.41 | | 13.51 |
| B1-23 | 1∶3水泥砂浆找平 | 100m² | 0.1729 | 367.88 | 426.40 | 22.56 | 105.43 | 63.61 | 73.73 | 3.90 | 30.22 |
| A2-131 | C15混凝土垫层 | 10m³ | 0.138 | 567.80 | 2097.31 | 52.51 | 162.73 | 78.36 | 289.43 | 7.25 | 22.46 |
| 人工单价 | | | 小计 | | | | | 357.07 | 2187.13 | 33.09 | 114.33 |
| 34元/工日 | | | 未计价材料费 | | | | | | | | |
| 清单项目综合单价 | | | | | | | | | 155.68 | | |

| | 材料名称、规格、型号 | 单位 | 数量 | 单价 | 合价 | 暂估单价 | 暂估合价 |
|---|---|---|---|---|---|---|---|
| 材料费明细 | 陶瓷防滑地砖 300×300 | m² | 17.72 | | | 50.00 | 886.00 |
| | 32.5复合硅酸盐水泥 | t | 0.169 | 287.74 | 48.63 | | |
| | 中砂 | m³ | 0.43 | 55.18 | 23.73 | | |
| | JS-Ⅱ型防水涂料 | kg | 74.61 | 11.20 | 835.63 | | |
| | 32.5复合硅酸盐水泥 | t | 0.169 | 287.74 | 48.63 | | |
| | 中砂 | m³ | 0.43 | 55.18 | 23.73 | | |
| | 42.5硅酸盐水泥 | t | 0.393 | 308.00 | 121.04 | | |
| | 中砂 | m³ | 0.78 | 55.18 | 43.04 | | |
| | 碎石 40mm | m³ | 1.23 | 71.76 | 88.27 | | |
| | 其他材料费 | | | | 68.43 | | |
| | 材料费小计 | | | | 1301.13 | | 886.00 |

## 工程量清单综合单价分析表

工程名称：××法院法庭工程　　标段：装饰装修工程　　共11页，第3页

| 清单项目编码 | 020102002003 | 项目名称 | 块料地面(有中砂防冻层层) | 清单计量单位 | m² |
|---|---|---|---|---|---|

### 清单综合单价组成明细

| 定额编号 | 定额名称 | 定额单位 | 数量 | 单价 人工费 | 单价 材料费 | 单价 机械费 | 单价 管理费利润 | 合价 人工费 | 合价 材料费 | 合价 机械费 | 合价 管理费利润 |
|---|---|---|---|---|---|---|---|---|---|---|---|
| B1-66 | 块料地面 | 100m² | 0.1142 | 948.94 | 6826.08 | 126.88 | 271.97 | 108.37 | 779.54 | 14.49 | 31.06 |
| B1-23 | 20厚1:3水泥砂浆找平层 | 100m² | 0.1142 | 367.88 | 426.40 | 22.56 | 105.43 | 42.01 | 48.70 | 2.58 | 12.04 |
| A2-131 | 60厚C15混凝土垫层 | 10m³ | 0.091 | 567.80 | 2097.31 | 52.51 | 162.73 | 51.67 | 190.86 | 4.78 | 14.81 |
| A2-117 | 300厚中砂防冻层 | 10m³ | 0.343 | 158.44 | 724.20 | 4.76 | 45.41 | 54.35 | 248.40 | 1.63 | 15.58 |
| 人工单价 | | 小计 | | | | | | 256.40 | 1267.50 | 23.48 | 73.49 |
| 34元/工日 | | 未计价材料费 | | | | | | | | | |
| | | 清单项目综合单价 | | | | | | 141.93 | | | |

| | 材料名称、规格、型号 | 单位 | 数量 | 单价 | 合价 | 暂估单价 | 暂估合价 |
|---|---|---|---|---|---|---|---|
| 材料费明细 | 陶瓷地砖 600×600 | m² | 11.71 | | | 62.00 | 726.02 |
| | 32.5复合硅酸盐水泥 | t | 0.094 | 287.74 | 27.05 | | |
| | 中砂 | m³ | 0.29 | 55.18 | 16.00 | | |
| | 32.5复合硅酸盐水泥 | t | 0.094 | 287.74 | 27.05 | | |
| | 中砂 | m³ | 0.29 | 55.18 | 16.00 | | |
| | 42.5硅酸盐水泥 | t | 0.259 | 308.00 | 79.77 | | |
| | 中砂 | m³ | 0.52 | 55.18 | 28.69 | | |
| | 碎石 40mm | m³ | 0.81 | 71.76 | 58.13 | | |
| | 净干砂 | m³ | 4.02 | 61.28 | 246.35 | | |
| | 其他材料费 | | | | 42.44 | | |
| | 材料费小计 | | | | 541.48 | | 726.02 |

## 工程量清单综合单价分析表

工程名称：××法院法庭工程　　标段：装饰装修工程　　共11页，第4页

| 清单项目编码 | 020102002003 | 项目名称 | | 块料楼面 | | 清单计量单位 | | m² |
|---|---|---|---|---|---|---|---|---|

| 清单综合单价组成明细 ||||||||||
|---|---|---|---|---|---|---|---|---|---|
| 定额编号 | 定额名称 | 定额单位 | 数量 | 单价 ||||合价||||
| | | | | 人工费 | 材料费 | 机械费 | 管理费利润 | 人工费 | 材料费 | 机械费 | 管理费利润 |
| B1-66 | 块料楼面 | 100m² | 2.8523 | 948.94 | 6826.08 | 126.88 | 271.97 | 2706.66 | 19470.03 | 361.90 | 775.74 |
| A2-129 | 1:6水泥炉渣垫层 | 10m³ | 1.412 | 449.82 | 1191.54 | | 128.92 | 635.15 | 1682.46 | | 182.04 |
| 人工单价 | | | 小计 |||| | 3341.81 | 21152.49 | 361.90 | 957.78 |
| 34元/工日 | | | 未计价材料费 |||| | | | | |
| 清单项目综合单价 |||||||| 91.45 ||||

| 材料费明细 | 材料名称、规格、型号 | 单位 | 数量 | 单价 | 合价 | 暂估单价 | 暂估合价 |
|---|---|---|---|---|---|---|---|
| | 陶瓷地砖600×600 | m² | 292.36 | | | 62.00 | 18126.32 |
| | 32.5复合硅酸盐水泥 | t | 2.349 | 287.74 | 675.90 | | |
| | 中砂 | m³ | 7.14 | 55.18 | 394.00 | | |
| | 1:6水泥炉渣 | m³ | 14.24 | 116.81 | 1663.37 | | |
| | 其他材料费 | | | | 292.90 | | |
| | 材料费小计 | | | | 3026.17 | | 18126.32 |

## 工程量清单综合单价分析表

工程名称：××法院法庭工程　　标段：装饰装修工程　　共11页，第5页

| 清单项目编码 | 020102002004 | 项目名称 | | 块料楼面（有防水层） | | 清单计量单位 | | m² |
|---|---|---|---|---|---|---|---|---|

| 清单综合单价组成明细 ||||||||||
|---|---|---|---|---|---|---|---|---|---|
| 定额编号 | 定额名称 | 定额单位 | 数量 | 单价 |||| 合价 ||||
| | | | | 人工费 | 材料费 | 机械费 | 管理费利润 | 人工费 | 材料费 | 机械费 | 管理费利润 |
| B1-63 | 块料楼面 | 100m² | 0.3373 | 971.38 | 5596.08 | 126.88 | 278.40 | 327.65 | 1887.56 | 42.80 | 93.90 |
| A7-195 | 涂膜防水层 | 100m² | 0.4110 | 217.60 | 3952.05 | | 62.36 | 89.43 | 1624.29 | | 25.63 |
| B1-23 | 1:3水泥砂浆找平 | 100m² | 0.3373 | 367.88 | 426.40 | 22.56 | 105.43 | 124.09 | 143.83 | 7.61 | 35.56 |
| A2-129 | 1:6水泥炉渣垫层 | 10m³ | 0.169 | 449.82 | 1191.54 | | 128.92 | 76.02 | 201.37 | | 21.79 |
| 人工单价 | | | 小计 |||| | 617.19 | 3856.99 | 50.41 | 176.88 |
| 34元/工日 | | | 未计价材料费 |||| | | | | |
| 清单项目综合单价 |||||||| 139.39 ||||

续表

| | 材料名称、规格、型号 | 单位 | 数量 | 单价 | 合价 | 暂估单价 | 暂估合价 |
|---|---|---|---|---|---|---|---|
| 材料费明细 | 陶瓷防滑地砖 300×300 | m² | 34.57 | | | 50.00 | 1728.50 |
| | 32.5复合硅酸盐水泥 | t | 0.277 | 287.74 | 79.70 | | |
| | 中砂 | m³ | 0.84 | 55.18 | 46.35 | | |
| | JS-Ⅱ型防水涂料 | kg | 141.50 | 11.20 | 1584.80 | | |
| | 32.5复合硅酸盐水泥 | t | 0.277 | 287.74 | 79.70 | | |
| | 中砂 | m³ | 0.84 | 55.18 | 46.35 | | |
| | 1:6水泥炉渣 | m³ | 1.71 | 116.81 | 199.75 | | |
| | 其他材料费 | | | | 91.84 | | |
| | 材料费小计 | | | | 2128.49 | | 1728.50 |

## 工程量清单综合单价分析表

工程名称：××法院法庭工程　　标段：装饰装修工程　　共11页，第6页

| 清单项目编码 | 020105003001 | 项目名称 | | 块料踢脚线 | | 清单计量单位 | | m² |
|---|---|---|---|---|---|---|---|---|

| 清单综合单价组成明细 ||||||||||
|---|---|---|---|---|---|---|---|---|---|
| 定额编号 | 定额名称 | 定额单位 | 数量 | 单价 ||||合价 ||||
| | | | | 人工费 | 材料费 | 机械费 | 管理费利润 | 人工费 | 材料费 | 机械费 | 管理费利润 |
| B1-155 | 块料踢脚线 | 100m² | 0.5094 | 1455.20 | 2159.52 | 101.10 | 417.06 | 741.28 | 1100.06 | 51.50 | 212.45 |
| 人工单价 | | | 小　　计 |||| | 741.28 | 1100.06 | 51.50 | 212.45 |
| 34元/工日 | | | 未计价材料费 |||| | | | | |
| 清单项目综合单价 |||||||| 41.42 ||||

| | 材料名称、规格、型号 | 单位 | 数量 | 单价 | 合价 | 暂估单价 | 暂估合价 |
|---|---|---|---|---|---|---|---|
| 材料费明细 | 陶瓷地砖踢脚线 | m² | 51.96 | 18.00 | 935.28 | | |
| | 32.5复合硅酸盐水泥 | t | 0.253 | 287.74 | 72.80 | | |
| | 中砂 | m³ | 0.77 | 55.18 | 42.49 | | |
| | 其他材料费 | | | | 49.49 | | |
| | 材料费小计 | | | | 1100.06 | | |

## 工程量清单综合单价分析表

工程名称：××法院法庭工程　　标段：装饰装修工程　　　　共11页，第7页

| 清单项目编码 | 020106002001 | | 项目名称 | | 块料楼梯面层 | | 清单计量单位 | | | m² |
|---|---|---|---|---|---|---|---|---|---|---|
| 清单综合单价组成明细 | | | | | | | | | | |
| 定额编号 | 定额名称 | 定额单位 | 数量 | 单价 | | | | 合价 | | |
| | | | | 人工费 | 材料费 | 机械费 | 管理费利润 | 人工费 | 材料费 | 机械费 | 管理费利润 |

| 定额编号 | 定额名称 | 定额单位 | 数量 | 人工费 | 材料费 | 机械费 | 管理费利润 | 人工费 | 材料费 | 机械费 | 管理费利润 |
|---|---|---|---|---|---|---|---|---|---|---|---|
| B1-176 | 块料楼梯面层 | 100m² | 0.2755 | 2023.00 | 3274.86 | 148.56 | 579.79 | 557.34 | 902.22 | 40.93 | 159.73 |
| 人工单价 | | | 小计 | | | | | 557.34 | 902.22 | 40.93 | 159.73 |
| 34元/工日 | | | 未计价材料费 | | | | | | | | |
| | | | 清单项目综合单价 | | | | | 60.26 | | | |

| 材料费明细 | 材料名称、规格、型号 | 单位 | 数量 | 单价 | 合价 | 暂估单价 | 暂估合价 |
|---|---|---|---|---|---|---|---|
| | 陶瓷地砖楼梯 | m² | 39.87 | 18.00 | 717.66 | | |
| | 32.5复合硅酸盐水泥 | t | 0.310 | 287.74 | 89.20 | | |
| | 中砂 | m³ | 0.94 | 55.18 | 51.87 | | |
| | 其他材料费 | | | | 43.49 | | |
| | 材料费小计 | | | | 912.38 | | |

## 工程量清单综合单价分析表

工程名称：××法院法庭工程　　标段：装饰装修工程　　　　共11页，第8页

| 清单项目编码 | 020107001001 | | 项目名称 | | 金属扶手带栏杆 | | 清单计量单位 | | | m |
|---|---|---|---|---|---|---|---|---|---|---|
| 清单综合单价组成明细 | | | | | | | | | | |

| 定额编号 | 定额名称 | 定额单位 | 数量 | 人工费 | 材料费 | 机械费 | 管理费利润 | 人工费 | 材料费 | 机械费 | 管理费利润 |
|---|---|---|---|---|---|---|---|---|---|---|---|
| B1-198 | 不锈钢栏杆 | 10m | 1.755 | 165.58 | 1667.48 | 38.44 | 47.46 | 293.90 | 2959.78 | 68.23 | 84.24 |
| B1-205 | 不锈钢扶手 | 10m | 1.755 | 35.36 | 502.05 | 19.93 | 10.13 | 62.76 | 891.14 | 35.38 | 17.98 |
| B1-249 | 不锈钢弯头 | 个 | 4 | 6.53 | 26.66 | 21.78 | 1.87 | 26.12 | 106.04 | 87.12 | 7.48 |
| 人工单价 | | | 小计 | | | | | 382.78 | 3956.96 | 190.73 | 109.70 |
| 34元/工日 | | | 未计价材料费 | | | | | | | | |
| | | | 清单项目综合单价 | | | | | 261.42 | | | |

续表

| | 材料名称、规格、型号 | 单位 | 数量 | 单价 | 合价 | 暂估单价 | 暂估合价 |
|---|---|---|---|---|---|---|---|
| 材料费明细 | 不锈钢管 φ32×1.5 | m | 99.91 | 21.87 | 2185.03 | | |
| | 不锈钢法兰盘 φ59 | 个 | 50.72 | 8.52 | 432.13 | | |
| | 不锈钢扶手 φ60 | m | 16.48 | 52.15 | 859.43 | | |
| | 不锈钢弯头 φ60 | 个 | 4.04 | 22.98 | 92.84 | | |
| | 其他材料费 | | | | 387.53 | | |
| | 材料费小计 | | | | 3956.96 | | |

## 工程量清单综合单价分析表

工程名称：××法院法庭工程　　标段：装饰装修工程　　共11页，第9页

| 清单项目编码 | 020108002001 | 项目名称 | | 块料台阶面层 | | 清单计量单位 | | m² |
|---|---|---|---|---|---|---|---|---|
| 清单综合单价组成明细 ||||||||||

| 定额编号 | 定额名称 | 定额单位 | 数量 | 单价 | | | | 合价 | | | |
|---|---|---|---|---|---|---|---|---|---|---|---|
| | | | | 人工费 | 材料费 | 机械费 | 管理费利润 | 人工费 | 材料费 | 机械费 | 管理费利润 |
| B1-267 | 块料台阶面层 | 100m² | 0.1269 | 1570.80 | 3546.32 | 164.94 | 450.19 | 199.33 | 450.03 | 20.93 | 57.13 |
| B1-23 | 1:3水泥砂浆找平 | 100m² | 0.1917 | 367.88 | 426.40 | 22.56 | 105.43 | 70.52 | 81.74 | 4.32 | 20.21 |
| 人工单价 | | 小计 ||||| 269.85 | 531.77 | 25.25 | 77.34 |
| 34元/工日 | | 未计价材料费 ||||| | | | |
| 清单项目综合单价 |||||||| 71.25 ||||

| | 材料名称、规格、型号 | 单位 | 数量 | 单价 | 合价 | 暂估单价 | 暂估合价 |
|---|---|---|---|---|---|---|---|
| 材料费明细 | 陶瓷地砖台阶 | m² | 19.91 | 18.00 | 358.38 | | |
| | 32.5复合硅酸盐水泥 | t | 0.155 | 287.74 | 44.60 | | |
| | 中砂 | m³ | 0.47 | 55.18 | 25.93 | | |
| | 32.5复合硅酸盐水泥 | t | 0.159 | 287.74 | 45.75 | | |
| | 中砂 | m³ | 0.484 | 55.18 | 26.71 | | |
| | 其他材料费 | | | | 30.40 | | |
| | 材料费小计 | | | | 471.96 | | |

## 工程量清单综合单价分析表

工程名称：××法院法庭工程　　标段：装饰装修工程　　共11页，第10页

| 清单项目编码 | 020109003001 | 项目名称 | | 块料零星项目 | | 清单计量单位 | | $m^2$ |
|---|---|---|---|---|---|---|---|---|

### 清单综合单价组成明细

| 定额编号 | 定额名称 | 定额单位 | 数量 | 单价 人工费 | 单价 材料费 | 单价 机械费 | 单价 管理费利润 | 合价 人工费 | 合价 材料费 | 合价 机械费 | 合价 管理费利润 |
|---|---|---|---|---|---|---|---|---|---|---|---|
| B1-280 | 零星项目（一层卫生间蹲台） | 100$m^2$ | 0.0163 | 2852.60 | 5820.51 | 75.39 | 817.56 | 46.50 | 94.87 | 1.23 | 13.33 |
| A7-195 | 涂膜防水层 | 100$m^2$ | 0.0214 | 217.6 | 3952.05 | | 62.36 | 4.66 | 84.57 | | 1.34 |
| B1-23 | 1:3水泥砂浆找平 | 100$m^2$ | 0.0163 | 367.88 | 426.40 | 22.56 | 105.43 | 6.00 | 6.95 | 0.37 | 1.72 |
| A2-129 | 1:6水泥炉渣垫层 | 10$m^3$ | 0.015 | 449.82 | 1191.54 | | 128.92 | 6.75 | 17.87 | | 1.93 |
| A2-131 | C15混凝土垫层 | 10$m^3$ | 0.011 | 567.80 | 2097.31 | 52.51 | 162.73 | 6.25 | 23.07 | 0.58 | 1.79 |
| 人工单价 | | | 小计 | | | | | 70.16 | 227.33 | 2.21 | 20.11 |
| 34元/工日 | | | 未计价材料费 | | | | | | | | |
| | | | 清单项目综合单价 | | | | | | 196.20 | | |

| 材料费明细 | 材料名称、规格、型号 | 单位 | 数量 | 单价 | 合价 | 暂估单价 | 暂估合价 |
|---|---|---|---|---|---|---|---|
| | 陶瓷防滑地砖300×300 | $m^2$ | 1.73 | | | 50 | 86.50 |
| | 32.5复合硅酸盐水泥 | t | 0.013 | 287.74 | 3.74 | | |
| | 中砂 | $m^3$ | 0.04 | 55.18 | 2.21 | | |
| | JS-Ⅱ型防水涂料 | kg | 7.37 | 11.20 | 82.54 | | |
| | 32.5复合硅酸盐水泥 | t | 0.013 | 287.74 | 3.74 | | |
| | 中砂 | $m^3$ | 0.04 | 55.18 | 2.21 | | |
| | 1:6水泥炉渣 | $m^3$ | 0.17 | 116.81 | 19.86 | | |
| | 42.5硅酸盐水泥 | t | 0.031 | 308.00 | 9.55 | | |
| | 中砂 | $m^3$ | 0.06 | 55.18 | 3.31 | | |
| | 碎石40mm | $m^3$ | 0.10 | 71.76 | 7.18 | | |
| | 其他材料费 | | | | 6.52 | | |
| | 材料费小计 | | | | 140.83 | | 86.5 |

## 工程量清单综合单价分析表

工程名称：××法院法庭工程　　标段：装饰装修工程　　共11页，第11页

| 清单项目编码 | 020109003002 | 项目名称 | | 块料零星项目 | | 清单计量单位 | | $m^2$ |
|---|---|---|---|---|---|---|---|---|
| 清单综合单价组成明细 ||||||||| 
| 定额编号 | 定额名称 | 定额单位 | 数量 | 单价 ||| 合价 |||
| | | | | 人工费 | 材料费 | 机械费 | 管理费利润 | 人工费 | 材料费 | 机械费 | 管理费利润 |
| B1-280 | 零星项目（二层卫生间蹲台） | 100$m^2$ | 0.0419 | 2852.60 | 5820.51 | 75.39 | 817.56 | 119.52 | 243.88 | 3.16 | 34.26 |
| A7-195 | 涂膜防水层 | 100$m^2$ | 0.0534 | 217.6 | 3952.05 | | 62.36 | 11.62 | 211.04 | | 3.33 |
| B1-23 | 1:3水泥砂浆找平 | 100$m^2$ | 0.0419 | 367.88 | 426.40 | 22.56 | 105.43 | 15.41 | 17.87 | 0.95 | 4.42 |
| A2-129 | 1:6水泥炉渣垫层 | 10$m^3$ | 0.039 | 449.82 | 1191.54 | | 128.92 | 17.54 | 46.47 | | 5.03 |
| 人工单价 || 小计 |||||| 164.09 | 579.26 | 4.11 | 47.04 |
| 34元/工日 || 未计价材料费 ||||||||||
| 清单项目综合单价 |||||||| 175.30 ||||

| | 材料名称、规格、型号 | 单位 | 数量 | 单价 | 合价 | 暂估单价 | 暂估合价 |
|---|---|---|---|---|---|---|---|
| 材料费明细 | 陶瓷防滑地砖 300×300 | $m^2$ | 4.44 | | | 50 | 222.00 |
| | 32.5复合硅酸盐水泥 | t | 0.035 | 287.74 | 10.07 | | |
| | 中砂 | $m^3$ | 0.11 | 55.18 | 6.07 | | |
| | JS-Ⅱ型防水涂料 | kg | 18.40 | 11.20 | 206.08 | | |
| | 32.5复合硅酸盐水泥 | t | 0.035 | 287.74 | 10.07 | | |
| | 中砂 | $m^3$ | 0.11 | 55.18 | 6.07 | | |
| | 1:6水泥炉渣 | $m^3$ | 0.43 | 116.81 | 50.23 | | |
| | 其他材料费 | | | | 8.82 | | |
| | 材料费小计 | | | | 297.26 | | 222.00 |

### 过程3.1.5　填写分部分项工程量清单计价表，汇总分部分项工程费用

通过以上综合单价分析测算，可以在工程量清单与计价表中填写各清单项目的综合单价，综合单价乘以相应清单工程量等于各清单项目合价，发生材料暂估价的清单项目要将材料暂估价总金额单另列出，全部分项工程合价小计为本分部工程分部分项工程费用，同时要将各分项工程材料暂估价合计为本分部工程总的材料暂估价。分部分项工程量清单与计价表作为本工程项目投标报价书的组成部分，见下表所示。

## 分部分项工程量清单与计价表

工程名称：××法院法庭工程　　标段：装饰装修工程　　共1页，第1页

| 序号 | 项目编码 | 项目名称 | 项目特征描述 | 计量单位 | 工程量 | 金额（元） | | |
|---|---|---|---|---|---|---|---|---|
| | | | | | | 综合单价 | 合　价 | 其中暂估价 |
| | | | B.1 楼地面工程 | | | | | |
| 1 | 020102002001 | 块料地面 | 1. 80厚C15混凝土垫层<br>2. 30厚1:3水泥砂浆结合层（内掺建筑胶）<br>3. 面层铺600×600奶油色地砖 | m² | 337.94 | 105.58 | 35679.71 | 21667.76 |
| 2 | 020102002002 | 块料地面（有防水） | 1. C15混凝土垫层找坡，最薄处80厚，坡向地漏<br>2. 20厚1:3水泥砂浆找平<br>3. 1.5厚JS-Ⅱ型涂膜防水层，四周翻起150高<br>4. 30厚1:3水泥砂浆结合层（内掺建筑胶）<br>5. 面层铺300×300双色防滑地砖 | m² | 17.29 | 155.68 | 2691.71 | 886.00 |
| 3 | 020102002001 | 块料地面（有防冻层） | 1. 300厚中砂防冻层<br>2. 80厚C15混凝土垫层<br>3. 20厚1:3水泥砂浆找平层<br>4. 10厚1:2水泥砂浆结合层（内掺建筑胶）<br>5. 面层铺600×600奶油色地砖 | m² | 11.42 | 141.93 | 1620.84 | 726.02 |
| 4 | 020102002003 | 块料楼面 | 1. 50厚1:6水泥炉渣垫层<br>2. 30厚1:3水泥砂浆结合层（内掺建筑胶）<br>3. 面层铺600×600奶油色地砖 | m² | 282.29 | 91.45 | 25815.42 | 18126.32 |
| 5 | 020102002004 | 块料楼面（有防水） | 1. 50厚1:6水泥炉渣垫层<br>2. 20厚1:3水泥砂浆找平<br>3. 1.5厚JS-Ⅱ型涂膜防水层，四周翻起150高<br>4. 30厚1:3水泥砂浆结合层（内掺建筑胶）<br>5. 面层铺300×300双色防滑地砖 | m² | 33.73 | 139.39 | 4701.62 | 1728.50 |

续表

| 序号 | 项目编码 | 项目名称 | 项目特征描述 | 计量单位 | 工程量 | 金额（元） | | |
|---|---|---|---|---|---|---|---|---|
| | | | | | | 综合单价 | 合价 | 其中暂估价 |
| | | | B.1 楼地面工程 | | | | | |
| 6 | 020105003001 | 块料踢脚线 | 1. 踢脚线高度 120mm<br>2. 5厚1：3水泥砂浆打底扫毛<br>3. 8厚1：2水泥砂浆粘结层<br>4. 铺600×120奶油色地砖踢脚 | m² | 50.83 | 41.42 | 2105.38 | |
| 7 | 020106002001 | 块料楼梯面层 | 1. 30厚1：3水泥砂浆结合层（内掺建筑胶）<br>2. 面层铺300×600奶油色防滑楼梯地砖 | m² | 27.55 | 60.26 | 1660.16 | |
| 8 | 020107001001 | 金属扶手带栏杆 | 1. $\phi$30不锈钢管楼梯栏杆，竖向杆件间距为1100mm<br>2. $\phi$60不锈钢管楼梯扶手<br>3. $\phi$60不锈钢管楼梯弯头 | m | 17.75 | 261.42 | 4640.21 | |
| 9 | 020108002001 | 块料台阶面层 | 1. 20厚1：2.5水泥砂浆找平层<br>2. 10厚1：3水泥砂浆结合层（内掺建筑胶）<br>3. 面层铺300×600奶油色台阶地砖 | m² | 12.69 | 71.25 | 904.16 | |
| 10 | 020109003001 | 块料零星项目 | 1. 一层卫生间蹲台<br>2. 80厚C15混凝土垫层<br>3. 1：6水泥炉渣垫层找坡，最薄处120厚<br>4. 20厚1：3水泥砂浆找平<br>5. 1.5厚JS-Ⅱ型涂膜防水层，四周翻起150高<br>6. 20厚1：3水泥砂浆结合层（内掺建筑胶）<br>7. 面层铺300×300双色防滑地砖 | m² | 1.63 | 196.20 | 319.81 | 86.50 |

续表

| 序号 | 项目编码 | 项目名称 | 项目特征描述 | 计量单位 | 工程量 | 金额（元） | | |
|---|---|---|---|---|---|---|---|---|
| | | | | | | 综合单价 | 合价 | 其中暂估价 |
| | | | B.1 楼地面工程 | | | | | |
| 11 | 020109003002 | 块料零星项目 | 1. 二层卫生间蹲台<br>2. 1∶6 水泥炉渣垫层找坡，最薄处 120 厚<br>3. 20 厚 1∶3 水泥砂浆找平<br>4. 1.5 厚 JS-Ⅱ型涂膜防水层，四周翻起 150 高<br>5. 20 厚 1∶3 水泥砂浆结合层（内掺建筑胶）<br>6. 面层铺 300×300 双色防滑地砖 | m² | 4.19 | 175.30 | 734.51 | 222.00 |
| | | | 合　　价 | | | | 80873.53 | 43443.10 |

## 任务 3.2　墙柱面工程工程量清单报价

本任务主要编制××法院法庭工程墙柱面工程包含的清单项目的工程量清单，以及工程量清单报价过程，编制过程中主要依据《计价规范》、墙柱面工程各分项工程的工程做法、各工料机市场价格及消耗量定额进行工程量清单报价，重点突出综合单价的测算方法和测算过程。

### 过程 3.2.1　墙柱面工程施工图识读

根据建筑施工图建筑设计说明，××法院法庭工程为两层砖混结构，南立面、东立面、西立面外墙贴外墙砖；北立面部分贴外墙砖，部分刷外墙涂料。卫生间和厨房内墙面贴釉面砖，其余房间内墙面喷白色乳胶漆；卫生间隔断为胶合板隔断；内外墙和卫生间隔断具体的做法参看建筑施工图建筑设计说明中的工程做法。

### 过程 3.2.2　墙柱面工程清单工程量计算
**1. 熟悉清单项目划分及其工程量计算规则**

查阅《计价规范》附录 B 装饰装修工程工程量清单计价项目及计算规则（B.2 墙柱面工程），熟悉墙柱面工程项目划分，掌握各分项工程项目编码、项目特征、计量单位、工程内容及计算规则，计算并复核分项工程清单工程量，编制墙柱面工程各分部分项工程量清单。工程量清单编制时要熟悉清单规范中每个分项工程的工作内容，重点做好各分项工程的项目特征描述，尤其是墙面一般抹灰的底层砂浆种类厚度、面层砂浆种类厚度；卫生间墙面防水层材料种类、底层砂浆种类厚度，粘结层砂浆种类厚度，釉面砖规格颜色；外墙面底层砂浆种类厚度，粘结层砂浆种类厚度，外墙面砖规格颜色等，作为投标报价的主要依据。

本工程主要应用的楼地面工程清单项目的工程量计算规则主要有：

（1）墙面一般抹灰

按设计图示尺寸以面积计算。扣除墙裙、门窗洞口及单个 $0.3m^2$ 以外的孔洞面积；不扣除踢脚线、挂镜线和墙与构件交接处的面积；门窗洞口和孔洞的侧壁及顶面不增加面积；附墙柱、梁、垛、烟囱侧壁并入相应的墙面面积计算。

1) 外墙抹灰面积按外墙垂直投影面积计算。
2) 外墙裙抹灰面积按其长度乘以高度计算。
3) 内墙抹灰面积按主墙间的净长度乘以高度计算。其中：无墙裙的内墙高度按室内楼地面至天棚底面计算；有墙裙的，高度按墙裙顶至天棚底面计算。
4) 内墙裙抹灰面积按内墙净长乘以高度计算。

（2）墙面镶贴块料

按设计图示尺寸以镶贴表面积计算。

（3）隔断

按设计图示框外围面积尺寸以面积计算。扣除单个 $0.3m^2$ 以上孔洞所占面积；浴厕门的材质与隔断相同时，门的面积并入隔断面积内。

## 2. 清单工程量计算

墙柱工程工程量清单在编制过程中要注意：第一，了解本××法院法庭工程墙柱面工程包含的清单项目；第二，查阅施工图纸设计说明或相关标准图集，了解本工程墙柱面工程各清单项目的具体施工做法；第三，掌握墙柱面工程相关项目的清单工程量计算规则，结合施工图纸中的平面图和立面图，计算各清单项目的工程量；第四，计算过程中，要注意理解墙柱面工程所包含的各清单项目的工作内容及项目特征的描述，为后续综合单价的确定打下基础。墙柱工程清单工程量计算过程见表3-3所示。

清单工程量计算表　　　　表3-3

工程名称：××法院法庭工程　　　标段：装饰装修工程

| 序号 | 项目编码 | 项目名称 | 单位 | 工程量 | 计算式 |
|---|---|---|---|---|---|
| 1 | 020201001001 | 内墙面一般抹灰 | $m^2$ | 1231.69 | 一层<br>1. 两个法庭：$[(7.8-0.12×2+12.9-0.18×2)×2×(3.6-0.1)-1.5×2.2-1.5×2.1×2-1.2×2.1×5]×2=237.00m^2$<br>2. 立案室：$(3.9-0.12×2+6.6-0.12-0.18)×2×(3.6-0.12)-1.0×2.2-1.2×2.1×2=62.08m^2$ |

续表

| 序号 | 项目编码 | 项目名称 | 单位 | 工程量 | 计算式 |
|---|---|---|---|---|---|
| 1 | 020201001001 | 内墙面一般抹灰 | m² | 1231.69 | 3. 办公室：$(3.9-0.12\times2+5.4-0.12-0.18)\times2\times(3.6-0.1)-1.0\times2.2-1.8\times2.1=55.34m^2$<br>4. 值班、接待室：$(3.9-0.12\times2+6.6-0.12-0.18)\times2\times(3.6-0.12)-1.0\times2.2-1.8\times1.8-1.2\times2.1\times2=58.84m^2$<br>5. 前厅：$[(6.2-0.18+0.12)\times2+5.4-0.12\times2]\times(3.6-0.14)-3.6\times3.1-1.8\times1.8=45.94m^2$<br>6. 走道：$[3.9\times4+(2.1-0.12\times2)\times2]\times(3.6-0.12)-1.5\times2.2\times2-1.0\times2.2\times3-1.2\times2.2=51.39m^2$<br>一层小计<br>$237.00+62.08+55.34+58.84+45.94+51.39=510.59m^2$<br>二层<br>1. 打印室、男女休息室、餐厅、两个审判员办公室：$(3.9-0.12-0.1+5.4-0.18-0.08)\times2\times(3.0-0.1)\times6-1.0\times2.2\times6-1.8\times1.8\times2-1.2\times1.8\times8-1.2\times2.2=267.34m^2$<br>2. 副庭长：$(3.9-0.12\times2+6.6-0.12-0.18)\times2\times(3.0-0.12)\times2-1.0\times2.2\times2-1.2\times1.8\times4=101.70m^2$<br>3. 庭长：$(5.4-0.12\times2+6.2-0.12-0.18)\times2\times(3.0-0.14)-1.0\times2.2-3.6\times1.8=54.88m^2$<br>4. 调解室：$(7.8-0.12\times2+5.4-0.18-0.08)\times2\times(3.0-0.1)-1.0\times2.2-1.8\times1.8\times2=64.98m^2$<br>5. 走道：$[(7.8-0.12\times2)\times2+2.1-0.12\times2]\times2\times(3.0-0.1)-1.0\times2.2\times7-1.2\times1.8\times2+[(13.2+0.12\times2)\times2-5.4-0.12\times2]\times(3.0-0.12)-1.0\times2.2\times4-1.2\times2.2=129.87m^2$<br>二层合计<br>$267.34+101.70+54.88+64.98+129.87=618.77m^2$<br>楼梯间$[(5.4+0.12-0.18)\times2+5.4-0.12\times2]\times(6.6-0.14)=102.33m^2$<br>合计 $510.59+618.77+102.33=1231.69m^2$ |
| 2 | 020201001002 | 外墙面一般抹灰 | m² | 170.77 | $29.28\times(7.5-1.0)+(13.2+0.24\times2)\times(8.4-7.5)-1.8\times2.1\times2-1.8\times1.8\times6-2.7\times1.8=170.77m^2$ |

续表

| 序号 | 项目编码 | 项目名称 | 单位 | 工程量 | 计算式 |
|---|---|---|---|---|---|
| 3 | 020204003001 | 块料外墙面（白色） | m² | 69.09 | $S=$白色墙面砖＋门窗洞口侧壁和顶部底部贴砖<br>1. 白色墙面砖<br>①东西立面：白色墙面砖$=1.5\times1.6\times4+1.2\times(1.6+1.3)\times2=16.56m^2$<br>②南立面：白色墙面砖$=1.2\times(1.6+1.3)\times12+3.6\times1.3=46.44m^2$<br>③要扣除的台阶面积$=[0.3\times0.15+0.3\times0.3+0.3\times0.45]=0.27m^2$<br>白色墙面砖小计$=16.56+46.44-0.27=62.73m^2$<br>2. 门窗洞口侧壁和顶部底部贴砖<br>①东西立面门窗洞口顶部和底部贴砖$=(1.5\times4+1.2\times3\times2)\times0.10=1.32m^2$<br>②南立面门窗洞口顶部和底部贴砖$=(1.2\times3\times12+3.6\times2)\times0.10=5.04m^2$<br>门窗洞口顶部和底部贴砖小计 $1.32+5.04=6.36m^2$<br>合计 $62.73+6.36=69.09m^2$ |
| 4 | 020204003002 | 块料外墙面（灰色） | m² | 476.39 | 1. 南立面：$S=$南立面墙垂直投影面积－南立面白色墙面砖面积－门窗洞口面积－台阶部分面积－坡道部分面积＋窗台下墙体的侧壁部分面积<br>①南立面墙垂直投影面积$=[29.28+(1.2-0.18+0.3)\times2+(0.4-0.18+0.3)\times2]\times(7.5+0.6)+[13.2+0.18+0.18+(1.2-0.18+0.3)\times2]\times(8.4-7.5)=266.98+14.58=281.56m^2$<br>②南立面白色墙面砖面积$=46.44m^2$<br>③门窗洞口面积$=1.2\times2.1\times12+1.2\times1.8\times12+3.1\times3.6=67.32m^2$<br>④台阶部分面积$=[(5.4+0.6\times2)\times0.6]=3.96m^2$<br>⑤坡道部分面积$=(0.6+0.18+0.3)\times0.3=0.32m^2$<br>⑥窗台下墙体的侧壁部分面积$=1.6\times0.12\times18\times2+1.3\times0.12\times14\times2=11.28m^2$<br>小计 $281.56-46.44-67.32-3.96-0.32+11.28=174.80m^2$<br>2. 北立面：$S=29.28\times1.6=46.85m^2$<br>3. 东西立面：$S=$东西立面墙垂直投影面积－东西立面白色墙面砖面积－门窗洞口面积＋④轴线、⑥轴线女儿墙部分贴灰色面砖面积<br>①东西立面墙垂直投影面积$=(12.9+0.18+0.18)\times(7.5+0.6)\times2=214.81m^2$<br>②东西立面白色墙面砖面积$=16.56m^2$<br>③门窗洞口面积$=1.5\times2.1\times4+1.2\times2.1\times2+1.2\times1.8\times2=21.96m^2$<br>④、④轴线、⑥轴线女儿墙部分贴灰色面砖面积$(12.9+0.18+0.18)\times1.8\times2=47.74m^2$<br>小计：$214.81-16.56-21.96+47.74=224.03m^2$<br>4. 门窗洞口侧壁贴砖$=2.1\times2\times0.10\times18+1.8\times2\times0.10\times15+1.2\times0.1\times14+3.6\times0.15+1.8\times2\times0.15+3.1\times2\times0.15+1.6\times2\times0.12\times14+1.3\times2\times0.12\times10+(1.6+1.3)\times2\times0.24\times4=30.71m^2$<br>合计$=174.80+46.85+224.03+30.71=476.39m^2$ |

续表

| 序号 | 项目编码 | 项目名称 | 单位 | 工程量 | 计算式 |
|---|---|---|---|---|---|
| 5 | 020204003003 | 块料内墙面 | m² | 241.25 | 一层<br>1. 卫生间：[(2.1−0.18−0.06+3.9−0.12×2)×2+(3.3−0.06−0.12+3.9−0.12×2)×2+(1.5−0.06×2+2.4−0.06−0.12)×2]×(3.6−0.1)−[0.8×2.2×4+1.8×2.1+1.2×2.2]=97.84m²<br>2. 门窗侧壁顶部：[(0.8+2.2×2)×0.08×2+(1.8+2.1)×2×0.15]=2.00m²<br>合计 97.84+2.00=99.84m²<br>二层<br>1. 卫生间：[(2.1−0.18−0.06+3.9−0.12×2)×2+(3.3−0.06−0.12+3.9−0.12×2)×2+(1.5−0.06×2+2.4−0.06−0.12)×2]×(3.0−0.12)−[0.8×2.2×4+1.8×2.1+1.2×2.2]=78.12m²<br>2. 门窗侧壁顶部：[(0.8+2.2×2)×0.08×2+(1.8+2.1)×2×0.15]=2.00m²<br>3. 厨房：[(3.9−0.12×2+5.4−0.18−0.12)×2+(2.1−0.06−0.12+1.8−0.06−0.12)×2]×(3.0−0.12)−(1.2×2.2+0.8×2.2+1.0×2.2+1.8×1.8)=59.25m²<br>4. 门窗侧壁贴砖=[(0.8+2.2×2)×0.08+(1.0+2.2×2)×0.1+(1.8+1.8)×2×0.15]=2.04m²<br>二层小计 78.12+2.00+59.25+2.04=141.41m²<br>合计 99.84+141.41=241.25m² |
| 6 | 020209001001 | 隔断 | m² | 13.63 | (1.5−0.06×2)×1.7×2+1.2×1.7+0.5×1.7×2+[(2.1−0.24)+1.2]×1.7=13.63m² |

## 过程 3.2.3 墙柱面工程计价工程量计算

在进行墙柱面工程计价工程量计算时，首先要熟悉清单项目的工作内容和项目特征，其次要熟悉定额中定额项目的划分情况，再次熟悉施工图纸，根据各项目的具体施工过程，结合定额，列出各清单项目所包含的各定额项目，最后需要掌握各定额项目的工程量计算规则，进行工程量的计算。本工程的墙柱面工程包含项目的清单工程量计算规则与计价工程量计算规则大致相同

**1. 熟悉计价工程量计算规则**

本工程常用的墙、柱面计价工程量计算规则如下：

(1) 内墙面抹灰计算

内墙面抹灰以面积计算。应扣除门窗洞口和空圈所占的面积；不扣除踢脚板、挂镜线、0.3m² 以内的孔洞和墙与梁头交接处的面积；洞口侧壁和顶面亦不增加；

墙垛和附墙烟囱的侧壁抹灰与内墙抹灰工程量合并计算。

(2) 外墙面抹灰计算

按外墙面的垂直投影面积以平方米计算。应扣除门窗洞口、外墙裙和大于 $0.3m^2$ 孔洞所占面积；洞口侧壁面积不另增加；附墙垛、梁、柱侧面抹灰面积并入外墙面抹灰工程量内计算。

(3) 墙面贴块料面层计算

按实贴面积计算。

(4) 隔断

按墙的净长乘净高计算，扣除门窗洞口及 $0.3m^2$ 以上的孔洞所占面积。

## 2. 计价工程量计算

由于工程量清单项目综合程度高，一个清单项目可能包括几个定额项目，因此，不但要计算每个清单项目主项的计价工程量，同时还要计算清单项目所包含的附项的计价工程量。具体计算时，要根据工程量清单计价规范和投标报价所依据的定额项目内容划分的情况，确定具体的计算项目。如：本工程内墙贴砖，不但包括主项墙面贴面砖，而且还要包括附项墙面防水，在编制时要注意考虑。本工程墙柱面工程的计价工程量计算过程见表3-4所示。

计价工程量计算表　　　　　　　　　　　表3-4

工程名称：××法院法庭工程　　　标段：装饰装修工程

| 序号 | 项目编码 | | 项目名称 | 单位 | 工程量 | 计算式 |
|---|---|---|---|---|---|---|
| 1 | 020201001001 | 主项 | 内墙面一般抹灰 | m² | 1231.69 | 同清单工程量=1231.69m² |
| 2 | 020201001002 | 主项 | 外墙面一般抹灰 | m² | 170.77 | 同清单工程量=170.77m² |
| 3 | 020204003001 | 主项 | 块料外墙面（白色） | m² | 69.09 | 同清单工程量=69.09m² |
| 4 | 020204003002 | 主项 | 块料外墙面（灰色） | m² | 476.39 | 同清单工程量=476.39m² |
| 5 | 020204003003 | 主项 | 块料内墙面 | m² | 241.25 | 同清单工程量=241.25m² |
| | | 附项 | 1.5厚JS-Ⅱ型涂膜防水层 | m² | 241.25 | 同主项工程量=241.25m² |
| 6 | 020209001001 | 主项 | 卫生间胶合板隔断 | m² | 13.63 | (1.5-0.06×2)×1.7×2+1.2×1.7+0.5×1.7×2+[(2.1-0.24)+1.2]×1.7=13.63m² |
| | | 附项 | 卫生间胶合板隔断油漆 | m² | 25.90 | S=木隔断单面外围面积×系数1.9=13.63×1.9=25.90m² |

## 过程 3.2.4 墙柱面工程综合单价计算

### 1. 综合单价计算

墙柱面工程综合单价计算方法同楼地面工程,即工料机用量主要参照定额消耗量,工料机单价由投标人根据企业自身经营情况和工程实际结合市场价确定,管理费率和利润率仍然分别按照 25.15% 和 3.51% 计算,综合单价中已包含承包商应考虑的合理风险。

### 2. 综合单价分析表填写

墙柱面工程的工程量清单综合单价分析表在填写时,只分析主要材料的用量,其他材料全合并到其他材料费中,学习过程中要注意。本工程墙柱面工程各清单项目综合单价分析表的填写见下表所示。

**工程量清单综合单价分析表**

工程名称:××法院法庭工程　　标段:装饰装修工程　　　　共6页,第1页

| 清单项目编码 | 020201001001 | 项目名称 | | 内墙面一般抹灰 | | 清单计量单位 | | m² |
|---|---|---|---|---|---|---|---|---|

| 清单综合单价组成明细 |||||||||
|---|---|---|---|---|---|---|---|---|
| 定额编号 | 定额名称 | 定额单位 | 数量 | 单价 ||||  |
| | | | | 人工费 | 材料费 | 机械费 | 管理费利润 | |
| | | | | 合价 ||||  |
| | | | | 人工费 | 材料费 | 机械费 | 管理费利润 | |
| B2-25 | 砖墙面抹水泥砂浆 | 100m² | 12.3169 | 625.60 | 517.22 | 25.88 | 179.30 | |
| | | | | | | | | |
| | | | | 人工费 | 材料费 | 机械费 | 管理费利润 | |
| B2-25 | 砖墙面抹水泥砂浆 | 100m² | 12.3169 | 7705.45 | 6370.55 | 318.76 | 220842 | |
| 人工单价 | | 小计 | | 7705.45 | 6370.55 | 318.76 | 220842 | |
| 34 元/工日 | | 未计价材料费 | | | | | | |
| 清单项目综合单价 | | | | | 13.48 | | | |

| 材料费明细 | 材料名称、规格、型号 | 单位 | 数量 | 单价 | 合价 | 暂估单价 | 暂估合价 |
|---|---|---|---|---|---|---|---|
| | 32.5 复合硅酸盐水泥 | t | 12.305 | 287.74 | 3540.64 | | |
| | 中砂 | m³ | 35.28 | 55.18 | 1946.75 | | |
| | 其他材料费 | | | | 883.16 | | |
| | 材料费小计 | | | | 6370.55 | | |

## 工程量清单综合单价分析表

工程名称：××法院法庭工程　　标段：装饰装修工程　　共6页，第2页

| 清单项目编码 | 020201001002 | 项目名称 | | 外墙面一般抹灰 | | 清单计量单位 | | m² |
|---|---|---|---|---|---|---|---|---|
| 清单综合单价组成明细 ||||||||||

| 定额编号 | 定额名称 | 定额单位 | 数量 | 单价 ||| 合价 ||||
|---|---|---|---|---|---|---|---|---|---|---|
| | | | | 人工费 | 材料费 | 机械费 | 管理费利润 | 人工费 | 材料费 | 机械费 | 管理费利润 |
| B2-25 | 砖墙面抹水泥砂浆 | 100m² | 1.7077 | 625.60 | 517.22 | 25.88 | 179.30 | 1068.34 | 883.26 | 44.20 | 306.19 |
| 人工单价 || 小计 ||||| 1068.34 | 883.26 | 44.20 | 306.19 |
| 34元/工日 || 未计价材料费 |||||||||
| 清单项目综合单价 |||||||| 13.48 |||

| 材料费明细 | 材料名称、规格、型号 | 单位 | 数量 | 单价 | 合价 | 暂估单价 | 暂估合价 |
|---|---|---|---|---|---|---|---|
| | 32.5复合硅酸盐水泥 | t | 1.991 | 287.74 | 572.89 | | |
| | 中砂 | m³ | 4.89 | 55.18 | 269.83 | | |
| | 其他材料费 | | | | 40.54 | | |
| | 材料费小计 | | | | 883.26 | | |

## 工程量清单综合单价分析表

工程名称：××法院法庭工程　　标段：装饰装修工程　　共6页，第3页

| 清单项目编码 | 020204003001 | 项目名称 | | 块料外墙面（白色） | | 清单计量单位 | | m² |
|---|---|---|---|---|---|---|---|---|
| 清单综合单价组成明细 ||||||||||

| 定额编号 | 定额名称 | 定额单位 | 数量 | 单价 |||| 合价 ||||
|---|---|---|---|---|---|---|---|---|---|---|---|
| | | | | 人工费 | 材料费 | 机械费 | 管理费利润 | 人工费 | 材料费 | 机械费 | 管理费利润 |
| B2-196 | 外墙贴白色面砖 | 100m² | 0.6909 | 2096.10 | 2653.32 | 104.84 | 600.74 | 1448.20 | 1833.18 | 72.43 | 415.05 |
| 人工单价 || 小计 ||||| 1448.20 | 1833.18 | 72.43 | 415.05 |
| 34元/工日 || 未计价材料费 |||||||||
| 清单项目综合单价 |||||||| 54.55 |||

| 材料费明细 | 材料名称、规格、型号 | 单位 | 数量 | 单价 | 合价 | 暂估单价 | 暂估合价 |
|---|---|---|---|---|---|---|---|
| | 白色墙面砖（95×95） | m² | 63.98 | | | 23.2 | 1484.34 |
| | 32.5复合硅酸盐水泥 | t | 0.752 | 287.74 | 216.38 | | |
| | 中砂 | m³ | 1.92 | 55.18 | 105.95 | | |
| | 其他材料费 | | | | 26.56 | | |
| | 材料费小计 | | | | 348.84 | | 1484.34 |

## 工程量清单综合单价分析表

工程名称：××法院法庭工程　　标段：装饰装修工程　　共6页，第4页

| 清单项目编码 | 020204003002 | 项目名称 | | 块料外墙面（灰色） | | 清单计量单位 | | m² |
|---|---|---|---|---|---|---|---|---|
| 清单综合单价组成明细 ||||||||||

| 定额编号 | 定额名称 | 定额单位 | 数量 | 单价 ||||合价 ||||
|---|---|---|---|---|---|---|---|---|---|---|---|
| | | | | 人工费 | 材料费 | 机械费 | 管理费利润 | 人工费 | 材料费 | 机械费 | 管理费利润 |
| B2-208 | 外墙面贴灰色面砖 | 100m² | 4.7639 | 1757.46 | 2300.73 | 104.84 | 503.69 | 8372.36 | 10960.45 | 499.45 | 2399.53 |
| 人工单价 | | | 小计 | | | | | 8372.36 | 10960.45 | 499.45 | 2399.53 |
| 34元/工日 | | | 未计价材料费 | | | | | | | | |
| 清单项目综合单价 | | | | | | | | 46.67 | | | |

| 材料费明细 | 材料名称、规格、型号 | 单位 | 数量 | 单价 | 合价 | 暂估单价 | 暂估合价 |
|---|---|---|---|---|---|---|---|
| | 灰色墙面砖（194×94） | m² | 452.62 | | | 19.00 | 8599.78 |
| | 32.5复合硅酸盐水泥 | t | 5.068 | 287.74 | 1458.27 | | |
| | 中砂 | m³ | 13.07 | 55.18 | 721.20 | | |
| | 其他材料费 | | | | 181.20 | | |
| | 材料费小计 | | | | 2360.67 | | 8599.78 |

## 工程量清单综合单价分析表

工程名称：××法院法庭工程　　标段：装饰装修工程　　共6页，第5页

| 清单项目编码 | 020204003003 | 项目名称 | | 块料内墙面 | | 清单计量单位 | | m² |
|---|---|---|---|---|---|---|---|---|
| 清单综合单价组成明细 ||||||||||

| 定额编号 | 定额名称 | 定额单位 | 数量 | 单价 ||||合价 ||||
|---|---|---|---|---|---|---|---|---|---|---|---|
| | | | | 人工费 | 材料费 | 机械费 | 管理费利润 | 人工费 | 材料费 | 机械费 | 管理费利润 |
| B2-188 | 内墙贴瓷板 | 100m² | 2.4125 | 1440.58 | 3840.78 | 104.84 | 412.87 | 3475.40 | 9265.88 | 252.93 | 996.05 |
| A7-193 | 涂膜防水层 | 100m² | 2.4125 | 217.6 | 3952.05 | | 62.36 | 524.96 | 9534.32 | | 150.44 |
| 人工单价 | | | 小计 | | | | | 4000.36 | 18800.20 | 252.93 | 1146.49 |
| 34元/工日 | | | 未计价材料费 | | | | | | | | |
| 清单项目综合单价 | | | | | | | | 100.31 | | | |

| 材料费明细 | 材料名称、规格、型号 | 单位 | 数量 | 单价 | 合价 | 暂估单价 | 暂估合价 |
|---|---|---|---|---|---|---|---|
| | 瓷板（200×300） | m² | 249.69 | | | 31.75 | 7927.66 |
| | 32.5复合硅酸盐水泥 | t | 2.513 | 287.74 | 723.09 | | |
| | 中砂 | m³ | 6.72 | 55.18 | 370.81 | | |
| | JS-Ⅱ型防水涂料 | kg | 830.60 | 11.20 | 9302.72 | | |
| | 其他材料费 | | | | 475.92 | | |
| | 材料费小计 | | | | 10872.54 | | 7927.66 |

## 工程量清单综合单价分析表

工程名称：××法院法庭工程　　标段：装饰装修工程　　共6页，第6页

| 清单项目编码 | 020209001001 | 项目名称 | | 卫生间隔断 | | 清单计量单位 | | $m^2$ |
|---|---|---|---|---|---|---|---|---|

| 清单综合单价组成明细 ||||||||||
|---|---|---|---|---|---|---|---|---|---|
| 定额编号 | 定额名称 | 定额单位 | 数量 | 单价 ||| 合价 |||
| | | | | 人工费 | 材料费 | 机械费 | 管理费利润 | 人工费 | 材料费 | 机械费 | 管理费利润 |
| B2-345 | 浴厕隔断 | 100$m^2$ | 0.1363 | 2025.38 | 10468.20 | 79.66 | 580.47 | 276.06 | 1426.82 | 10.86 | 79.12 |
| B2-5-4 | 浴厕隔断油漆 | 100$m^2$ | 0.259 | 598.40 | 519.73 | | 171.50 | 154.99 | 134.61 | | 44.16 |
| 人工单价 ||| 小计 |||| 431.05 | 1561.43 | 10.86 | 123.28 |
| 34元/工日 ||| 未计价材料费 |||| | | | |
| 清单项目综合单价 |||||||| 156.03 |||

| 材料费明细 | 材料名称、规格、型号 | 单位 | 数量 | 单价 | 合价 | 暂估单价 | 暂估合价 |
|---|---|---|---|---|---|---|---|
| | 榉木夹板 | $m^2$ | 30.29 | 28.00 | 848.12 | | |
| | 杉木锯材 | $m^3$ | 0.180 | 1655.81 | 298.05 | | |
| | 醇酸磁漆 | kg | 2.80 | 15.79 | 44.21 | | |
| | 无光调和漆 | kg | 6.66 | 11.26 | 74.99 | | |
| | 其他材料费 | | | | 296.06 | | |
| | 材料费小计 | | | | 1561.43 | | |

### 过程3.2.5　填写分部分项工程量清单计价表，汇总分部分项工程费用

通过以上综合单价分析测算，在工程量清单及计价表中填写各清单项目的综合单价，各清单项目综合单价乘以其相应的清单工程量得各清单项目分部分项工程费，同时将发生材料暂估价的项目也要汇总，得出墙柱面工程各分部分项工程费用及材料暂估价的总额，分部分项工程量清单与计价表见下表所示。

## 分部分项工程量清单与计价表

工程名称：××法院法庭工程　　标段：装饰装修工程　　共1页，第1页

| 序号 | 项目编码 | 项目名称 | 项目特征描述 | 计量单位 | 工程量 | 金额（元） |||
|---|---|---|---|---|---|---|---|---|
| | | | | | | 综合单价 | 合价 | 其中暂估价 |
| B.1 墙柱面工程 |||||||||
| 1 | 020201001001 | 内墙面一般抹灰 | 1. 砖墙面<br>2. 14厚1:3水泥砂浆打底<br>3. 6厚1:2.5水泥砂浆找平 | $m^2$ | 1231.69 | 13.48 | 16603.18 | |

续表

| 序号 | 项目编码 | 项目名称 | 项目特征描述 | 计量单位 | 工程量 | 综合单价 | 合价 | 其中暂估价 |
|---|---|---|---|---|---|---|---|---|
| | | | B.1 墙柱面工程 | | | | | |
| 2 | 020201001002 | 外墙面一般抹灰 | 1. 砖墙面<br>2. 14厚1:3水泥砂浆打底<br>3. 6厚1:2.5水泥砂浆找平 | m² | 170.77 | 13.48 | 2301.98 | |
| 3 | 020204003001 | 块料外墙面（白色） | 1. 砖墙面<br>2. 14厚1:3水泥砂浆打底找平<br>3. 6厚1:2.5水泥砂浆结合层<br>4. 95×95外墙白色面砖<br>5. 5mm灰缝宽，1:1水泥砂浆嵌缝 | m² | 69.09 | 54.55 | 3768.86 | 1484.34 |
| 4 | 020204003002 | 块料外墙面（灰色） | 1. 砖墙面<br>2. 14厚1:3水泥砂浆打底找平<br>3. 6厚1:2.5水泥砂浆结合层<br>4. 194×94外墙灰色面砖<br>5. 5mm灰缝宽，1:1水泥砂浆嵌缝 | m² | 464.84 | 46.67 | 22233.12 | 8599.78 |
| 5 | 020204003003 | 块料内墙面 | 1. 砖墙面<br>2. 9厚1:3水泥砂浆打底<br>3. 1.5厚JS-Ⅱ型涂膜防水层<br>4. 5厚1:2水泥砂浆粘结层<br>5. 200×300白色瓷板砖 | m² | 241.25 | 100.31 | 24199.79 | 7927.66 |

续表

| 序号 | 项目编码 | 项目名称 | 项目特征描述 | 计量单位 | 工程量 | 金额（元） | | |
|---|---|---|---|---|---|---|---|---|
| | | | | | | 综合单价 | 合价 | 其中暂估价 |
| | | | B.1 墙柱面工程 | | | | | |
| 6 | 020209001001 | 隔断 | 1. 杉木骨架断面尺寸为 50×70<br>2. 隔板材料采用 3mm 厚榉木夹板<br>3. 隔断刷调合漆两遍 | m² | 13.63 | 156.03 | 2126.69 | |
| | | | 合 价 | | | | 71233.62 | 18011.78 |

## 任务 3.3　天棚工程工程量清单报价

本任务主要包括编制××法院法庭工程天棚抹灰工程的工程量清单及工程量清单报价书，编制过程中主要依据《计价规范》、天棚抹灰工程的工程做法、各工料机市场价格及消耗量定额，重点突出综合单价的测算方法和测算过程。

### 过程 3.3.1　天棚工程施工图识读

根据建施 1 建筑设计说明，××法院法庭工程的天棚工程为水泥砂浆打底找平，面层喷白色乳胶漆；与天棚工程相关的各分项工程的具体做法参看建施 1 设计说明。

### 过程 3.3.2　天棚工程清单工程量计算

查阅《计价规范》附录 B 装饰装修工程工程量清单计价项目及计算规则（B.3 天棚工程），熟悉天棚工程项目划分，掌握各分项工程项目编码、项目特征、计量单位、工程内容及计算规则，计算并复核分项工程清单工程量，编制天棚工程各分部分项工程量清单。工程量清单编制时要熟悉清单规范中每个分项工程的工作内容，重点做好各分项工程的项目特征描述，尤其是天棚抹灰基层类型、抹灰厚度、材料、种类及砂浆配合比等，作为投标报价的主要依据，必须确保项目特征描述准确完整，以保证投标报价的准确性。

**1. 熟悉清单项目划分及其工程量计算规则**

本工程主要应用的天棚工程清单项目是天棚抹灰，其清单工程量计算规则是按设计图示尺寸以水平投影面积计算。不扣除间壁墙、垛、柱、附墙烟囱、检查口和管道所占面积；带梁天棚、梁两侧抹灰面积并入天棚面积内；板式楼梯底面抹灰按斜面积计算；锯齿形楼梯底板抹灰按展开面积计算。

**2. 清单工程量计算**

依据工程量清单项目的划分及施工图纸中天棚工程的施工做法，结合项目清单工程量计算规则，进行天棚工程各项目的清单工程量的计算，见表3-5所示。

清单工程量计算表　　　　　　　表3-5

工程名称：××法院法庭工程　　　标段：装饰装修工程

| 序号 | 项目编码 | 项目名称 | 单位 | 工程数量 | 计算式 |
|---|---|---|---|---|---|
| 1 | 020301001001 | 天棚抹灰 | m² | 713.62 | $S$＝楼地面清单工程量＋$S$楼梯天棚面积＋$S$梁侧壁抹灰<br>1. 楼地面清单工程量＝337.94＋282.29＝620.23m²<br>2. 楼梯天棚面积：＝3.08×（5.4－0.12×2）×1.134＋2.02×（5.4－0.12×2）＋（5.4－0.12×2）×（0.5－0.1＋0.5－0.1－0.1）＝32.06m²<br>3. 梁侧壁抹灰：＝（3.9－0.12－0.1）×4×2×（0.7－0.1）×2＋［（5.4－0.18－0.12）×2×2＝（2.1－0.12×2）］×（0.5－0.12）×2＋（2.1－0.12×2）×2×2×（0.18－0.12）＋（5.4－0.12×2）×［（0.5－0.14）＋（0.5－0.12）＋（0.5－0.12）＋（0.5－0.12－0.1）］＝61.33m²<br>合计 620.23＋32.06＋61.33＝713.62m² |
| 2 | 020301001002 | 天棚抹灰（厨房、卫生间） | m² | 56.01 | 一层卫生间（3.9－0.12×2）×（5.4－0.18－0.12）＝18.67m²<br>二层卫生间、厨房（5.4－0.18－0.12）×（3.9－0.12×2）×2＝37.34m²<br>合计 18.67＋37.34＝56.01m² |

## 过程3.3.3 天棚工程计价工程量计算

**1. 熟悉计价工程量计算规则**

本工程主要应用的天棚抹灰工程的计价工程量计算规则与清单工程量计算规则相同，不再重复叙述了。

**2. 计价工程量计算**

在计算计价工程量时，不但要计算每个清单项目主项的计价工程量，同时还要计算清单项目所包含的附项的计价工程量。在这里要考虑卫生间天棚工程的工程做法，要注意计算刷过氯乙烯清漆一遍这个附项工程量，具体计算过程见表3-6所示。

**计价工程量计算表**　　　　　　　　　表 3-6

工程名称：××法院法庭工程　　　标段：装饰装修工程

| 序号 | 项目编码 | 项目名称 | | 单位 | 工程数量 | 计算式 |
|---|---|---|---|---|---|---|
| 1 | 020301001001 | 主项 | 天棚抹灰 | m² | 713.62 | 同清单工程量＝713.62m² |
| 2 | 020301001002 | 主项 | 天棚抹灰（厨房、卫生间） | m² | 56.01 | 同清单工程量＝56.01m² |
|   |   | 附项 | 刷过氯乙烯清漆一遍 | m² | 56.01 | 同天棚抹灰工程量＝56.01m² |

## 过程 3.3.4　天棚工程综合单价计算

### 1. 综合单价计算

天棚工程综合单价计算方法同楼地面工程，即工料机用量主要参照定额消耗量，工料机单价由投标人根据企业自身经营情况和工程实际结合市场价确定，管理费率和利润率仍然分别按照 25.15% 和 3.51% 计算，综合单价中已包含承包商应考虑的合理风险。

### 2. 综合单价分析表填写

天棚工程的工程量清单综合单价分析表填写时，只分析主要材料的用量，其他材料全合并到其他材料费中，学习过程中要注意。本工程天棚工程的清单项目的综合单价分析表的填写见下表所示。

**工程量清单综合单价分析表**

工程名称：××法院法庭工程　　　标段：装饰装修工程　　　共 2 页，第 1 页

| 清单项目编码 | 020301001001 | | 项目名称 | | 天棚抹灰 | | 清单计量单位 | | | m² |
|---|---|---|---|---|---|---|---|---|---|---|
| 清单综合单价组成明细 ||||||||||| 
| 定额编号 | 定额名称 | 定额单位 | 数量 | 单价 ||||合价 ||||
| | | | | 人工费 | 材料费 | 机械费 | 管理费利润 | 人工费 | 材料费 | 机械费 | 管理费利润 |
| B3-3 | 天棚抹灰 | 100m² | 7.1362 | 670.14 | 414.28 | 19.24 | 192.06 | 4782.25 | 2956.39 | 137.30 | 1370.58 |
| 人工单价 | | 小计 |||||| 4782.25 | 2956.39 | 137.30 | 1370.58 |
| 34元/工日 | | 未计价材料费 |||||| | | | |
| 清单项目综合单价 ||||||||| 12.96 |||
| 材料费明细 | 材料名称、规格、型号 ||| 单位 | 数量 | 单价 | 合价 | 暂估单价 | 暂估合价 |||
| | 32.5 复合硅酸盐水泥 ||| t | 5.457 | 287.74 | 1570.20 | | |||
| | 中砂 ||| m³ | 15.30 | 55.18 | 844.25 | | |||
| | 其他材料费 |||||| 541.94 | | |||
| | 材料费小计 |||||| 2956.39 | | |||

**工程量清单综合单价分析表**

工程名称：××法院法庭工程　　标段：装饰装修工程　　共2页，第2页

| 清单项目编码 | 020301001002 | 项目名称 | | 天棚抹灰（厨房、卫生间） | | 清单计量单位 | | m² |
|---|---|---|---|---|---|---|---|---|
| 清单综合单价组成明细 |||||||||
| 定额编号 | 定额名称 | 定额单位 | 数量 | 单价 ||||  合价 ||||
| | | | | 人工费 | 材料费 | 机械费 | 管理费利润 | 人工费 | 材料费 | 机械费 | 管理费利润 |
| B3-3 | 天棚抹灰 | 100m² | 0.5601 | 670.14 | 414.28 | 19.24 | 192.06 | 375.35 | 232.04 | 10.78 | 107.57 |
| B5-206 | 刷过氯乙烯清漆一遍 | 100m² | 0.5601 | 61.20 | 590.51 | | 17.54 | 34.28 | 330.75 | | 9.82 |
| 人工单价 | | | 小计 |||| 409.63 | 562.79 | 10.78 | 117.39 |
| 34元/工日 | | | 未计价材料费 |||||||||
| 清单项目综合单价 |||||||| 19.65 ||||

| 材料费明细 | 材料名称、规格、型号 | 单位 | 数量 | 单价 | 合价 | 暂估单价 | 暂估合价 |
|---|---|---|---|---|---|---|---|
| | 32.5复合硅酸盐水泥 | t | 0.428 | 287.74 | 123.15 | | |
| | 中砂 | m³ | 1.20 | 55.18 | 66.22 | | |
| | 过氯乙烯清漆 | kg | 14.70 | 17.39 | 255.63 | | |
| | 过氯乙烯稀释剂 | kg | 7.17 | 10.47 | 75.07 | | |
| | 其他材料费 | | | | 42.72 | | |
| | 材料费小计 | | | | 562.79 | | |

## 过程3.3.5　填写分部分项工程量清单计价表，汇总分部分项工程费用

通过以上综合单价分析测算，可以在工程量清单及计价表中填写综合单价并进行汇总分部分项工程费用，具体见下表所示。

**分部分项工程量清单与计价表**

工程名称：××法院法庭工程　　标段：装饰装修工程　　共1页，第1页

| 序号 | 项目编码 | 项目名称 | 项目特征描述 | 计量单位 | 工程量 | 金额（元） |||
|---|---|---|---|---|---|---|---|---|
| | | | | | | 综合单价 | 合价 | 其中暂估价 |
| | | | B.3 天棚工程 | | | | | |
| 1 | 020301001001 | 天棚抹灰 | 1. 现浇钢筋混凝土楼板<br>2. 14厚1:3水泥砂浆打底<br>3. 5厚1:2.5水泥砂浆抹面 | m² | 713.62 | 12.96 | 9248.52 | |

续表

| 序号 | 项目编码 | 项目名称 | 项目特征描述 | 计量单位 | 工程量 | 金额（元） | | |
|---|---|---|---|---|---|---|---|---|
| | | | | | | 综合单价 | 合价 | 其中暂估价 |
| | | | B.3 天棚工程 | | | | | |
| 2 | 020301001002 | 天棚抹灰（卫生间、厨房） | 1. 现浇钢筋混凝土楼板<br>2. 5厚1∶3水泥砂浆打底<br>3. 5厚1∶2.5水泥砂浆抹面<br>4. 过氯乙烯清漆一遍 | m² | 56.01 | 19.65 | 1100.60 | |
| | | | 合价 | | | | 10349.12 | |

## 任务3.4 门窗工程工程量清单报价

本任务主要包括编制××法院法庭工程塑钢窗、全玻地弹门、单层镶板门、不锈钢防盗窗、大理石窗台板等分项工程的工程量清单及工程量清单报价，编制过程中主要依据《计价规范》、门窗工程各分项工程的工程做法、各工料机市场价格及消耗量定额，重点突出综合单价的测算方法和测算过程。

### 过程3.4.1 门窗工程施工图识读

根据××法院法庭工程建筑设计说明、立面图和平面图，了解到窗为塑钢窗，卫生间和厨房的门及室内各房间均采用单层胶合板门，一层外窗均加不锈钢防盗窗，窗台板采用人造大理石，工程相关的各分项工程的具体做法参看建筑设计说明。

### 过程3.4.2 门窗工程清单工程量计算

查阅《计价规范》附录B装饰装修工程工程量清单计价项目及计算规则（B.4门窗工程），熟悉门窗工程项目划分，掌握各分项工程项目编码、项目特征、计量单位、工程内容及计算规则，计算并复核分项工程清单工程量，编制门窗工程各分部分项工程量清单。工程量清单编制时要熟悉清单规范中每个分项工程的工作内容，重点做好各分项工程的项目特征描述，尤其是门窗材质、尺寸、门窗框规格等，作为投标报价的主要依据。

**1. 熟悉清单项目划分及其工程量计算规则**

本工程常用的门窗工程的清单项目的计算规则如下：

（1）木门、金属门、其他门及金属窗，按设计图示数量或设计图示洞口尺寸以面积计算。

（2）金属防盗窗按设计图示数量或设计图示洞口尺寸以面积计算。

（3）窗台板按设计图示尺寸以长度计算。

## 2. 清单工程量计算

门窗工程清单工程量的计算过程见表 3-7 所示。

清单工程量计算表  表 3-7

工程名称：××法院法庭工程　　标段：装饰装修工程

| 序号 | 项目编码 | 项目名称 | 单位 | 工程数量 | 计算式 |
|---|---|---|---|---|---|
| 1 | 020401004001 | 胶合板门（M0822） | 樘 | 5 | 5 樘<br>洞口尺寸：800mm×2200mm |
| 2 | 020401004002 | 胶合板门（M1022） | 樘 | 14 | 14 樘<br>洞口尺寸：1000mm×2200mm |
| 3 | 020401004003 | 胶合板门（M1522） | 樘 | 2 | 2 樘<br>洞口尺寸：1500mm×2200mm |
| 4 | 020402003001 | 金属地弹门 | 樘 | 1 | 1 樘<br>门洞尺寸：3600mm×3100mm |
| 5 | 020406007001 | 塑钢窗（C0606） | 樘 | 2 | 2 樘<br>洞口尺寸：600mm×600mm |
| 6 | 020406007002 | 塑钢窗（C1218） | 樘 | 14 | 14 樘<br>洞口尺寸：1200mm×1800mm |
| 7 | 020406007003 | 塑钢窗（C1221） | 樘 | 14 | 14 樘<br>洞口尺寸：1200mm×2100mm |
| 8 | 020406007004 | 塑钢窗（C1818） | 樘 | 6 | 6 樘<br>洞口尺寸：1800mm×1800mm |
| 9 | 020406007005 | 塑钢窗（C1821） | 樘 | 2 | 2 樘<br>洞口尺寸：1800mm×2100mm |
| 10 | 020406007006 | 塑钢窗（C2718） | 樘 | 1 | 1 樘<br>洞口尺寸：2700mm×1800mm |
| 11 | 020406007007 | 塑钢窗（C1521） | 樘 | 4 | 4 樘<br>洞口尺寸：1500mm×2100mm |
| 12 | 020406007008 | 塑钢窗（C3618） | 樘 | 1 | 1 樘<br>洞口尺寸：3600mm×1800mm |
| 13 | 020406008001 | 金属防盗窗 | 樘 | 14 | 14 樘<br>窗洞口尺寸：1200mm×2100mm |
| 14 | 020406008002 | 金属防盗窗 | 樘 | 4 | 4 樘<br>窗洞口尺寸：1500mm×2100mm |
| 15 | 020406008003 | 金属防盗窗 | 樘 | 2 | 2 樘<br>窗洞口尺寸：1800mm×2100mm |
| 16 | 020409003001 | 石材窗台板 | m | 59.8 | $(1.2+0.2)\times14+(1.2+0.2)\times14+(1.8+0.2)\times4+(1.8+0.2)+(1.5+0.2)\times4+(3.6+0.2)=59.8$m |

## 过程 3.4.3　门窗工程计价工程量计算

### 1. 熟悉计价工程量计算规则

本工程所应用的门窗工程计价工程量计算规则如下：

（1）各类木门窗制作、安装均按门窗洞口面积计算。

（2）铝合金门窗、塑钢门窗安装均按洞口面积以平方米计算。

（3）防盗窗按框外围面积以平方米计算。

(4) 窗台板按实铺面积计算。

## 2. 计价工程量计算

由于工程量清单项目综合程度高，在计算计价工程量时不但要计算每个清单项目主项的计价工程量，同时还要计算清单项目所包含的附项的计价工程量。具体计算时，要根据工程量清单计价规范和投标报价所依据的定额项目内容划分的情况，确定具体的计算项目，见表3-8所示。

**计价工程量计算表**

工程名称：××法院法庭工程　　　　　标段：装饰装修工程　　　　　表3-8

| 序号 | 项目编码 | | 项目名称 | 单位 | 工程数量 | 计算式 |
|---|---|---|---|---|---|---|
| 1 | 020401001001 | 主项 | 单扇胶合板门门框、门扇制作、安装（M0822） | m² | 8.8 | 0.8×2.2×5＝8.8m² |
| | | 附项 | 木门刷调合漆 | m² | 8.8 | 0.8×2.2×5＝8.8m² |
| | | | 木门运输 | m² | 8.8 | 0.8×2.2×5＝8.8m² |
| 2 | 020401001002 | 主项 | 单扇胶合板门门框、门扇制作、安装（M1222） | m² | 30.8 | 1.0×2.2×14＝30.8m² |
| | | 附项 | 木门刷调合漆 | m² | 30.8 | 1.0×2.2×14＝30.8m² |
| | | | 木门运输 | m² | 30.8 | 1.0×2.2×14＝30.8m² |
| 3 | 020401001003 | 主项 | 双扇胶合板门门框、门扇制作、安装（M1222） | m² | 6.6 | 1.5×2.2×2＝6.6m² |
| | | 附项 | 木门刷调合漆 | m² | 6.6 | 1.5×2.2×2＝6.6m² |
| | | | 木门运输 | m² | 6.6 | 1.5×2.2×2＝6.6m² |
| 4 | 020402003001 | 主项 | 金属地弹门 | m² | 11.16 | 3.6×3.1＝11.16m² |
| 5 | 020406007001 | 主项 | 塑钢窗（C0606） | m² | 0.72 | 0.6×0.6×2＝0.72m² |
| 6 | 020406007002 | 主项 | 塑钢窗（C1218） | m² | 30.24 | 1.2×1.8×14＝30.24m² |
| 7 | 020406007003 | 主项 | 塑钢窗（C1221） | m² | 35.28 | 1.2×2.1×14＝35.28m² |
| 8 | 020406007004 | 主项 | 塑钢窗（C1818） | m² | 19.44 | 1.8×1.8×6＝19.44m² |
| 9 | 020406007005 | 主项 | 塑钢窗（C1821） | m² | 7.56 | 1.8×2.1×2＝7.56m² |
| 10 | 020406007006 | 主项 | 塑钢窗（C2718） | m² | 4.86 | 2.7×1.8＝4.86m² |
| 11 | 020406007007 | 主项 | 塑钢窗（C1521） | m² | 12.6 | 1.5×2.1×4＝12.6m² |
| 12 | 020406007008 | 主项 | 塑钢窗（C3618） | m² | 6.48 | 3.6×1.8＝6.48m² |
| 13 | 020406008001 | 主项 | 金属防盗窗（C1221） | m² | 35.28 | 1.2×2.1×14m² |
| 14 | 020406008002 | 主项 | 金属防盗窗（C1521） | m² | 12.6 | 1.5×2.1×4m² |
| 15 | 020406008003 | 主项 | 金属防盗窗（C1821） | m² | 7.56 | 1.8×2.1×2m² |
| 16 | 020409003001 | 主项 | 石材窗台板 | m² | 10.82 | (1.2×28+1.8×4+1.8×1.5×4+3.6)×0.15+[(1.2+0.2)×28+(1.8+0.2)×4+1.8+0.2+(1.5+0.2)×4+3.6+0.2]×0.05＝10.82m² |

## 过程 3.4.4 门窗工程综合单价计算

### 1. 综合单价计算

门窗工程综合单价计算方法同楼地面工程，即工料机用量主要参照定额消耗量，工料机单价由投标人根据企业自身经营情况和工程实际确定，管理费率和利润率仍分别按照 25.15% 和 3.51% 计算。

### 2. 综合单价分析表填写

门窗工程综合单价分析表填写时，塑钢窗和不锈钢防盗窗按暂估价计算，具体见下表所示。

**工程量清单综合单价分析表**

工程名称：××法院法庭工程　　标段：装饰装修工程　　共 16 页，第 1 页

| 清单项目编码 | 020401001001 | | 项目名称 | | 胶合板门(M0822) | | 清单计量单位 | | 樘 |
|---|---|---|---|---|---|---|---|---|---|

| 清单综合单价组成明细 ||||||||||
|---|---|---|---|---|---|---|---|---|---|---|
| 定额编号 | 定额名称 | 定额单位 | 数量 | 单价 ||||合价 ||||
| | | | | 人工费 | 材料费 | 机械费 | 管理费利润 | 人工费 | 材料费 | 机械费 | 管理费利润 |
| B4-32 | 单扇胶合板门门框制作安装 | 100m² | 0.088 | 898.28 | 4774.64 | 80.28 | 257.45 | 79.05 | 420.17 | 7.07 | 22.66 |
| B4-33 | 单扇胶合板门门扇制作安装 | 100m² | 0.088 | 1370.54 | 5622.33 | 415.68 | 392.80 | 120.61 | 494.77 | 36.58 | 34.57 |
| B5-37 | 木门刷调合漆 | 100m² | 0.088 | 850.00 | 1029.33 | | 243.61 | 74.80 | 90.58 | | 21.44 |
| B4-145 | 木门运输（运距5km以内） | 100m² | 0.088 | 42.16 | | 232.56 | 12.08 | 3.71 | | 20.47 | 1.06 |
| 人工单价 | | | 小计 | | | | | 278.17 | 1005.52 | 64.12 | 79.73 |
| 34 元/工日 | | | 未计价材料费 | | | | | | | | |
| | | | 清单项目综合单价 | | | | | 285.51 | | | |

| | 材料名称、规格、型号 | 单位 | 数量 | 单价 | 合价 | 暂估单价 | 暂估合价 |
|---|---|---|---|---|---|---|---|
| 材料费明细 | 一等板方材 | m³ | 0.389 | 1655.81 | 644.11 | | |
| | 木材干燥损耗 | m³ | 0.025 | 1655.81 | 41.40 | | |
| | 胶合板三夹 | m² | 17.72 | 6.87 | 121.74 | | |
| | 醇酸磁漆 | m | 1.89 | 15.79 | 29.84 | | |
| | 无光调合漆 | kg | 4.48 | 11.26 | 50.45 | | |
| | 其他材料费 | | | | 117.98 | | |
| | 材料费小计 | | | | 1005.52 | | |

## 工程量清单综合单价分析表

工程名称：××法院法庭工程　　标段：装饰装修工程　　共16页，第2页

| 清单项目编码 | 020401001002 | 项目名称 | | 胶合板门(M1022) | | 清单计量单位 | | 樘 |
|---|---|---|---|---|---|---|---|---|

| 清单综合单价组成明细 ||||||||||
|---|---|---|---|---|---|---|---|---|---|
| 定额编号 | 定额名称 | 定额单位 | 数量 | 单价 |||| 合价 ||
| | | | | 人工费 | 材料费 | 机械费 | 管理费利润 | 人工费 | 材料费 | 机械费 | 管理费利润 |
| B4-32 | 单扇胶合板门门框制作安装 | 100m² | 0.3080 | 898.28 | 4774.64 | 80.28 | 257.45 | 276.67 | 1470.59 | 24.73 | 79.30 |
| B4-33 | 单扇胶合板门门扇制作安装 | 100m² | 0.3080 | 1370.54 | 5622.33 | 415.68 | 392.80 | 422.13 | 1731.68 | 128.03 | 120.98 |
| B5-37 | 木门刷调合漆 | 100m² | 0.3080 | 850.00 | 1029.33 | | 243.61 | 261.80 | 317.03 | | 75.03 |
| B4-145 | 木门运输（运距5km以内） | 100m² | 0.3080 | 42.16 | | 232.56 | 12.08 | 12.99 | | 71.63 | 3.72 |
| 人工单价 | | | 小计 | | | | | 973.59 | 3519.30 | 224.39 | 279.03 |
| 34元/工日 | | | 未计价材料费 | | | | | | | | |
| | | | 清单项目综合单价 | | | | | 356.88 | | | |

| 材料费明细 | 材料名称、规格、型号 | 单位 | 数量 | 单价 | 合价 | 暂估单价 | 暂估合价 |
|---|---|---|---|---|---|---|---|
| | 一等板方材 | m³ | 1.361 | 1655.81 | 2253.56 | | |
| | 木材干燥损耗 | m³ | 0.088 | 1655.81 | 145.71 | | |
| | 胶合板三夹 | m² | 62.02 | 6.87 | 426.08 | | |
| | 醇酸磁漆 | m | 6.60 | 15.79 | 104.21 | | |
| | 无光调合漆 | kg | 15.69 | 11.26 | 176.67 | | |
| | 其他材料费 | | | | 413.07 | | |
| | 材料费小计 | | | | 3519.30 | | |

## 工程量清单综合单价分析表

工程名称：××法院法庭工程　　标段：装饰装修工程　　共16页，第3页

| 清单项目编码 | 020401001003 | 项目名称 | | 胶合板门(M1522) | | 清单计量单位 | | 樘 |
|---|---|---|---|---|---|---|---|---|

<table>
<tr><th colspan="9">清单综合单价组成明细</th></tr>
<tr><th rowspan="2">定额编号</th><th rowspan="2">定额名称</th><th rowspan="2">定额单位</th><th rowspan="2">数量</th><th colspan="2">单价</th><th colspan="3">合价</th></tr>
<tr><th>人工费　材料费</th><th>机械费　管理费利润</th><th>人工费　材料费</th><th>机械费</th><th>管理费利润</th></tr>
<tr><td>B4-34</td><td>双扇胶合板门门框制作安装</td><td>100m²</td><td>0.0660</td><td>600.78　2818.86</td><td>48.02　172.18</td><td>39.65　186.05</td><td>3.17</td><td>11.36</td></tr>
<tr><td>B4-35</td><td>双扇胶合板木门门扇制作安装</td><td>100m²</td><td>0.0660</td><td>1454.18　5752.08</td><td>430.80　416.77</td><td>95.98　379.64</td><td>28.43</td><td>27.51</td></tr>
<tr><td>B5-37</td><td>木门刷调合漆</td><td>100m²</td><td>0.0660</td><td>850.00　1029.33</td><td>　　　243.61</td><td>56.10　67.94</td><td></td><td>16.08</td></tr>
<tr><td>B4-145</td><td>木门运输(运距5km以内)</td><td>100m²</td><td>0.0660</td><td>42.16　232.56</td><td>　　　12.08</td><td>2.78　15.35</td><td></td><td>0.80</td></tr>
<tr><td colspan="2">人工单价</td><td colspan="3">小计</td><td>194.51　633.63</td><td>46.95</td><td>55.75</td></tr>
<tr><td colspan="2">34元/工日</td><td colspan="3">未计价材料费</td><td></td><td></td><td></td></tr>
<tr><td colspan="5">清单项目综合单价</td><td colspan="4">465.42</td></tr>
</table>

| | 材料名称、规格、型号 | 单位 | 数量 | 单价 | 合价 | 暂估单价 | 暂估合价 |
|---|---|---|---|---|---|---|---|
| 材料费明细 | 一等板方材 | m³ | 0.225 | 1655.81 | 372.56 | | |
| | 木材干燥损耗 | m³ | 0.015 | 1655.81 | 24.84 | | |
| | 胶合板三夹 | m² | 14.24 | 6.87 | 97.83 | | |
| | 醇酸磁漆 | m | 1.41 | 15.79 | 22.26 | | |
| | 无光调合漆 | kg | 3.36 | 11.26 | 37.83 | | |
| | 其他材料费 | | | | 78.31 | | |
| | 材料费小计 | | | | 633.63 | | |

## 工程量清单综合单价分析表

工程名称：××法院法庭工程　　标段：装饰装修工程　　共16页，第4页

| 清单项目编码 | 020402003001 | | 项目名称 | | 金属地弹门 | | | 清单计量单位 | | | 樘 |
|---|---|---|---|---|---|---|---|---|---|---|---|
| 清单综合单价组成明细 ||||||||||||
| 定额编号 | 定额名称 | 定额单位 | 数量 | 单价 ||||合价 ||||
| | | | | 人工费 | 材料费 | 机械费 | 管理费利润 | 人工费 | 材料费 | 机械费 | 管理费利润 |
| B4-51 | 铝合金全玻地弹门 | m² | 11.16 | 19.04 | 281.60 | 1.20 | 5.46 | 212.49 | 3142.66 | 13.39 | 60.93 |
| 人工单价 ||| 小计 |||| | 212.49 | 3142.66 | 13.39 | 60.93 |
| 34元/工日 ||| 未计价材料费 |||||||||
| 清单项目综合单价 |||||||| 3429.47 ||||

| 材料费明细 | 材料名称、规格、型号 | 单位 | 数量 | 单价 | 合价 | 暂估单价 | 暂估合价 |
|---|---|---|---|---|---|---|---|
| | 全玻地弹门 | m² | 10.71 | | | 261.12 | 2797.54 |
| | 平板玻璃6mm厚 | m² | 0.96 | 23.10 | 247.48 | | |
| | 其他材料费 | | | | 97.64 | | |
| | 材料费小计 | | | | 345.12 | | 2797.54 |

## 工程量清单综合单价分析表

工程名称：××法院法庭工程　　标段：装饰装修工程　　共16页，第5页

| 清单项目编码 | 020406007001 | | 项目名称 | | 塑钢窗(C0606) | | | 清单计量单位 | | | 樘 |
|---|---|---|---|---|---|---|---|---|---|---|---|
| 清单综合单价组成明细 ||||||||||||
| 定额编号 | 定额名称 | 定额单位 | 数量 | 单价 ||||合价 ||||
| | | | | 人工费 | 材料费 | 机械费 | 管理费利润 | 人工费 | 材料费 | 机械费 | 管理费利润 |
| B4-171 | 塑钢推拉窗(C0606) | 100m² | 0.0072 | 2448.00 | 35620.61 | 102.69 | 701.60 | 17.63 | 256.47 | 0.74 | 5.05 |
| 人工单价 ||| 小计 |||| | 17.63 | 256.47 | 0.74 | 5.05 |
| 34元/工日 ||| 未计价材料费 |||||||||
| 清单项目综合单价 |||||||| 139.95 ||||

| 材料费明细 | 材料名称、规格、型号 | 单位 | 数量 | 单价 | 合价 | 暂估单价 | 暂估合价 |
|---|---|---|---|---|---|---|---|
| | 塑钢窗带纱窗 | m² | 0.58 | 300.00 | 174.96 | | |
| | 中空玻璃(6白玻璃+12空气层厚+6白玻璃) | m² | 0.53 | 86.97 | 45.71 | | |
| | 其他材料费 | | | | 35.80 | | |
| | 材料费小计 | | | | 256.47 | | |

## 工程量清单综合单价分析表

工程名称：××法院法庭工程　　标段：装饰装修工程　　共16页，第6页

| 清单项目编码 | 020406007002 | 项目名称 | | | 塑钢窗(C1218) | | | 清单计量单位 | | 樘 |
|---|---|---|---|---|---|---|---|---|---|---|
| 清单综合单价组成明细 ||||||||||||
| 定额编号 | 定额名称 | 定额单位 | 数量 | 单价 ||||合价||||
| | | | | 人工费 | 材料费 | 机械费 | 管理费利润 | 人工费 | 材料费 | 机械费 | 管理费利润 |
| B4-171 | 塑钢推拉窗(C1218) | 100m² | 0.3024 | 2448.00 | 35620.61 | 102.69 | 701.60 | 740.28 | 10771.67 | 31.05 | 212.16 |
| 人工单价 ||| 小计 |||| 740.28 | 10771.67 | 31.05 | 212.16 |
| 34元/工日 ||| 未计价材料费 ||||||||
| 清单项目综合单价 |||||||| 839.65 ||||

| 材料费明细 | 材料名称、规格、型号 | 单位 | 数量 | 单价 | 合价 | 暂估单价 | 暂估合价 |
|---|---|---|---|---|---|---|---|
| | 塑钢窗带纱窗 | m² | 24.49 | 300.00 | 7348.32 | | |
| | 中空玻璃(6白玻璃+12空气层厚+6白玻璃) | m² | 22.21 | 86.97 | 1931.31 | | |
| | 膨胀螺栓 | 套 | 191.72 | 1.26 | 241.57 | | |
| | 塑料压条 | m | 129.43 | 1.20 | 155.32 | | |
| | 连接件 | kg | 191.72 | 5.12 | 981.61 | | |
| | 其他材料费 | | | | 113.54 | | |
| | 材料费小计 | | | | 10771.67 | | |

## 工程量清单综合单价分析表

工程名称：××法院法庭工程　　标段：装饰装修工程　　共16页，第7页

| 清单项目编码 | 020406007003 | 项目名称 | | | 塑钢窗(C1221) | | | 清单计量单位 | | 樘 |
|---|---|---|---|---|---|---|---|---|---|---|
| 清单综合单价组成明细 ||||||||||||
| 定额编号 | 定额名称 | 定额单位 | 数量 | 单价 ||||合价||||
| | | | | 人工费 | 材料费 | 机械费 | 管理费利润 | 人工费 | 材料费 | 机械费 | 管理费利润 |
| B4-171 | 塑钢推拉窗(C1221) | 100m² | 0.3528 | 2448.00 | 35620.61 | 102.69 | 701.60 | 863.65 | 12566.95 | 36.23 | 247.53 |
| 人工单价 ||| 小计 |||| 863.65 | 12566.95 | 36.23 | 247.53 |
| 34元/工日 ||| 未计价材料费 ||||||||
| 清单项目综合单价 |||||||| 979.60 ||||

| 材料费明细 | 材料名称、规格、型号 | 单位 | 数量 | 单价 | 合价 | 暂估单价 | 暂估合价 |
|---|---|---|---|---|---|---|---|
| | 塑钢窗带纱窗 | m² | 28.58 | 300.00 | 8573.04 | | |
| | 中空玻璃(6白玻璃+12空气层厚+6白玻璃) | m² | 25.75 | 86.97 | 2239.86 | | |
| | 膨胀螺栓 | 套 | 223.68 | 1.26 | 281.84 | | |
| | 塑料压条 | m | 151.00 | 1.20 | 181.20 | | |
| | 连接件 | kg | 223.68 | 5.12 | 1145.24 | | |
| | 其他材料费 | | | | 145.77 | | |
| | 材料费小计 | | | | 12566.95 | | |

## 工程量清单综合单价分析表

工程名称：××法院法庭工程　　标段：装饰装修工程　　共16页，第8页

| 清单项目编码 | 020406007004 | 项目名称 | | | 塑钢窗(C1818) | | 清单计量单位 | | | 樘 |
|---|---|---|---|---|---|---|---|---|---|---|
| 清单综合单价组成明细 ||||||||||||

| 定额编号 | 定额名称 | 定额单位 | 数量 | 单价 ||||合价 ||||
|---|---|---|---|---|---|---|---|---|---|---|---|
| | | | | 人工费 | 材料费 | 机械费 | 管理费利润 | 人工费 | 材料费 | 机械费 | 管理费利润 |
| B4-171 | 塑钢推拉窗(C1818) | 100m² | 0.1944 | 2448.00 | 35620.61 | 102.69 | 701.60 | 475.89 | 6924.65 | 19.96 | 136.39 |
| 人工单价 ||| 小计 |||| 475.89 | 6924.65 | 19.96 | 136.39 |||
| 34元/工日 ||| 未计价材料费 ||||||||||
| 清单项目综合单价 |||||||| 1259.48 ||||

| | 材料名称、规格、型号 | 单位 | 数量 | 单价 | 合价 | 暂估单价 | 暂估合价 |
|---|---|---|---|---|---|---|---|
| 材料费明细 | 塑钢窗带纱窗 | m² | 15.75 | 300.00 | 4723.92 | | |
| | 中空玻璃(6白玻璃+12空气层厚+6白玻璃) | m² | 14.19 | 86.97 | 1234.21 | | |
| | 膨胀螺栓 | 套 | 123.25 | 1.26 | 155.30 | | |
| | 塑料压条 | m | 83.20 | 1.20 | 99.84 | | |
| | 连接件 | kg | 123.25 | 5.12 | 631.04 | | |
| | 其他材料费 ||||19.66 |||
| | 材料费小计 ||||6924.65 |||

## 工程量清单综合单价分析表

工程名称：××法院法庭工程　　标段：装饰装修工程　　共16页，第9页

| 清单项目编码 | 020406007005 | 项目名称 | | | 塑钢窗(C1821) | | 清单计量单位 | | | 樘 |
|---|---|---|---|---|---|---|---|---|---|---|
| 清单综合单价组成明细 ||||||||||||

| 定额编号 | 定额名称 | 定额单位 | 数量 | 单价 ||||合价 ||||
|---|---|---|---|---|---|---|---|---|---|---|---|
| | | | | 人工费 | 材料费 | 机械费 | 管理费利润 | 人工费 | 材料费 | 机械费 | 管理费利润 |
| B4-171 | 塑钢推拉窗(C1821) | 100m² | 0.0756 | 2448.00 | 35620.61 | 102.69 | 701.60 | 185.07 | 2692.92 | 7.76 | 53.04 |
| 人工单价 ||| 小计 |||| 185.07 | 2692.92 | 7.76 | 53.04 |||
| 34元/工日 ||| 未计价材料费 ||||||||||
| 清单项目综合单价 |||||||| 1469.40 ||||

| | 材料名称、规格、型号 | 单位 | 数量 | 单价 | 合价 | 暂估单价 | 暂估合价 |
|---|---|---|---|---|---|---|---|
| 材料费明细 | 钢窗带纱窗 | m² | 6.12 | 300.00 | 1837.08 | | |
| | 中空玻璃(6白玻璃+12空气层厚+6白玻璃) | m² | 5.52 | 86.97 | 479.97 | | |
| | 膨胀螺栓 | 套 | 47.93 | 1.26 | 60.39 | | |
| | 塑料压条 | m | 32.36 | 1.20 | 38.83 | | |
| | 连接件 | kg | 47.93 | 5.12 | 245.40 | | |
| | 其他材料费 ||||31.25 |||
| | 材料费小计 ||||2692.92 |||

## 工程量清单综合单价分析表

工程名称：××法院法庭工程　　标段：装饰装修工程　　共16页，第10页

| 清单项目编码 | 020406007006 | 项目名称 | | | 塑钢窗(C2718) | | | 清单计量单位 | | | 樘 |
|---|---|---|---|---|---|---|---|---|---|---|---|
| 清单综合单价组成明细 | | | | | | | | | | | |
| 定额编号 | 定额名称 | 定额单位 | 数量 | 单价 | | | | 合价 | | | |
| | | | | 人工费 | 材料费 | 机械费 | 管理费利润 | 人工费 | 材料费 | 机械费 | 管理费利润 |
| B4-171 | 塑钢推拉窗(C2718) | 100m² | 0.0486 | 2448.00 | 35620.61 | 102.69 | 701.60 | 118.97 | 1731.16 | 4.99 | 34.10 |
| 人工单价 | | | 小计 | | | | | 118.97 | 1731.16 | 4.99 | 34.10 |
| 34元/工日 | | | 未计价材料费 | | | | | | | | |
| 清单项目综合单价 | | | | | | | | 1889.22 | | | |
| 材料费明细 | 材料名称、规格、型号 | | | 单位 | 数量 | 单价 | 合价 | 暂估单价 | 暂估合价 | | |
| | 塑钢窗带纱窗 | | | m² | 3.94 | 300.00 | 1180.98 | | | | |
| | 中空玻璃(6白玻璃+12空气层厚+6白玻璃) | | | m² | 3.55 | 86.97 | 308.55 | | | | |
| | 膨胀螺栓 | | | 套 | 30.81 | 1.26 | 38.82 | | | | |
| | 塑料压条 | | | m | 20.80 | 1.20 | 24.96 | | | | |
| | 连接件 | | | kg | 30.81 | 5.12 | 157.75 | | | | |
| | 其他材料费 | | | | | | 20.10 | | | | |
| | 材料费小计 | | | | | | 1731.16 | | | | |

## 工程量清单综合单价分析表

工程名称：××法院法庭工程　　标段：装饰装修工程　　共16页，第11页

| 清单项目编码 | 020406007007 | 项目名称 | | | 塑钢窗(C1521) | | | 清单计量单位 | | | 樘 |
|---|---|---|---|---|---|---|---|---|---|---|---|
| 清单综合单价组成明细 | | | | | | | | | | | |
| 定额编号 | 定额名称 | 定额单位 | 数量 | 单价 | | | | 合价 | | | |
| | | | | 人工费 | 材料费 | 机械费 | 管理费利润 | 人工费 | 材料费 | 机械费 | 管理费利润 |
| B4-171 | 塑钢推拉窗(C1521) | 100m² | 0.126 | 2448.00 | 35620.61 | 102.69 | 701.60 | 308.45 | 4488.20 | 12.94 | 88.40 |
| 人工单价 | | | 小计 | | | | | 308.45 | 4488.20 | 12.94 | 88.40 |
| 34元/工日 | | | 未计价材料费 | | | | | | | | |
| 清单项目综合单价 | | | | | | | | 1224.50 | | | |
| 材料费明细 | 材料名称、规格、型号 | | | 单位 | 数量 | 单价 | 合价 | 暂估单价 | 暂估合价 | | |
| | 塑钢窗带纱窗 | | | m² | 10.21 | 300.00 | 3061.80 | | | | |
| | 中空玻璃(6白玻璃+12空气层厚+6白玻璃) | | | m² | 9.20 | 86.97 | 799.95 | | | | |
| | 膨胀螺栓 | | | 套 | 79.88 | 1.26 | 100.65 | | | | |
| | 塑料压条 | | | m | 53.93 | 1.20 | 64.72 | | | | |
| | 连接件 | | | kg | 79.88 | 5.12 | 408.99 | | | | |
| | 其他材料费 | | | | | | 52.09 | | | | |
| | 材料费小计 | | | | | | 4488.20 | | | | |

## 工程量清单综合单价分析表

工程名称：××法院法庭工程　　标段：装饰装修工程　　共16页，第12页

| 清单项目编码 | 020406007008 | 项目名称 | | 塑钢窗(C3618) | | 清单计量单位 | | 樘 | |
|---|---|---|---|---|---|---|---|---|---|
| 清单综合单价组成明细 | | | | | | | | | |
| 定额编号 | 定额名称 | 定额单位 | 数量 | 单价 | | | | 合价 | |
| | | | | 人工费 | 材料费 | 机械费 | 管理费利润 | 人工费 | 材料费 | 机械费 | 管理费利润 |

| 定额编号 | 定额名称 | 定额单位 | 数量 | 人工费 | 材料费 | 机械费 | 管理费利润 | 人工费 | 材料费 | 机械费 | 管理费利润 |
|---|---|---|---|---|---|---|---|---|---|---|---|
| B4-171 | 塑钢推拉窗(C3618) | 100m² | 0.0648 | 2448.00 | 35620.61 | 102.69 | 701.60 | 158.63 | 2308.22 | 6.65 | 45.46 |
| 人工单价 | | | 小计 | | | | | 158.63 | 2308.22 | 6.65 | 45.46 |
| 34元/工日 | | | 未计价材料费 | | | | | | | | |
| 清单项目综合单价 | | | | | | | | 2518.96 | | | |

| 材料费明细 | 材料名称、规格、型号 | 单位 | 数量 | 单价 | 合价 | 暂估单价 | 暂估合价 |
|---|---|---|---|---|---|---|---|
| | 塑钢窗带纱窗 | m² | 5.25 | 300.00 | 1574.64 | | |
| | 中空玻璃(6白玻璃+12空气层厚+6白玻璃) | m² | 4.73 | 86.97 | 411.07 | | |
| | 膨胀螺栓 | 套 | 41.08 | 1.26 | 51.76 | | |
| | 塑料压条 | m | 27.73 | 1.20 | 33.28 | | |
| | 连接件 | kg | 41.08 | 5.12 | 210.33 | | |
| | 其他材料费 | | | | 27.14 | | |
| | 材料费小计 | | | | 2308.22 | | |

## 工程量清单综合单价分析表

工程名称：××法院法庭工程　　标段：装饰装修工程　　共16页，第13页

| 清单项目编码 | 020406007001 | 项目名称 | | 金属防盗窗(C1221) | | 清单计量单位 | | 樘 | |
|---|---|---|---|---|---|---|---|---|---|
| 清单综合单价组成明细 | | | | | | | | | |

| 定额编号 | 定额名称 | 定额单位 | 数量 | 人工费 | 材料费 | 机械费 | 管理费利润 | 人工费 | 材料费 | 机械费 | 管理费利润 |
|---|---|---|---|---|---|---|---|---|---|---|---|
| B4-173 | 不锈钢防盗窗(C1221) | 100m² | 0.3528 | 1428.00 | 15281.76 | 189.46 | 409.27 | 503.80 | 5391.41 | 66.84 | 144.39 |
| 人工单价 | | | 小计 | | | | | 503.83 | 5391.41 | 66.84 | 144.39 |
| 34元/工日 | | | 未计价材料费 | | | | | | | | |
| 清单项目综合单价 | | | | | | | | 436.18 | | | |

| 材料费明细 | 材料名称、规格、型号 | 单位 | 数量 | 单价 | 合价 | 暂估单价 | 暂估合价 |
|---|---|---|---|---|---|---|---|
| | 不锈钢防盗窗 | m² | 35.28 | | | 147.00 | 5186.16 |
| | 软填料 | kg | 25.40 | 8.08 | 205.25 | | |
| | | | | | | | |
| | | | | | | | |
| | 其他材料费 | | | | | | |
| | 材料费小计 | | | | 205.25 | | 5186.16 |

## 工程量清单综合单价分析表

工程名称：××法院法庭工程　　标段：装饰装修工程　　共 16 页，第 14 页

| 清单项目编码 | 020406007002 | 项目名称 | | 金属防盗窗（C1521） | | 清单计量单位 | | 樘 |
|---|---|---|---|---|---|---|---|---|
| 清单综合单价组成明细 ||||||||||

| 定额编号 | 定额名称 | 定额单位 | 数量 | 单价 ||||合价 ||||
|---|---|---|---|---|---|---|---|---|---|---|---|
| | | | | 人工费 | 材料费 | 机械费 | 管理费利润 | 人工费 | 材料费 | 机械费 | 管理费利润 |
| B4-173 | 不锈钢防盗窗（C1521） | 100m² | 0.126 | 1428.00 | 15281.76 | 189.46 | 409.27 | 179.93 | 1925.50 | 23.87 | 51.57 |
| 人工单价 || 小计 |||||| 179.93 | 1925.50 | 23.87 | 51.57 |
| 34元/工日 || 未计价材料费 ||||||||||
| 清单项目综合单价 |||||||| 545.21 ||||

| 材料费明细 | 材料名称、规格、型号 | 单位 | 数量 | 单价 | 合价 | 暂估单价 | 暂估合价 |
|---|---|---|---|---|---|---|---|
| | 不锈钢防盗窗 | m² | 12.6 | | | 147.00 | 1852.20 |
| | 软填料 | kg | 9.07 | 8.08 | 73.30 | | |
| | 其他材料费 ||||||||
| | 材料费小计 ||||| 73.30 | | 1852.20 |

## 工程量清单综合单价分析表

工程名称：××法院法庭工程　　标段：装饰装修工程　　共 16 页，第 15 页

| 清单项目编码 | 020406007003 | 项目名称 | | 金属防盗窗（C1821） | | 清单计量单位 | | 樘 |
|---|---|---|---|---|---|---|---|---|
| 清单综合单价组成明细 ||||||||||

| 定额编号 | 定额名称 | 定额单位 | 数量 | 单价 ||||合价 ||||
|---|---|---|---|---|---|---|---|---|---|---|---|
| | | | | 人工费 | 材料费 | 机械费 | 管理费利润 | 人工费 | 材料费 | 机械费 | 管理费利润 |
| B4-173 | 不锈钢防盗窗（C1821） | 100m² | 0.0756 | 1428.00 | 15281.76 | 189.46 | 409.27 | 107.96 | 1155.30 | 14.32 | 30.94 |
| 人工单价 || 小计 |||||| 107.96 | 1155.30 | 14.32 | 30.94 |
| 34元/工日 || 未计价材料费 ||||||||||
| 清单项目综合单价 |||||||| 654.26 ||||

| 材料费明细 | 材料名称、规格、型号 | 单位 | 数量 | 单价 | 合价 | 暂估单价 | 暂估合价 |
|---|---|---|---|---|---|---|---|
| | 不锈钢防盗窗 | m² | 7.56 | | | 147.00 | 1111.32 |
| | 软填料 | kg | 5.44 | 8.08 | 43.98 | | |
| | 其他材料费 ||||||||
| | 材料费小计 ||||| 43.98 | | 1111.32 |

## 工程量清单综合单价分析表

工程名称：××法院法庭工程　　标段：装饰装修工程　　共16页，第16页

| 清单项目编码 | 020409003001 | 项目名称 | | 石材窗台板 | | 清单计量单位 | | m |

### 清单综合单价组成明细

| 定额编号 | 定额名称 | 定额单位 | 数量 | 单价 | | | | 合价 | | | |
|---|---|---|---|---|---|---|---|---|---|---|---|
| | | | | 人工费 | 材料费 | 机械费 | 管理费利润 | 人工费 | 材料费 | 机械费 | 管理费利润 |
| B4-203 | 大理石窗台板 | 100m² | 0.1082 | 2278.00 | 16772.21 | 115.33 | 652.88 | 246.48 | 1814.75 | 12.48 | 70.64 |
| 人工单价 | | | 小计 | | | | | 246.48 | 1814.75 | 12.48 | 70.64 |
| 34元/工日 | | | 未计价材料费 | | | | | | | | |
| | | | 清单项目综合单价 | | | | | 35.86 | | | |

| 材料费明细 | 材料名称、规格、型号 | 单位 | 数量 | 单价 | 合价 | 暂估单价 | 暂估合价 |
|---|---|---|---|---|---|---|---|
| | 人造大理石板 | m² | 11.04 | | | 160.00 | 1765.82 |
| | 中砂 | m³ | 0.28 | 55.18 | 15.45 | | |
| | 水 | m³ | 0.07 | 5.88 | 0.41 | | |
| | 32.5复合硅酸盐水泥 | t | 0.111 | 287.74 | 31.94 | | |
| | 石料切割锯片 | 片 | 0.04 | 25.00 | 1.00 | | |
| | 其他材料费 | | | | | | |
| | 材料费小计 | | | | 48.80 | | 1765.82 |

### 过程3.4.5　填写分部分项工程量清单计价表，汇总分部分项工程费用

通过以上综合单价分析测算，可以在工程量清单及计价表中填写综合单价并进行汇总分部分项工程费用，见下表所示。

### 分部分项工程量清单与计价表

工程名称：××法院法庭工程　　标段：装饰装修工程　　共1页，第1页

| 序号 | 项目编码 | 项目名称 | 项目特征描述 | 计量单位 | 工程量 | 金额(元) | | |
|---|---|---|---|---|---|---|---|---|
| | | | | | | 综合单价 | 合价 | 其中暂估价 |
| | | | B.4　门窗工程 | | | | | |
| 1 | 020401001001 | 胶合板门（M0822） | 1. 门类型：单扇、无亮、平开胶合板门<br>2. 门框截面尺寸：90mm×45mm<br>3. 单樘面积：1.76m²<br>4. 面层材料：胶合板三夹<br>5. 油漆品种、遍数、颜色：白色调合漆，两遍 | 樘 | 5 | 285.51 | 1427.55 | |

续表

| 序号 | 项目编码 | 项目名称 | 项目特征描述 | 计量单位 | 工程量 | 金额(元) | | |
|---|---|---|---|---|---|---|---|---|
| | | | | | | 综合单价 | 合价 | 其中暂估价 |
| 2 | 020401001002 | 胶合板门(M1022) | 1. 门类型：单扇、无亮、平开胶合板门<br>2. 门框截面尺寸：90mm×45mm<br>3. 单樘面积：2.2m²<br>4. 面层材料：胶合板三夹<br>5. 油漆品种、遍数、颜色：白色调合漆，两遍 | 樘 | 14 | 356.88 | 4996.32 | |
| 3 | 020401001003 | 胶合板门(M1522) | 1. 门类型：双扇、无亮、平开胶合板门<br>2. 门框截面尺寸：90mm×45mm<br>3. 单樘面积：3.3m²<br>4. 面层材料：胶合板三夹<br>5. 油漆品种、遍数、颜色：白色调合漆，两遍 | 樘 | 2 | 465.42 | 930.84 | |
| 4 | 020404005001 | 金属地弹门 | 1. 铝合金成品全玻地弹门，框料为101.66mm×44.5mm×1.5mm铝合金型材<br>2. 平板玻璃6mm厚 | 樘 | 1 | 3429.47 | 3429.47 | |
| 5 | 020406007001 | 塑钢窗(C0606) | 1. 窗类型：推拉窗<br>2. 框扇材质：塑钢(白色)<br>3. 外围尺寸：560mm×560mm<br>4. 玻璃品种、厚度：中空玻璃(6白玻璃+12空气层厚+6白玻璃) | 樘 | 2 | 139.95 | 279.90 | |
| 6 | 020406007001 | 塑钢窗(C1218) | 1. 窗类型：推拉窗<br>2. 框扇材质：塑钢(白色)<br>3. 外围尺寸：1160mm×1760mm<br>4. 玻璃品种、厚度：中空玻璃(6白玻璃+12空气层厚+6白玻璃) | 樘 | 14 | 839.65 | 11755.10 | |
| 7 | 020406007001 | 塑钢窗(C1221) | 1. 窗类型：推拉窗<br>2. 框扇材质：塑钢(白色)<br>3. 外围尺寸：1160mm×2060mm<br>4. 玻璃品种、厚度：中空玻璃(6白玻璃+12空气层厚+6白玻璃) | 樘 | 14 | 979.60 | 13714.40 | |

续表

| 序号 | 项目编码 | 项目名称 | 项目特征描述 | 计量单位 | 工程量 | 综合单价 | 合价 | 其中暂估价 |
|---|---|---|---|---|---|---|---|---|
| 8 | 020406007001 | 塑钢窗(C1818) | 1. 窗类型：推拉窗<br>2. 框扇材质：塑钢(白色)<br>3. 外围尺寸：1760mm×1760mm<br>4. 玻璃品种、厚度：中空玻璃(6白玻璃+12空气层厚+6白玻璃) | 樘 | 6 | 1259.48 | 7556.88 | |
| 9 | 020406007001 | 塑钢窗(C1821) | 1. 窗类型：推拉窗<br>2. 框扇材质：塑钢(白色)<br>3. 外围尺寸：1760mm×2060mm<br>4. 玻璃品种、厚度：中空玻璃(6白玻璃+12空气层厚+6白玻璃) | 樘 | 2 | 1469.40 | 2938.80 | |
| 10 | 020406007001 | 塑钢窗(C2718) | 1. 窗类型：推拉窗<br>2. 框扇材质：塑钢(白色)<br>3. 外围尺寸：2660mm×1760mm<br>4. 玻璃品种、厚度：中空玻璃(6白玻璃+12空气层厚+6白玻璃) | 樘 | 1 | 1889.22 | 1889.22 | |
| 11 | 020406007001 | 塑钢窗(C1521) | 1. 窗类型：推拉窗<br>2. 框扇材质：塑钢(白色)<br>3. 外围尺寸：1460mm×2060mm<br>4. 玻璃品种、厚度：中空玻璃(6白玻璃+12空气层厚+6白玻璃) | 樘 | 4 | 1224.50 | 4898.00 | |
| 12 | 020406007001 | 塑钢窗(C3618) | 1. 窗类型：推拉窗<br>2. 框扇材质：塑钢(白色)<br>3. 外围尺寸：3560mm×1760mm<br>4. 玻璃品种、厚度：中空玻璃(6白玻璃+12空气层厚+6白玻璃) | 樘 | 1 | 2518.96 | 2518.96 | |
| 13 | 020406007001 | 金属防盗窗(C1221) | 1. 成品不锈钢防盗窗<br>2. 外围面积：1160mm×2060mm | 樘 | 14 | 436.18 | 6106.52 | 5186.16 |
| 14 | 020406007001 | 金属防盗窗(C1521) | 1. 成品不锈钢防盗窗<br>2. 外围面积：1460mm×2060mm | 樘 | 4 | 545.21 | 2180.84 | 1852.20 |

续表

| 序号 | 项目编码 | 项目名称 | 项目特征描述 | 计量单位 | 工程量 | 金额(元) | | |
|---|---|---|---|---|---|---|---|---|
| | | | | | | 综合单价 | 合价 | 其中暂估价 |
| 15 | 020406007001 | 金属防盗窗(C1821) | 1. 成品不锈钢防盗窗<br>2. 外围面积：1760mm×2060mm | 樘 | 2 | 654.26 | 1308.52 | 1111.32 |
| 16 | 020409003001 | 石材窗台板 | 1. 20厚1:2.5水泥砂浆找平<br>2. 白色人造大理石窗台板 | m | 59.80 | 35.86 | 2144.43 | 1765.82 |
| 合　价 | | | | | | | 68075.75 | 12713.04 |

## 任务 3.5　油漆、涂料、裱糊工程工程量清单报价

本任务主要编制××法院法庭工程内墙面喷乳胶漆、外墙面刷外墙涂料等分项工程的工程量清单及工程量清单报价，编制过程中主要依据《计价规范》、内外墙面各分项工程的工程做法、工料机市场价格及消耗量定额，重点突出综合单价的测算方法和测算过程。

### 过程 3.5.1　油漆、涂料、裱糊工程施工图识读

根据建筑设计说明，××法院法庭工程的内墙面面层和天棚面层喷乳胶漆；部分外墙面刷外墙涂料，与油漆、涂料、裱糊工程相关的各分项工程的具体做法参看建筑设计说明。

### 过程 3.5.2　油漆、涂料、裱糊工程清单工程量计算

查阅《计价规范》附录 B 装饰装修工程工程量清单计价项目及计算规则(B.5 油漆、涂料、裱糊工程)，熟悉油漆、涂料、裱糊工程项目划分，掌握各分项工程项目编码、项目特征、计量单位、工程内容及计算规则，计算并复核分项工程清单工程量，编制油漆、涂料、裱糊各分部分项工程工程量清单。工程量清单编制时要熟悉清单规范中每个分项工程的工作内容，重点做好各分项工程的项目特征描述，尤其是基层类型、刮腻子要求、乳胶漆和外墙涂料的品种和遍数等，作为投标报价的主要依据，必须确保项目特征描述准确完整，以保证投标报价的准确性。

**1. 工程清单项目划分及其工程量计算规则**

本工程主要应用的油漆、涂料、裱糊工程清单项目的工程量计算规则主要有：

(1)抹灰面油漆

抹灰面油漆按设计图示尺寸以面积计算。

(2)刷喷涂料

刷喷涂料按设计图示尺寸以面积计算。

### 2. 清单工程量计算

油漆、涂料、裱糊工程清单工程量计算见表3-9所示。

清单工程量计算表

工程名称：××法院法庭工程　　标段：装饰装修工程　　　　　　表3-9

| 序号 | 项目编码 | 项目名称 | 单位 | 工程数量 | 计算式 |
|---|---|---|---|---|---|
| 1 | 020506001001 | 抹灰面油漆 | m² | 2001.32 | S＝内墙抹灰面积＋天棚抹灰面积<br>＝1231.69＋713.62＋56.01＝2001.32m² |
| 2 | 020507001001 | 刷喷涂料 | m² | 170.77 | S＝外墙抹灰面积＝170.77m² |

## 过程3.5.3　油漆、涂料、裱糊工程计价工程量计算

### 1. 计价工程量计算规则

计价工程量是投标人根据工程施工图、施工方案、清单工程量和所采用的定额及其相应的工程量计算规则计算出的，用以确定分项工程综合单价的依据。

本工程主要应用的油漆、涂料、裱糊工程的计价工程量计算规则主要有：

楼地面、天棚、墙、柱、梁面的喷(刷)涂料、抹灰面油漆裱糊工程，均按表3-10相应的计算规则计算。

油漆、涂料、裱糊工程的计价工程量计算规则　　　　表3-10

| 项目名称 | 系数 | 工程量计算方法 |
|---|---|---|
| 混凝土楼梯底(板式) | 1.15 | 水平投影面积 |
| 混凝土楼梯底(梁式) | 1.00 | 展开面积 |
| 混凝土花格窗、栏杆花饰 | 1.82 | 单面外围面积 |
| 楼地面、天棚、墙、柱、梁面 | 1.00 | 展开面积 |

### 2. 计价工程量计算

计价工程量计算表

工程名称：××法院法庭工程　　标段：装饰装修工程　　　　　　表3-11

| 序号 | 项目编码 | | 项目名称 | 单位 | 工程数量 | 计算式 |
|---|---|---|---|---|---|---|
| 1 | 020506001001 | 主项 | 抹灰面油漆 | m² | 2001.32 | 同清单工程量＝2001.32m² |
| | | 附项 | 满刮腻子两遍 | m² | 2001.32 | 同主项工程量＝2001.32m² |
| 2 | 020507001001 | 主项 | 刷喷涂料 | m² | 170.77 | 同清单工程量＝170.77m² |
| | | 附项 | 满刮腻子两遍 | m² | 170.77 | 同主项工程量＝170.77m² |

## 过程 3.5.4  油漆、涂料、裱糊工程综合单价计算

### 1. 综合单价计算

油漆、涂料、裱糊工程综合单价计算方法同楼地面工程，即工料机用量主要参照定额消耗量，工料机单价由投标人根据企业自身经营情况和工程实际确定，管理费率和利润率仍分别按照 25.15％和 3.51％计算。

### 2. 综合单价分析表填写

油漆、涂料、裱糊工程的工程量清单综合单价分析计算见下表所示。

**工程量清单综合单价分析表**

工程名称：××法院法庭工程　　标段：装饰装修工程　　　　共2页，第1页

| 清单项目编码 | 020506001001 | 项目名称 | | 抹灰面油漆 | | 清单计量单位 | | m² |
|---|---|---|---|---|---|---|---|---|

| 清单综合单价组成明细 ||||||||||
|---|---|---|---|---|---|---|---|---|---|
| 定额编号 | 定额名称 | 定额单位 | 数量 | 单价 ||||合价||
| | | | | 人工费 | 材料费 | 机械费 | 管理费利润 | 人工费 | 材料费 | 机械费 | 管理费利润 |
| B5-195 | 内墙面乳胶漆 | 100m² | 20.0132 | 380.80 | 290.06 | | 109.14 | 7621.03 | 5805.03 | | 2184.24 |
| B5-278 | 满刮腻子两遍 | 100m² | 20.0132 | 150.96 | 102.97 | | 43.27 | 3021.19 | 2060.76 | | 865.97 |
| 人工单价 | | | 小计 | | | | | 10642.22 | 7865.79 | | 3050.21 |
| 34元/工日 | | | 未计价材料费 | | | | | | | | |
| 清单项目综合单价 | | | | | | | | 10.77 | | | |

| 材料费明细 | 材料名称、规格、型号 | 单位 | 数量 | 单价 | 合价 | 暂估单价 | 暂估合价 |
|---|---|---|---|---|---|---|---|
| | 大白粉 | kg | 1056.48 | 0.48 | 507.11 | | |
| | 砂纸 | 张 | 120.05 | 0.45 | 54.02 | | |
| | 乳胶漆 | kg | 567.37 | 7.52 | 4266.62 | | |
| | 滑石粉 | kg | 1008.45 | 0.50 | 504.23 | | |
| | 聚酯酸乙烯乳液 | kg | 120.05 | 5.11 | 613.46 | | |
| | 甲基纤维素 | kg | 94.04 | 8.04 | 756.08 | | |
| | 108胶 | kg | 200.09 | 4.02 | 804.36 | | |
| | 其他材料费 | | | | 359.91 | | |
| | 材料费小计 | | | | 7865.79 | | |

**工程量清单综合单价分析表**

工程名称：××法院法庭工程　　标段：装饰装修工程　　共2页，第2页

| 清单项目编码 | 020507001001 | 项目名称 | | 刷喷涂料 | | 清单计量单位 | | $m^2$ | |
|---|---|---|---|---|---|---|---|---|---|
| 清单综合单价组成明细 | | | | | | | | | |
| 定额编号 | 定额名称 | 定额单位 | 数量 | 单价 | | | | 合价 | |
| | | | | 人工费 | 材料费 | 机械费 | 管理费利润 | 人工费 | 材料费 | 机械费 | 管理费利润 |
| B5-243 | 外墙面喷丙烯酸 | 100m² | 1.7077 | 136.00 | 2467.84 | 306.53 | 38.98 | 232.25 | 4214.33 | 523.46 | 66.57 |
| B5-278 | 满刮腻子两遍 | 100m² | 1.7077 | 150.96 | 102.97 | | 43.27 | 257.79 | 175.84 | | 73.89 |
| 人工单价 | | | 小计 | | | | | 490.04 | 4390.17 | 523.46 | 140.46 |
| 34元/工日 | | | 未计价材料费 | | | | | 32.47 | | | |
| 清单项目综合单价 | | | | | | | | | | | |

| 材料费明细 | 材料名称、规格、型号 | 单位 | 数量 | 单价 | 合价 | 暂估单价 | 暂估合价 |
|---|---|---|---|---|---|---|---|
| | 白水泥 | kg | 478.16 | 0.55 | 262.99 | | |
| | 丙烯酸无光外墙乳胶漆 | kg | 97.34 | 29.00 | 2822.86 | | |
| | 封闭乳胶底涂料 | kg | 34.15 | 16.52 | 564.16 | | |
| | 108胶 | kg | 153.69 | 4.02 | 617.83 | | |
| | 滑石粉 | kg | 62.40 | 0.50 | 31.20 | | |
| | 其他材料费 | | | | 91.13 | | |
| | 材料费小计 | | | | 4390.17 | | |

## 过程3.5.5 填写分部分项工程量清单计价表，汇总分部分项工程费用

通过以上综合单价分析测算，可以在工程量清单及计价表中填写综合单价并进行汇总分部分项工程费用，见下表所示。

**分部分项工程量清单与计价表**

工程名称：××法院法庭工程　　标段：装饰装修工程　　共1页，第1页

| 序号 | 项目编码 | 项目名称 | 项目特征描述 | 计量单位 | 工程量 | 金额（元） | | |
|---|---|---|---|---|---|---|---|---|
| | | | | | | 综合单价 | 合价 | 其中暂估价 |
| | | | B.1 油漆、涂料、裱糊工程 | | | | | |
| 1 | 020506001001 | 抹灰面油漆 | 1. 基层类型：水泥砂浆墙面<br>2. 腻子种类及要求：石膏腻子满刮两遍<br>3. 乳胶漆品种及刷喷遍数：乳胶漆两遍 | m² | 2001.32 | 10.77 | 21554.22 | |

续表

| 序号 | 项目编码 | 项目名称 | 项目特征描述 | 计量单位 | 工程量 | 金额(元) | | |
|---|---|---|---|---|---|---|---|---|
| | | | | | | 综合单价 | 合价 | 其中·暂估价 |
| 2 | 020507001001 | 刷喷涂料 | 1. 基层类型：水泥砂浆墙面<br>2. 腻子种类及要求：石膏腻子满刮两遍<br>3. 涂料品种及刷喷遍数：丙烯酸无光外用乳胶漆两遍 | m² | 170.77 | 32.47 | 5544.90 | |
| | | | 合 价 | | | | 27099.12 | |

## 任务 3.6 装饰装修工程工程量清单报价书编制

在完成××法院法庭装饰装修工程各分部分项工程量清单计价表后，根据前面数据编制完整的装饰装修工程工程量清单报价书，主要包括分部分项工程量清单计价表、措施项目清单计价表、其他项目清单计价表、规费和税金项目计价表等几部分。

### 过程 3.6.1 分部分项工程量清单报价

把前面任务 3.1 至任务 3.5 各分部分项工程工程量清单计价表中分部分项工程费用进行汇总，即为法院法庭装饰装修工程的分部分项工程量清单报价，具体见下表所示。

分部分项工程量清单与计价表

工程名称：××法院法庭工程　　标段：装饰装修工程　　　　　共1页，第1页

| 序号 | 项目编码 | 项目名称 | 项目特征描述 | 计量单位 | 工程量 | 金额(元) | | |
|---|---|---|---|---|---|---|---|---|
| | | | | | | 综合单价 | 合价 | 其中暂估价 |
| | | | B1 楼地面工程 | | | | 80873.53 | 43443.10 |
| 1 | 020102002001 | 块料地面 | 1.80 厚 C15 混凝土垫层<br>2.30 厚 1:3 干硬性水泥砂浆结合层(内掺建筑胶)<br>3. 面层铺 600×600 奶油色地砖 | m² | 337.94 | 105.58 | 35679.71 | 21667.76 |

续表

| 序号 | 项目编码 | 项目名称 | 项目特征描述 | 计量单位 | 工程量 | 综合单价 | 合价 | 其中暂估价 |
|---|---|---|---|---|---|---|---|---|
| 2 | 020102002002 | 块料地面（有防水） | 1. C15混凝土垫层找坡，最薄处80厚，坡向地漏<br>2. 20厚1：3水泥砂浆找平<br>3. 1.5厚JS-Ⅱ型涂膜防水层，四周翻起150高<br>4. 30厚1：3干硬性水泥砂浆结合层（内掺建筑胶）<br>5. 面层铺300×300双色防滑地砖 | m² | 17.29 | 155.68 | 2691.71 | 886.00 |
| 3 | 020102002001 | 块料地面 | 1. 300厚中砂防冻层<br>2. 80厚C15混凝土垫层<br>3. 20厚1：3水泥砂浆找平层<br>4. 10厚1：2水泥砂浆结合层（内掺建筑胶）<br>5. 面层铺600×600奶油色地砖 | m² | 11.42 | 141.93 | 1620.84 | 726.02 |
| 4 | 020102002003 | 块料楼面 | 1. 50厚1：6水泥炉渣垫层<br>2. 30厚1：3干硬性水泥砂浆结合层（内掺建筑胶）<br>3. 面层铺600×600奶油色地砖 | m² | 282.29 | 91.45 | 25815.42 | 18126.32 |
| 5 | 020102002004 | 块料楼面（有防水） | 1. 1：6水泥炉渣垫层<br>2. 20厚1：3水泥砂浆找平<br>3. 1.5厚JS-Ⅱ型涂膜防水层，四周翻起150高<br>4. 30厚1：3干硬性水泥砂浆结合层（内掺建筑胶）<br>5. 面层铺300×300双色防滑地砖 | m² | 33.73 | 139.39 | 4701.62 | 1728.50 |
| 6 | 0201005003001 | 块料踢脚线 | 1. 踢脚线高度120<br>2. 5厚1：3水泥砂浆打底扫毛<br>3. 8厚1：2水泥砂浆粘层<br>4. 铺600×120奶油色地砖踢脚 | m² | 50.83 | 41.42 | 2105.38 | |

续表

| 序号 | 项目编码 | 项目名称 | 项目特征描述 | 计量单位 | 工程量 | 金额(元) | | |
|---|---|---|---|---|---|---|---|---|
| | | | | | | 综合单价 | 合　价 | 其中暂估价 |
| 7 | 020106002001 | 块料楼梯面层 | 1.30厚1:3干硬性水泥砂浆结合层(内掺建筑胶)<br>2.面层铺600×300奶油色地砖 | m² | 27.55 | 60.26 | 1660.16 | |
| 8 | 020107001001 | 金属扶手带栏杆 | 1.φ30不锈钢管楼梯栏杆,竖向杆件间距为1100mm<br>2.φ60不锈钢管楼梯扶手<br>3.φ60不锈钢管楼梯弯头 | m | 17.75 | 261.42 | 4640.21 | |
| 9 | 0201108002001 | 块料台阶面层 | 1.20厚1:3水泥砂浆找平层<br>2.10厚1:2水泥砂浆结合层(内掺建筑胶)<br>3.面层铺600×600奶油色地砖 | m² | 12.69 | 71.25 | 904.16 | |
| 10 | 020109003001 | 块料零星项目 | 1.一层卫生间蹲台<br>2.80厚C15混凝土垫层<br>3.1:6水泥炉渣垫层找坡,最薄处120厚<br>4.20厚1:3水泥砂浆找平<br>5.1.5厚JS-Ⅱ型涂膜防水层,四周翻起150高<br>6.30厚1:3干硬性水泥砂浆结合层(内掺建筑胶)<br>7.面层铺300×300双色防滑地砖 | m² | 1.63 | 196.20 | 319.81 | 86.50 |
| 11 | 020109003002 | 块料零星项目 | 1.二层卫生间蹲台<br>2.1:6水泥炉渣垫层找坡,最薄处120厚<br>3.20厚1:3水泥砂浆找平<br>4.1.5厚JS-Ⅱ型涂膜防水层,四周翻起150高<br>5.30厚1:3干硬性水泥砂浆结合层(内掺建筑胶)<br>6.面层铺300×300双色防滑地砖 | m² | 4.19 | 175.30 | 734.51 | 222.00 |
| | | B2 墙、柱面工程 | | | | | 71233.62 | 18011.78 |
| 12 | 020201001001 | 内墙面一般抹灰 | 1.砖墙面<br>2.14厚1:3水泥砂浆打底<br>3.6厚1:2.5水泥砂浆找平 | m² | 1231.69 | 13.48 | 16603.18 | |

续表

| 序号 | 项目编码 | 项目名称 | 项目特征描述 | 计量单位 | 工程量 | 金额(元) | | |
|---|---|---|---|---|---|---|---|---|
| | | | | | | 综合单价 | 合价 | 其中暂估价 |
| 13 | 020201001002 | 外墙面一般抹灰 | 1. 砖墙面<br>2. 14厚1:3水泥砂浆打底<br>3. 6厚1:2.5水泥砂浆找平 | m² | 170.77 | 13.48 | 2301.98 | |
| 14 | 020204003001 | 块料外墙面（白色） | 1. 砖墙面<br>2. 14厚1:3水泥砂浆打底找平<br>3. 6厚1:2.5水泥砂浆接合层<br>4. 95×95外墙白色面砖<br>5. 5mm灰缝宽，1:1水泥砂浆嵌缝 | m² | 69.09 | 54.55 | 3768.86 | 1484.34 |
| 15 | 020204003002 | 块料外墙面（灰色） | 1. 砖墙面<br>2. 16厚1:3水泥砂浆打底找平<br>3. 4厚1:2.5水泥砂浆接合层<br>4. 194×94外墙灰色面砖<br>5. 5mm灰缝宽，1:1水泥砂浆嵌缝 | m² | 476.39 | 46.67 | 22233.12 | 8599.78 |
| 16 | 020204003003 | 块料内墙面 | 1. 砖墙面<br>2. 9厚1:3水泥砂浆打底<br>3. 1.5厚JS-Ⅱ型涂膜防水层<br>4. 4厚水泥砂浆粘结层<br>5. 200×300白色瓷板 | m² | 241.25 | 100.31 | 24199.79 | 7927.66 |
| 17 | 020209001001 | 卫生间隔断 | 1. 杉木骨架断面尺寸为50×70<br>2. 隔板材料采用3mm厚榉木夹板<br>3. 隔断刷调合漆两遍 | m² | 13.63 | 156.03 | 2126.69 | |
| | | | B3　天棚工程 | | | | 10349.12 | |
| 18 | 020301001001 | 天棚抹灰 | 1. 现浇钢筋混凝土楼板<br>2. 14厚1:3水泥砂浆打底<br>3. 5厚1:2.5水泥砂浆抹面 | m² | 713.62 | 12.96 | 9248.52 | |

续表

| 序号 | 项目编码 | 项目名称 | 项目特征描述 | 计量单位 | 工程量 | 金额(元) | | |
|---|---|---|---|---|---|---|---|---|
| | | | | | | 综合单价 | 合价 | 其中暂估价 |
| 19 | 020301001002 | 水泥砂浆抹卫生间、厨房天棚 | 1. 现浇钢筋混凝土楼板<br>2. 5厚1∶3水泥砂浆打底<br>3. 5厚1∶2.5水泥砂浆抹面<br>4. 过氯乙烯清漆一遍 | m² | 56.01 | 19.65 | 1100.60 | |
| | | | B4 门窗工程 | | | | 68075.75 | 12713.04 |
| 20 | 020401001001 | 胶合板门（M0822） | 1. 门类型：单扇、无亮、平开胶合板门<br>2. 门框截面尺寸：90×45<br>3. 单樘面积：1.76m²<br>4. 面层材料：胶合板三夹<br>5. 油漆品种、遍数、颜色：白色调合漆，两遍 | 樘 | 5 | 285.51 | 1427.55 | |
| 21 | 020401001002 | 胶合板门（M1022） | 1. 门类型：单扇、无亮、平开胶合板门<br>2. 门框截面尺寸：90×45<br>3. 单樘面积：2.2m²<br>4. 面层材料：胶合板三夹<br>5. 油漆品种、遍数、颜色：白色调合漆，两遍 | 樘 | 14 | 356.88 | 4996.32 | |
| 22 | 020401001003 | 胶合板门（M1522） | 1. 门类型：双扇、无亮、平开胶合板门<br>2. 门框截面尺寸：90×45<br>3. 单樘面积：3.3m²<br>4. 面层材料：胶合板三夹<br>5. 油漆品种、遍数、颜色：白色调合漆，两遍 | 樘 | 2 | 465.42 | 930.84 | |
| 23 | 020404005001 | 金属地弹门 | 1. 铝合金成品全玻地弹门，框料为101.66×44.5×1.5铝合金型材<br>2. 平板玻璃6mm厚 | 樘 | 1 | 3429.47 | 3429.47 | 2797.54 |
| 24 | 020406007001 | 塑钢窗（C0606） | 1. 窗类型：推拉窗<br>2. 框扇材质：塑钢（白色）<br>3. 外围尺寸：560×560<br>4. 玻璃品种、厚度：中空玻璃(6白玻璃＋12空气层厚＋6白玻璃) | 樘 | 2 | 139.95 | 279.90 | |

续表

| 序号 | 项目编码 | 项目名称 | 项目特征描述 | 计量单位 | 工程量 | 金额(元) | | |
|---|---|---|---|---|---|---|---|---|
| | | | | | | 综合单价 | 合价 | 其中暂估价 |
| 25 | 020406007001 | 塑钢窗(C1218) | 1. 窗类型：推拉窗<br>2. 框扇材质：塑钢(白色)<br>3. 外围尺寸：1160×1760<br>4. 玻璃品种、厚度：中空玻璃(6白玻璃+12空气层厚+6白玻璃) | 樘 | 14 | 839.65 | 11755.10 | |
| 26 | 020406007001 | 塑钢窗(C1221) | 1. 窗类型：推拉窗<br>2. 框扇材质：塑钢(白色)<br>3. 外围尺寸：1160×2060<br>4. 玻璃品种、厚度：中空玻璃(6白玻璃+12空气层厚+6白玻璃) | 樘 | 14 | 979.60 | 13714.40 | |
| 27 | 020406007001 | 塑钢窗(C1818) | 1. 窗类型：推拉窗<br>2. 框扇材质：塑钢(白色)<br>3. 外围尺寸：1760×1760<br>4. 玻璃品种、厚度：中空玻璃(6白玻璃+12空气层厚+6白玻璃) | 樘 | 6 | 1259.48 | 7556.88 | |
| 28 | 020406007001 | 塑钢窗(C1821) | 1. 窗类型：推拉窗<br>2. 框扇材质：塑钢(白色)<br>3. 外围尺寸：1760×2060<br>4. 玻璃品种、厚度：中空玻璃(6白玻璃+12空气层厚+6白玻璃) | 樘 | 2 | 1469.40 | 2938.80 | |
| 29 | 020406007001 | 塑钢窗(C2718) | 1. 窗类型：推拉窗<br>2. 框扇材质：塑钢(白色)<br>3. 外围尺寸：2660×1760<br>4. 玻璃品种、厚度：中空玻璃(6白玻璃+12空气层厚+6白玻璃) | 樘 | 1 | 1889.22 | 1889.22 | |
| 30 | 020406007001 | 塑钢窗(C1521) | 1. 窗类型：推拉窗<br>2. 框扇材质：塑钢(白色)<br>3. 外围尺寸：1460×2060<br>4. 玻璃品种、厚度：中空玻璃(6白玻璃+12空气层厚+6白玻璃) | 樘 | 4 | 1224.50 | 4898.00 | |

续表

| 序号 | 项目编码 | 项目名称 | 项目特征描述 | 计量单位 | 工程量 | 金额(元) | | |
|---|---|---|---|---|---|---|---|---|
| | | | | | | 综合单价 | 合价 | 其中暂估价 |
| 31 | 020406007001 | 塑钢窗(C3618) | 1. 窗类型：推拉窗<br>2. 框扇材质：塑钢(白色)<br>3. 外围尺寸：3560×1760<br>4. 玻璃品种、厚度：中空玻璃(6白玻璃＋12空气层厚＋6白玻璃) | 樘 | 1 | 2518.96 | 2518.96 | |
| 32 | 020406007001 | 金属防盗窗(C1221) | 1. 成品不锈钢防盗窗<br>2. 外围面积：1160×2060 | 樘 | 14 | 436.18 | 6106.52 | 5186.16 |
| 33 | 020406007001 | 金属防盗窗(C1521) | 1. 成品不锈钢防盗窗<br>2. 外围面积：1460×2060 | 樘 | 4 | 545.21 | 2180.84 | 1852.20 |
| 34 | 020406007001 | 金属防盗窗(C1821) | 1. 成品不锈钢防盗窗<br>2. 外围面积：1760×2060 | 樘 | 2 | 654.26 | 1308.52 | 1111.32 |
| 35 | 020409003001 | 石材窗台板 | 1. 20厚1:2.5水泥砂浆找平<br>2. 白色人造大理石窗台板 | m | 59.80 | 35.86 | 2144.43 | 1765.82 |
| | | B5 | 油漆、涂料、裱糊工程 | | | | 27099.21 | |
| 36 | 020506001001 | 抹灰面油漆 | 1. 基层类型：水泥砂浆墙面<br>2. 腻子种类及要求：石膏腻子满刮两遍<br>3. 乳胶漆品种及刷喷遍数：乳胶漆两遍 | m² | 2001.32 | 10.77 | 21554.22 | |
| 37 | 020507001001 | 刷喷涂料 | 1. 基层类型：水泥砂浆墙面<br>2. 腻子种类及要求：石膏腻子满刮两遍<br>3. 涂料品种及刷喷遍数：丙烯酸无光外用乳胶漆两遍 | m² | 170.77 | 32.47 | 5544.90 | |
| | | | 合 价 | | | | 257631.23 | 74167.92 |

## 过程 3.6.2 措施项目工程量清单报价

措施项目清单计价按《计价规范》分为表(一)和表(二)两部分。

表(一)部分主要是以项为计量单位计算的措施项目费用，计算基础是本工程人工费合计数额,计算费率可以参照工程当地相关部门规定的费率标准,结合企业施工方案计算各项措施项目费用,汇总成为表(一)措施项目费用;表(二)主要是能够利用工程量计算规则计算工程量的措施项目费用,投标报价时根据施工方案和施工组织设计,计算各措施项目工程量,根据分部分项工程综合单价计算的思路和方法计算各措施项目综合单价,各措施项目综合单价乘以相应的工程量得到各措施项目费,汇总得表(二)措施项目费小计;表(一)和表(二)措施项目费用合计成为本工程全部措施项目费用。因为表(二)(用工程量计算的措施项目)中的人工费也是计算表(一)(用费率计算的措施项目)的计算基础,所以要先填写措施项目清单与计价表(二)。

**1. 措施项目清单与计价表(二)填写**

本工程包含的可以计算工程量的措施项目有装饰装修外脚手架工程、成品保护工程和垂直运输工程。其工程量的计算见表 3-12 所示,具体措施项目费用计算见工程量清单综合单价分析表,最后汇总为措施项目清单与计价表(二)。

(1)措施项目工程量计算

本工程的装饰装修外脚手架利用主体外脚手架,其工程量按照每 $100m^2$ 外墙垂直投影面积增加 1.28 工日的改架工计算;成品保护工程的工程量分别按照楼地面、楼梯、台阶、内墙面相应工程量计算规则计算;垂直运输工程的工程量以建筑物建筑面积计算。具体计算见表 3-12 所示:

**工程量计算表**

工程名称:××法院法庭工程　　　标段:装饰装修工程　　　　　　　　　表 3-12

| 序号 | 项目编码 | 项目名称 | 单位 | 工程数量 | 计 算 式 |
|---|---|---|---|---|---|
| 1 | 020701001001 | 装饰装修外脚手架利用主体外脚手架,增加改架工 | 工日 | 9.52 | 外墙垂直投影面积=(29.28+14.58+0.52)×2×8.1+13.56×2×0.9=743.36m² 每 100m² 外墙垂直投影面积增加改架工 1.28 工日,则共需增加改架工 9.52 工日 |
| 2 | 020704001001 | 楼地面成品保护 | m² | 688.41 | $S=340.96+17.29+11.42+285.23+33.73=688.63m^2$ |
| 3 | 020704001002 | 楼梯、台阶成品保护 | m² | 40.24 | $S=27.55+12.69=40.24m^2$ |
| 4 | 020704001003 | 内墙面成品保护 | m² | 1231.69 | $S=$内墙抹灰面积$=1231.69m^2$ |
| 5 | 020702001001 | 垂直运输 | m² | 816.26 | $S=$建筑面积$=816.26m^2$ |

(2)措施项目综合单价测算

措施项目综合单价的计算过程与分部分项工程项目综合单价计算相同。各措施项目综合单价测算过程见综合单价分析表所示。

## 工程量清单综合单价分析表

工程名称：××法院法庭工程　　标段：装饰装修工程　　共5页，第1页

| 清单项目编码 | 020701001001 | | 项目名称 | | 装饰装修外脚手架利用主体外脚手架，增加改架工 | | 清单计量单位 | | 工日 | |
|---|---|---|---|---|---|---|---|---|---|---|
| 清单综合单价组成明细 | | | | | | | | | | |
| 定额编号 | 定额名称 | 定额单位 | 数量 | 单　价 | | | | 合　价 | | | |
| | | | | 人工费 | 材料费 | 机械费 | 管理费利润 | 人工费 | 材料费 | 机械费 | 管理费利润 |
| | 增加改架工 | 工日 | 9.52 | 34 | | | 9.74 | 323.68 | | | 92.73 |
| 人工单价 | | | 小计 | | | | | 323.68 | | | 92.73 |
| 34元/工日 | | | 未计价材料费 | | | | | | | | |
| 清单项目综合单价 | | | | | | | | 43.74 | | | |
| 材料费明细 | 材料名称、规格、型号 | | | 单位 | | 数量 | | 单价 | 合价 | 暂估单价 | 暂估合价 |
| | 其他材料费 | | | | | | | | | | |
| | 材料费小计 | | | | | | | | | | |

## 工程量清单综合单价分析表

工程名称：××法院法庭工程　　标段：装饰装修工程　　共5页，第2页

| 清单项目编码 | 020704001001 | | 项目名称 | | 楼地面成品保护 | | 清单计量单位 | | m² | |
|---|---|---|---|---|---|---|---|---|---|---|
| 清单综合单价组成明细 | | | | | | | | | | |
| 定额编号 | 定额名称 | 定额单位 | 数量 | 单　价 | | | | 合　价 | | | |
| | | | | 人工费 | 材料费 | 机械费 | 管理费利润 | 人工费 | 材料费 | 机械费 | 管理费利润 |
| B7-31 | 楼地面成品保护 | m² | 6.8863 | 34.00 | 188.92 | | 9.74 | 234.13 | 1300.96 | | 67.07 |
| 人工单价 | | | 小计 | | | | | 234.13 | 1300.96 | | 67.07 |
| 34元/工日 | | | 未计价材料费 | | | | | | | | |
| 清单项目综合单价 | | | | | | | | 2.33 | | | |
| 材料费明细 | 材料名称、规格、型号 | | | 单位 | | 数量 | | 单价 | 合价 | 暂估单价 | 暂估合价 |
| | 胶合板 3mm | | | m² | | 189.37 | | 6.87 | 1300.96 | | |
| | 其他材料费 | | | | | | | | | | |
| | 材料费小计 | | | | | | | | 1300.96 | | |

## 工程量清单综合单价分析表

工程名称：××法院法庭工程　　标段：装饰装修工程　　共5页，第3页

| 清单项目编码 | 020704001002 | 项目名称 | | 楼梯、台阶成品保护 | | | 清单计量单位 | | m² | |
|---|---|---|---|---|---|---|---|---|---|---|
| 清单综合单价组成明细 ||||||||||||

| 定额编号 | 定额名称 | 定额单位 | 数量 | 单价 |||| 合价 ||||
|---|---|---|---|---|---|---|---|---|---|---|---|
| | | | | 人工费 | 材料费 | 机械费 | 管理费利润 | 人工费 | 材料费 | 机械费 | 管理费利润 |
| B7-32 | 楼梯、台阶成品保护 | 100m² | 0.4024 | 56.78 | 130.58 | | 16.27 | 22.85 | 52.55 | | 6.55 |
| 人工单价 ||| 小计 |||| 22.85 | 52.55 | | 6.55 |||
| 34元/工日 ||| 未计价材料费 ||||||||
| 清单项目综合单价 |||||||||| 2.04 |||

| 材料费明细 | 材料名称、规格、型号 | 单位 | 数量 | 单价 | 合价 | 暂估单价 | 暂估合价 |
|---|---|---|---|---|---|---|---|
| | 麻袋 | m² | 38.18 | 15.17 | 3.42 | 51.89 | |
| | 其他材料费 ||||||||
| | 材料费小计 ||||| 51.89 | | |

## 工程量清单综合单价分析表

工程名称：××法院法庭工程　　标段：装饰装修工程　　共5页，第4页

| 清单项目编码 | 020704001003 | 项目名称 | | 内墙面成品保护 | | | 清单计量单位 | | m² | |
|---|---|---|---|---|---|---|---|---|---|---|
| 清单综合单价组成明细 ||||||||||||

| 定额编号 | 定额名称 | 定额单位 | 数量 | 单价 |||| 合价 ||||
|---|---|---|---|---|---|---|---|---|---|---|---|
| | | | | 人工费 | 材料费 | 机械费 | 管理费利润 | 人工费 | 材料费 | 机械费 | 管理费利润 |
| B7-34 | 内墙面成品保护 | 100m² | 12.3169 | 56.78 | 78.20 | | 16.27 | 699.35 | 963.18 | | 200.4 |
| 人工单价 ||| 小计 |||| 699.35 | 963.18 | | 200.4 |||
| 34元/工日 ||| 未计价材料费 ||||||||
| 清单项目综合单价 |||||||||| 1.51 |||

| 材料费明细 | 材料名称、规格、型号 | 单位 | 数量 | 单价 | 合价 | 暂估单价 | 暂估合价 |
|---|---|---|---|---|---|---|---|
| | 密目网 | m² | 13.75 | 173.08 | 5.56 | 962.33 | |
| | 其他材料费 |||| 1.75 | 22.03 | | |
| | 材料费小计 ||||| 984.36 | | |

**工程量清单综合单价分析表**

工程名称：××法院法庭工程　　标段：装饰装修工程　　共5页，第5页

| 清单项目编码 | 020702001001 | 项目名称 | | 垂直运输 | | 清单计量单位 | | | $m^2$ | |
|---|---|---|---|---|---|---|---|---|---|---|
| 清单综合单价组成明细 | | | | | | | | | | |
| 定额编号 | 定额名称 | 定额单位 | 数量 | 单价 | | | | 合价 | | | |
| | | | | 人工费 | 材料费 | 机械费 | 管理费利润 | 人工费 | 材料费 | 机械费 | 管理费利润 |
| B7-13 | 垂直运输 | 100$m^2$ | 8.1626 | | | 222.05 | | | | 1812.51 | |
| 人工单价 | | | | 小计 | | | | | | 1821.51 | |
| 34元/工日 | | | | 未计价材料费 | | | | | | | |
| | | | 清单项目综合单价 | | | | | | | 2.22 | |
| 材料费明细 | 材料名称、规格、型号 | | | 单位 | | 数量 | | 单价 | 合价 | 暂估单价 | 暂估合价 |
| | | | | | | | | | | | |
| | | | | | | | | | | | |
| | 其他材料费 | | | | | | | | | | |
| | 材料费小计 | | | | | | | | | | |

（3）措施项目计价表（二）填写

根据工程量计算表和综合单价分析表数据填写措施项目清单与计价表（二），见下表所示。

**措施项目清单与计价表（二）**

工程名称：××法院法庭工程　　标段：装饰装修工程　　共1页，第1页

| 序号 | 项目编码 | 项目名称 | 项目特征描述 | 计量单位 | 工程量 | 金额（元） | |
|---|---|---|---|---|---|---|---|
| | | | | | | 综合单价 | 合价 |
| 1 | 020701001001 | 装饰装修外脚手架利用主体外脚手架，增加改架工 | 利用主体外脚手架改变其步高作为装饰装修脚手架 | 工日 | 9.52 | 43.74 | 416.41 |
| 2 | 020704001001 | 楼地面成品保护 | 清洁表面，利用3mm厚胶合板成品保护 | $m^2$ | 688.63 | 2.33 | 1604.51 |
| 3 | 020704001002 | 楼梯、台阶成品保护 | 清洁表面，利用麻袋进行成品保护 | $m^2$ | 40.24 | 2.04 | 82.09 |
| 4 | 020704001003 | 内墙面成品保护 | 清洁表面，利用密目网进行成品保护 | $m^2$ | 1231.69 | 1.51 | 1859.85 |
| 5 | 020702001001 | 垂直运输 | 利用井架和单筒快速电动卷扬机进行垂直运输 | $m^2$ | 816.26 | 2.22 | 1812.51 |
| | | 合　价 | | | | | 5775.37 |

## 2. 措施项目清单与计价表（一）填写

措施项目清单与计价表（一）中措施项目费用计算基础是人工费，可以根据分部分项工程量清单综合单价分析表和工程量清单综合单价分析表中的人工费汇总而来，见表3-13所示。然后，依据某省的装饰工程费用定额的各项措施费费率，计算汇总出措施项目清单与计价表（一）。

（1）人工费计算

本法院法庭装饰装修工程人工费的汇总，见表2-13所示。

装修工程全部人工费汇总表　　　　　　表3-13

| 序号 | 项目编码 | 项目名称 | 计量单位 | 人工费 |
|---|---|---|---|---|
| 一 | | 楼地面工程人工费合计 | 元 | 11628.81 |
| 1 | 020102002001 | 块料地面 | 元 | 4770.84 |
| 2 | 020102002002 | 块料地面（有防水） | 元 | 357.07 |
| 3 | 020102002001 | 块料地面 | 元 | 356.40 |
| 4 | 020102002003 | 块料楼面 | 元 | 3341.81 |
| 5 | 020102002004 | 块料楼面（有防水） | 元 | 617.19 |
| 6 | 0201005003001 | 块料踢脚线 | 元 | 741.28 |
| 7 | 020106002001 | 块料楼梯面层 | 元 | 557.34 |
| 8 | 020107001001 | 金属扶手带栏杆 | 元 | 382.78 |
| 9 | 0201108002001 | 块料台阶面层 | 元 | 269.85 |
| 10 | 020109003001 | 块料零星项目 | 元 | 70.16 |
| 11 | 020109003002 | 块料零星项目 | 元 | 164.09 |
| 二 | | 墙柱面工程人工费合计 | 元 | 23025.76 |
| 12 | 020201001001 | 内墙面一般抹灰 | 元 | 7705.45 |
| 13 | 020201001002 | 外墙面一般抹灰 | 元 | 1068.34 |
| 14 | 020204003001 | 块料外墙面（白色） | 元 | 1448.20 |
| 15 | 020204003002 | 块料外墙面（灰色） | 元 | 8372.36 |
| 16 | 020204003003 | 块料内墙面 | 元 | 4000.36 |
| 17 | 020209001001 | 卫生间隔断 | 元 | 431.05 |
| 三 | | 天棚工程人工费合计 | 元 | 5191.88 |
| 18 | 020301001001 | 天棚抹灰 | 元 | 4782.25 |
| 19 | 020301001002 | 天棚抹灰（卫生间、厨房） | 元 | 409.63 |
| 四 | | 门窗工程人工费合计 | 元 | 5565.53 |
| 20 | 020401001001 | 胶合板门（M0822） | 元 | 278.17 |
| 21 | 020401001002 | 胶合板门（M1022） | 元 | 973.59 |
| 22 | 020401001003 | 胶合板门（M1522） | 元 | 194.51 |
| 23 | 020404005001 | 金属地弹门 | 元 | 212.49 |
| 24 | 020406007001 | 塑钢窗（C0606） | 元 | 17.63 |
| 25 | 020406007001 | 塑钢窗（C1218） | 元 | 740.28 |
| 26 | 020406007001 | 塑钢窗（C1221） | 元 | 863.65 |
| 27 | 020406007001 | 塑钢窗（C1818） | 元 | 475.89 |

续表

| 序号 | 项目编码 | 项目名称 | 计量单位 | 人工费 |
|---|---|---|---|---|
| 28 | 020406007001 | 塑钢窗（C1821） | 元 | 185.07 |
| 29 | 020406007001 | 塑钢窗（C2718） | 元 | 118.97 |
| 30 | 020406007001 | 塑钢窗（C1521） | 元 | 308.45 |
| 31 | 020406007001 | 塑钢窗（C3618） | 元 | 158.63 |
| 32 | 020406007001 | 金属防盗窗（C1221） | 元 | 503.83 |
| 33 | 020406007001 | 金属防盗窗（C1521） | 元 | 179.93 |
| 34 | 020406007001 | 金属防盗窗（C1821） | 元 | 107.96 |
| 35 | 020409003001 | 石材窗台板 | 元 | 246.48 |
| 五 | | 油漆、涂料、裱糊工程人工费合计 | 元 | 11132.26 |
| 36 | 020506001001 | 抹灰面油漆 | 元 | 10642.22 |
| 37 | 020507001001 | 刷喷涂料 | 元 | 490.04 |
| 六 | | 可计算工程量的措施项目的人工费合计 | 元 | 1279.94 |
| 38 | 020701001001 | 装饰装修外脚手架利用主体外脚手架，增加改架工 | 元 | 323.68 |
| 39 | 020704001001 | 楼地面成品保护 | 元 | 234.13 |
| 40 | 020704001002 | 楼梯、台阶成品保护 | 元 | 22.85 |
| 41 | 020704001003 | 内墙面成品保护 | 元 | 699.35 |
| 42 | 020702001001 | 垂直运输 | 元 | 0.00 |
| | | 人工费总合计 | 元 | 57824.25 |

(2) 措施项目费用计算

以上述人工费总和计为计算基础，参考某省建设工程费用定额，结合工程项目竞争情况，确定各措施项目费费率，计算并填写措施项目清单与计价表（一），见下表所示。

**措施项目清单与计价表（一）**

工程名称：××法院法庭工程　　标段：装饰装修工程　　　　共1页，第1页

| 序号 | 项目名称 | 计算基础（人工费） | 费率（%） | 金额（元） |
|---|---|---|---|---|
| 1 | 安全文明施工费 | 57824.25 | 6.27 | 3625.58 |
| 2 | 夜间施工费 | 57824.25 | 0.39 | 225.52 |
| 3 | 二次搬运费 | 57824.25 | 0.98 | 566.68 |
| 4 | 冬雨期施工费 | 57824.25 | 0.74 | 427.90 |
| 5 | 大型机械设备进出场及安拆费 | 无 | 无 | 无 |
| 6 | 生产工具用具使用费 | 57824.25 | 0.88 | 508.85 |
| 7 | 检验试验费 | 57824.25 | 0.32 | 185.04 |
| 8 | 工程定位复测、工程点交、场地清理费 | 57824.25 | 0.25 | 144.56 |
| | 合　计 | | | 5684.13 |

## 过程 3.6.3　其他项目工程量清单报价

其他项目清单计价表主要用来计算分部分项工程费和措施项目费中未包括的、在工程实施期间可能发生的暂定金额、暂估价、计日工以及总承包商服务费用等。

### 1. 暂列金额

本法院法庭装饰装修工程工程暂定金额按照招标人提供的工程量清单中的暂定金额，具体见下表所示。

**暂列金额明细表**

工程名称：××法院法庭工程　　　标段：装饰装修工程　　　共1页，第1页

| 序号 | 项目名称 | 计算单位 | 暂定金额（元） | 备注 |
|---|---|---|---|---|
| 1 | 暂列金额 | 元 | 10000 | |
| | | | | |
| | | | | |
| | | | | |
| | | | | |
| | | | | |

### 2. 材料暂估价

本工程所用的材料暂估价见下表所示。

**材料暂估单价表**

工程名称：××法院法庭工程　　　标段：装饰装修工程　　　共1页，第1页

| 序号 | 材料名称、规格、型号 | 计量单位 | 单价（元/m²） | 备注 |
|---|---|---|---|---|
| 1 | 陶瓷地砖 600×600 | m² | 62.00 | 除卫生间和厨房地面以外的其他房间的地面和楼面 |
| 2 | 陶瓷防滑地砖 300×300 | m² | 50.00 | 卫生间和厨房地面 |
| 3 | 白色墙面砖 95×95 | m² | 23.20 | 外墙面 |
| 4 | 灰色墙面砖 194×94 | m² | 19.00 | 外墙面 |
| 5 | 内墙面砖 200×300 | m² | 31.50 | 卫生间和厨房的内墙面 |
| 6 | 铝合金地弹门 | m² | 261.12 | 进建筑物的大门 |
| 7 | 不锈钢防盗窗 | m² | 147.00 | 一层外墙窗户 |
| 8 | 人造大理石板 | m² | 160.00 | 所有外墙窗户 |
| | | | | |

### 3. 专业工程暂估价

专业工程暂估价，在本法庭工程中，装饰装修工程专业工程暂估价在门厅二次装修的铝合金玻璃隔断，根据常用铝合金玻璃隔断的价格，做出该专业工程暂估价，见下表所示。

**专业工程暂估价表**

工程名称：××法院法庭工程　　标段：装饰装修工程　　　共1页，第1页

| 序号 | 工程名称 | 工程内容 | 单位 | 工程量 | 单价 | 总价（元） | 备注 |
|---|---|---|---|---|---|---|---|
| 1 | 二次设计的铝合金玻璃隔断 | 定位弹线、下料、安装龙骨、安玻璃、嵌缝清理 | $m^2$ | 18.06 | 180元/$m^2$ | 3250.80 | |
| | | | | | | | |

### 4. 计日工

本法院法庭装饰装修工程中暂估算计日工，见下表所示。

**计 日 工 表**

工程名称：××法院法庭工程　　标段：装饰装修工程　　　共1页，第1页

| 序号 | 项目名称 | 单位 | 暂定数量 | 综合单价（元/工日） | 合价（元） |
|---|---|---|---|---|---|
| 一 | 人工 | | | | |
| 1 | 抹灰工 | 工日 | 25 | 43.74 | 1093.50 |
| 2 | | | | | |
| 3 | | | | | |
| | 人工小计 | | | | |
| 二 | 材料 | | | | |
| 1 | 周转材料 | kg | 160 | 4.2 | 672.00 |
| 2 | 8号钢丝 | kg | 34 | 4.8 | 163.20 |
| | 材料小计 | | | | 835.20 |
| 三 | 施工机械 | | | | |
| | | | | | |
| | | | | | |
| | 施工机械小计 | | | | |
| | 总计 | | | | 1928.70 |

### 5. 总承包服务费

本法院法庭装饰装修工程较简单，不需分包；但是由于发包人自行采购部分材料，承包方要对招标人采购的材料提供收、发和保管服务，因此需要计算总承包服务费，按照招标人供应材料价值的1%计算，具体计算见下表所示。

**总承包服务费计价表**

工程名称：××法院法庭工程　　标段：装饰装修工程　　　共1页，第1页

| 序号 | 项目名称 | 项目价值 | 服务内容 | 费率（%） | 金额（元） |
|---|---|---|---|---|---|
| 1 | 发包人供应材料 | 74167.92 | 对发包人供应材料进行收、发和保管服务 | 1 | 741.68 |
| | | | 合　计 | | 741.68 |

## 6. 其他项目清单与计价汇总表

根据前表内容，填写其他项目清单与计价汇总表，见下表所示。

**其他项目清单与计价汇总表**

工程名称：××法院法庭工程　　标段：装饰装修工程　　　　共1页，第1页

| 序号 | 项目名称 | 计算单位 | 金额（元） | 备注 |
|---|---|---|---|---|
| 1 | 暂列金额 | 项 | 10000.00 | |
| 2 | 暂估价 | | 3250.80 | |
| 2.1 | 材料暂估价 | | | 材料暂估单价计入清单项目综合单价，此处不汇总 |
| 2.2 | 专业工程暂估价 | 项 | 3250.80 | |
| 3 | 计日工 | 项 | 1928.70 | |
| 4 | 总承包服务费 | 项 | 741.68 | |
| | 合　计 | | 15921.18 | |

## 过程 3.6.4　规费、税金项目清单报价

本法院法庭工程以某省建设工程费用定额中规定的相关规费费率和税率计算规费和税金，具体计算见下表所示。

**规费、税金项目清单与计价表**

工程名称：××法院法庭工程　　标段：装饰装修工程　　　　共1页，第1页

| 序号 | 项目名称 | 计算基础 | 费率（%） | 金额（元） | 备注 |
|---|---|---|---|---|---|
| 1 | 规费 | 人工费 | 57824.25 | 18.62 | 10766.88 | |
| 1.1 | 工程排污费 | 按工程所在地环保部门规定计算 | | | | |
| 1.2 | 社会保障费 | 人工费 | 57824.25 | 15.22 | 8800.85 | |
| (1) | 养老保险费 | 人工费 | 57824.25 | 10.81 | 6250.80 | |
| (2) | 失业保险费 | 人工费 | 57824.25 | 0.91 | 526.20 | |
| (3) | 医疗保险费 | 人工费 | 57824.25 | 3.50 | 2023.85 | |
| 1.3 | 住房公积金 | 人工费 | 57824.25 | 2.91 | 1682.69 | |
| 1.4 | 危险作业意外伤害保险 | 人工费 | 57824.25 | 0.49 | 283.34 | |
| 1.5 | 工程定额测定费 | 暂不计取 | | | | |
| 2 | 税金 | 分部分项工程费＋措施项目费＋其他项目费＋规费 | 295778.79 | 3.4126 | 10093.75 | |
| 3 | 劳保基金 | 含税造价 | 306089.05 | 3 | 9176.18 | |
| | 合　计 | | | | 30036.81 | |

注：表中"规费"一行的"计算基础"列为"人工费"，"57824.25"位于"费率(%)"列之前，实为基数值。

## 过程 3.6.5　装饰装修工程工程量清单报价书编制

完成过程 3.6.1～过程 3.6.4 各项费用的计算后，编制××法院法庭装饰装修工程工程量清单报价书。包括封面、总说明、单位工程投标报价汇总表、分部分项工程量清单与计价表、措施项目清单与计价表、其他项目清单与计价表、规费税金项目清单与计价表，具体内容见下表所示。

# 投 标 总 价

招 标 人：  ××省××市××区人民法院

工 程 名 称：  ××法院装饰装修工程

投 标 总 价（小写）：  315048元

（大写）：  叁拾壹万五千零肆拾捌元整

投 标 人：  广胜建筑公司  （单位盖章）

法定代表人或其授权人： 张广胜（签字或盖章）

编 制 人：  李宏伟  （造价人员签字盖专用章）

编 制 时 间： 2008年10月1日

## 总 说 明

工程名称：××法院　　　　标段：装饰装修工程　　　共1页　第1页

1. 工程概况：建筑面积为 816.26m²，建筑高度为 8.4m，建筑层数为二层，建筑结构类型为砖砌体结构，内墙面水泥砂浆抹灰乳胶漆面，外墙面贴面砖。该工程于 2008 年 10 月开工，2009 年 6 月竣工交付使用。
2. 招标范围：装饰装修工程部分。
3. 编制依据：《建设工程工程量清单计价规范》GB 50500—2008、施工图纸、消耗量定额、工料机单价。
4. 考虑工程量清单可能有误或者施工中发生设计变更，暂列金额按 10000.00 元预留。
5. 施工图纸中考虑在门厅二次装修铝合金玻璃隔断，在本报价书中按照常规以每平方米 180 元进行专项工程估价，工程发生后按实结算。
6. 本法院法庭装饰装修工程考虑了 25 个计日工，工程发生时按实际结算。
7. 本工程楼地面所铺地砖、内外墙面贴面砖、建筑物的进户大门、一层外窗的防盗栏以及窗台板等材料由甲方自定。由于甲方自行采购部分材料，承包方要对招标人采购的材料提供收、发和保管服务，因此需要计算总承包服务费，按照招标人供应材料价值的 1% 计算。
8. 根据某省劳动保险费的计取办法，实行社会基金化，按照工程含税造价的 3% 计算，并计入工程总造价。

## 单位工程投标报价汇总表

工程名称：××法院　　　　标段：装饰装修工程　　　　共1页　第1页

| 序号 | 汇总内容 | 金额（元） | 其中：暂估价（元） |
|---|---|---|---|
| 1 | 分部分项工程 | 257631.23 | 74167.92 |
| 1.1 | 楼地面工程 | 80873.53 | 43443.10 |
| 1.2 | 墙柱面工程 | 71233.62 | 18011.78 |
| 1.3 | 天棚工程 | 10349.12 | |
| 1.4 | 门窗工程 | 68075.75 | 12713.04 |
| 1.5 | 油漆、涂料、裱糊工程 | 27099.21 | |
| 2 | 措施项目 | 11459.50 | |
| 2.1 | 安全文明施工费 | 3625.58 | |
| 3 | 其他项目 | 15921.18 | |
| 3.1 | 暂列金额 | 10000.00 | |
| 3.2 | 专业工程暂估价 | 3250.80 | |
| 3.3 | 计日工 | 1928.70 | |
| 3.4 | 总承包服务费 | 741.68 | |
| 4 | 规费 | 10766.88 | |
| 5 | 税金 | 10093.75 | |
| 6 | 劳保基金 | 9176.18 | |
| | 投标报价合计＝1＋2＋3＋4＋5＋6 | 315048 | |

## 分部分项工程量清单与计价表

工程名称：××法院法庭工程　　标段：装饰装修工程　　　　共1页，第1页

| 序号 | 项目编码 | 项目名称 | 项目特征描述 | 计量单位 | 工程量 | 综合单价 | 合价 | 其中暂估价 |
|---|---|---|---|---|---|---|---|---|
| | | | B1 楼地面工程 | | | | 80873.53 | 43443.10 |
| 1 | 020102002001 | 块料地面 | 1. 80厚C15混凝土垫层<br>2. 30厚1:3干硬性水泥砂浆结合层（内掺建筑胶）<br>3. 面层铺600×600奶油色地砖 | m² | 337.94 | 105.58 | 35679.71 | 21667.76 |
| 2 | 020102002002 | 块料地面（有防水） | 1. C15混凝土垫层找坡，最薄处80厚，坡向地漏<br>2. 20厚1:3水泥砂浆找平<br>3. 1.5厚JS-Ⅱ型涂膜防水层，四周翻起150高<br>4. 30厚1:3干硬性水泥砂浆结合层（内掺建筑胶）<br>5. 面层铺300×300双色防滑地砖 | m² | 17.29 | 155.68 | 2691.71 | 886.00 |

续表

| 序号 | 项目编码 | 项目名称 | 项目特征描述 | 计量单位 | 工程量 | 综合单价 | 合价 | 其中暂估价 |
|---|---|---|---|---|---|---|---|---|
| 3 | 020102002001 | 块料地面 | 1.300厚中砂防冻层<br>2.80厚C15混凝土垫层<br>3.20厚1:3水泥砂浆找平层<br>4.10厚1:2水泥砂浆结合层（内掺建筑胶）<br>5.面层铺600×600奶油色地砖 | m² | 11.42 | 141.93 | 1620.84 | 726.02 |
| 4 | 020102002003 | 块料楼面 | 1.50厚1:6水泥炉渣垫层<br>2.30厚1:3干硬性水泥砂浆结合层（内掺建筑胶）<br>3.面层铺600×600奶油色地砖 | m² | 282.29 | 91.45 | 25815.42 | 18126.32 |
| 5 | 020102002004 | 块料楼面（有防水） | 1.1:6水泥炉渣垫层<br>2.20厚1:3水泥砂浆找平<br>3.1.5厚JS-Ⅱ型涂膜防水层，四周翻起150高<br>4.30厚1:3干硬性水泥砂浆结合层（内掺建筑胶）<br>5.面层铺300×300双色防滑地砖 | m² | 33.73 | 39.39 | 4701.62 | 1728.50 |
| 6 | 0201005003001 | 块料踢脚线 | 1.踢脚线高度120mm<br>2.5厚1:3水泥砂浆打底扫毛<br>3.8厚1:2水泥砂浆粘结层<br>4.铺600×120奶油色地砖踢脚 | m² | 50.83 | 41.42 | 2105.38 | |
| 7 | 020106002001 | 块料楼梯面层 | 1.30厚1:3干硬性水泥砂浆结合层（内掺建筑胶）<br>2.面层铺600×300奶油色地砖 | m² | 27.55 | 60.26 | 1660.16 | |
| 8 | 020107001001 | 金属扶手带栏杆 | 1.φ30不锈钢管楼梯栏杆，竖向杆件间距为1100mm<br>2.φ60不锈钢管楼梯扶手<br>3.φ60不锈钢管楼梯弯头 | m | 17.75 | 261.42 | 4640.21 | |

续表

| 序号 | 项目编码 | 项目名称 | 项目特征描述 | 计量单位 | 工程量 | 金额（元） | | |
|---|---|---|---|---|---|---|---|---|
| | | | | | | 综合单价 | 合价 | 其中暂估价 |
| 9 | 020110800200 1 | 块料台阶面层 | 1. 20厚1:3水泥砂浆找平层<br>2. 10厚1:2水泥砂浆结合层（内掺建筑胶）<br>3. 面层铺600×600奶油色地砖 | m² | 12.69 | 71.25 | 904.16 | |
| 10 | 020109003001 | 块料零星项目 | 1. 一层卫生间蹲台<br>2. 80厚C15混凝土垫层<br>3. 1:6水泥炉渣垫层找坡，最薄处120厚<br>4. 20厚1:3水泥砂浆找平<br>5. 1.5厚JS-Ⅱ型涂膜防水层，四周翻起150高<br>6. 30厚1:3干硬性水泥砂浆结合层（内掺建筑胶）<br>7. 面层铺300×300双色防滑地砖 | m² | 1.63 | 196.20 | 319.81 | 86.50 |
| 11 | 020109003002 | 块料零星项目 | 1. 二层卫生间蹲台<br>2. 1:6水泥炉渣垫层找坡，最薄处120厚<br>3. 20厚1:3水泥砂浆找平<br>4. 1.5厚JS-Ⅱ型涂膜防水层，四周翻起150高<br>5. 30厚1:3干硬性水泥砂浆结合层（内掺建筑胶）<br>6. 面层铺300×300双色防滑地砖 | m² | 4.19 | 175.30 | 734.51 | 222.00 |
| | | | B2 墙、柱面工程 | | | | 71233.62 | 18011.78 |
| 12 | 020201001001 | 内墙面一般抹灰 | 1. 砖墙面<br>2. 14厚1:3水泥砂浆打底<br>3. 6厚1:2.5水泥砂浆找平 | m² | 1231.69 | 13.48 | 16603.18 | |
| 13 | 020201001002 | 外墙面一般抹灰 | 1. 砖墙面<br>2. 14厚1:3水泥砂浆打底<br>3. 6厚1:2.5水泥砂浆找平 | m² | 170.77 | 13.48 | 2301.98 | |

续表

| 序号 | 项目编码 | 项目名称 | 项目特征描述 | 计量单位 | 工程量 | 金额（元） | | |
|---|---|---|---|---|---|---|---|---|
| | | | | | | 综合单价 | 合价 | 其中暂估价 |
| 14 | 020204003001 | 块料外墙面（白色） | 1. 砖墙面<br>2. 14厚1:3水泥砂浆打底找平<br>3. 6厚1:2.5水泥砂浆接合层<br>4. 95×95外墙白色面砖<br>5. 5mm灰缝宽，1:1水泥砂浆嵌缝 | m² | 69.09 | 54.55 | 3768.86 | 1484.34 |
| 15 | 020204003002 | 块料外墙面（灰色） | 1. 砖墙面<br>2. 16厚1:3水泥砂浆打底找平<br>3. 4厚1:2.5水泥砂浆接合层<br>4. 194×94外墙灰色面砖<br>5. 5mm灰缝宽，1:1水泥砂浆嵌缝 | m² | 476.39 | 46.67 | 22233.12 | 8599.78 |
| 16 | 020204003003 | 块料内墙面 | 1. 砖墙面<br>2. 9厚1:3水泥砂浆打底<br>3. 1.5厚JS-Ⅱ型涂膜防水层<br>4. 4厚水泥砂浆粘结层<br>5. 200×300白色瓷板 | m² | 241.25 | 100.31 | 24199.79 | 7927.66 |
| 17 | 020209001001 | 卫生间隔断 | 1. 杉木骨架断面尺寸为50×70<br>2. 隔板材料采用3mm厚榉木夹板<br>3. 隔断刷调合漆两遍 | m² | 13.63 | 156.03 | 2126.69 | |
| | | | B3 天棚工程 | | | | 10349.12 | |
| 18 | 020301001001 | 天棚抹灰 | 1. 现浇钢筋混凝土楼板<br>2. 14厚1:3水泥砂浆打底<br>3. 5厚1:2.5水泥砂浆抹面 | m² | 713.62 | 12.96 | 9248.52 | |
| 19 | 020301001002 | 水泥砂浆抹卫生间、厨房天棚 | 1. 现浇钢筋混凝土楼板<br>2. 5厚1:3水泥砂浆打底<br>3. 5厚1:2.5水泥砂浆抹面<br>4. 过氯乙烯清漆一遍 | m² | 56.01 | 19.65 | 1100.60 | |

续表

| 序号 | 项目编码 | 项目名称 | 项目特征描述 | 计量单位 | 工程量 | 金额（元） | | |
|---|---|---|---|---|---|---|---|---|
| | | | | | | 综合单价 | 合价 | 其中暂估价 |
| | | B4 门窗工程 | | | | | 68075.75 | 12713.04 |
| 20 | 020401001001 | 胶合板门（M0822） | 1. 门类型：单扇、无亮、平开胶合板门<br>2. 门框截面尺寸：90×45<br>3. 单樘面积：1.76m²<br>4. 面层材料：胶合板三夹<br>5. 油漆品种、遍数、颜色：白色调合漆，两遍 | 樘 | 5 | 285.51 | 1427.55 | |
| 21 | 020401001002 | 胶合板门（M1022） | 1. 门类型：单扇、无亮、平开胶合板门<br>2. 门框截面尺寸：90×45<br>3. 单樘面积：2.2m²<br>4. 面层材料：胶合板三夹<br>5. 油漆品种、遍数、颜色：白色调合漆，两遍 | 樘 | 14 | 356.88 | 4996.32 | |
| 22 | 020401001003 | 胶合板门（M1522） | 1. 门类型：双扇、无亮、平开胶合板门<br>2. 门框截面尺寸：90×45<br>3. 单樘面积：3.3m²<br>4. 面层材料：胶合板三夹<br>5. 油漆品种、遍数、颜色：白色调合漆，两遍 | 樘 | 2 | 465.42 | 930.84 | |
| 23 | 020404005001 | 金属地弹门 | 1. 铝合金成品全玻地弹门，框料为 101.66×44.5×1.5 铝合金型材<br>2. 平板玻璃6mm厚 | 樘 | 1 | 3429.47 | 3429.47 | 2797.54 |
| 24 | 020406007001 | 塑钢窗（C0606） | 1. 窗类型：推拉窗<br>2. 框扇材质：塑钢（白色）<br>3. 外围尺寸：560×560<br>4. 玻璃品种、厚度：中空玻璃（6白玻璃+12空气层厚+6白玻璃） | 樘 | 2 | 139.95 | 279.90 | |

续表

| 序号 | 项目编码 | 项目名称 | 项目特征描述 | 计量单位 | 工程量 | 金额（元） | | |
|---|---|---|---|---|---|---|---|---|
| | | | | | | 综合单价 | 合价 | 其中暂估价 |
| 25 | 020406007001 | 塑钢窗（C1218） | 1. 窗类型：推拉窗<br>2. 框扇材质：塑钢（白色）<br>3. 外围尺寸：1160×1760<br>4. 玻璃品种、厚度：中空玻璃（6 白玻璃＋12 空气层厚＋6 白玻璃） | 樘 | 14 | 839.65 | 11755.10 | |
| 26 | 020406007001 | 塑钢窗（C1221） | 1. 窗类型：推拉窗<br>2. 框扇材质：塑钢（白色）<br>3. 外围尺寸：1160×2060<br>4. 玻璃品种、厚度：中空玻璃（6 白玻璃＋12 空气层厚＋6 白玻璃） | 樘 | 14 | 979.60 | 13714.40 | |
| 27 | 020406007001 | 塑钢窗（C1818） | 1. 窗类型：推拉窗<br>2. 框扇材质：塑钢（白色）<br>3. 外围尺寸：1760×1760<br>4. 玻璃品种、厚度：中空玻璃（6 白玻璃＋12 空气层厚＋6 白玻璃） | 樘 | 6 | 1259.48 | 7556.88 | |
| 28 | 020406007001 | 塑钢窗（C1821） | 1. 窗类型：推拉窗<br>2. 框扇材质：塑钢（白色）<br>3. 外围尺寸：1760×2060<br>4. 玻璃品种、厚度：中空玻璃（6 白玻璃＋12 空气层厚＋6 白玻璃） | 樘 | 2 | 1469.40 | 2938.80 | |
| 29 | 020406007001 | 塑钢窗（C2718） | 1. 窗类型：推拉窗<br>2. 框扇材质：塑钢（白色）<br>3. 外围尺寸：2660×1760<br>4. 玻璃品种、厚度：中空玻璃（6 白玻璃＋12 空气层厚＋6 白玻璃） | 樘 | 1 | 1889.22 | 1889.22 | |
| 30 | 020406007001 | 塑钢窗（C1521） | 1. 窗类型：推拉窗<br>2. 框扇材质：塑钢（白色）<br>3. 外围尺寸：1460×2060<br>4. 玻璃品种、厚度：中空玻璃（6 白玻璃＋12 空气层厚＋6 白玻璃） | 樘 | 4 | 1224.50 | 4898.00 | |

续表

| 序号 | 项目编码 | 项目名称 | 项目特征描述 | 计量单位 | 工程量 | 金额（元） | | |
|---|---|---|---|---|---|---|---|---|
| | | | | | | 综合单价 | 合 价 | 其中暂估价 |
| 31 | 020406007001 | 塑钢窗（C3618） | 1. 窗类型：推拉窗<br>2. 框扇材质：塑钢（白色）<br>3. 外围尺寸：3560×1760<br>4. 玻璃品种、厚度：中空玻璃（6白玻璃＋12空气层厚＋6白玻璃） | 樘 | 1 | 2518.96 | 2518.96 | |
| 32 | 020406007001 | 金属防盗窗（C1221） | 1. 成品不锈钢防盗窗<br>2. 外围面积：1160×2060 | 樘 | 14 | 436.18 | 6106.52 | 5186.16 |
| 33 | 020406007001 | 金属防盗窗（C1521） | 1. 成品不锈钢防盗窗<br>2. 外围面积：1460×2060 | 樘 | 4 | 545.21 | 2180.84 | 1852.20 |
| 34 | 020406007001 | 金属防盗窗（C1821） | 1. 成品不锈钢防盗窗<br>2. 外围面积：1760×2060 | 樘 | 2 | 654.26 | 1308.52 | 1111.32 |
| 35 | 020409003001 | 石材窗台板 | 1. 20厚1:2.5水泥砂浆找平<br>2. 白色人造大理石窗台板 | m | 59.80 | 35.86 | 2144.43 | 1765.82 |
| | B5 | 油漆、涂料、裱糊工程 | | | | | 27099.21 | |
| 36 | 020506001001 | 抹灰面油漆 | 1. 基层类型：水泥砂浆墙面<br>2. 腻子种类及要求：石膏腻子满刮两遍<br>3. 乳胶漆品种及刷喷遍数：乳胶漆两遍 | m² | 2001.32 | 10.77 | 21554.22 | |
| 37 | 020507001001 | 刷喷涂料 | 1. 基层类型：水泥砂浆墙面<br>2. 腻子种类及要求：石膏腻子满刮两遍<br>3. 涂料品种及刷喷遍数：丙烯酸无光外用乳胶漆两遍 | m² | 170.77 | 32.47 | 5544.90 | |
| | | 合 价 | | | | | 257631.23 | 74167.92 |

## 措施项目清单与计价表（一）

工程名称：××法院法庭工程　　标段：装饰装修工程　　　　　　　共1页，第1页

| 序号 | 项目名称 | 计算基础（人工费） | 费率（%） | 金额（元） |
|---|---|---|---|---|
| 1 | 安全文明施工费 | 57824.25 | 6.27 | 3625.58 |
| 2 | 夜间施工费 | 57824.25 | 0.39 | 225.52 |
| 3 | 二次搬运费 | 57824.25 | 0.98 | 566.68 |
| 4 | 冬雨期施工费 | 57824.25 | 0.74 | 427.90 |
| 5 | 大型机械设备进出场及安拆费 | 无 | 无 | 无 |
| 6 | 生产工具用具使用费 | 57824.25 | 0.88 | 508.85 |
| 7 | 检验试验费 | 57824.25 | 0.32 | 185.04 |
| 8 | 工程定位复测、工程点交、场地清理费 | 57824.25 | 0.25 | 144.56 |
| | | | | |
| | 合　　计 | | | 5684.13 |

## 措施项目清单与计价表（二）

工程名称：××法院法庭工程　　标段：装饰装修工程　　　　　　　共1页，第1页

| 序号 | 项目编码 | 项目名称 | 项目特征描述 | 计量单位 | 工程量 | 金额（元） | |
|---|---|---|---|---|---|---|---|
| | | | | | | 综合单价 | 合价 |
| 1 | 020701001001 | 装饰装修外脚手架利用主体外脚手架，增加改架工 | 利用主体外脚手架改变其步高作为装饰装修脚手架 | 工日 | 9.52 | 43.74 | 416.41 |
| 2 | 020704001001 | 楼地面成品保护 | 清洁表面，利用3mm厚胶合板成品保护 | m² | 688.63 | 2.33 | 1604.51 |
| 3 | 020704001002 | 楼梯、台阶成品保护 | 清洁表面，利用麻袋进行成品保护 | m² | 40.24 | 2.04 | 82.09 |
| 4 | 020704001003 | 内墙面成品保护 | 清洁表面，利用密目网进行成品保护 | m² | 1231.69 | 1.51 | 1859.85 |
| 5 | 020702001001 | 垂直运输 | 利用井架和单筒快速电动卷扬机进行垂直运输 | m² | 816.26 | 2.22 | 1812.51 |
| | | 合　　价 | | | | | 5775.37 |

**其他项目清单与计价汇总表**

工程名称：××法院法庭工程　　标段：装饰装修工程　　　　　共1页，第1页

| 序号 | 项目名称 | 计算单位 | 金额（元） | 备注 |
|---|---|---|---|---|
| 1 | 暂列金额 | 项 | 10000.00 | |
| 2 | 暂估价 | | 3250.80 | |
| 2.1 | 材料暂估价 | | | 材料暂估单价计入清单项目综合单价，此处不汇总 |
| 2.2 | 专业工程暂估价 | 项 | 3250.80 | |
| 3 | 计日工 | 项 | 1928.70 | |
| 4 | 总承包服务费 | 项 | 741.68 | |
| | 合计 | | 15921.18 | |

**规费、税金项目清单与计价表**

工程名称：××法院法庭工程　　标段：装饰装修工程　　　　　共1页，第1页

| 序号 | 项目名称 | 计算基础 | | 费率(%) | 金额(元) | 备注 |
|---|---|---|---|---|---|---|
| 1 | 规费 | 人工费 | 57824.25 | 18.62 | 10766.88 | |
| 1.1 | 工程排污费 | 按工程所在地环保部门规定按实计算 | | | | |
| 1.2 | 社会保障费 | 人工费 | 57824.25 | 15.22 | 8800.85 | |
| (1) | 养老保险费 | 人工费 | 57824.25 | 10.81 | 6250.80 | |
| (2) | 失业保险费 | 人工费 | 57824.25 | 0.91 | 526.20 | |
| (3) | 医疗保险费 | 人工费 | 57824.25 | 3.50 | 2023.85 | |
| 1.3 | 住房公积金 | 人工费 | 57824.25 | 2.91 | 1682.69 | |
| 1.4 | 危险作业意外伤害保险 | 人工费 | 57824.25 | 0.49 | 283.34 | |
| 1.5 | 工程定额测定费 | 暂不计取 | | | | |
| 2 | 税金 | 分部分项工程费+措施项目费+其他项目费+规费 | 295778.79 | 3.4126 | 10093.75 | |
| 3 | 劳保基金 | 含税造价 | 306089.05 | 3 | 9176.18 | |
| | 合计 | | | | 30036.81 | |

[任务拓展]

1. 楼地面工程清单计算规则与定额中的计算规则有哪些不同？
2. 楼梯面层的清单工程量计算规则是怎样的？
3. 楼梯栏杆清单项目包含哪些附项？附项的计价工程量如何计算？
4. 墙面一般抹灰的清单工程量计算规则与块料镶贴墙面的清单工程量的计算规则相同吗？若不同，区别在哪？
5. 天棚抹灰的清单工程量与楼地面的清单工程量相同吗？若不同，有何不同？
6. 已知：某装饰装修工程其中的分部分项工程量清单见下表，依据当地定额，人工、材料、机械市场信息价与当地定额取定价格相同，企业管理费、利润

费率分别为23%、12%，风险费按零考虑，试填写工程量清单综合单价分析表，确定这两个清单项目的综合单价。

**分部分项工程量清单**

| 序 号 | 项目编码 | 项 目 名 称 | 计量单位 | 工程数量 |
|---|---|---|---|---|
| 1 | 020302001001 | 天棚吊顶 客厅，U38不上人轻钢龙骨石膏板平面吊顶，龙骨间距为600mm×600mm | m² | 1350 |
| 2 | 020104002001 | 木地板 企口硬木成品板，单层铺在木楞上，木龙骨断面为50mm×60mm，间距为200mm，聚酯漆三遍，打蜡一遍 | m² | 1350 |

7. 若××法院法庭工程的楼地面改为水磨石面层，其他地面做法不变，厨房卫生间是防滑地砖，走廊和楼梯铺地砖面层，试依据教材中××法院法庭施工图纸、《计价规范》、当地的定额，计算水磨石楼地面的清单工程量和计价工程量，填写工程量清单综合单价分析表以及分部分项工程量清单与计价表。

8. 胶合板木门工程量的计量单位为什么以樘为单位，而不以平方米为单位？

9. 若××法院法庭工程的木门改为实木装饰门，试依据教材中××法院法庭施工图纸、《计价规范》、当地的计价定额，计算实木装饰门的清单工程量和计价工程量，填写工程量清单综合单价分析表以及分部分项工程量清单与计价表。

10. 如何描述面砖墙面的项目特征？

11. 若××法院法庭工程除了卫生间和厨房不挂窗帘，其他房间均安装木质窗帘盒，刷调合漆两遍，试依据教材中××法院法庭施工图纸、《计价规范》、当地的计价定额，计算木质窗帘盒的清单工程量和计价工程量，填写工程量清单综合单价分析表以及分部分项工程量清单与计价表。

12. 常见的幕墙有几种形式？其项目特征如何描述？

13. 木质暖气罩的项目特征如何描述？

# 4 招标控制价与投标报价的确定

实行工程量清单招标的建设工程项目应由招标人或委托有相应资质的工程造价咨询人编制招标控制价，投标人或委托有相应资质的工程造价咨询人编制投标报价。这对于招标人降低工程成本、提高工程质量、加快工期进度，对投标人提高中标率、加强企业管理、树立良好的社会信誉有着重要意义。本部分将完成对工程招标控制价和投标报价的编制程序和编制方法等知识的学习任务。并确定出投标人参加××法院法庭工程投标的最终报价。

## 任务 4.1 招标控制价的编制

### 4.1.1 招标控制价的概念及内容

#### 1. 招标控制价的概念

国有资金投资的工程进行招标，根据《中华人民共和国招标投标法》的规定，招标人可以设标底。当招标人不设标底时，为了有利于客观、合理的评审投标报价和避免哄抬标价，造成国有资产流失，提高透明度，杜绝暗箱操作，可使各投标人自主报价，公平竞争，这样既符合市场规律，不受标底的左右，设置招标价上限即招标控制价以尽量地减少业主对评标基准价的影响。

国有资金投资的工程，招标人编制并公布的招标控制价相当于招标人的采购预算，同时要求其不能超过批准的概算，因此，招标控制价是招标人根据国家或省级、行业建设主管部门颁发的有关计价依据和办法，按设计施工图计算的，对招标工程限定的最高工程造价，也叫拦标价。它是建设单位对招标工程所需费用的测算和控制，是工程价值的一种表现形式，也是判断投标报价合理性的依据，制定招标控制价是工程招标的一项重要准备工作。招标控制价由分部分项工程费、措施项目费、其他项目费、规费、税金等组成，一般由招标人经批准自行编制或委托有资格和能力的造价咨询人代理编制。

编制招标控制价最主要的作用：招标人控制建设工程投资，确定工程合同价格的依据；对招标工程发包的最高限价；衡量投标报价合理性的准绳；定标的重要依据。招标控制价的作用决定了招标控制价不同于标底，无须保密。为体现招标的公平、公正，防止招标人有意抬高或压低工程造价，招标人应在招标文件中如实公布招标控制价，不得对所编制的招标控制价进行上浮或下调。同时，招标人应将招标控制价报工程所在地的工程造价管理机构备查。

**2. 招标控制价的主要内容**

（1）招标控制价的综合编制说明；

（2）招标控制价价格审定书、招标控制价价格计算书、带有价格的工程量清单、现场因素、各种施工措施费的测算明细以及采用固定价格工程的风险系数测算明细等；

（3）主要人工、材料、机械用量；

（4）招标控制价附件。如各项交底纪要、各种材料及设备的价格来源、现场的地质、水文、地上情况的有关资料、编制招标控制价所依据的施工方案或施工组织设计等；

（5）招标控制价编制的有关表格。

### 4.1.2 招标控制价的编制原则及依据

**1. 招标控制价的编制原则**

（1）根据国家规定的工程项目编码、项目名称、项目特征、计量单位、工程量计算规则以及施工图纸、招标文件，并参照国家编制的基础定额和国家、行业、地方规定的技术标准、规范，以及市场的价格，确定工程量和计算招标控制价；

（2）招标控制价的计价内容、计算依据应与招标文件的规定完全一致；

（3）招标控制价应考虑人工、材料、设备、机械台班等价格变化因素，还应包括不可预见费（暂估价）、措施费（如赶工措施费、施工技术措施费）等，应力求与市场的实际变化吻合，要有利于竞争和保证工程质量；

（4）建设单位应遵守优质优价的原则，工程要求高于合格标准的还应增加相应的费用，不能利用有利地位故意下调招标控制价；

（5）一个工程只能编制一个招标控制价。

**2. 招标控制价的编制依据**

招标项目编制招标控制价的，应根据批准的初步设计、投资概算，依据有关计价办法，参照有关工程定额，结合市场供求状况，综合考虑投资、工期和质量等方面的因素合理确定。工程招标控制价的编制主要需要以下基本资料和文件：

（1）《建设工程工程量清单计价规范》GB 50500—2008；

(2) 国家或省级、行业建设主管部门颁发的计价定额和计价办法；
(3) 建设工程设计文件及相关资料；
(4) 招标文件中的工程量清单及有关要求；
(5) 与建设项目相关的标准、规范、技术资料；
(6) 工程造价管理机构发布的工程造价信息，工程造价信息没有发布的参照市场价；
(7) 其他的相关资料。

### 4.1.3 工程招标控制价的编制程序和编制方法

#### 1. 招标控制价的编制程序

当招标文件中的商务条款一经确定，即可进入招标控制价编制阶段。工程招标控制价的编制可按照如下程序进行：

(1) 确定招标控制价的编制单位。招标人有能力的，可自行编制招标控制价。如果没有能力编制招标控制价，则可委托经建设行政主管部门批准具有编制招标控制价资格和能力的工程造价咨询人代理编制。

(2) 收集编制资料。包括全套施工图纸及现场地质、水文、地上情况的有关资料和招标文件，以便进行招标控制价的计算。

(3) 确定材料设备等的市场价格。

(4) 参加交底会及现场勘察。招标控制价编制和审核人员均应参加施工图交底、施工方案交底以及现场踏勘、招标预备会，以利于招标控制价编制的准确性和合理性。

(5) 编制招标控制价。编制人员应严格按照国家的有关法规、政策、规定，科学公正编制招标控制价。

(6) 审核招标控制价。

#### 2. 招标控制价的编制方法

按照国家有关部门的规定，编制招标控制价时，分部分项工程单价可以采用工料单价法或综合单价法。建设工程施工招标控制价的编制，主要采用定额计价方法或工程量清单计价方法来编制。

(1) 以定额计价法编制招标控制价。定额计价法编制招标控制价采用的是分部分项工程量的工料单价法，仅仅包括人工、材料、机械费用。工料单价法又可以分为单位估价法和实物量法两种。

单位估价法即单价法，是根据施工图纸等资料，按照定额规定的分部分项工程子目，逐项计算出工程量，再套用定额单价（或单位估价表）确定直接工程费，然后按有关规定和费用定额计算确定措施项目费、间接费、利润和税金，再加上材料调价系数和适当的暂估价，汇总后作为招标控制价。

实物量法即实物法，是先根据计算规则计算出各分项工程的实物工程量，分别套取实物消耗量定额中的单位人工、材料、机械消耗指标，并按类相加，求出单位工程所需的各种人工、材料、施工机械台班的总消耗量，然后分别乘以当时当地的人工、材料、施工机械台班市场单价，得到单位工程人工费、材料费、施工机械使用费，再汇总求得单位工程直接工程费，最后再按规定计算措施项目费、间接费、利润和税金等费用。

（2）以工程量清单计价法编制招标控制价。工程量清单计价法中采用的单价是综合单价。用综合单价编制招标控制价，要根据统一的项目编码、项目名称、项目特征、计量单位、工程量计算规则计算工程量，形成工程量清单。接着，估算分项工程综合单价，该单价是根据具体项目分别估算的。综合单价确定以后，填入工程量清单中，再与各分部分项清单工程量相乘得到合价，汇总之后即可得到招标控制价。

这种方法与定额计价法的显著区别在于：间接费、利润等是一个用综合管理费分摊到分项工程单价中，从而组成分项工程综合单价，某分项工程综合单价乘以工程量即为该分项工程合价，所有分项工程合价汇总后即为该工程的总价。

工程量清单计价法编制招标控制价，必须严格按照《计价规范》进行编制，以工程量清单给出的工程数量和综合的工程内容，按市场价格计价。正确理解清单招标的实质，仔细区分清单中分部分项工程清单费、措施项目清单费、其他项目清单费、规费、税金等各项费用的组成，避免重复计算，才能真正体现出工程量清单计价的优势，使工程量清单招标顺利得以推行。

**3. 编制招标控制价需考虑的其他因素**

编制一个合理的招标控制价还必须考虑以下因素：

（1）招标控制价必须适应目标工期的要求，对提前工期因素有所反映。应将目标工期对照工期定额，按提前天数给出必要的赶工费和奖励，并列入招标控制价；

（2）招标控制价必须适应招标方的质量要求，对高于国家验收规范的质量因素有所反映；

（3）招标控制价必须合理考虑招标工程的自然地理条件和招标工程范围因素；

（4）招标控制价必须适应建筑材料采购渠道和市场价格的变化，考虑材料差价因素，并将差价列入招标控制价；

（5）招标控制价应根据招标文件或合同条件的规定，按规定的工程发承包模式，确定相应的计价方式，考虑相应的风险费用。

### 4.1.4 教学案例

背景：

某市越江隧道工程全部由政府投资，是该市建设规划的主要项目之一，且已列入地方年度固定资产投资计划，设计概算已经主管部门批准，施工图及有关技术资料齐全。该项目拟采用BOT方式建设，市政府正在与有意向的BOT项目公司洽谈。为赶工期政府方出面决定对该项目进行施工招标。因估计除本市施工企业参加投标外，还可能有外省市施工企业参加投标，故招标人委托咨询单位编制了两个招标控制价,准备分别用于对本市和外省市施工企业投标价的评定。招标过程中,招标人对投标人就招标文件所提出的所有问题统一作了书面答复,并以备忘录的形式分发给各投标人。

在书面答复投标人的提问后,招标人组织各投标人进行了施工现场踏勘。在投标截止日期前10天,招标人书面通知各投标人,由于市政府有关部门已从当天开始取消所有市内交通项目的收费,因此决定将收费站工程从原招标范围内删除。

问题:
(1) 该项目的招标控制价应采用什么方法编制?简述其理由。
(2) 该项目施工招标在哪些方面存在问题或不当之处?请逐一说明。
(3) 如果在评标过程中才决定删除收费站工程,应如何处理?

答案:

问题(1)

答:由于该项目的施工图及有关技术资料齐全,因而其招标控制价可采用单价法或工程量清单法进行编制。

问题(2)

答:该项目施工招标存在五方面问题(或不妥之处),分述如下:

1) 本项目尚处在与BOT项目公司谈判阶段,项目的实际投资、建设、运营管理方或实质的招标人未确定,说明资金尚未落实。项目施工招标人应该是政府通过合法的程序选择的实际投资、建设、运营管理方,政府方对项目施工招标有监督的权利。因而不具备施工招标的必要条件,尚不能进行施工招标。

2) 不应编制两个招标控制价,因为根据规定,一个工程只能编制一个招标控制价,不能对不同的投标单位采用不同的招标控制价。

3) 招标人对投标人的提问只能针对具体问题作出明确答复,但不能提及具体的提问单位(投标人),也不能提及提问的时间,因为按《招标投标法》规定,招标人不得向他人透露已获取招标文件的潜在投标人名称、数量以及可能影响公平竞争的有关招标投标其他情况。

4) 根据《招标投标法》的规定,若投标人需改变招标范围或变更招标文件,应在投标截止日期至少15天(而不是10天)前以书面形式通知所有招标文件收受人。若迟于这一时限发出变更招标文件的通知,则应将原定的投标截止日期延长,以便投标单位有足够的时间充分考虑这种变更对报价的影响,并将其在投标文件中反映出来。本案例背景资料未说明投标截止日期已相应延长。

5) 现场踏勘应安排在书面答复投标单位提问之前,因为投标人对施工现场条件也可能提出问题。

问题(3)

答:如果在评标过程中才决定删除收费站工程,则在对投标报价的评审中,应将各投标人的总报价减去其收费站工程的报价后再按原定的评标方法和标准进行评审;而在对技术标等其他评审中,应将所有与收费站相关的评分去掉后进行评审。

## 任务4.2 投标报价的确定

### 4.2.1 投标报价的概念及前期调研

**1. 投标报价的含义**

投标报价是在工程招标发包过程中,由投标人按照招标文件的要求,根据工程特点,并综合自身的施工技术、装备和管理水平,依据有关计价规定自主确定的工程造价,是投标人希望达成工程承包交易的期望价格,它不能高于招标人设定的招标控制价。投标人计算出投标报价,并在此基础上采取一定的投标策略,为争取到投标项目提出有竞争力的报价。这项工作对投标单位投标的成败和将来实施工程的盈亏起着决定性作用。

**2. 投标报价的前期调查研究和收集信息资料**

调查研究主要是对投标和中标后履行合同有影响的各种客观因素、招标人和监理工程师的资信以及工程项目的具体情况等进行深入细致的了解和分析,具体包括以下内容:

(1) 政治法律方面

投标人首先应当了解在招标投标活动中以及在合同履行过程中有可能涉及的法律,也应当了解与项目有关的政治形势、国家经济政策走向等。

(2) 自然条件

自然条件包括工程所在地的地理位置和地形、地貌、主导风向、年降水量以及洪水、台风及其他自然灾害状况等。

(3) 市场状况

投标人调查市场情况是一项非常艰巨的工作,其内容也非常多,主要包括:建筑材料、施工机械设备、燃料、动力、水和生活用品的供应情况、价格水平、还包括过去几年批发物价和零售物价指数以及今后的变化趋势和预测,劳务市场情况如工人技术水平、工资水平、有关劳动保护和福利待遇的规定等,金融市场情况如银行贷款的难易程度以及银行贷款利率等。

对材料设备的市场情况尤需详细了解。包括原材料和设备的来源方式,购买的成本、来源国或厂家供货情况;材料、设备购买时的运输、税收、保险等方面的规定、手续、费用、施工设备的租赁、维修费用;使用本地原材料、设备的可靠性以及成本比较。

(4) 工程项目方面的情况

工程项目方面的情况包括工程性质、规模、发包范围;工程的技术规模和对材料性能及工人技术水平的要求;总工期及分批竣工交付使用的要求;施工场地的地形、地质、地下水位、交通运输、给水排水、供电、通信条件的情况;工程项目资金来源;对购买器材和雇佣工人有无条件;工程价款的支付方式、外汇所占比例；监理工程师的资历、职业道德和工作作风等。

(5) 招标人情况

包括招标人的资信情况、履约态度、交付能力、在其他项目上有无拖欠工程款的情况、对实施的工程需求的迫切程度等。

(6) 投标人自身情况

投标人对自己内部情况、资料也应当进行归纳管理、这类资料主要用于招标人要求的资格审查和本企业履行项目的可能性。

(7) 竞争对手资料

掌握竞争对手的情况，是投标策略中的一个重要环节，也是投标人参加投标能否获胜的重要因素，投标人在制定投标策略时必须考虑到竞争对手的情况。

**3. 对是否参加投标作出决策**

投标人在是否参加投标的决策时，应考虑到以下几个方面的问题：

(1) 承包招标项目的可行性。如：本企业是否有能力（包括技术力量、设备机械等）承包该项目，能否抽调出管理力量、技术力量参加项目承包，竞争对手是否有明显的优势等。

(2) 招标项目的可靠性。如：项目的审批程序是否已经完成、资金是否已经落实等。

(3) 招标项目的承包条件。如果承包条件苛刻，自己无力完成施工，则应该放弃投标。

### 4.2.2 投标报价的原则及编制依据

**1. 投标报价的原则**

投标报价的编制主要是投标人对承建招标工程所要发生的各种费用的计算。在进行投标计算时，有必要根据招标文件进行工程量复核或计算。作为投标计算的必要条件，应预先确定施工方案和施工进度，此外，投标计算还必须与采用的合同形式相协调。报价是投标的关键性工作，报价是否合理直接关系到投标的成败。

(1) 以招标文件中设定的发承包双方责任划分，作为考虑投标报价费用项目和费用计算的基础，根据工程发承包模式考虑投标报价的费用内容和计算深度；

(2) 以反映企业技术和管理水平的企业定额作为计算人工、材料和机械台班消耗量的基本依据；

(3) 充分利用现场考察、调研成果、市场价格信息和行情资料，编制基价，确定调价方法；

(4) 以施工方案、技术措施等作为投标报价计算的基本条件；

(5) 报价计算方法要科学严谨，简明适用。

**2. 投标报价的编制依据**

(1)《建设工程工程量清单计价规范》GB 50500—2008；

(2) 国家或省级、行业建设主管部门颁发的计价办法；

(3) 企业定额，国家或省级、行业建设主管部门颁发的计价定额；
(4) 招标文件、工程量清单及其补充通知、答疑纪要；
(5) 建设工程设计文件及相关资料；
(6) 施工现场情况、工程特点及拟定的投标施工组织设计或施工方案；
(7) 与建设项目相关的标准、规范等技术资料；
(8) 市场价格信息或工程造价管理机构发布的工程造价信息；
(9) 其他的相关资料。

执行工程量清单计价办法以后，必须学会并能适应按市场价格计价。但并非每个项目在计价之前都需临时寻找依据，有些依据企业应提前统一做好，这就要求施工企业编制企业定额，为工程造价提供可靠的依据。

### 4.2.3 投标报价的编制程序和编制方法

**1. 投标报价的编制程序**

不论采用何种投标报价体系，一般计算过程是：

(1) 计算或复核工程量

若招标文件中没有提供工程量清单，则必须根据图纸计算全部工程量。如招标文件对工程量的计算方法有规定，应按照规定的方法进行计算。工程招标文件中若提供有工程量清单，投标价格计算之前，要对工程量进行校核。

(2) 确定分部分项工程综合单价，计算合价

在投标报价中，复核或计算各个分部分项工程的实物工程量以后，就需要确定每一个分部分项工程的综合单价，并按照招标文件中工程量表的格式填写报价。一般是按照分部分项工程量内容和项目名称填写单价与合价。投标人应建立自己的标准价格数据库，并据此计算工程的投标价格。在投标价格编制的各个阶段，投标价格一般以表格的形式进行计算。

(3) 确定分包工程费

来自分包人的工程分包费用是投标价格的一个重要组成部分，有时总承包人投标价格中的相当部分来自于分包工程费。因此，在编制投标价格时需要有一个合适的价格来衡量分包人的价格，需要熟悉分包工程的范围，对分包人的能力进行评估。

(4) 确定其他费用及利润

利润是指投标人的预期利润，确定利润取值的目标是考虑既可以获得最大的可能利润，又要保证投标价格具有一定的竞争性。投标报价时投标人应根据市场竞争情况确定在该工程上的利润率。

(5) 确定风险费

风险费对承包商来说是一个未知数，如果预计的风险没有全部发生，则可能预计的风险费有剩余，这部分剩余和计划利润加在一起就是盈余；如果风险费估计不足，则由盈利来补贴。在投标时应该根据该工程规模及工程所在地的实际情况，由有经验的专业人员对可能的风险因素进行逐项分析后确定一个比较合理的

费用比率。根据我国工程建设特点，投标人应完全承担的风险是技术风险和管理风险，如管理费和利润；应有限度承担的是市场风险，如材料价格、施工机械使用费等的风险；应完全不承担的是法律、法规、规章和政策变化的风险。所以综合单价中不包含规费和税金。材料价格的风险宜控制在5%以内，施工机械使用费的风险可以控制在10%以内，超过者予以调整。

（6）确定投标价格

将所有的分项价格汇总后就可以得到工程总价，但是这样计算的工程总价还不能作为投标价格，因为计算出来的价格可能重复也可能会漏算，也有某些费用的预估有偏差等，因此根据工程对象和竞争条件，确定报价决策，并对计算出来的工程总价做某些必要的调整，调整投标价格应当建立在对工程盈亏分析的基础上，盈亏预测应用多种方法从多角度进行，找出计算中的问题以及分析通过采取哪些措施降低成本、增加盈利，确定最后的投标报价。

**2. 投标报价的编制方法**

与招标控制价的编制类似，投标报价的编制方法也可以分为以定额计价模式投标报价和以工程量清单计价模式投标报价。

（1）以定额计价模式编制投标报价。在我国一直采用这种方法，一般是采用预算定额来编制，即按照定额规定的分部分项工程子项逐项计算工程量，套用定额基价或根据市场价格确定直接工程费，然后再按规定的费用定额计取各项费用，最后汇总形成标价。

（2）以工程量清单计价模式编制投标报价。这是与市场经济相适应的投标报价方法，也是国际通用的竞争性招标方式所要求的。一般是由招标控制价编制单位根据业主委托，将拟建招标工程全部项目和内容按相关的计算规则计算出工程量，列在清单上作为招标文件的组成部分，供投标人逐项填报单价，计算出总价，作为投标报价。然后通过评标竞争，最终确定合同价。工程量清单报价由招标人给出工程量清单，投标人填报单价，单价应完全依据企业技术、管理水平等企业实力而定，以满足市场竞争的需要。

工程量清单计价的投标报价由分部分项工程费、措施项目费、其他项目费、规费和税金构成。采用工程量清单计价计算投标报价时，投标人填入工程量清单中的单价是综合单价，应包括人工费、材料费、机械使用费、企业管理费和利润，并考虑风险因素。将工程量与该单价相乘得出合价，再加上措施项目费、其他项目费和规费、税金，全部汇总即得出投标总报价。

## 任务4.3 投标报价的决策与技巧

### 4.3.1 投标报价决策的概念

投标报价决策是指投标人召集算标人、决策人、高级咨询顾问人员共同研究，并对上述报价计算结果和报价的静态、动态风险分析进行讨论，作出调整报价计算的最后决定。

投标策略是投标人在投标竞争中的系统工作部署及其参与投标竞争的方式和手段。投标策略作为投标取胜的方式、手段和艺术，贯穿于投标竞争的始终。

投标报价决策主要包括三方面的内容：针对项目招标是投标或是不投标；倘若去投标，是投什么性质的标；投标中如何采取以长制短、以优胜劣的策略和技巧。

### 4.3.2 投标报价决策中应当注意的问题

投标报价时，既要考虑自身的优势和劣势，也要按照工程项目的不同特点、类别、施工条件来选择报价策略。

(1) 报价决策要有依据

决策的主要依据应当是自己算标人员的计算书和分析指标，至于其他途径获得的所谓"标底价格"或竞争对手的"标价情报"等，只能作为参考。参加投标的单位要尽力去争取中标，但更为主要的是中标价格应当基本合理，不应导致亏损。以自己的计算报价为依据进行科学分析，作出恰当的报价决策，能够保证不落入竞争的陷阱，以防将来出现亏损。

(2) 在可接受的最小预期利润和可接受的最大风险内作出决策

由于投标情况纷繁复杂，投标中碰到的情况并不相同，很难界定需要决策的问题和范围。一般来说，报价决策并不仅限于具体的计算，而是应当由决策人与算标人员一起，对各种影响报价的因素进行恰当的分析，并作出果断的决策。除了对算标时提出的各种方案、基价、费用摊入系数等予以审定和进行必要的修正外，更重要的是决策人应从全局考虑期望的利润和承担风险的能力。

(3) 低报价不是中标的唯一因素

招标文件中一般明确申明"本标不一定授给最低报价者或其他任何投标者"。所以，决策者可以在其他方面战胜对手。例如，可以提出某些合理的建议，或采用较好的施工方法，使业主能够降低成本、缩短工期。如果可能的话，还可以提出对业主优惠的支付条件等。总之，低报价是中标的重要因素，但不是唯一因素。

(4) 遇到如下情况报价可高一些

施工条件差的工程；专业要求高技术密集型工程，而投标人在这方面又有专长，声望也较高；总价低的小工程，以及自己不愿做、又不方便不投标的工程；特殊工程，如港口码头、地下开挖工程等；投标对手少的工程；支付条件不理想的工程等。

(5) 遇到如下情况报价可低一些

施工条件好的工程；工作简单、工程量大而其他投标人都可以做的工程；投标人目前急于打入某一市场、某一地区，或在该地区面临工程结束、机械设备等无工地转移时；投标人在附近有工程，而本项目又可利用该工程的设备、劳务或有条件短期内突击完成的工程；投标对手多，竞争激烈的工程；非急需工程；支付条件好的工程等。

### 4.3.3 工程投标报价技巧

投标报价技巧，也称投标技巧，是指在投标报价中采用一定的手法或技巧使招标人可以接受，而中标后又能获得更多的利润。常用的工程投标报价技巧主要有：

(1) 灵活报价法

灵活报价法是指根据招标工程的不同特点采用不同报价。投标报价时，既要考虑自身的优势和劣势，也要分析招标项目的特点。按照工程的不同特点、类别、施工条件等来选择报价策略。

(2) 不平衡报价法

不平衡报价法也叫前重后轻法，是指一个工程总报价基本确定后，通过调整内部各个项目的报价，达到在不提高总报价的同时，又能在结算时得到更理想的经济效益的目标。一般可以考虑在以下几方面采用不平衡报价：

1) 能够早日结账收款的项目（如临时设施费、基础工程、土方开挖、桩基等）可适当提高单价。

2) 预计今后工程量会增加的项目，单价适当提高，这样在最终结算时可多盈利；将工程量可能减少的项目单价降低，工程结算时损失不大。

3) 设计图纸不明确、估计修改后工程量要增加的，可以提高单价；而工程内容说明不清楚的，则可适当降低一些单价，待澄清后可适当再要求提价。

4) 暂定项目，又叫任意项目或选择项目，对这类项目要具体分析，因为这类项目要在开工后由招标人研究决定是否实施，以及由哪家投标人实施。如果工程不分标，不会另由一家投标人施工，则其中肯定要做的单价可高些，不一定做的则应低些。如果工程分标，该暂定项目也可能由其他投标人施工，则不宜报高价，以免抬高总报价。

采用不平衡报价一定要建立在对工程量表中工程量仔细核对分析的基础上，特别是对报低单价的项目，如工程量执行时增多将造成投标人的重大损失；不平衡报价过多和过于明显，可能会引起招标人反对，甚至导致废标。

(3) 零星用工单价的报价

如果是单纯报零星用工单价，而且不计入总价中，可以报高些，以便在招标人额外用工或使用施工机械时可多盈利。如果零星用工单价计入总报价时，则需具体分析是否报高价，以免抬高总报价。总之，要分析业主在开工后可能使用的零星用工数量，再来确定报价方针。

(4) 可供选择的项目的报价

有些工程项目的分项工程，业主可能要求按某一方案报价，而后再提供几种可供选择方案的比较报价。例如某住房工程的地面水磨石砖，工程量表中要求按 25cm×25cm×2cm 的规格报价；另外，还要求投标人用更小规格砖 20cm×20cm×2cm 和更大规格砖 30cm×30cm×3cm 作为可供选择项目报价。投标时，除对几种水磨石地面砖调查询价外，还应对当地习惯用砖情况进行调查。对于将来有可能被选择使用的地面砖铺砌应适当提高其报价；对于当地难以供货的某些规格地面砖，可将价格有意抬高得更多一些，以阻挠业主选用。但是，所谓"可供选择项目"并非由承包商任意选择，而是业主才有权进行选择。因此，我们虽然适当提高了可供选择项目的报价，并不意味着肯定可以取得较好的利润，只是提供了一种可能性，一旦业主今后选用，承包商即可得到额外加价的利益。

(5) 暂定工程量的报价

暂定工程量有三种：

1) 业主规定了暂定工程量的分项内容和暂定总价款，并规定所有投标人都必须在总报价中加入这笔固定金额，但由于分项工程量不很准确，允许将来按投标人所报单价和实际完成的工程量付款。这种情况下，由于暂定总价款是固定的，对各投标人的总报价水平竞争力没有任何影响，因此，投标时应当对暂定工程量的单价适当提高。

2) 业主列出了暂定工程量的项目和数量，但并没有限制这些工程量的估价总价款，要求投标人既列出单价，也应按暂定项目的数量计算总价，当将来结算付款时可按实际完成的工程量和所报单价支付。这种情况下，投标人必须慎重考虑。如果单价定得高了，同其他工程量计价一样，将会增大总报价，影响投标报价的竞争力，如果单价定得低了，将来这类工程量增大，将会影响收益。一般说来，这类工程量可以采用正常价格。如果投标人估计今后实际工程量肯定会增大，则可适当提高单价，使将来可增加额外收益。

3) 只有暂定工程的一笔固定总金额，将来这笔金额做什么用，由业主确定。这种情况对投标竞争没有实际意义，按招标文件要求将规定的暂定款列入总报价即可。

(6) 多方案报价法

对于一些招标文件，如果发现工程范围不很明确，条款不清楚或很不公正，或技术规范要求过于苛刻时，则要在充分估计投标风险的基础上，按多方案报价法处理。即按原招标文件报一个价，然后再提出，如某某条款作某些变动，报价可降低多少，由此可报出一个较低的价。这样可以降低总价，吸引业主。

(7) 增加建议方案

有时招标文件中规定，可以提一个建议方案，即可以修改原设计方案，提出投标人的方案。投标人这时应抓住机会，组织一批有经验的设计和施工工程师，对原招标文件的设计和施工方案仔细研究，提出更为合理的方案以吸引业主，促成自己的方案中标。这种新建议方案可以降低总造价或是缩短工期，或使工程运用更为合理。但要注意对原招标方案一定也要报价。建议方案不要写得太具体，要保留方案的技术关键，防止业主将此方案交给其他承包商。同时，建议方案一定要比较成熟，有很好的操作性。

(8) 分包商报价的采用

由于现代工程的综合性和复杂性，总承包商不可能将全部工程内容完全独家包揽，特别是有些专业性较强的工程内容，须分包给其他专业工程公司施工。对于分包的工程，总承包商通常应在投标前先取得分包商的报价，并增加一定的管理费，而后作为自己投标总价的一个组成部分，并列入报价单中。应当注意，分包商在投标前可能同意接受总承包商压低其报价的要求，但等到总承包商得标后，他们常以种种理由要求提高分包价格，这将使总承包商处于十分被动的地位。因而在对分包商的询价中，总承包商一般在投标前寻找 2～3 家分包商分别报价，而后选择其中一家信誉较好、实力较强和报价合理的分包商签订协议，同意该分包商作为本分包工程的唯一合作者，并将分包商的姓名列到投标文件中，但要求该分包商相应的提交投标保函。这种把分包商的利益同投标人捆在一起的做法，不但可以防止分包商事后反悔和涨价，还可能迫使分包商报出较合理的价格，以便共同争取得标。

(9) 无利润算标

缺乏竞争优势的承包商，在不得已的情况下，只好在算标中根本不考虑利润去夺标。这种办法一般是处于以下条件时采用：

1) 有可能在得标后，将大部分工程分包给索价较低的一些分包商；

2) 对于分期建设的项目，先以低价获得首期工程，而后赢得机会创造第二期工程中的竞争优势，并在以后的实施中赚得利润；

3) 较长时期内，承包商没有在建的工程项目，如果再不得标，就难以维持生存，因此，虽然本工程无利可图，只要能有一定的管理费维持公司的日常运转，就可设法渡过暂时的困难，以图将来东山再起。

(10) 突然降价法

投标报价是一件保密的工作，但是对手往往通过各种渠道、手段来刺探情况，因此在报价时可以采取迷惑对手的方法，即先按一般情况报价或表现出自己对该工程兴趣不大，投标截止时间快到时，再突然降价。

### 4.3.4 教学案例

背景：

某承包商通过资格预审后，对招标文件进行了仔细分析，发现业主所提出的工期要求过于苛刻，且合同条款中规定每拖延 1 天工期罚合同价款的 1‰。若要保证实现该工期要求，必须采取特殊措施，从而大大增加成本；还发现原设计结构方案采用框架剪力墙体系过于保守。因此，该承包商在投标文件中说明业主的工期要求难以实现，因而在工期方面按自己认为的合理工期（比业主要求的工期增加 6 个月）编制施工进度计划并据此报价；还建议将框架剪力墙体系改为框架体系，并对这两种结构体系进行了技术经济分析和比较，证明框架体系不仅能保证工程结构的可靠性和安全性、增加使用面积、提高空间利用的灵活性，而且可降低造价约 3%。

该承包商将技术标和商务标分别封装，在封口处加盖本单位公章和项目经理签字后，在投标截止日期前 1 天上午将投标文件报送业主。次日（即投标截止日当天）下午，在规定的开标时间前 1 小时，该承包商又递交了一份补充材料，其中声明将原报价降低4%。但是,招标单位的有关工作人员认为,根据国际上"一标一投"的惯例,一个承包商不得递交两份投标文件,因而拒收承包商的补充材料。

开标会由市招投标办的工作人员主持,市公证处有关人员到会,各投标单位代表均到场。开标前,市公证处人员对各投标单位的资质进行审查,并对所有投标文件进行审查,确认所有投标文件均有效后,正式开标。主持人宣读投标单位名称、投标价格、投标工期和有关投标文件的重要说明。

问题:

(1) 该承包商运用了哪几种报价技巧?其运用是否得当?请逐一加以说明。

(2) 招标人对投标人进行资格预审应包括哪些内容?

(3) 从所介绍的背景资料来看,在该项目招标程序中存在哪些问题?请分别作简单说明。

答案:

问题(1)

答:该承包商运用了三种报价技巧,即多方案报价法、增加建议方案法和突然降价法。

其中,多方案报价法运用不当,因为运用该报价技巧时,必须对原方案(本案例指业主的工期要求)报价,而该承包商在投标时仅说明了该工期要求难以实现,却并未报出相应的投标价。

增加建议方案法运用得当,通过对两个结构体系方案的技术经济分析和比较(这意味着对两个方案均报了价),论证了建议方案(框架体系)的技术可行性和经济合理性,对业主有很强的说服力。

突然降价法也运用得当,原投标文件的递交时间比规定的投标截止时间仅提前1天多,这既是符合常理的,又为竞争对手调整、确定最终报价留有一定的时间,起到了迷惑竞争对手的作用。若提前时间太多,会引起竞争对手的怀疑,而在开标前1小时突然递交一份补充文件,这时竞争对手已不可能再调整报价了。

问题(2)

答:招标人对投标人进行资格预审应包括内容为投标人组织与机构和企业概况、企业资质等级、企业质量安全环保认证、近三年完成工程的情况、目前正在履行的合同情况、资源方面,如财务、管理、技术、劳力、设备等方面的情况;其他资料(如各种奖励或处罚等)。

问题(3)

答:该项目招标程序中存在以下问题:

1) 招标单位的有关工作人员不应该拒收承包商的补充文件,因为承包商在投标截止时间之前所递交的任何正式书面文件都是有效文件,都是投标文件的有效组成部分,也就是说,补充文件与原投标文件共同构成一份投标文件,而不是两份相互独立的投标文件。

2) 根据《中华人民共和国招标投标法》,应由招标人(招标单位)主持开标会，并宣读投标单位名称、投标价格等内容，而不应由市招投标办工作人员主持和宣读。

3）资格审查应在投标之前进行（背景资料说明了承包商已通过资格预审），公证处人员无权对承包商资格进行审查，其到场的作用在于确认开标的公正性和合法性（包括投标文件的合法性）。

4）公证处人员确认所有投标文件均为有效标书是错误的，因为该承包商的投标文件仅有投标单位的公章和项目经理的签字，而无法定代表人或其代理人的签字或盖章，应按废标处理。

## 结束语：

本教材××法院法庭工程采用公开招标，实行工程量清单报价（视为不包括安装工程），有四家符合条件的建筑公司投标。他们在编制出建筑与装饰工程工程量清单报价书的基础上，结合企业自身的实际情况，综合考虑投标报价技巧等因素，其中广胜建筑公司（即本教材中编制工程量清单计价的那家公司）编制的建筑与装饰工程工程量清单计算工程造价为 943442 元，公司领导及有关报价人员考虑到影响投标报价的各种因素并运用投标报价的技巧，经研究决定投标报价时下浮 3%，最终该工程报价是 915139 元。其他三家公司的报价分别是：大地建筑公司 985642 元；弘发建筑公司 956457 元；永达建筑公司 934356 万元。根据评标办法，经开标、评标和定标过程，确定广胜建筑公司为中标单位。

[任务拓展]

1. 何为招标控制价？招标控制价文件有哪些主要内容？
2. 编制招标控制价的原则及依据？
3. 招标控制价编制应遵守的程序？
4. 为何编制招标控制价？
5. 投标报价的含义？
6. 如何进行投标报价的前期调研？
7. 投标报价的程序有哪些？
8. 投标报价的编制方法有哪些种类？
9. 投标报价决策中应注意哪些问题？
10. 投标报价的技巧有哪些？

# 附录 A

# 建筑工程工程量清单项目及计算规则

## 一、实体项目

### A.1 土（石）方工程

**A.1.1** 土方工程。工程量清单项目设置及工程量计算规则，应按表 A.1.1 的规定执行。

土方工程（编码：010101） 表 A.1.1

| 项目编码 | 项目名称 | 项目特征 | 计量单位 | 工程量计算规则 | 工程内容 |
| --- | --- | --- | --- | --- | --- |
| 010101001 | 平整场地 | 1. 土壤类别<br>2. 弃土运距<br>3. 取土运距 | m² | 按设计图示尺寸以建筑物首层面积计算 | 1. 土方挖填<br>2. 场地找平<br>3. 运输 |
| 010101002 | 挖土方 | 1. 土壤类别<br>2. 挖土平均厚度<br>3. 弃土运距 | m³ | 按设计图示尺寸以体积计算 | 1. 排地表水<br>2. 土方开挖<br>3. 挡土板支拆<br>4. 截桩头<br>5. 基底钎探<br>6. 运输 |
| 010101003 | 挖基础土方 | 1. 土壤类别<br>2. 基础类型<br>3. 垫层底宽、底面积<br>4. 挖土深度<br>5. 弃土运距 | | 按设计图示尺寸以基础垫层底面积乘以挖土深度计算 | |

续表

| 项目编码 | 项目名称 | 项目特征 | 计量单位 | 工程量计算规则 | 工程内容 |
|---|---|---|---|---|---|
| 010101004 | 冻土开挖 | 1. 冻土厚度<br>2. 弃土运距 | m³ | 按设计图示尺寸开挖面积乘以厚度以体积计算 | 1. 打眼、装药、爆破<br>2. 开挖<br>3. 清理<br>4. 运输 |
| 010101005 | 挖淤泥、流砂 | 1. 挖掘深度<br>2. 弃淤泥、流砂距离 | m³ | 按设计图示位置、界限以体积计算 | 1. 挖淤泥、流砂<br>2. 弃淤泥、流砂 |
| 010101006 | 管沟土方 | 1. 土壤类别<br>2. 管外径<br>3. 挖沟平均深度<br>4. 弃土运距<br>5. 回填要求 | m | 按设计图示以管道中心线长度计算 | 1. 排地表水<br>2. 土方开挖<br>3. 挡土板支拆<br>4. 运输<br>5. 回填 |

**A.1.2** 石方工程。工程量清单项目设置及工程量计算规则,应按表A.1.2的规定执行。

石方工程（编码：010102）　　　　　表 A.1.2

| 项目编码 | 项目名称 | 项目特征 | 计量单位 | 工程量计算规则 | 工程内容 |
|---|---|---|---|---|---|
| 010102001 | 预裂爆破 | 1. 岩石类别<br>2. 单孔深度<br>3. 单孔装药量<br>4. 炸药品种、规格<br>5. 雷管品种、规格 | m | 按设计图示以钻孔总长度计算 | 1. 打眼、装药、放炮<br>2. 处理渗水、积水<br>3. 安全防护、警卫 |
| 010102002 | 石方开挖 | 1. 岩石类别<br>2. 开凿深度<br>3. 弃渣运距<br>4. 光面爆破要求<br>5. 基底摊座要求<br>6. 爆破石块直径要求 | m³ | 按设计图示尺寸以体积计算 | 1. 打眼、装药、放炮<br>2. 处理渗水、积水<br>3. 解小<br>4. 岩石开凿<br>5. 摊座<br>6. 清理<br>7. 运输<br>8. 安全防护、警卫 |
| 010102003 | 管沟石方 | 1. 岩石类别<br>2. 管外径<br>3. 开凿深度<br>4. 弃渣运距<br>5. 基底摊座要求<br>6. 爆破石块直径要求 | m | 按设计图示以管道中心线长度计算 | 1. 石方开凿、爆破<br>2. 处理渗水、积水<br>3. 解小<br>4. 摊座<br>5. 清理、运输、回填<br>6. 安全防护、警卫 |

**A.1.3** 土石方运输与回填。工程量清单项目设置及工程量计算规则，应按表A.1.3的规定执行。

土石方运输与回填（编码：010103）　　　　　表 A.1.3

| 项目编码 | 项目名称 | 项目特征 | 计量单位 | 工程量计算规则 | 工程内容 |
|---|---|---|---|---|---|
| 010103001 | 土（石）方回填 | 1. 土质要求<br>2. 密实度要求<br>3. 粒径要求<br>4. 夯填（碾压）<br>5. 松填<br>6. 运输距离 | m³ | 按设计图示尺寸以体积计算。<br>注 1. 场地回填：回填面积乘以平均回填厚度<br>2. 室内回填：主墙间净面积乘以回填厚度<br>3. 基础回填：挖方体积减去设计室外地坪以下埋设的基础体积（包括基础垫层及其他构筑物） | 1. 挖土（石）方<br>2. 装卸、运输<br>3. 回填<br>4. 分层碾压、夯实 |

**A.1.4** 其他相关问题应按下列规定处理：

1 土壤及岩石的分类应按表 A.1.4-1 确定。

土壤及岩石（普氏）分类表　　表 A.1.4-1

| 土石分类 | 普氏分类 | 土壤及岩石名称 | 天然湿度下平均容量（$kg/m^3$） | 极限压碎强度（$kg/cm^2$） | 用轻钻孔机钻进1m耗时（min） | 开挖方法及工具 | 紧固系数 $f$ |
|---|---|---|---|---|---|---|---|
| 一、二类土壤 | I | 砂<br>砂壤土<br>腐殖土<br>泥炭 | 1500<br>1600<br>1200<br>600 | | | 用尖锹开挖 | 0.5～0.6 |
| 一、二类土壤 | II | 轻壤和黄土类土<br>潮湿而松散的黄土，软的盐渍土和碱土<br>平均15mm以内的松散而软的砾石<br>含有草根的密实腐殖土<br>含有直径在30mm以内根类的泥炭和腐殖土<br>掺有卵石、碎石和石屑的砂和腐殖土<br>含有卵石或碎石杂质的胶结成块的填土<br>含有卵石、碎石和建筑料杂质的砂壤土 | 1600<br>1600<br>1700<br>1400<br>1100<br>1650<br>1750<br>1900 | | | 用锹开挖并少数用镐开挖 | 0.6～0.8 |
| 三类土壤 | III | 肥黏土其中包括石炭纪、侏罗纪的黏土和冰黏土<br>重壤土、粗砾石，粒径为15～40mm的碎石和卵石<br>干黄土和掺有碎石或卵石的自然含水量黄土<br>含有直径大于30mm根类的腐殖土或泥炭<br>掺有碎石或卵石和建筑碎料的土壤 | 1800<br>1750<br>1790<br>1400<br>1900 | | | 用尖锹并同时用镐开挖（30%） | 0.8～1.0 |
| 四类土壤 | IV | 土含碎石重黏土其中包括侏罗纪和石英纪的硬黏土<br>含有碎石、卵石、建筑碎料和重达25kg的顽石（总体积10%以内）等杂质的肥黏土和重壤土<br>冰渍黏土，含有重量在50kg以内的巨砾，其含量为总体积10%以内<br>泥板岩<br>不含或含有重量达10kg的顽石 | 1950<br>1950<br>2000<br>2000<br>1950 | | | 用尖锹并同时用镐和撬棍开挖（30%） | 1.0～1.5 |
| 松石 | V | 含有重量在50kg以内的巨砾（占体积10%以上）的冰渍石<br>矽藻岩和软白垩岩<br>胶结力弱的砾岩<br>各种不坚实的片岩<br>石膏 | 2100<br>1800<br>1900<br>2600<br>2200 | 小于200 | 小于3.5 | 部分用手凿工具，部分用爆破开挖 | 1.5～2.0 |

续表

| 土石分类 | 普氏分类 | 土壤及岩石名称 | 天然湿度下平均容量（kg/m³） | 极限压碎强度（kg/cm²） | 用轻钻孔机钻进1m耗时（min） | 开挖方法及工具 | 紧固系数 $f$ |
|---|---|---|---|---|---|---|---|
| 次坚石 | Ⅵ | 凝灰岩和浮石<br>松软多孔和裂隙严重的石灰岩和介质石灰岩<br>中等硬变的片岩<br>中等硬变的泥灰岩 | 1100<br>1200<br><br>2700<br>2300 | 200~400 | 3.5 | 用风镐和爆破法开挖 | 2~4 |
| | Ⅶ | 石灰石胶结的带有卵石和沉积岩的砾石<br>风化的和有大裂缝的黏土质砂岩<br>坚实的泥板岩<br>坚实的泥灰岩 | 2200<br><br>2000<br><br>2800<br>2500 | 400~600 | 6.0 | | 4~6 |
| | Ⅷ | 砾质花岗岩<br>泥灰质石灰岩<br>黏土质砂岩<br>砂质云母片岩<br>硬石膏 | 2300<br>2300<br>2200<br>2300<br>2900 | 600~800 | 8.5 | | 6~8 |
| 普坚石 | Ⅸ | 严重风化的软弱的花岗岩、片麻岩和正长岩<br>滑石化的蛇纹岩<br>致密的石灰岩<br>含有卵石、沉积岩的渣质胶结的砾岩<br>砂岩<br>砂质石灰质片岩<br>菱镁矿 | 2500<br><br>2400<br>2500<br>2500<br><br>2500<br>2500<br>3000 | 800~1000 | 11.5 | 用爆破方法开挖 | 8~10 |
| | Ⅹ | 白云石<br>坚固的石灰岩<br>大理石<br>石灰胶结的致密砾石<br>坚固砂质片岩 | 2700<br>2700<br>2700<br>2600<br>2600 | 1000~1200 | 15.0 | | 10~12 |
| | Ⅺ | 粗花岗岩<br>非常坚硬的白云岩<br>蛇纹岩<br>石灰质胶结的含有火成岩之卵石的砾石<br>石英胶结的坚固砂岩<br>粗粒正长岩 | 2800<br>2900<br>2600<br>2800<br><br>2700<br>2700 | 1200~1400 | 18.5 | | 12~14 |
| | Ⅻ | 具有风化痕迹的安山岩和玄武岩<br>片麻岩<br>非常坚固的石灰岩<br>硅质胶结的含有火成岩之卵石的砾石<br>粗石岩 | 2700<br><br>2600<br>2900<br>2900<br><br>2600 | 1400~1600 | 22.0 | | 14~16 |
| | XIII | 中粒花岗岩<br>坚固的片麻岩<br>辉绿岩<br>玢岩<br>坚固的粗面岩<br>中粒正长岩 | 3100<br>2800<br>2700<br>2500<br>2800<br>2800 | 1600~1800 | 27.5 | | 16~18 |

续表

| 土石分类 | 普氏分类 | 土壤及岩石名称 | 天然湿度下平均容量（kg/m³） | 极限压碎强度（kg/cm²） | 用轻钻孔机钻进1m耗时（min） | 开挖方法及工具 | 紧固系数 $f$ |
|---|---|---|---|---|---|---|---|
| 普坚石 | XIV | 非常坚硬的细粒花岗岩<br>花岗岩麻岩<br>闪长岩<br>高硬度的石灰岩<br>坚固的玢岩 | 3300<br>2900<br>2900<br>3100<br>2700 | 1800～2000 | 32.5 | 用爆破方法开挖 | 18～20 |
| | XV | 安山岩、玄武岩、坚固的角页岩<br>高硬度的辉绿岩和闪长岩<br>坚固的辉长岩和石英岩 | 3100<br>2900<br>2800 | 2000～2500 | 46.0 | | 20～25 |
| | XVI | 拉长玄武岩和橄榄玄武岩<br>特别坚固的辉长辉绿岩、石英石和玢岩 | 3300<br>3300 | 大于2500 | 大于60 | | 大于25 |

2 土石方体积应按挖掘前的天然密实体积计算。如需按天然密实体积折算时，应按表 A.1.4-2 系数计算。

土石方体积折算系数表　　　　表 A.1.4-2

| 天然密实度体积 | 虚方体积 | 夯实后体积 | 松填体积 |
|---|---|---|---|
| 1.00 | 1.30 | 0.87 | 1.08 |
| 0.77 | 1.00 | 0.67 | 0.83 |
| 1.15 | 1.49 | 1.00 | 1.24 |
| 0.93 | 1.20 | 0.81 | 1.00 |

3 挖土方平均厚度应按自然地面测量标高至设计地坪标高间的平均厚度确定。基础土方、石方开挖深度应按基础垫层底表面标高至交付施工场地标高确定，无交付施工场地标高时，应按自然地面标高确定。

4 建筑物场地厚度在±30cm以内的挖、填、运、找平，应按 A.1.1 中平整场地项目编码列项。±30cm 以外的竖向布置挖土或山坡切土，应按 A.1.1 中挖土方项目编码列项。

5 挖基础土方包括带形基础、独立基础、满堂基础（包括地下室基础）及设备基础、人工挖孔桩等的挖方。带形基础应按不同底宽和深度，独立基础和满堂基础应按不同底面积和深度分别编码列项。

6 管沟土（石）方工程量应按设计图示尺寸以长度计算。有管沟设计时，平均深度以沟垫层底表面标高至交付施工场地标高计算；无管沟设计时，直埋管深度应按管底外表面标高至交付施工场地标高的平均高度计算。

7 设计要求采用减震孔方式减弱爆破震动波时，应按 A.1.2 中预裂爆破项目编码列项。

8 湿土的划分应按地质资料提供的地下常水位为界，地下常水位以下为湿土。

9 挖方出现流砂、淤泥时，可根据实际情况由发包人与承包人双方认证。

## A.2 桩与地基基础工程

**A.2.1** 混凝土桩。工程量清单项目设置及工程量计算规则，应按表 A.2.1 的规定执行。

混凝土桩（编码：010201）　　　　　　　表 A.2.1

| 项目编码 | 项目名称 | 项目特征 | 计量单位 | 工程量计算规则 | 工程内容 |
|---|---|---|---|---|---|
| 010201001 | 预制钢筋混凝土桩 | 1. 土壤级别<br>2. 单桩长度、根数<br>3. 桩截面<br>4. 板桩面积<br>5. 管桩填充材料种类<br>6. 桩倾斜度<br>7. 混凝土强度等级<br>8. 防护材料种类 | m/根 | 按设计图示尺寸以桩长（包括桩尖）或根数计算 | 1. 桩制作、运输<br>2. 打桩、试验桩、斜桩<br>3. 送桩<br>4. 管桩填充材料、刷防护材料<br>5. 清理、运输 |
| 010201002 | 接桩 | 1. 桩截面<br>2. 接头长度<br>3. 接桩材料 | 个/m | 按设计图示规定以接头数量（板桩按接头长度）计算 | 1. 桩制作、运输<br>2. 接桩、材料运输 |
| 010201003 | 混凝土灌注桩 | 1. 土壤级别<br>2. 单桩长度、根数<br>3. 桩截面<br>4. 成孔方法<br>5. 混凝土强度等级 | m/根 | 按设计图示尺寸以桩长（包括桩尖）或根数计算 | 1. 成孔、固壁<br>2. 混凝土制作、运输、灌注、振捣、养护<br>3. 泥浆池及沟槽砌筑、拆除<br>4. 泥浆制作、运输<br>5. 清理、运输 |

**A.2.2** 其他桩。工程量清单项目设置及工程量计算规则，应按表 A.2.2 的规定执行。

其他桩（编码：010202）　　　　　　　表 A.2.2

| 项目编码 | 项目名称 | 项目特征 | 计量单位 | 工程量计算规则 | 工程内容 |
|---|---|---|---|---|---|
| 010202001 | 砂石灌注桩 | 1. 土壤级别<br>2. 桩长<br>3. 桩截面<br>4. 成孔方法<br>5. 砂石级配 | m | 按设计图示尺寸以桩长（包括桩尖）计算 | 1. 成孔<br>2. 砂石运输<br>3. 填充<br>4. 振实 |
| 010202002 | 灰土挤密桩 | 1. 土壤级别<br>2. 桩长<br>3. 桩截面<br>4. 成孔方法<br>5. 灰土级配 | m | 按设计图示尺寸以桩长（包括桩尖）计算 | 1. 成孔<br>2. 灰土拌和、运输<br>3. 填充<br>4. 夯实 |
| 010202003 | 旋喷桩 | 1. 桩长<br>2. 桩截面<br>3. 水泥强度等级 | | | 1. 成孔<br>2. 水泥浆制作、运输<br>3. 水泥浆旋喷 |
| 010202004 | 喷粉桩 | 1. 桩长<br>2. 桩截面<br>3. 粉体种类<br>4. 水泥强度等级<br>5. 石灰粉要求 | | | 1. 成孔<br>2. 粉体运输<br>3. 喷粉固化 |

**A.2.3** 地基与边坡处理。工程量清单项目设置及工程量计算规则,应按表 A.2.3 的规定执行。

地基与边坡处理(编码:010203)　　　　　表 A.2.3

| 项目编码 | 项目名称 | 项目特征 | 计量单位 | 工程量计算规则 | 工程内容 |
|---|---|---|---|---|---|
| 010203001 | 地下连续墙 | 1. 墙体厚度<br>2. 成槽深度<br>3. 混凝土强度等级 | m³ | 按设计图示墙中心线长乘以厚度乘以槽深以体积计算 | 1. 挖土成槽、余土运输<br>2. 导墙制作、安装<br>3. 锁口管吊拔<br>4. 浇注混凝土连续墙<br>5. 材料运输 |
| 010203002 | 振冲灌注碎石 | 1. 振冲深度<br>2. 成孔直径<br>3. 碎石级配 | | 按设计图示孔深乘以孔截面积以体积计算 | 1. 成孔<br>2. 碎石运输<br>3. 灌注、振实 |
| 010203003 | 地基强夯 | 1. 夯击能量<br>2. 夯击遍数<br>3. 地耐力要求<br>4. 夯填材料种类 | | 按设计图示尺寸以面积计算 | 1. 铺夯填材料<br>2. 强夯<br>3. 夯填材料运输 |
| 010203004 | 锚杆支护 | 1. 锚孔直径<br>2. 锚孔平均深度<br>3. 锚固方法、浆液种类<br>4. 支护厚度、材料种类<br>5. 混凝土强度等级<br>6. 砂浆强度等级 | m² | 按设计图示尺寸以支护面积计算 | 1. 钻孔<br>2. 锚杆制作、运输、压浆<br>3. 张拉锚固<br>4. 混凝土制作、运输、喷射、养护<br>5. 砂浆制作、运输、喷射、养护 |
| 010203005 | 土钉支护 | 1. 支护厚度、材料种类<br>2. 混凝土强度等级<br>3. 砂浆强度等级 | | 按设计图示尺寸以支护面积计算 | 1. 钉土钉<br>2. 挂网<br>3. 混凝土制作、运输、喷射、养护<br>4. 砂浆制作、运输、喷射、养护 |

**A.2.4** 其他相关问题应按下列规定处理：
1 土壤级别按表 A.2.4 确定。

土 质 鉴 别 表　　　　　　　　　表 A.2.4

| 内　　容 | | 土 壤 级 别 | |
|---|---|---|---|
| | | 一级土 | 二级土 |
| 砂夹层 | 砂层连续厚度 | <1m | >1m |
| | 砂层中卵石含量 | — | <15% |
| 物理性能 | 压缩系数 | >0.02 | <0.02 |
| | 孔隙比 | >0.7 | <0.7 |
| 力学性能 | 静力触探值 | <15 | >50 |
| | 动力触探系数 | <12 | >12 |
| 每米纯沉桩时间平均值 | | <2min | >2min |
| 说　　明 | | 桩经外力作用较易沉入的土，土壤中夹有较薄的砂层 | 桩经外力作用较难沉入的土，土壤中夹有不超过3m的连续厚度砂层 |

2 混凝土灌注桩的钢筋笼、地下连续墙的钢筋网制作、安装，应按 A.4 中相关项目编码列项。

## A.3 砌 筑 工 程

**A.3.1** 砖基础。工程量清单项目设置及工程量计算规则，应按表 A.3.1 的规定执行。

砖基础（编码：010301）　　　　　　　表 A.3.1

| 项目编码 | 项目名称 | 项目特征 | 计量单位 | 工程量计算规则 | 工程内容 |
|---|---|---|---|---|---|
| 010301001 | 砖基础 | 1. 砖品种、规格、强度等级<br>2. 基础类型<br>3. 基础深度<br>4. 砂浆强度等级 | m³ | 按设计图示尺寸以体积计算。包括附墙垛基础宽出部分体积，扣除地梁（圈梁）、构造柱所占体积，不扣除基础大放脚T形接头处的重叠部分及嵌入基础内的钢筋、铁件、管道、基础砂浆防潮层和单个面积0.3m²以内的孔洞所占体积，靠墙暖气沟的挑檐不增加<br>基础长度：外墙按中心线，内墙按净长线计算 | 1. 砂浆制作、运输<br>2. 砌砖<br>3. 防潮层铺设<br>4. 材料运输 |

**A.3.2** 砖砌体。工程量清单项目设置及工程量计算规则,应按表 A.3.2 的规定执行。

砖砌体（编码：010302） 表 A.3.2

| 项目编码 | 项目名称 | 项目特征 | 计量单位 | 工程量计算规则 | 工程内容 |
|---|---|---|---|---|---|
| 010302001 | 实心砖墙 | 1. 砖品种、规格、强度等级<br>2. 墙体类型<br>3. 墙体厚度<br>4. 墙体高度<br>5. 勾缝要求<br>6. 砂浆强度等级、配合比 | m³ | 按设计图示尺寸以体积计算。扣除门窗洞口、过人洞、空圈、嵌入墙内的钢筋混凝土柱、梁、圈梁、挑梁、过梁及凹进墙内的壁龛、管槽、暖气槽、消火栓箱所占体积。不扣除梁头、板头、檩头、垫木、木楞头、沿缘木、木砖、门窗走头、砖墙内加固钢筋、木筋、铁件、钢管及单个面积 0.3m² 以内的孔洞所占体积。凸出墙面的腰线、挑檐、压顶、窗台线、虎头砖、门窗套的体积亦不增加。凸出墙面的砖垛并入墙体体积内计算<br>1. 墙长度：外墙按中心线，内墙按净长计算；<br>2. 墙高度：<br>（1）外墙：斜（坡）屋面无檐口天棚者算至屋面板底；有屋架且室内外均有天棚者算至屋架下弦底另加 200mm；无天棚者算至屋架下弦底另加 300mm，出檐宽度超过 600mm 时按实砌高度计算；平屋面算至钢筋混凝土板底；<br>（2）内墙：位于屋架下弦者，算至屋架下弦底；无屋架者算至天棚底另加 100mm；有钢筋混凝土楼板隔层者算至楼板顶；有框架梁时算至梁底<br>（3）女儿墙：从屋面板上表面至女儿墙顶面（如有混凝土压顶时算至压顶下表面）<br>（4）内、外山墙：按其平均高度计算<br>3. 围墙：高度算至压顶上表面（如有混凝土压顶时算至压顶下表面），围墙柱并入围墙体积内 | 1. 砂浆制作、运输<br>2. 砌砖<br>3. 勾缝<br>4. 砖压顶砌筑<br>5. 材料运输 |

续表

| 项目编码 | 项目名称 | 项目特征 | 计量单位 | 工程量计算规则 | 工程内容 |
|---|---|---|---|---|---|
| 010302002 | 空斗墙 | 1. 砖品种、规格、强度等级<br>2. 墙体类型<br>3. 墙体厚度<br>4. 勾缝要求<br>5. 砂浆强度等级、配合比 | m³ | 按设计图示尺寸以空斗墙外形体积计算。墙角、内外墙交接处、门窗洞口立边、窗台砖、屋檐处的实砌部分体积并入空斗墙体积内 | 1. 砂浆制作、运输<br>2. 砌砖<br>3. 装填充料<br>4. 勾缝<br>5. 材料运输 |
| 010302003 | 空花墙 | 1. 砖品种、规格、强度等级<br>2. 墙体类型<br>3. 墙体厚度<br>4. 勾缝要求<br>5. 砂浆强度等级 | | 按设计图示尺寸以空花部分外形体积计算,不扣除空洞部分体积 | |
| 010302004 | 填充墙 | 1. 砖品种、规格、强度等级<br>2. 墙体厚度<br>3. 填充材料种类<br>4. 勾缝要求<br>5. 砂浆强度等级 | | 按设计图示尺寸以填充墙外形体积计算 | |
| 010302005 | 实心砖柱 | 1. 砖品种、规格、强度等级<br>2. 柱类型<br>3. 柱截面<br>4. 柱高<br>5. 勾缝要求<br>6. 砂浆强度等级、配合比 | | 按设计图示尺寸以体积计算。扣除混凝土及钢筋混凝土梁垫、梁头、板头所占体积 | 1. 砂浆制作、运输<br>2. 砌砖<br>3. 勾缝<br>4. 材料运输 |
| 010302006 | 零星砌砖 | 1. 零星砌砖名称、部位<br>2. 勾缝要求<br>3. 砂浆强度等级、配合比 | m³<br>(m²、m、个) | 按设计图示尺寸以体积计算。扣除混凝土及钢筋混凝土梁垫、梁头、板头所占体积 | 1. 砂浆制作、运输<br>2. 砌砖<br>3. 勾缝<br>4. 材料运输 |

A.3.3 砖构筑物。工程量清单项目设置及工程量计算规则，应按表 A.3.3 的规定执行

**砖构筑物**（编码：010303） 表 A.3.3

| 项目编码 | 项目名称 | 项目特征 | 计量单位 | 工程量计算规则 | 工程内容 |
|---|---|---|---|---|---|
| 010303001 | 砖烟囱、水塔 | 1. 筒身高度<br>2. 砖品种、规格、强度等级<br>3. 耐火砖品种、规格<br>4. 耐火泥品种<br>5. 隔热材料种类<br>6. 勾缝要求<br>7. 砂浆强度等级、配合比 | m³ | 按设计图示筒壁平均中心线周长乘厚度乘高度以体积计算。扣除各种孔洞、钢筋混凝土圈梁、过梁等体积 | 1. 砂浆制作、运输<br>2. 砌砖<br>3. 涂隔热层<br>4. 装填充料<br>5. 砌内衬<br>6. 勾缝<br>7. 材料运输 |
| 010303002 | 砖烟道 | 1. 烟道截面形状、长度<br>2. 砖品种、规格、强度等级<br>3. 耐火砖品种规格<br>4. 耐火泥品种<br>5. 勾缝要求<br>6. 砂浆强度等级、配合比 | | 按图示尺寸以体积计算 | |
| 010303003 | 砖窨井、检查井 | 1. 井截面<br>2. 垫层材料种类、厚度<br>3. 底板厚度<br>4. 勾缝要求<br>5. 混凝土强度等级<br>6. 砂浆强度等级、配合比<br>7. 防潮层材料种类 | 座 | 按设计图示数量计算 | 1. 土方挖运<br>2. 砂浆制作、运输<br>3. 铺设垫层<br>4. 底板混凝土制作、运输、浇筑、振捣、养护<br>5. 砌砖<br>6. 勾缝<br>7. 井池底、壁抹灰<br>8. 抹防潮层<br>9. 回填<br>10. 材料运输 |
| 010303004 | 砖水池、化粪池 | 1. 池截面<br>2. 垫层材料种类、厚度<br>3. 底板厚度<br>4. 勾缝要求<br>5. 混凝土强度等级<br>6. 砂浆强度等级、配合比<br>7. 垫层材料种类 | | | |

**A.3.4** 砌块砌体。工程量清单项目设置及工程量计算规则，应按表 A.3.4 的规定执行。

砌块砌体（编码：010304） 表 A.3.4

| 项目编码 | 项目名称 | 项目特征 | 计量单位 | 工程量计算规则 | 工程内容 |
|---|---|---|---|---|---|
| 010304001 | 空心砖墙、砌块墙 | 1. 墙体类型<br>2. 墙体厚度<br>3. 空心砖、砌块品种、规格、强度等级<br>4. 勾缝要求<br>5. 砂浆强度等级、配合比 | m³ | 按设计图示尺寸以体积计算。扣除门窗洞口、过人洞、空圈、嵌入墙内的钢筋混凝土柱、梁、圈梁、挑梁、过梁及凹进墙内的壁龛、管槽、暖气槽、消火栓箱所占体积，不扣除梁头、板头、檩头、垫木、木楞头、沿缘木、木砖、门窗走头、砖墙内加固钢筋、木筋、铁件、钢管及单个面积 0.3m² 以内的孔洞所占体积，凸出墙面的腰线、挑檐、压顶、窗台线、虎头砖、门窗套的体积不增加，凸出墙面的砖垛并入墙体体积内<br>1. 墙长度：外墙按中心线，内墙按净长计算<br>2. 墙高度：<br>（1）外墙：斜（坡）屋面无檐口天棚者算至屋面板底；有屋架且室内外均有天棚者算至屋架下弦底另加 200mm；无天棚者算至屋架下弦底另加 300mm，出檐宽度超过 600mm 时按实砌高度计算；平屋面算至钢筋混凝土板底<br>（2）内墙：位于屋架下弦者，算至屋架下弦底；无屋架者算至天棚底另加 100mm；有钢筋混凝土楼板隔层者算至楼板顶；有框架梁时算至梁底<br>（3）女儿墙：从屋面板上表面算至女儿墙顶面（如有压顶时算至压顶下表面）<br>（4）内、外山墙：按其平均高度计算<br>3. 围墙：高度算至压顶上表面（如有混凝土压顶时算至压顶下表面），围墙柱并入围墙体积内 | 1. 砂浆制作、运输<br>2. 砌砖、砌块<br>3. 勾缝<br>4. 材料运输 |
| 010304002 | 空心砖柱、砌块柱 | 1. 柱高度<br>2. 柱截面<br>3. 空心砖、砌块品种、规格、强度等级<br>4. 勾缝要求<br>5. 砂浆强度等级、配合比 | | 按设计图示尺寸以体积计算。扣除混凝土及钢筋混凝土梁垫、梁头、板头所占体积 | |

A.3.5 石砌体。工程量清单项目设置及工程量计算规则，应按表 A.3.5 的规定执行。

石砌体（编码：010305） 表 A.3.5

| 项目编码 | 项目名称 | 项目特征 | 计量单位 | 工程量计算规则 | 工程内容 |
|---|---|---|---|---|---|
| 010305001 | 石基础 | 1. 石料种类、规格<br>2. 基础深度<br>3. 基础类型<br>4. 砂浆强度等级、配合比 | m³ | 按设计图示尺寸以体积计算。包括附墙垛基础宽出部分体积，不扣除基础砂浆防潮层及单个面积 0.3m² 以内的孔洞所占体积，靠墙暖气沟的挑檐不增加体积。基础长度：外墙按中心线，内墙按净长计算 | 1. 砂浆制作、运输<br>2. 砌石<br>3. 防潮层铺设<br>4. 材料运输 |
| 010305002 | 石勒脚 | 1. 石料种类、规格<br>2. 石表面加工要求<br>3. 勾缝要求<br>4. 砂浆强度等级、配合比 | | 按设计图示尺寸以体积计算。扣除单个 0.3m² 以外的孔洞所占的体积 | |
| 010305003 | 石墙 | 1. 石料种类、规格<br>2. 墙厚<br>3. 石表面加工要求<br>4. 勾缝要求<br>5. 砂浆强度等级、配合比 | m³ | 按设计图示尺寸以体积计算。扣除门窗洞口、过人洞、空圈、嵌入墙内的钢筋混凝土柱、梁、圈梁、挑梁、过梁及凹进墙内的壁龛、管槽、暖气槽、消火栓箱所占体积，不扣除梁头、板头、檩头、垫木、木楞头、沿缘木、木砖、门窗走头、砖墙内加固钢筋、木筋、铁件、钢管及单个面积 0.3m² 以内的孔洞所占体积，凸出墙面的腰线、挑檐、压顶、窗台线、虎头砖、门窗套不增加体积，凸出墙面的砖垛并入墙体体积内<br>1. 墙长度：外墙按中心线，内墙按净长计算<br>2. 墙高度：<br>(1) 外墙：斜(坡)屋面无檐口天棚者算至屋面板底；有屋架且室内外均有天棚者算至屋架下弦底另加 200mm；无天棚者算至屋架下弦底另加 300mm，出檐宽度超过 600mm 时按实砌高度计算；平屋面算至钢筋混凝土板底；<br>(2) 内墙：位于屋架下弦者，算至屋架下弦底；无屋架者算至天棚底另加 100mm；有钢筋混凝土楼板隔层者算至楼板顶；有框架梁时算至梁底。<br>(3) 女儿墙：从屋面板上表面算至女儿墙顶面（如有压顶时算至压顶下表面）<br>(4) 内、外山墙：按其平均高度计算<br>3. 围墙：高度算至压顶上表面（如有混凝土压顶时算至压顶下表面），围墙柱、砖压顶并入围墙体积内 | 1. 砂浆制作、运输<br>2. 砌石<br>3. 石表面加工<br>4. 勾缝<br>5. 材料运输 |

续表

| 项目编码 | 项目名称 | 项目特征 | 计量单位 | 工程量计算规则 | 工程内容 |
|---|---|---|---|---|---|
| 010305004 | 石挡土墙 | 1. 石料种类、规格<br>2. 墙厚<br>3. 石表面加工要求<br>4. 勾缝要求<br>5. 砂浆强度等级、配合 | m³ | 按设计图示尺寸以体积计算 | 1. 砂浆制作、运输<br>2. 砌石<br>3. 压顶抹灰<br>4. 勾缝<br>5. 材料运输 |
| 010305005 | 石柱 | 1. 石料种类、规格<br>2. 柱截面<br>3. 石表面加工要求<br>4. 勾缝要求<br>5. 砂浆强度等级、配合比 | | | 1. 砂浆制作、运输<br>2. 砌石<br>3. 石表面加工<br>4. 勾缝<br>5. 材料运输 |
| 010305006 | 石栏杆 | | m | 按设计图示以长度计算 | |
| 010305007 | 石护坡 | 1. 垫层材料种类、厚度<br>2. 石料种类、规格<br>3. 护坡厚度、高度<br>4. 石表面加工要求<br>5. 勾缝要求<br>6. 砂浆强度等级、配合比 | m³ | 按设计图示尺寸以体积计算 | 1. 铺设垫层<br>2. 石料加工<br>3. 砂浆制作、运输<br>4. 砌石<br>5. 石表面加工<br>6. 勾缝<br>7. 材料运输 |
| 010305008 | 石台阶 | | | | |
| 010305009 | 石坡道 | | m² | 按设计图示尺寸以水平投影面积计算 | |
| 010305010 | 石地沟、石明沟 | 1. 沟截面尺寸<br>2. 垫层种类、厚度<br>3. 石料种类、规格<br>4. 石表面加工要求<br>5. 勾缝要求<br>6. 砂浆强度等级、配合比 | m | 按设计图示以中心线长度计算 | 1. 土石挖运<br>2. 砂浆制作、运输<br>3. 铺设垫层<br>4. 砌石<br>5. 石表面加工<br>6. 勾缝<br>7. 回填<br>8. 材料运输 |

A.3.6 砖散水、地坪、地沟。工程量清单项目设置及工程量计算规则，应按表 A.3.6 的规定执行。

砖散水、地坪、地沟（编码：010306） 表 A.3.6

| 项目编码 | 项目名称 | 项目特征 | 计量单位 | 工程量计算规则 | 工程内容 |
| --- | --- | --- | --- | --- | --- |
| 010306001 | 砖散水、地坪 | 1. 垫层材料种类、厚度<br>2. 散水、地坪厚度<br>3. 面层种类、厚度<br>4. 砂浆强度等级、配合比 | m² | 按设计图示尺寸以面积计算 | 1. 地基找平、夯实<br>2. 铺设垫层<br>3. 砌砖散水、地坪<br>4. 抹砂浆面层 |
| 010306002 | 砖地沟、明沟 | 1. 沟截面尺寸<br>2. 垫层材料种类、厚度<br>3. 混凝土强度等级<br>4. 砂浆强度等级、配合比 | m | 按设计图示以中心线长度计算 | 1. 挖运土石<br>2. 铺设垫层<br>3. 底板混凝土制作、运输、浇筑、振捣、养护<br>4. 砌砖<br>5. 勾缝、抹灰<br>6. 材料运输 |

A.3.7 其他相关问题应按下列规定处理：

1 基础垫层包括在基础项目内。

2 标准砖尺寸应为 240mm×115mm×53mm。标准砖墙厚度应按表 A.3.7 计算：

标准墙计算厚度表  表 A.3.7

| 砖数（厚度） | 1/4 | 1/2 | 3/4 | 1 | $1\frac{1}{2}$ | 2 | $2\frac{1}{2}$ | 3 |
| --- | --- | --- | --- | --- | --- | --- | --- | --- |
| 计算厚度（mm） | 53 | 115 | 180 | 240 | 365 | 490 | 615 | 740 |

3 砖基础与砖墙（身）划分应以设计室内地坪为界（有地下室的按地下室室内设计地坪为界），以下为基础，以上为墙（柱）身。基础与墙身使用不同材料，位于设计室内地坪±300mm 以内时以不同材料为界，超过±300mm，应以设计室内地坪为界。砖围墙应以设计室外地坪为界，以下为基础，以上为墙身。

4 框架外表面的镶贴砖部分，应单独按 A.3.2 中相关零星项目编码列项。

5 附墙烟囱、通风道、垃圾道，应按设计图示尺寸以体积（扣除孔洞所占体积）计算，并入所依附的墙体体积内。当设计规定孔洞内需抹灰时，应按 B.2 中相关项目编码列项。

6 空斗墙的窗间墙、窗台下、楼板下等的实砌部分，应按 A.3.2 中零星砌砖项目编码列项。

7 台阶、台阶挡墙、梯带、锅台、炉灶、蹲台、池槽、池槽腿、花台、花池、楼梯栏板、阳台栏板、地垄墙、屋面隔热板下的砖墩、0.3m² 以内孔洞填塞等，应按零星砌砖项目编码列项。砖砌锅台与炉灶可按外形尺寸以个计算，砖砌台阶可按水平投影面积以平方米计算，小便槽、地垄墙可按长度计算，其他工程量按立方米计算。

8 砖烟囱应按设计室外地坪为界，以下为基础，以上为筒身。

9 砖烟囱体积可按下式分段计算：$V=\Sigma H \times C \times \pi D$。式中：$V$ 表示筒身体积，$H$ 表示每段筒身垂直高度，$C$ 表示每段筒壁厚度，$D$ 表示每段筒壁平均直径。

10 砖烟道与炉体的划分应按第一道闸门为界。

11 水塔基础与塔身划分应以砖砌体的扩大部分顶面为界，以上为塔身，以下为基础。

12 石基础、石勒脚、石墙身的划分：基础与勒脚应以设计室外地坪为界，勒脚与墙身应以设计室内地坪为界。石围墙内外地坪标高不同时，应以较低地坪标高为界，以下为基础；内外标高之差为挡土墙时，挡土墙以上为墙身。

13 石梯带工程量应计算在石台阶工程量内。

14 石梯膀应按 A.3.5 石挡土墙项目编码列项。

15 砌体内加筋的制作、安装，应按 A.4 相关项目编码列项。

## A.4 混凝土及钢筋混凝土工程

**A.4.1** 现浇混凝土基础。工程量清单项目设置及工程量计算规则，应按表 A.4.1 的规定执行。

现浇混凝土基础（编码：010401） 表 A.4.1

| 项目编码 | 项目名称 | 项目特征 | 计量单位 | 工程量计算规则 | 工程内容 |
| --- | --- | --- | --- | --- | --- |
| 010401001 | 带形基础 | 1. 混凝土强度等级<br>2. 混凝土拌和料要求<br>3. 砂浆强度等级 | m³ | 按设计图示尺寸以体积计算。不扣除构件内钢筋、预埋铁件和伸入承台基础的桩头所占体积 | 1. 混凝土制作、运输、浇筑、振捣、养护<br>2. 地脚螺栓二次灌浆 |
| 010401002 | 独立基础 | | | | |
| 010401003 | 满堂基础 | | | | |
| 010401004 | 设备基础 | | | | |
| 010401005 | 桩承台基础 | | | | |
| 010401006 | 垫层 | | | | |

**A.4.2** 现浇混凝土柱。工程量清单项目设置及工程量计算规则，应按表 A.4.2 的规定执行。

现浇混凝土柱（编码：010402） 表 A.4.2

| 项目编码 | 项目名称 | 项目特征 | 计量单位 | 工程量计算规则 | 工程内容 |
| --- | --- | --- | --- | --- | --- |
| 010402001 | 矩形柱 | 1. 柱高度<br>2. 柱截面尺寸<br>3. 混凝土强度等级<br>4. 混凝土拌和料要求 | m³ | 按设计图示尺寸以体积计算。不扣除构件内钢筋、预埋铁件所占体积<br>柱高：<br>1. 有梁板的柱高，应自柱基上表面（或楼板上表面）至上一层楼板上表面之间的高度计算<br>2. 无梁板的柱高，应自柱基上表面（或楼板上表面）至柱帽下表面之间的高度计算<br>3. 框架柱的柱高，应自柱基上表面至柱顶高度计算<br>4. 构造柱按全高计算，嵌接墙体部分并入柱身体积<br>5. 依附柱上的牛腿和升板的柱帽，并入柱身体积计算 | 混凝土制作、运输、浇筑、振捣、养护 |
| 010402002 | 异形柱 | | | | |

**A.4.3** 现浇混凝土梁。工程量清单项目设置及工程量计算规则，应按表 A.4.3 的规定执行。

现浇混凝土梁（编码：010403） 表 A.4.3

| 项目编码 | 项目名称 | 项目特征 | 计量单位 | 工程量计算规则 | 工程内容 |
| --- | --- | --- | --- | --- | --- |
| 010403001 | 基础梁 | 1. 梁底标高<br>2. 梁截面<br>3. 混凝土强度等级<br>4. 混凝土拌和料要求 | m³ | 按设计图示尺寸以体积计算。不扣除构件内钢筋、预埋铁件所占体积，伸入墙内的梁头、梁垫并入梁体积内<br>梁长：<br>1. 梁与柱连接时，梁长算至柱侧面<br>2. 主梁与次梁连接时，次梁长算至主梁侧面 | 混凝土制作、运输、浇筑、振捣、养护 |
| 010403002 | 矩形梁 | ^ | ^ | ^ | ^ |
| 010403003 | 异形梁 | ^ | ^ | ^ | ^ |
| 010403004 | 圈梁 | ^ | ^ | ^ | ^ |
| 010403005 | 过梁 | ^ | ^ | ^ | ^ |
| 010403006 | 弧形、拱形梁 | ^ | ^ | ^ | ^ |

**A.4.4** 现浇混凝土墙。工程量清单项目设置及工程量计算规则，应按表 A.4.4 的规定执行。

现浇混凝土墙（编码：010404） 表 A.4.4

| 项目编码 | 项目名称 | 项目特征 | 计量单位 | 工程量计算规则 | 工程内容 |
| --- | --- | --- | --- | --- | --- |
| 010404001 | 直形墙 | 1. 墙类型<br>2. 墙厚度<br>3. 混凝土强度等级<br>4. 混凝土拌和料要求 | m³ | 按设计图示尺寸以体积计算。不扣除构件内钢筋、预埋铁件所占体积，扣除门窗洞口及单个面积 0.3m² 以外的孔洞所占体积，墙垛及突出墙面部分并入墙体体积内计算内 | 混凝土制作、运输、浇筑、振捣、养护 |
| 010404002 | 弧形墙 | ^ | ^ | ^ | ^ |

**A.4.5** 现浇混凝土板。工程量清单项目设置及工程量计算规则，应按表 A.4.5 的规定执行。

现浇混凝土板（编码：010405）　　　　　　表 A.4.5

| 项目编码 | 项目名称 | 项目特征 | 计量单位 | 工程量计算规则 | 工程内容 |
|---|---|---|---|---|---|
| 010405001 | 有梁板 | 1. 板底标高<br>2. 板厚度<br>3. 混凝土强度等级<br>4. 混凝土拌和料要求 | m³ | 按设计图示尺寸以体积计算。不扣除构件内钢筋、预埋铁件及单个面积 0.3m² 以内的孔洞所占体积。有梁板（包括主、次梁与板）按梁、板体积之和计算，无梁板按板和柱帽体积之和计算，各类板伸入墙内的板头并入板体积内计算，薄壳板的肋、基梁并入薄壳体积内计算 | 混凝土制作、运输、浇筑、振捣、养护 |
| 010405002 | 无梁板 | | | | |
| 010405003 | 平板 | | | | |
| 010405004 | 拱板 | | | | |
| 010405005 | 薄壳板 | | | | |
| 010405006 | 栏板 | | | | |
| 010405007 | 天沟、挑檐板 | | | 按设计图示尺寸以体积计算 | |
| 010405008 | 雨篷、阳台板 | 1. 混凝土强度等级<br>2. 混凝土拌和料要求 | | 按设计图示尺寸以墙外部分体积计算。包括伸出墙外的牛腿和雨篷反挑檐的体积 | |
| 010405009 | 其他板 | | | 按设计图示尺寸以体积计算 | |

**A.4.6** 现浇混凝土楼梯。工程量清单项目设置及工程量计算规则，应按表 A.4.6 的规定执行。

现浇混凝土楼梯（编码：010406） 表 A.4.6

| 项目编码 | 项目名称 | 项目特征 | 计量单位 | 工程量计算规则 | 工程内容 |
|---|---|---|---|---|---|
| 010406001 | 直形楼梯 | 1. 混凝土强度等级<br>2. 混凝土拌和料要求 | m³ | 按设计图示尺寸以水平投影面积计算。不扣除宽度小于 500mm 的楼梯井，伸入墙内部分不计算 | 混凝土制作、运输、浇筑、振捣、养护 |
| 010406002 | 弧形楼梯 | | | | |

**A.4.7** 现浇混凝土其他构件。工程量清单项目设置及工程量计算规则，应按表 A.4.7 的规定执行。

现浇混凝土其他构件（编码：010407） 表 A.4.7

| 项目编码 | 项目名称 | 项目特征 | 计量单位 | 工程量计算规则 | 工程内容 |
|---|---|---|---|---|---|
| 010407001 | 其他构件 | 1. 构件的类型<br>2. 构件规格<br>3. 混凝土强度等级<br>4. 混凝土拌和料要求 | m³<br>(m²、m) | 按设计图示尺寸以体积计算。不扣除构件内钢筋、预埋铁件所占体积 | 混凝土制作、运输、浇筑、振捣、养护 |
| 010407002 | 散水、坡道 | 1. 垫层材料种类、厚度<br>2. 面层厚度<br>3. 混凝土强度等级<br>4. 混凝土拌和料要求<br>5. 填塞材料种类 | m² | 按设计图示尺寸以面积计算。不扣除单个 0.3m² 以内的孔洞所占面积 | 1. 地基夯实<br>2. 铺设垫层<br>3. 混凝土制作、运输、浇筑、振捣、养护<br>4. 变形缝填塞 |
| 010407003 | 电缆沟、地沟 | 1. 沟截面<br>2. 垫层材料种类、厚度<br>3. 混凝土强度等级<br>4. 混凝土拌和料要求<br>5. 防护材料种类 | m | 按设计图示以中心线长度计算 | 1. 挖运土石<br>2. 铺设垫层<br>3. 混凝土制作、运输、浇筑、振捣、养护<br>4. 刷防护材料 |

**A.4.8** 后浇带。工程量清单项目设置及工程量计算规则，应按表 A.4.8 的规定执行。

后浇带（编码：010408） 表 A.4.8

| 项目编码 | 项目名称 | 项目特征 | 计量单位 | 工程量计算规则 | 工程内容 |
|---|---|---|---|---|---|
| 010408001 | 后浇带 | 1. 部位<br>2. 混凝土强度等级<br>3. 混凝土拌和料要求 | m³ | 按设计图示尺寸以体积计算 | 混凝土制作、运输、浇筑、振捣、养护 |

A.4.9 预制混凝土柱。工程量清单项目设置及工程量计算规则，应按表 A.4.9 的规定执行。

**预制混凝土柱**（编码：010409） 表 A.4.9

| 项目编码 | 项目名称 | 项目特征 | 计量单位 | 工程量计算规则 | 工程内容 |
|---|---|---|---|---|---|
| 010409001 | 矩形柱 | 1. 柱类型<br>2. 单件体积<br>3. 安装高度<br>4. 混凝土强度等级<br>5. 砂浆强度等级 | m³（根） | 1. 按设计图示尺寸以体积计算。不扣除构件内钢筋、预埋铁件所占体积<br>2. 按设计图示尺寸以"数量"计算 | 1. 混凝土制作、运输、浇筑、振捣、养护<br>2. 构件制作、运输<br>3. 构件安装<br>4. 砂浆制作、运输<br>5. 接头灌缝、养护 |
| 010409002 | 异形柱 | | | | |

A.4.10 预制混凝土梁。工程量清单项目设置及工程量计算规则，应按表 A.4.10 的规定执行。

**预制混凝土梁**（编码：010410） 表 A.4.10

| 项目编码 | 项目名称 | 项目特征 | 计量单位 | 工程量计算规则 | 工程内容 |
|---|---|---|---|---|---|
| 010410001 | 矩形梁 | 1. 单件体积<br>2. 安装高度<br>3. 混凝土强度等级<br>4. 砂浆强度等级 | m³（根） | 按设计图示尺寸以体积计算。不扣除构件内钢筋、预埋铁件所占体积 | 1. 混凝土制作、运输、浇筑、振捣、养护<br>2. 构件制作、运输<br>3. 构件安装<br>4. 砂浆制作、运输<br>5. 接头灌缝、养护 |
| 010410002 | 异形梁 | | | | |
| 010410003 | 过梁 | | | | |
| 010410004 | 拱形梁 | | | | |
| 010410005 | 鱼腹式吊车梁 | | | | |
| 010410006 | 风道梁 | | | | |

A.4.11 预制混凝土屋架。工程量清单项目设置及工程量计算规则，应按表 A.4.11 的规定执行。

**预制混凝土屋架**（编码：010411） 表 A.4.11

| 项目编码 | 项目名称 | 项目特征 | 计量单位 | 工程量计算规则 | 工程内容 |
|---|---|---|---|---|---|
| 010411001 | 折线型屋架 | 1. 屋架的类型、跨度<br>2. 单件体积<br>3. 安装高度<br>4. 混凝土强度等级<br>5. 砂浆强度等级 | m³（榀） | 按设计图示尺寸以体积计算。不扣除构件内钢筋、预埋铁件所占体积 | 1. 混凝土制作、运输、浇筑、振捣、养护<br>2. 构件制作、运输<br>3. 构件安装<br>4. 砂浆制作、运输<br>5. 接头灌缝、养护 |
| 010411002 | 组合屋架 | | | | |
| 010411003 | 薄腹屋架 | | | | |
| 010411004 | 门式刚架屋架 | | | | |
| 010411005 | 天窗架屋架 | | | | |

A.4.12 预制混凝土板。工程量清单项目设置及工程量计算规则，应按表A.4.12的规定执行。

**预制混凝土板**（编码：010412） 表 A.4.12

| 项目编码 | 项目名称 | 项目特征 | 计量单位 | 工程量计算规则 | 工程内容 |
| --- | --- | --- | --- | --- | --- |
| 010412001 | 平板 | 1. 构件尺寸<br>2. 安装高度<br>3. 混凝土强度等级<br>4. 砂浆强度等级 | m³<br>（块） | 按设计图示尺寸以体积计算。不扣除构件内钢筋、预埋铁件及单个尺寸300mm×300mm以内的孔洞所占体积，扣除空心板空洞体积 | 1. 混凝土制作、运输、浇筑、振捣、养护<br>2. 构件制作、运输<br>3. 构件安装<br>4. 升板提升<br>5. 砂浆制作、运输<br>6. 接头灌缝、养护 |
| 010412002 | 空心板 | ^ | ^ | ^ | ^ |
| 010412003 | 槽形板 | ^ | ^ | ^ | ^ |
| 010412004 | 网架板 | ^ | ^ | ^ | ^ |
| 010412005 | 折线板 | ^ | ^ | ^ | ^ |
| 010412006 | 带肋板 | ^ | ^ | ^ | ^ |
| 010412007 | 大型板 | | | | |
| 010412008 | 沟盖板、井盖板、井圈 | 1. 构件尺寸<br>2. 安装高度<br>3. 混凝土强度等级<br>4. 砂浆强度等级 | m³<br>（块、套） | 按设计图示尺寸以体积计算。不扣除构件内钢筋、预埋铁件所占体积 | 1. 混凝土制作、运输、浇筑、振捣、养护<br>2. 构件制作、运输<br>3. 构件安装<br>4. 砂浆制作、运输<br>5. 接头灌缝、养护 |

A.4.13 预制混凝土楼梯。工程量清单项目设置及工程量计算规则，应按表A.4.13的规定执行。

**预制混凝土楼梯**（编码：010413） 表 A.4.13

| 项目编码 | 项目名称 | 项目特征 | 计量单位 | 工程量计算规则 | 工程内容 |
| --- | --- | --- | --- | --- | --- |
| 010413001 | 楼梯 | 1. 楼梯类型<br>2. 单件体积<br>3. 混凝土强度等级<br>4. 砂浆强度等级 | m³ | 按设计图示尺寸以体积计算。不扣除构件内钢筋、预埋铁件所占体积，扣除空心踏步板空洞体积 | 1. 混凝土制作、运输、浇筑、振捣、养护<br>2. 构件制作、运输<br>3. 构件安装<br>4. 砂浆制作、运输<br>5. 接头灌缝、养护 |

A.4.14 其他预制构件。工程量清单项目设置及工程量计算规则，应按表A.4.14的规定执行。

**其他预制构件**（编码：010414） 表 A.4.14

| 项目编码 | 项目名称 | 项目特征 | 计量单位 | 工程量计算规则 | 工程内容 |
|---|---|---|---|---|---|
| 010414001 | 烟道、垃圾道、通风道 | 1. 构件类型<br>2. 单件体积<br>3. 安装高度<br>4. 混凝土强度等级<br>5. 砂浆强度等级 | $m^3$ | 按设计图示尺寸以体积计算。不扣除构件内钢筋、预埋铁件及单个尺寸300mm×300mm以内的孔洞所占体积，扣除烟道、垃圾道、通风道的孔洞所占体积 | 1. 混凝土制作、运输、浇筑、振捣、养护<br>2. （水磨石）构件制作、运输<br>3. 构件安装<br>4. 砂浆制作、运输<br>5. 接头灌缝、养护<br>6. 酸洗、打蜡 |
| 010414002 | 其他构件 | 1. 构件的类型<br>2. 单件体积<br>3. 水磨石面层厚度<br>4. 安装高度<br>5. 混凝土强度等级 | | | |
| 010414003 | 水磨石构件 | 1. 构件的类型<br>2. 单件体积<br>3. 水磨石面层厚度<br>4. 安装高度<br>5. 混凝土强度等级<br>6. 水泥石子浆配合比<br>7. 石子品种、规格、颜色<br>8. 酸洗、打蜡要求 | | | |

A.4.15 混凝土构筑物。工程量清单项目设置及工程量计算规则，应按表A.4.15的规定执行。

**混凝土构筑物**（编码：010415） 表 A.4.15

| 项目编码 | 项目名称 | 项目特征 | 计量单位 | 工程量计算规则 | 工程内容 |
|---|---|---|---|---|---|
| 010415001 | 贮水（油）池 | 1. 池类型<br>2. 池规格<br>3. 混凝土强度等级<br>4. 混凝土拌和料要求 | $m^3$ | 按设计图示尺寸以体积计算。不扣除构件内钢筋、预埋铁件及单个面积0.3m²以内的孔洞所占体积 | 混凝土制作、运输、浇筑、振捣、养护 |
| 010415002 | 贮仓 | 1. 类型、高度<br>2. 混凝土强度等级<br>3. 混凝土拌和料要求 | | | |
| 010415003 | 水塔 | 1. 类型<br>2. 支筒高度、水箱容积<br>3. 倒圆锥形罐壳厚度、直径<br>4. 混凝土强度等级<br>5. 混凝土拌和料要求<br>6. 砂浆强度等级 | | | 1. 混凝土制作、运输、浇筑、振捣、养护<br>2. 预制倒圆锥形罐壳、组装、提升、就位<br>3. 砂浆制作、运输<br>4. 接头灌缝、养护 |
| 010415004 | 烟囱 | 1. 高度<br>2. 混凝土强度等级<br>3. 混凝土拌和料要求 | | | 混凝土制作、运输、浇筑、振捣、养护 |

A.4.16 钢筋工程。工程量清单项目设置及工程量计算规则，应按表 A.4.16 的规定执行。

钢筋工程（编码：010416） 表 A.4.16

| 项目编码 | 项目名称 | 项目特征 | 计量单位 | 工程量计算规则 | 工程内容 |
| --- | --- | --- | --- | --- | --- |
| 010416001 | 现浇混凝土钢筋 | 钢筋种类、规格 | t | 按设计图示钢筋（网）长度（面积）乘以单位理论质量计算 | 1. 钢筋（网、笼）制作、运输<br>2. 钢筋（网、笼）安装 |
| 010416002 | 预制钢件钢筋 | | | | |
| 010416003 | 钢筋网片 | | | | |
| 010416004 | 钢筋笼 | | | | |
| 010416005 | 先张法预应力钢筋 | 1. 钢筋种类、规格<br>2. 锚具种类 | t | 按设计图示钢筋长度乘以单位理论质量计算 | 1. 钢筋制作、运输<br>2. 钢筋张拉 |
| 010416006 | 后张法预应力钢筋 | 1. 钢筋种类、规格<br>2. 钢丝束种类、规格<br>3. 钢绞线种类、规格<br>4. 锚具种类<br>5. 砂浆强度等级 | t | 按设计图示钢筋（丝束、绞线）长度乘以单位理论质量计算<br>1. 低合金钢筋两端均采用螺杆锚具时，钢筋长度按孔道长度减0.35m计算，螺杆另行计算<br>2. 低合金钢筋一端采用镦头插片、另一端采用螺杆锚具时，钢筋长度按孔道长度计算，螺杆另行计算<br>3. 低合金钢筋一端采用镦头插片、另一端采用帮条锚具时，钢筋长度按孔道长度增加0.15m计算；两端均采用帮条锚具时，钢筋长度按孔道长度增加0.3m计算<br>4. 低合金钢筋采用后张混凝土自锚时，钢筋长度按孔道长度增加0.35m计算<br>5. 低合金钢筋（钢绞线）采用JM、XM、QM型锚具，孔道长度在20m以内时，钢筋长度按孔道长度增加1m计算；孔道长度20m以外时，钢筋（钢绞线）长度按孔道长度增加1.8m计算<br>6. 碳素钢丝采用锥形锚具，孔道长度在20m以内时，钢丝束长度按孔道长度增加1m计算；孔道长在20m以上时，钢丝束长度按孔道长度增加1.8m计算<br>7. 碳素钢丝束采用镦头锚具时，钢丝束长度按孔道长度增加0.35m计算 | 1. 钢筋、钢丝束、钢绞线制作、运输<br>2. 钢筋、钢丝束、钢绞线安装<br>3. 预埋管孔道铺设<br>4. 锚具安装<br>5. 砂浆制作、运输<br>6. 孔道压浆、养护 |
| 010416007 | 预应力钢丝 | | | | |
| 010416008 | 预应力钢绞线 | | | | |

A.4.17 螺栓、铁件。工程量清单项目设置及工程量计算规则，应按表 A.4.17 的规定执行。

螺栓、铁件（编码：010417）　　　表 A.4.17

| 项目编码 | 项目名称 | 项目特征 | 计量单位 | 工程量计算规则 | 工程内容 |
| --- | --- | --- | --- | --- | --- |
| 010417001 | 螺栓 | 1. 钢材种类、规格<br>2. 螺栓长度<br>3. 铁件尺寸 | t | 按设计图示尺寸以质量计算 | 1. 螺栓（铁件）制作、运输<br>2. 螺栓（铁件）安装 |
| 010417002 | 预埋铁件 | | | | |

A.4.18 其他相关问题应按下列规定处理：
　　1 混凝土垫层包括在基础项目内。
　　2 有肋带形基础、无肋带形基础应分别编码（第五级编码）列项，并注明肋高。
　　3 箱式满堂基础，可按 A.4.1、A.4.2、A.4.3、A.4.4、A.4.5 中满堂基础、柱、梁、墙、板分别编码列项；也可利用 A.4.1 的第五级编码分别列项。
　　4 框架式设备基础，可按 A.4.1、A.4.2、A.4.3、A.4.4、A.4.5 中设备基础、柱、梁、墙、板分别编码列项；也可利用 A.4.1 的第五级编码分别列项。
　　5 构造柱应按 A.4.2 中矩形柱项目编码列项。
　　6 现浇挑檐、大沟板、雨篷、阳台与板（包括屋面板、楼板）连接时，以外墙外边线为分界线；与圈梁（包括其他梁）连接时，以梁外边线为分界线。外边线以外为挑檐、天沟、雨篷或阳台。
　　7 整体楼梯（包括直形楼梯、弧形楼梯）水平投影面积包括休息平台、平台梁、斜梁和楼梯的连接梁。当整体楼梯与现浇楼板无梯梁连接时，以楼梯的最后一个踏步边缘加 300mm 为界。
　　8 现浇混凝土小型池槽、压顶、扶手、垫块、台阶、门框等，应按 A.4.7 中其他构件项目编码列项。其中扶手、压顶（包括伸入墙内的长度）应按延长米计算，台阶应按水平投影面积计算。
　　9 三角形屋架应按 A.4.11 中折线型屋架项目编码列项。
　　10 不带肋的预制遮阳板、雨篷板、挑檐板、栏板等，应按 A.4.12 中平板项目编码列项。
　　11 预制 F 形板、双 T 形板、单肋板和带反挑檐的雨篷板、挑檐板、遮阳板等，应按 A.4.12 中带肋板项目编码列项。
　　12 预制大型墙板、大型楼板、大型屋面板等，应按 A.4.12 中大型板项目编码列项。
　　13 预制钢筋混凝土楼梯，可按斜梁、踏步分别编码（第五级编码）列项。
　　14 预制钢筋混凝土小型池槽、压顶、扶手、垫块、隔热板、花格等，应按 A.4.14 中其他构件项目编码列项。
　　15 贮水（油）池的池底、池壁、池盖可分别编码（第五级编码）列项。有壁基梁的，应以壁基梁底为界，以上为池壁、以下为池底；无壁基梁的，锥形坡底应算至其上口，池壁下部的八字靴脚应并入池底体积内。无梁池盖的柱高应从池底上表面算至池盖下表面，柱帽和柱座应并在柱体积内。肋形池盖应包括主、次梁体积；球形池盖应以池壁顶面为界，边侧梁应并入球形池盖体积内。

16 贮仓立壁和贮仓漏斗可分别编码（第五级编码）列项，应以相互交点水平线为界，壁上圈梁应并入漏斗体积内。

17 滑模筒仓按 A.4.15 中贮仓项目编码列项。

18 水塔基础、塔身、水箱可分别编码（第五级编码）列项。筒式塔身应以筒座上表面或基础底板上表面为界；柱式（框架式）塔身应以柱脚与基础底板或梁顶为界，与基础板连接的梁应并入基础体积内。塔身与水箱应以箱底相连接的圈梁下表面为界，以上为水箱，以下为塔身。依附于塔身的过梁、雨篷、挑檐等，应并入塔身体积内；柱式塔身应不分柱、梁合并计算。依附于水箱壁的柱、梁，应并入水箱壁体积内。

19 现浇构件中固定位置的支撑钢筋、双层钢筋用的"铁马"、伸出构件的锚固钢筋、预制构件的吊钩等，应并入钢筋工程量内。

## A.5 厂库房大门、特种门、木结构工程

**A.5.1** 厂库房大门、特种门。工程量清单项目设置及工程量计算规则，应按表 A.5.1 的规定执行。

厂库房大门、特种门（编码：010501） 表 A.5.1

| 项目编码 | 项目名称 | 项目特征 | 计量单位 | 工程量计算规则 | 工程内容 |
|---|---|---|---|---|---|
| 010501001 | 木板大门 | 1. 开启方式<br>2. 有框、无框<br>3. 含门扇数<br>4. 材料品种、规格<br>5. 五金种类、规格<br>6. 防护材料种类<br>7. 油漆品种、刷漆遍数 | 樘/m² | 按设计图示数量或设计图示洞口尺寸以面积计算 | 1. 门（骨架）制作、运输<br>2. 门、五金配件安装<br>3. 刷防护材料、油漆 |
| 010501002 | 钢木大门 | | | | |
| 010501003 | 全钢板大门 | | | | |
| 010501004 | 特种门 | | | | |
| 010501005 | 围墙铁丝门 | | | | |

**A.5.2** 木屋架。工程量清单项目设置及工程量计算规则，应按表 A.5.2 的规定执行。

木屋架（编码：010502） 表 A.5.2

| 项目编码 | 项目名称 | 项目特征 | 计量单位 | 工程量计算规则 | 工程内容 |
|---|---|---|---|---|---|
| 010502001 | 木屋架 | 1. 跨度<br>2. 安装高度<br>3. 材料品种、规格<br>4. 刨光要求<br>5. 防护材料种类<br>6. 油漆品种、刷漆遍数 | 榀 | 按设计图示数量计算 | 1. 制作、运输<br>2. 安装<br>3. 刷防护材料、油漆 |
| 010502002 | 钢木屋架 | | | | |

**A.5.3** 木构件。工程量清单项目设置及工程量计算规则,应按表 A.5.3 的规定执行。

木构件(编码:010503)　　　　表 A.5.3

| 项目编码 | 项目名称 | 项目特征 | 计量单位 | 工程量计算规则 | 工程内容 |
|---|---|---|---|---|---|
| 010503001 | 木柱 | 1. 构件高度、长度<br>2. 构件截面<br>3. 木材种类<br>4. 刨光要求<br>5. 防护材料种类<br>6. 油漆品种、刷漆遍数 | m³ | 按设计图示尺寸以体积计算 | 1. 制作<br>2. 运输<br>3. 安装<br>4. 刷防护材料、油漆 |
| 010503002 | 木梁 | | | | |
| 010503003 | 木楼梯 | 1. 木材种类<br>2. 刨光要求<br>3. 防护材料种类<br>4. 油漆品种、刷漆遍数 | m² | 按设计图示尺寸以水平投影面积计算。不扣除宽度小于 300mm 的楼梯井,伸入墙内部分不计算 | |
| 010503004 | 其他木构件 | 1. 构件名称<br>2. 构件截面<br>3. 木材种类<br>4. 刨光要求<br>5. 防护材料种类<br>6. 油漆品种、刷漆遍数 | m³<br>(m) | 按设计图示尺寸以体积或长度计算 | |

**A.5.4** 其他相关问题应按下列规定处理:

1 冷藏门、冷冻间门、保温门、变电室门、隔音门、防射线门、人防门、金库门等,应按 A.5.1 中特种门项目编码列项。

2 屋架的跨度应以上、下弦中心线两交点之间的距离计算。

3 带气楼的屋架和马尾、折角以及正交部分的半屋架,应按相关屋架项目编码列项。

4 木楼梯的栏杆(栏板)、扶手,应按 B.1.7 中相关项目编码列项。

## A.6 金属结构工程

**A.6.1** 钢屋架、钢网架。工程量清单项目设置及工程量计算规则,应按表 A.6.1 的规定执行。

钢屋架、钢网架(编码:010601)　　　　表 A.6.1

| 项目编码 | 项目名称 | 项目特征 | 计量单位 | 工程量计算规则 | 工程内容 |
|---|---|---|---|---|---|
| 010601001 | 钢屋架 | 1. 钢材品种、规格<br>2. 单榀屋架的重量<br>3. 屋架跨度、安装高度<br>4. 探伤要求<br>5. 油漆品种、刷漆遍数 | t<br>(榀) | 按设计图示尺寸以质量计算。不扣除孔眼、切边、切肢的质量,焊条、铆钉、螺栓等不另增加质量,不规则或多边形钢板以其外接矩形面积乘以厚度乘以单位理论质量计算 | 1. 制作<br>2. 运输<br>3. 拼装<br>4. 安装<br>5. 探伤<br>6. 刷油漆 |
| 010601002 | 钢网架 | 1. 钢材品种、规格<br>2. 网架节点形式、连接方式<br>3. 网架跨度、安装高度<br>4. 探伤要求<br>5. 油漆品种、刷漆遍数 | | | |

**A.6.2** 钢托架、钢桁架。工程量清单项目设置及工程量计算规则,应按表A.6.2的规定执行。

钢托架、钢桁架(编码:010602) 表 A.6.2

| 项目编码 | 项目名称 | 项目特征 | 计量单位 | 工程量计算规则 | 工程内容 |
|---|---|---|---|---|---|
| 010602001 | 钢托架 | 1. 钢材品种、规格<br>2. 单榀重量<br>3. 安装高度<br>4. 探伤要求<br>5. 油漆品种、刷漆遍数 | t | 按设计图示尺寸以质量计算。不扣除孔眼、切边、切肢的质量,焊条、铆钉、螺栓等不另增加质量,不规则或多边形钢板,以其外接矩形面积乘以厚度乘以单位理论质量计算 | 1. 制作<br>2. 运输<br>3. 拼装<br>4. 安装<br>5. 探伤<br>6. 刷油漆 |
| 010602002 | 钢桁架 | | | | |

**A.6.3** 钢柱。工程量清单项目设置及工程量计算规则,应按表A.6.3的规定执行。

钢柱(编码:010603) 表 A.6.3

| 项目编码 | 项目名称 | 项目特征 | 计量单位 | 工程量计算规则 | 工程内容 |
|---|---|---|---|---|---|
| 010603001 | 实腹柱 | 1. 钢材品种、规格<br>2. 单根柱重量<br>3. 探伤要求<br>4. 油漆品种、刷漆遍数 | t | 按设计图示尺寸以质量计算。不扣除孔眼、切边、切肢的质量,焊条、铆钉、螺栓等不另增加质量,不规则或多边形钢板,以其外接矩形面积乘以厚度乘以单位理论质量计算,依附在钢柱上的牛腿及悬臂梁等并入钢柱工程量内 | 1. 制作<br>2. 运输<br>3. 拼装<br>4. 安装、探伤<br>6. 刷油漆 |
| 010603002 | 空腹柱 | | | | |
| 010603003 | 钢管柱 | 1. 钢材品种、规格<br>2. 单根柱重量<br>3. 探伤要求<br>4. 油漆种类、刷漆遍数 | | 按设计图示尺寸以质量计算。不扣除孔眼、切边、切肢的质量,焊条、铆钉、螺栓等不另增加质量,不规则或多边形钢板,以其外接矩形面积乘以厚度乘以单位理论质量计算,钢管柱上的节点板、加强环、内衬管、牛腿等并入钢管柱工程量内 | 1. 制作<br>2. 运输<br>3. 安装<br>4. 探伤<br>5. 刷油漆 |

A.6.4 钢梁。工程量清单项目设置及工程量计算规则，应按表 A.6.4 的规定执行。

钢梁（编码：010604） 表 A.6.4

| 项目编码 | 项目名称 | 项目特征 | 计量单位 | 工程量计算规则 | 工程内容 |
|---|---|---|---|---|---|
| 010604001 | 钢梁 | 1. 钢材品种、规格<br>2. 单根重量<br>3. 安装高度<br>4. 探伤要求<br>5. 油漆品种、刷漆遍数 | t | 按设计图示尺寸以质量计算。不扣除孔眼、切边、切肢的质量，焊条、铆钉、螺栓等不另增加质量，不规则或多边形钢板，以其外接矩形面积乘以厚度乘以单位理论质量计算，制动梁、制动板、制动桁架、车挡并入钢吊车梁工程量内 | 1. 制作<br>2. 运输<br>3. 安装<br>4. 探伤要求<br>5. 刷油漆 |
| 010604002 | 钢吊车梁 | | | | |

A.6.5 压型钢板楼板、墙板。工程量清单项目设置及工程量计算规则，应按表 A.6.5 的规定执行。

压型钢板楼板、墙板（编码：010605） 表 A.6.5

| 项目编码 | 项目名称 | 项目特征 | 计量单位 | 工程量计算规则 | 工程内容 |
|---|---|---|---|---|---|
| 010605001 | 压型钢板楼板 | 1. 钢材品种、规格<br>2. 压型钢板厚度<br>3. 油漆品种、刷漆遍数 | $m^2$ | 按设计图示尺寸以铺设水平投影面积计算。不扣除柱、垛及单个 $0.3m^2$ 以内的孔洞所占面积 | 1. 制作<br>2. 运输<br>3. 安装<br>4. 刷油漆 |
| 010605002 | 压型钢板墙板 | 1. 钢材品种、规格<br>2. 压型钢板厚度、复合板厚度<br>3. 复合板夹芯材料种类、层数、型号、规格 | | 按设计图示尺寸以铺挂面积计算。不扣除单个 $0.3m^2$ 以内的孔洞所占面积，包角、包边、窗台泛水等不另增加面积 | |

A.6.6 钢构件。工程量清单项目设置及工程量计算规则，应按表 A.6.6 的规定执行。

钢构件（编码：010606） 表 A.6.6

| 项目编码 | 项目名称 | 项目特征 | 计量单位 | 工程量计算规则 | 工程内容 |
| --- | --- | --- | --- | --- | --- |
| 010606001 | 钢支撑 | 1. 钢材品种、规格<br>2. 单式、复式<br>3. 支撑高度<br>4. 探伤要求<br>5. 油漆品种、刷漆遍数 | | 按设计图示尺寸以质量计算。不扣除孔眼、切边、切肢的质量，焊条、铆钉、螺栓等不另增加质量，不规则或多边形钢板以其外接矩形面积乘以厚度乘以单位理论质量计算 | 1. 制作<br>2. 运输<br>3. 安装<br>4. 探伤<br>5. 刷油漆 |
| 010606002 | 钢檩条 | 1. 钢材品种、规格<br>2. 型钢式、格构式<br>3. 单根重量<br>4. 安装高度<br>5. 油漆品种、刷漆遍数 | | | |
| 010606003 | 钢天窗架 | 1. 钢材品种、规格<br>2. 单榀重量<br>3. 安装高度<br>4. 探伤要求<br>5. 油漆品种、刷漆遍数 | t | | |
| 010606004 | 钢挡风架 | 1. 钢材品种、规格<br>2. 单榀重量<br>3. 探伤要求<br>4. 油漆品种、刷漆遍数 | | | |
| 010606005 | 钢墙架 | | | | |
| 010606006 | 钢平台 | 1. 钢材品种、规格<br>2. 油漆品种、刷漆遍数 | | | |
| 010606007 | 钢走道 | | | | |
| 010606008 | 钢梯 | 1. 钢材品种、规格<br>2. 钢梯形式<br>3. 油漆品种、刷漆遍数 | | | |
| 010606009 | 钢栏杆 | 1. 钢材品种、规格<br>2. 油漆品种、刷漆遍数 | | | |
| 010606010 | 钢漏斗 | 1. 钢材品种、规格<br>2. 方形、圆形<br>3. 安装高度<br>4. 探伤要求<br>5. 油漆品种、刷漆遍数 | | 按设计图示尺寸以重量计算。不扣除孔眼、切边、切肢的质量，焊条、铆钉、螺栓等不另增加质量，不规则或多边形钢板以其外接矩形面积乘以厚度乘以单位理论质量计算，依附漏斗的型钢并入漏斗工程量内 | |
| 010606011 | 钢支架 | 1. 钢材品种、规格<br>2. 单件重量<br>3. 油漆品种、刷漆遍数 | | 按设计图示尺寸以质量计算。不扣除孔眼、切边、切肢的质量，焊条、铆钉、螺栓等不另增加质量，不规则或多边形钢板以其外接矩形面积乘以厚度乘以单位理论质量计算 | |
| 010606012 | 零星钢构件 | 1. 钢材品种、规格<br>2. 构件名称<br>3. 油漆品种、刷漆遍数 | | | |

A.6.7 金属网。工程量清单项目设置及工程量计算规则，应按表 A.6.7 的规定执行。

金属网（编码：010607） 表 A.6.7

| 项目编码 | 项目名称 | 项目特征 | 计量单位 | 工程量计算规则 | 工程内容 |
|---|---|---|---|---|---|
| 010607001 | 金属网 | 1. 材料品种、规格<br>2. 边框及立柱型钢品种、规格<br>3. 油漆品种、刷漆遍数 | m² | 按设计图示尺寸以面积计算 | 1. 制作<br>2. 运输<br>3. 安装<br>4. 刷油漆 |

A.6.8 其他相关问题应按下列规定处理：

1 型钢混凝土柱、梁浇筑混凝土和压型钢板楼板上浇筑钢筋混凝土，混凝土和钢筋应按 A.4 中相关项目编码列项。

2 钢墙架项目包括墙架柱、墙架梁和连接杆件。

3 加工铁件等小型构件，应按 A.6.6 中零星钢构件项目编码列项。

## A.7 屋面及防水工程

A.7.1 瓦、型材屋面。工程量清单项目设置及工程量计算规则，应按表 A.7.1 的规定执行。

瓦、型材屋面（编码：010701） 表 A.7.1

| 项目编码 | 项目名称 | 项目特征 | 计量单位 | 工程量计算规则 | 工程内容 |
|---|---|---|---|---|---|
| 010701001 | 瓦屋面 | 1. 瓦品种、规格、品牌、颜色<br>2. 防水材料种类<br>3. 基层材料种类<br>4. 檩条种类、截面<br>5. 防护材料种类 | m² | 按设计图示尺寸以斜面积计算。不扣除房上烟囱、风帽底座、风道、小气窗、斜沟等所占面积，小气窗的出檐部分不增加面积 | 1. 檩条、椽子安装<br>2. 基层铺设<br>3. 铺防水层<br>4. 安顺水条和挂瓦条<br>5. 安瓦<br>6. 刷防护材料 |
| 010701002 | 型材屋面 | 1. 型材品种、规格、品牌、颜色<br>2. 骨架材料品种、规格<br>3. 接缝、嵌缝材料种类 | | | 1. 骨架制作、运输、安装<br>2. 屋面型材安装<br>3. 接缝、嵌缝 |
| 010701003 | 膜结构屋面 | 1. 膜布品种、规格、颜色<br>2. 支柱（网架）钢材品种、规格<br>3. 钢丝绳品种、规格<br>4. 油漆品种、刷漆遍数 | | 按设计图示尺寸以需要覆盖的水平面积计算 | 1. 膜布热压胶接<br>2. 支柱（网架）制作、安装<br>3. 膜布安装<br>4. 穿钢丝绳、锚头锚固<br>5. 刷油漆 |

**A.7.2** 屋面防水。工程量清单项目设置及工程量计算规则,应按表 A.7.2 的规定执行。

屋面防水(编码:010702) 表 A.7.2

| 项目编码 | 项目名称 | 项目特征 | 计量单位 | 工程量计算规则 | 工程内容 |
|---|---|---|---|---|---|
| 010702001 | 屋面卷材防水 | 1. 卷材品种、规格<br>2. 防水层做法<br>3. 嵌缝材料种类<br>4. 防护材料种类 | m² | 按设计图示尺寸以面积计算<br>1. 斜屋顶(不包括平屋顶找坡)按斜面积计算,平屋顶按水平投影面积计算<br>2. 不扣除房上烟囱、风帽底座、风道、屋面小气窗和斜沟所占面积<br>3. 屋面的女儿墙、伸缩缝和天窗等处的弯起部分,并入屋面工程量内 | 1. 基层处理<br>2. 抹找平层<br>3. 刷底油<br>4. 铺油毡卷材、接缝、嵌缝<br>5. 铺保护层 |
| 010702002 | 屋面涂膜防水 | 1. 防水膜品种<br>2. 涂膜厚度、遍数、增强材料种类<br>3. 嵌缝材料种类<br>4. 防护材料种类 | m² | | 1. 基层处理<br>2. 抹找平层<br>3. 涂防水膜<br>4. 铺保护层 |
| 010702003 | 屋面刚性防水 | 1. 防水层厚度<br>2. 嵌缝材料种类<br>3. 混凝土强度等级 | m² | 按设计图示尺寸以面积计算。不扣除房上烟囱、风帽底座、风道等所占面积 | 1. 基层处理<br>2. 混凝土制作、运输、铺筑、养护 |
| 010702004 | 屋面排水管 | 1. 排水管品种、规格、品牌、颜色<br>2. 接缝、嵌缝材料种类<br>3. 油漆品种、刷漆遍数 | m | 按设计图示尺寸以长度计算。如设计未标注尺寸,以檐口至设计室外散水上表面垂直距离计算 | 1. 排水管及配件安装、固定<br>2. 雨水斗、雨水箅子安装<br>3. 接缝、嵌缝 |
| 010702005 | 屋面天沟、沿沟 | 1. 材料品种<br>2. 砂浆配合比<br>3. 宽度、坡度<br>4. 接缝、嵌缝材料种类<br>5. 防护材料种类 | m² | 按设计图示尺寸以面积计算。铁皮和卷材天沟按展开面积计算 | 1. 砂浆制作、运输<br>2. 砂浆找坡、养护<br>3. 天沟材料铺设<br>4. 天沟配件安装<br>5. 接缝、嵌缝<br>6. 刷防护材料 |

**A.7.3** 墙、地面防水、防潮。工程量清单项目设置及工程量计算规则，应按表A.7.3的规定执行。

墙、地面防水、防潮（编码：010703） 表A.7.3

| 项目编码 | 项目名称 | 项目特征 | 计量单位 | 工程量计算规则 | 工程内容 |
|---|---|---|---|---|---|
| 010703001 | 卷材防水 | 1. 卷材、涂膜品种<br>2. 涂膜厚度、遍数、增强材料种类<br>3. 防水部位<br>4. 防水做法<br>5. 接缝、嵌缝材料种类<br>6. 防护材料种类 | m² | 按设计图示尺寸以面积计算<br>1. 地面防水：按主墙间净空面积计算，扣除凸出地面的构筑物、设备基础等所占面积，不扣除间壁墙及单个0.3m²以内的柱、垛、烟囱和孔洞所占面积<br>2. 墙基防水：外墙按中心线，内墙按净长乘以宽度计算 | 1. 基层处理<br>2. 抹找平层<br>3. 刷粘结剂<br>4. 铺防水卷材<br>5. 铺保护层<br>6. 接缝、嵌缝 |
| 010703002 | 涂膜防水 | ^ | | | 1. 基层处理<br>2. 抹找平层<br>3. 刷基层处理剂<br>4. 铺涂膜防水层<br>5. 铺保护层 |
| 010703003 | 砂浆防水（潮） | 1. 防水（潮）部位<br>2. 防水（潮）厚度、层数<br>3. 砂浆配合比<br>4. 外加剂材料种类 | | | 1. 基层处理<br>2. 挂钢丝网片<br>3. 设置分格缝<br>4. 砂浆制作、运输、摊铺、养护 |
| 010703004 | 变形缝 | 1. 变形缝部位<br>2. 嵌缝材料种类<br>3. 止水带材料种类<br>4. 盖板材料<br>5. 防护材料种类 | m | 按设计图示以长度计算 | 1. 清缝<br>2. 填塞防水材料<br>3. 止水带安装<br>4. 盖板制作<br>5. 刷防护材料 |

**A.7.4** 其他相关问题应按下列规定处理：
**1** 小青瓦、水泥平瓦、琉璃瓦等，应按A.7.1中瓦屋面项目编码列项。
**2** 压型钢板、阳光板、玻璃钢等，应按A.7.1中型材屋面编码列项。

## A.8 防腐、隔热、保温工程

**A.8.1** 防腐面层。工程量清单项目设置及工程量计算规则，应按表 A.8.1 的规定执行。

防腐面层（编码：010801） 表 A.8.1

| 项目编码 | 项目名称 | 项目特征 | 计量单位 | 工程量计算规则 | 工程内容 |
|---|---|---|---|---|---|
| 010801001 | 防腐混凝土面层 | | | | 1. 基层清理<br>2. 基层刷稀胶泥<br>3. 砂浆制作、运输、摊铺、养护<br>4. 混凝土制作、运输、摊铺、养护 |
| 010801002 | 防腐砂浆面层 | 1. 防腐部位<br>2. 面层厚度<br>3. 砂浆、混凝土、胶泥种类 | | 按设计图示尺寸以面积计算<br>1. 平面防腐：扣除凸出地面的构筑物、设备基础等所占面积<br>2. 立面防腐：砖垛等突出部分按展开面积并入墙面积内 | |
| 010801003 | 防腐胶泥面层 | | | | 1. 基层清理<br>2. 胶泥调制、摊铺 |
| 010801004 | 玻璃钢防腐面层 | 1. 防腐部位<br>2. 玻璃钢种类<br>3. 贴布层数<br>4. 面层材料品种 | m² | | 1. 基层清理<br>2. 刷底漆、刮腻子<br>3. 胶浆配制、涂刷<br>4. 粘布、涂刷面层 |
| 010801005 | 聚氯乙烯板面层 | 1. 防腐部位<br>2. 面层材料品种<br>3. 粘结材料种类 | | 按设计图示尺寸以面积计算<br>1. 平面防腐：扣除凸出地面的构筑物、设备基础等所占面积<br>2. 立面防腐：砖垛等突出部分按展开面积并入墙面积内<br>3. 踢脚板防腐：扣除门洞所占面积并相应增加门洞侧壁面积 | 1. 基层清理<br>2. 配料、涂胶<br>3. 聚氯乙烯板铺设<br>4. 铺贴踢脚板 |
| 010801006 | 块料防腐面层 | 1. 防腐部位<br>2. 块料品种、规格<br>3. 粘结材料种类<br>4. 勾缝材料种类 | | | 1. 基层清理<br>2. 砌块料<br>3. 胶泥调制、勾缝 |

A.8.2 其他防腐。工程量清单项目设置及工程量计算规则，应按表 A.8.2 的规定执行。

其他防腐（编码：010802） 表 A.8.2

| 项目编码 | 项目名称 | 项目特征 | 计量单位 | 工程量计算规则 | 工程内容 |
|---|---|---|---|---|---|
| 010802001 | 隔离层 | 1. 隔离层部位<br>2. 隔离层材料品种<br>3. 隔离层做法<br>4. 粘贴材料种类 | m² | 按设计图示尺寸以面积计算<br>1. 平面防腐：扣除凸出地面的构筑物、设备基础等所占面积<br>2. 立面防腐：砖垛等突出部分按展开面积并入墙面积内 | 1. 基层清理、刷油<br>2. 煮沥青<br>3. 胶泥调制<br>4. 隔离层铺设 |
| 010802002 | 砌筑沥青浸渍砖 | 1. 砌筑部位<br>2. 浸渍砖规格<br>3. 浸渍砖砌法（平砌、立砌） | m³ | 按设计图示尺寸以体积计算 | 1. 基层清理<br>2. 胶泥调制<br>3. 浸渍砖铺砌 |
| 010802003 | 防腐涂料 | 1. 涂刷部位<br>2. 基层材料类型<br>3. 涂料品种、刷涂遍数 | m² | 按设计图示尺寸以面积计算<br>1. 平面防腐：扣除凸出地面的构筑物、设备基础等所占面积<br>2. 立面防腐：砖垛等突出部分按展开面积并入墙面积内 | 1. 基层清理<br>2. 刷涂料 |

A.8.3 隔热、保温。工程量清单项目设置及工程量计算规则，应按表 A.8.3 的规定执行。

隔热、保温（编码：010803） 表 A.8.3

| 项目编码 | 项目名称 | 项目特征 | 计量单位 | 工程量计算规则 | 工程内容 |
|---|---|---|---|---|---|
| 010803001 | 保温隔热屋面 | 1. 保温隔热部位<br>2. 保温隔热方式（内保温、外保温、夹心保温）<br>3. 踢脚线、勒脚线保温做法<br>4. 保温隔热面层材料品种、规格、性能<br>5. 保温隔热材料品种、规格及厚度<br>6. 隔气层厚度<br>7. 粘结材料种类<br>8. 防护材料种类 | m² | 按设计图示尺寸以面积计算。不扣除柱、垛所占面积 | 1. 基层清理<br>2. 铺粘保温层<br>3. 刷防护材料 |
| 010803002 | 保温隔热天棚 | | | | |
| 010803003 | 保温隔热墙 | | m² | 按设计图示尺寸以面积计算。扣除门窗洞口所占面积；门窗洞口侧壁需做保温时，并入保温墙体工程量内 | 1. 基层清理<br>2. 底层抹灰<br>3. 粘贴龙骨<br>4. 填贴保温材料<br>5. 粘贴面层<br>6. 嵌缝<br>7. 刷防护材料 |
| 010803004 | 保温柱 | | | 按设计图示以保温层中心线展开长度乘以保温层高度计算 | |
| 010803005 | 隔热楼地面 | | | 按设计图示尺寸以面积计算。不扣除柱、垛所占面积 | 1. 基层清理<br>2. 铺设粘贴材料<br>3. 铺贴保温层<br>4. 刷防护材料 |

**A.8.4** 其他相关问题应按下列规定处理：

**1** 保温隔热墙的装饰面层，应按 B.2 中相关项目编码列项。

**2** 柱帽保温隔热应并入天棚保温隔热工程量内。

**3** 池槽保温隔热，池壁、池底应分别编码列项，池壁应并入墙面保温隔热工程量内，池底应并入地面保温隔热工程量内。

## 二、措施项目

| 序号 | 项 目 名 称 |
|---|---|
| 1.1 | 混凝土、钢筋混凝土模板及支架 |
| 1.2 | 脚手架 |
| 1.3 | 垂直运输机械 |

# 附录 B

# 装饰装修工程工程量清单项目及计算规则

## 一、实体项目

### B.1 楼地面工程

**B.1.1** 整体面层。工程量清单项目设置及工程量计算规则，应按表 B.1.1 的规定执行。

整体面层（编码：020101） 表 B.1.1

| 项目编码 | 项目名称 | 项目特征 | 计量单位 | 工程量计算规则 | 工程内容 |
|---|---|---|---|---|---|
| 020101001 | 水泥砂浆楼地面 | 1. 垫层材料种类、厚度<br>2. 找平层厚度、砂浆配合比<br>3. 防水层厚度、材料种类<br>4. 面层厚度、砂浆配合比 | m² | 按设计图示尺寸以面积计算。扣除凸出地面构筑物、设备基础、室内铁道、地沟等所占面积，不扣除间壁墙和 0.3m² 以内的柱、垛、附墙烟囱及孔洞所占面积。门洞、空圈、暖气包槽、壁龛的开口部分不增加面积 | 1. 基层清理<br>2. 垫层铺设<br>3. 抹找平层<br>4. 防水层铺设<br>5. 抹面层<br>6. 材料运输 |
| 020101002 | 现浇水磨石楼地面 | 1. 垫层材料种类、厚度<br>2. 找平层厚度、砂浆配合比<br>3. 防水层厚度、材料种类<br>4. 面层厚度、水泥石子浆配合比<br>5. 嵌条材料种类、规格<br>6. 石子种类、规格、颜色<br>7. 颜料种类、颜色<br>8. 图案要求<br>9. 磨光、酸洗、打蜡要求 | | | 1. 基层清理<br>2. 垫层铺设<br>3. 抹找平层<br>4. 防水层铺设<br>5. 面层铺设<br>6. 嵌缝条安装<br>7. 磨光、酸洗、打蜡<br>8. 材料运输 |

续表

| 项目编码 | 项目名称 | 项目特征 | 计量单位 | 工程量计算规则 | 工程内容 |
|---|---|---|---|---|---|
| 020101003 | 细石混凝土楼地面 | 1. 垫层材料种类、厚度<br>2. 找平层厚度、砂浆配合比<br>3. 防水层厚度、材料种类<br>4. 面层厚度、混凝土强度等级 | m² | 按设计图示尺寸以面积计算。扣除凸出地面构筑物、设备基础、室内铁道、地沟等所占面积,不扣除间壁墙和0.3m²以内的柱、垛、附墙烟囱及孔洞所占面积。门洞、空圈、暖气包槽、壁龛的开口部分不增加面积 | 1. 基层清理<br>2. 垫层铺设<br>3. 抹找平层<br>4. 防水层铺设<br>5. 面层铺设<br>6. 材料运输 |
| 020101004 | 菱苦土楼地面 | 1. 垫层材料种类、厚度<br>2. 找平层厚度、砂浆配合比<br>3. 防水层厚度、材料种类<br>4. 面层厚度<br>5. 打蜡要求 | | | 1. 清理基层<br>2. 垫层铺设<br>3. 抹找平层<br>4. 防水层铺设<br>5. 面层铺设<br>6. 打蜡<br>7. 材料运输 |

**B.1.2** 块料面层。工程量清单项目设置及工程量计算规则,应按表B.1.2的规定执行。

块料面层（编码:020102） 表 B.1.2

| 项目编码 | 项目名称 | 项目特征 | 计量单位 | 工程量计算规则 | 工程内容 |
|---|---|---|---|---|---|
| 020102001 | 石材楼地面 | 1. 垫层材料种类、厚度<br>2. 找平层厚度、砂浆配合比<br>3. 防水层、材料种类<br>4. 填充材料种类、厚度<br>5. 结合层厚度、砂浆配合比<br>6. 面层材料品种、规格、品牌、颜色<br>7. 嵌缝材料种类<br>8. 防护层材料种类<br>9. 酸洗、打蜡要求 | m² | 按设计图示尺寸以面积计算。扣除凸出地面构筑物、设备基础、室内铁道、地沟等所占面积,不扣除间壁墙和0.3m²以内的柱、垛、附墙烟囱及孔洞所占面积。门洞、空圈、暖气包槽、壁龛的开口部分不增加面积 | 1. 基层清理、铺设垫层、抹找平层<br>2. 防水层铺设、填充层铺设<br>3. 面层铺设<br>4. 嵌缝<br>5. 刷防护材料<br>6. 酸洗、打蜡<br>7. 材料运输 |
| 020102002 | 块料楼地面 | | | | |

**B.1.3** 橡塑面层。工程量清单项目设置及工程量计算规则,应按表B.1.3的规定执行。

橡塑面层（编码:020103） 表 B.1.3

| 项目编码 | 项目名称 | 项目特征 | 计量单位 | 工程量计算规则 | 工程内容 |
|---|---|---|---|---|---|
| 020103001 | 橡胶板楼地面 | 1. 找平层厚度、砂浆配合比<br>2. 填充材料种类、厚度<br>3. 粘结层厚度、材料种类<br>4. 面层材料品种、规格、品牌、颜色<br>5. 压线条种类 | m² | 按设计图示尺寸以面积计算。门洞、空圈、暖气包槽、壁龛的开口部分并入相应的工程量内 | 1. 基层清理、抹找平层<br>2. 铺设填充层<br>3. 面层铺贴<br>4. 压缝条装订<br>5. 材料运输 |
| 020103002 | 橡胶卷材楼地面 | | | | |
| 020103003 | 塑料板楼地面 | | | | |
| 020103004 | 塑料卷材楼地面 | | | | |

**B.1.4** 其他材料面层。工程量清单项目设置及工程量计算规则，应按表 B.1.4 的规定执行。

其他材料面层（编码：020104）  表 B.1.4

| 项目编码 | 项目名称 | 项目特征 | 计量单位 | 工程量计算规则 | 工程内容 |
|---|---|---|---|---|---|
| 020104001 | 楼地面地毯 | 1. 找平层厚度、砂浆配合比<br>2. 填充材料种类、厚度<br>3. 面层材料品种、规格、品牌、颜色<br>4. 防护材料种类<br>5. 粘结材料种类<br>6. 压线条种类 | m² | 按设计图示尺寸以面积计算。门洞、空圈、暖气包槽、壁龛的开口部分并入相应的工程量内 | 1. 基层清理、抹找平层<br>2. 铺设填充层<br>3. 铺贴面层<br>4. 刷防护材料<br>5. 装订压条<br>6. 材料运输 |
| 020104002 | 竹木地板 | 1. 找平层厚度、砂浆配合比<br>2. 填充材料种类、厚度，找平层厚度、砂浆配合比<br>3. 龙骨材料种类、规格、铺设间距<br>4. 基层材料种类、规格<br>5. 面层材料品种、规格、品牌、颜色<br>6. 粘结材料种类<br>7. 防护材料种类<br>8. 油漆品种、刷漆遍数 | | | 1. 基层清理、抹找平层<br>2. 铺设填充层<br>3. 龙骨铺设<br>4. 铺设基层<br>5. 面层铺贴<br>6. 刷防护材料<br>7. 材料运输 |
| 020104003 | 防静电活动地板 | 1. 找平层厚度、砂浆配合比<br>2. 填充材料种类、厚度，找平层厚度、砂浆配合比<br>3. 支架高度、材料种类<br>4. 面层材料品种、规格、品牌、颜色<br>5. 防护材料种类 | | | 1. 清理基层、抹找平层<br>2. 铺设填充层<br>3. 固定支架安装<br>4. 活动面层安装<br>5. 刷防护材料<br>6. 材料运输 |
| 020104004 | 金属复合地板 | 1. 找平层厚度、砂浆配合比<br>2. 填充材料种类、厚度，找平层厚度、砂浆配合比<br>3. 龙骨材料种类、规格、铺设间距<br>4. 基层材料种类、规格<br>5. 面层材料品种、规格、品牌<br>6. 防护材料种类 | | | 1. 清理基层、抹找平层<br>2. 铺设填充层<br>3. 龙骨铺设<br>4. 基层铺设<br>5. 面层铺贴<br>6. 刷防护材料<br>7. 材料运输 |

B.1.5 踢脚线。工程量清单项目设置及工程量计算规则,应按表 B.1.5 的规定执行。

踢脚线（编码:020105） 表 B.1.5

| 项目编码 | 项目名称 | 项目特征 | 计量单位 | 工程量计算规则 | 工程内容 |
|---|---|---|---|---|---|
| 020105001 | 水泥砂浆踢脚线 | 1. 踢脚线高度<br>2. 底层厚度、砂浆配合比<br>3. 面层厚度、砂浆配合比 | m² | 按设计图示长度乘以高度以面积计算 | 1. 基层清理<br>2. 底层抹灰<br>3. 面层铺贴<br>4. 勾缝<br>5. 磨光、酸洗、打蜡<br>6. 刷防护材料<br>7. 材料运输 |
| 020105002 | 石材踢脚线 | 1. 踢脚线高度<br>2. 底层厚度、砂浆配合比<br>3. 粘贴层厚度、材料种类<br>4. 面层材料品种、规格、品牌、颜色<br>5. 勾缝材料种类<br>6. 防护材料种类 | | | |
| 020105003 | 块料踢脚线 | | | | |
| 020105004 | 现浇水磨石踢脚线 | 1. 踢脚线高度<br>2. 底层厚度、砂浆配合比<br>3. 面层厚度、水泥石子浆配合比<br>4. 石子种类、规格、颜色<br>5. 颜料种类、颜色<br>6. 磨光、酸洗、打蜡要求 | | | |
| 020105005 | 塑料板踢脚线 | 1. 踢脚线高度<br>2. 底层厚度、砂浆配合比<br>3. 粘结层厚度、材料种类<br>4. 面层材料种类、规格、品牌、颜色 | | | 1. 基层清理<br>2. 底层抹灰<br>3. 基层铺贴<br>4. 面层铺贴<br>5. 刷防护材料<br>6. 刷油漆<br>7. 材料运输 |
| 020105006 | 木质踢脚线 | 1. 踢脚线高度<br>2. 底层厚度、砂浆配合比<br>3. 基层材料种类、规格<br>4. 面层材料品种、规格、品牌、颜色<br>5. 防护材料种类<br>6. 油漆品种、刷漆遍数 | | | |
| 020105007 | 金属踢脚线 | | | | |
| 020105008 | 防静电踢脚线 | | | | |

**B.1.6** 楼梯装饰。工程量清单项目设置及工程量计算规则，应按表 B.1.6 的规定执行。

楼梯装饰（编码：020106） 表 B.1.6

| 项目编码 | 项目名称 | 项目特征 | 计量单位 | 工程量计算规则 | 工程内容 |
|---|---|---|---|---|---|
| 020106001 | 石材楼梯面层 | 1. 找平层厚度、砂浆配合比<br>2. 粘结层厚度、材料种类<br>3. 面层材料品种、规格、品牌、颜色<br>4. 防滑条材料种类、规格<br>5. 勾缝材料种类<br>6. 防护层材料种类<br>7. 酸洗、打蜡要求 | m² | 按设计图示尺寸以楼梯（包括踏步、休息平台及500mm以内的楼梯井）水平投影面积计算。楼梯与楼地面相连时，算至梯口梁内侧边沿；无梯口梁者，算至最上一层踏步边沿加300mm | 1. 基层清理<br>2. 抹找平层<br>3. 面层铺贴<br>4. 贴嵌防滑条<br>5. 勾缝<br>6. 刷防护材料<br>7. 酸洗、打蜡<br>8. 材料运输 |
| 020106002 | 块料楼梯面层 | ^ | | | ^ |
| 020106003 | 水泥砂浆楼梯面 | 1. 找平层厚度、砂浆配合比<br>2. 面层厚度、砂浆配合比<br>3. 防滑条材料种类、规格 | | | 1. 基层清理<br>2. 抹找平层<br>3. 抹面层<br>4. 抹防滑条<br>5. 材料运输 |
| 020106004 | 现浇水磨石楼梯面 | 1. 找平层厚度、砂浆配合比<br>2. 面层厚度、水泥石子浆配合比<br>3. 防滑条材料种类、规格<br>4. 石子种类、规格、颜色<br>5. 颜料种类、颜色<br>6. 磨光、酸洗、打蜡要求 | | | 1. 基层清理<br>2. 抹找平层<br>3. 抹面层<br>4. 贴嵌防滑条<br>5. 磨光、酸洗、打蜡<br>6. 材料运输 |
| 020106005 | 地毯楼梯面 | 1. 基层种类<br>2. 找平层厚度、砂浆配合比<br>3. 面层材料品种、规格、品牌、颜色<br>4. 防护材料种类<br>5. 粘结材料种类<br>6. 固定配件材料种类、规格 | | | 1. 基层清理<br>2. 抹找平层<br>3. 铺贴面层<br>4. 固定配件安装<br>5. 刷防护材料<br>6. 材料运输 |
| 020106006 | 木板楼梯面 | 1. 找平层厚度、砂浆配合比<br>2. 基层材料种类、规格<br>3. 面层材料品种、规格、品牌、颜色<br>4. 粘结材料种类<br>5. 防护材料种类<br>6. 油漆品种、刷漆遍数 | | | 1. 基层清理<br>2. 抹找平层<br>3. 基层铺贴<br>4. 面层铺贴<br>5. 刷防护材料、油漆<br>6. 材料运输 |

B.1.7 扶手、栏杆、栏板装饰。工程量清单项目设置及工程量计算规则，应按表 B.1.7 的规定执行。

扶手、栏杆、栏板装饰（编码：020107） 表 B.1.7

| 项目编码 | 项目名称 | 项目特征 | 计量单位 | 工程量计算规则 | 工程内容 |
| --- | --- | --- | --- | --- | --- |
| 020107001 | 金属扶手带栏杆、栏板 | 1. 扶手材料种类、规格、品牌、颜色<br>2. 栏杆材料种类、规格、品牌、颜色<br>3. 栏板材料种类、规格、品牌、颜色<br>4. 固定配件种类<br>5. 防护材料种类<br>6. 油漆品种、刷漆遍数 | m | 按设计图示尺寸以扶手中心线长度（包括弯头长度）计算 | 1. 制作<br>2. 运输<br>3. 安装<br>4. 刷防护材料<br>5. 刷油漆 |
| 020107002 | 硬木扶手带栏杆、栏板 | ^ | ^ | ^ | ^ |
| 020107003 | 塑料扶手带栏杆、栏板 | ^ | ^ | ^ | ^ |
| 020107004 | 金属靠墙扶手 | 1. 扶手材料种类、规格、品牌、颜色<br>2. 固定配件种类<br>3. 防护材料种类<br>4. 油漆品种、刷漆遍数 | ^ | ^ | ^ |
| 020107005 | 硬木靠墙扶手 | ^ | ^ | ^ | ^ |
| 020107006 | 塑料靠墙扶手 | ^ | ^ | ^ | ^ |

**B.1.8** 台阶装饰。工程量清单项目设置及工程量计算规则，应按表 B.1.8 的规定执行。

台阶装饰（编码：020108） 表 B.1.8

| 项目编码 | 项目名称 | 项目特征 | 计量单位 | 工程量计算规则 | 工程内容 |
|---|---|---|---|---|---|
| 020108001 | 石材台阶面 | 1. 垫层材料种类、厚度<br>2. 找平层厚度、砂浆配合比<br>3. 粘结层材料种类<br>4. 面层材料品种、规格、品牌、颜色<br>5. 勾缝材料种类<br>6. 防滑条材料种类、规格<br>7. 防护材料种类 | $m^2$ | 按设计图示尺寸以台阶（包括最上层踏步边沿加300mm）水平投影面积计算 | 1. 基层清理<br>2. 铺设垫层<br>3. 抹找平层<br>4. 面层铺贴<br>5. 贴嵌防滑条<br>6. 勾缝<br>7. 刷防护材料<br>8. 材料运输 |
| 020108002 | 块料台阶面 | | | | |
| 020108003 | 水泥砂浆台阶面 | 1. 垫层材料种类、厚度<br>2. 找平层厚度、砂浆配合比<br>3. 面层厚度、砂浆配合比<br>4. 防滑条材料种类 | | | 1. 清理基层<br>2. 铺设垫层<br>3. 抹找平层<br>4. 抹面层<br>5. 抹防滑条<br>6. 材料运输 |
| 020108004 | 现浇水磨石台阶面 | 1. 垫层材料种类、厚度<br>2. 找平层厚度、砂浆配合比<br>3. 面层厚度、水泥石子砂浆配合比<br>4. 防滑条材料种类、规格<br>5. 石子种类、规格、颜色<br>6. 颜料种类、颜色<br>7. 磨光、酸洗、打蜡要求 | | | 1. 清理基层<br>2. 铺设垫层<br>3. 抹找平层<br>4. 抹面层<br>5. 贴嵌防滑条<br>6. 打磨、酸洗、打蜡<br>7. 材料运输 |
| 020108005 | 剁假石台阶面 | 1. 垫层材料种类、厚度<br>2. 找平层厚度、砂浆配合比<br>3. 面层厚度、砂浆配合比<br>4. 剁假石要求 | | | 1. 清理基层<br>2. 铺设垫层<br>3. 抹找平层<br>4. 抹面层<br>5. 剁假石<br>6. 材料运输 |

**B.1.9** 零星装饰项目。工程量清单项目设置及工程量计算规则，应按表 B.1.9 的规定执行。

零星装饰项目（编码：020109） 表 B.1.9

| 项目编码 | 项目名称 | 项目特征 | 计量单位 | 工程量计算规则 | 工程内容 |
| --- | --- | --- | --- | --- | --- |
| 020109001 | 石材零星项目 | 1. 工程部位<br>2. 找平层厚度、砂浆配合比<br>3. 粘结层厚度、材料种类<br>4. 面层材料品种、规格、品牌、颜色<br>5. 勾缝材料种类<br>6. 防护材料种类<br>7. 酸洗、打蜡要求 | $m^2$ | 按设计图示尺寸以面积计算 | 1. 清理基层<br>2. 抹找平层<br>3. 面层铺贴<br>4. 勾缝<br>5. 刷防护材料<br>6. 酸洗、打蜡<br>7. 材料运输 |
| 020109002 | 碎拼石材零星项目 | | | | |
| 020109003 | 块料零星项目 | | | | |
| 020109004 | 水泥砂浆零星项目 | 1. 工程部位<br>2. 找平层厚度、砂浆配合比<br>3. 面层厚度、砂浆厚度 | | | 1. 清理基层<br>2. 抹找平层<br>3. 抹面层<br>4. 材料运输 |

**B.1.10** 其他相关问题应按下列规定处理：

**1** 楼梯、阳台、走廊、回廊及其他的装饰性扶手、栏杆、栏板，应按 B.1.7 项目编码列项。

**2** 楼梯、台阶侧面装饰，0.5m² 以内少量分散的楼地面装修，应按 B.1.9 中项目编码列项。

## B.2 墙、柱面工程

**B.2.1** 墙面抹灰。工程量清单项目设置及工程量计算规则，应按表B.2.1的规定执行。

墙面抹灰（编码：020201） 表 B.2.1

| 项目编码 | 项目名称 | 项目特征 | 计量单位 | 工程量计算规则 | 工程内容 |
| --- | --- | --- | --- | --- | --- |
| 020201001 | 墙面一般抹灰 | 1. 墙体类型<br>2. 底层厚度、砂浆配合比<br>3. 面层厚度、砂浆配合比<br>4. 装饰面材料种类<br>5. 分格缝宽度、材料种类 | m² | 按设计图示尺寸以面积计算。扣除墙裙、门窗洞口及单个0.3m²以外的孔洞面积，不扣除踢脚线、挂镜线和墙与构件交接处的面积，门窗洞口和孔洞的侧壁及顶面不增加面积。附墙柱、梁、垛、烟囱侧壁并入相应的墙面面积内<br>1. 外墙抹灰面积按外墙垂直投影面积计算<br>2. 外墙裙抹灰面积按其长度乘以高度计算<br>3. 内墙抹灰面积按主墙间的净长乘以高度计算<br>（1）无墙裙的，高度按室内楼地面至天棚底面计算<br>（2）有墙裙的，高度按墙裙顶至天棚底面计算<br>4. 内墙裙抹灰面积按内墙净长乘以高度计算 | 1. 基层清理<br>2. 砂浆制作、运输<br>3. 底层抹灰<br>4. 抹面层<br>5. 抹装饰面<br>6. 勾分格缝 |
| 020201002 | 墙面装饰抹灰 | | | | |
| 020201003 | 墙面勾缝 | 1. 墙体类型<br>2. 勾缝类型<br>3. 勾缝材料种类 | | | 1. 基层清理<br>2. 砂浆制作、运输<br>3. 勾缝 |

**B.2.2** 柱面抹灰。工程量清单项目设置及工程量计算规则，应按表 B.2.2 的规定执行。

柱面抹灰（编码：020202） 表 B.2.2

| 项目编码 | 项目名称 | 项目特征 | 计量单位 | 工程量计算规则 | 工程内容 |
|---|---|---|---|---|---|
| 020202001 | 柱面一般抹灰 | 1. 柱体类型<br>2. 底层厚度、砂浆配合比<br>3. 面层厚度、砂浆配合比<br>4. 装饰面材料种类<br>5. 分格缝宽度、材料种类 | $m^2$ | 按设计图示柱断面周长乘以高度以面积计算 | 1. 基层清理<br>2. 砂浆制作、运输<br>3. 底层抹灰<br>4. 抹面层<br>5. 抹装饰面<br>6. 勾分格缝 |
| 020202002 | 柱面装饰抹灰 | | | | |
| 020202003 | 柱面勾缝 | 1. 墙体类型<br>2. 勾缝类型<br>3. 勾缝材料种类 | | | 1. 基层清理<br>2. 砂浆制作、运输<br>3. 勾缝 |

**B.2.3** 零星抹灰。工程量清单项目设置及工程量计算规则，应按表 B.2.3 的规定执行。

零星抹灰（编码：020203） 表 B.2.3

| 项目编码 | 项目名称 | 项目特征 | 计量单位 | 工程量计算规则 | 工程内容 |
|---|---|---|---|---|---|
| 020203001 | 零星项目一般抹灰 | 1. 墙体类型<br>2. 底层厚度、砂浆配合比<br>3. 面层厚度、砂浆配合比<br>4. 装饰面材料种类<br>5. 分格缝宽度、材料种类 | $m^2$ | 按设计图示尺寸以面积计算 | 1. 基层清理<br>2. 砂浆制作、运输<br>3. 底层抹灰<br>4. 抹面层<br>5. 抹装饰面<br>6. 勾分格缝 |
| 020203002 | 零星项目装饰抹灰 | | | | |

**B.2.4** 墙面镶贴块料。工程量清单项目设置及工程量计算规则，应按表B.2.4的规定执行。

墙面镶贴块料（编码：020204） 表B.2.4

| 项目编码 | 项目名称 | 项目特征 | 计量单位 | 工程量计算规则 | 工程内容 |
|---|---|---|---|---|---|
| 020204001 | 石材墙面 | 1. 墙体类型<br>2. 底层厚度、砂浆配合比<br>3. 粘结层厚度、材料种类<br>4. 挂贴方式<br>5. 干挂方式（膨胀螺栓、钢龙骨）<br>6. 面层材料品种、规格、品牌、颜色<br>7. 缝宽、嵌缝材料种类<br>8. 防护材料种类<br>9. 磨光、酸洗、打蜡要求 | $m^2$ | 按设计图示尺寸以镶贴表面积计算 | 1. 基层清理<br>2. 砂浆制作、运输<br>3. 底层抹灰<br>4. 结合层铺贴<br>5. 面层铺贴<br>6. 面层挂贴<br>7. 面层干挂<br>8. 嵌缝<br>9. 刷防护材料<br>10. 磨光、酸洗、打蜡 |
| 020204002 | 碎拼石材墙面 | | | | |
| 020204003 | 块料墙面 | | | | |
| 020204004 | 干挂石材钢骨架 | 1. 骨架种类、规格<br>2. 油漆品种、刷油遍数 | t | 按设计图示尺寸以质量计算 | 1. 骨架制作、运输、安装<br>2. 骨架油漆 |

**B.2.5** 柱面镶贴块料。工程量清单项目设置及工程量计算规则，应按表B.2.5的规定执行。

柱面镶贴块料（编码：020205） 表B.2.5

| 项目编码 | 项目名称 | 项目特征 | 计量单位 | 工程量计算规则 | 工程内容 |
| --- | --- | --- | --- | --- | --- |
| 020205001 | 石材柱面 | 1. 柱体材料<br>2. 柱截面类型、尺寸<br>3. 底层厚度、砂浆配合比<br>4. 粘结层厚度、材料种类<br>5. 挂贴方式<br>6. 干贴方式<br>7. 面层材料品种、规格、品牌、颜色<br>8. 缝宽、嵌缝材料种类<br>9. 防护材料种类<br>10. 磨光、酸洗、打蜡要求 | $m^2$ | 按设计图示尺寸以镶贴表面积计算 | 1. 基层清理<br>2. 砂浆制作、运输<br>3. 底层抹灰<br>4. 结合层铺贴<br>5. 面层铺贴<br>6. 面层挂贴<br>7. 面层干挂<br>8. 嵌缝<br>9. 刷防护材料<br>10. 磨光、酸洗、打蜡 |
| 020205002 | 拼碎石材柱面 | | | | |
| 020205003 | 块料柱面 | | | | |
| 020205004 | 石材梁面 | 1. 底层厚度、砂浆配合比<br>2. 粘结层厚度、材料种类<br>3. 面层材料品种、规格、品牌、颜色<br>4. 缝宽、嵌缝材料种类<br>5. 防护材料种类<br>6. 磨光、酸洗、打蜡要求 | | | 1. 基层清理<br>2. 砂浆制作、运输<br>3. 底层抹灰<br>4. 结合层铺贴<br>5. 面层铺贴<br>6. 面层挂贴<br>7. 嵌缝<br>8. 刷防护材料<br>9. 磨光、酸洗、打蜡 |
| 020205005 | 块料梁面 | | | | |

**B.2.6** 零星镶贴块料。工程量清单项目设置及工程量计算规则，应按表B.2.6的规定执行。

零星镶贴块料（编码：020206） 表B.2.6

| 项目编码 | 项目名称 | 项目特征 | 计量单位 | 工程量计算规则 | 工程内容 |
|---|---|---|---|---|---|
| 020206001 | 石材零星项目 | 1. 柱、墙体类型<br>2. 底层厚度、砂浆配合比<br>3. 粘结层厚度、材料种类<br>4. 挂贴方式<br>5. 干挂方式<br>6. 面层材料品种、规格、品牌、颜色<br>7. 缝宽、嵌缝材料种类<br>8. 防护材料种类<br>9. 磨光、酸洗、打蜡要求 | m² | 按设计图示尺寸以镶贴表面积计算 | 1. 基层清理<br>2. 砂浆制作、运输<br>3. 底层抹灰<br>4. 结合层铺贴<br>5. 面层铺贴<br>6. 面层挂贴<br>7. 面层干挂<br>8. 嵌缝<br>9. 刷防护材料<br>10. 磨光、酸洗、打蜡 |
| 020206002 | 拼碎石材零星项目 | | | | |
| 020206003 | 块料零星项目 | | | | |

**B.2.7** 墙饰面。工程量清单项目设置及工程量计算规则，应按表B.2.7的规定执行。

墙饰面（编码：020207） 表B.2.7

| 项目编码 | 项目名称 | 项目特征 | 计量单位 | 工程量计算规则 | 工程内容 |
|---|---|---|---|---|---|
| 020207001 | 装饰板墙面 | 1. 墙体类型<br>2. 底层厚度、砂浆配合比<br>3. 龙骨材料种类、规格、中距<br>4. 隔离层材料种类、规格<br>5. 基层材料种类、规格<br>6. 面层材料品种、规格、品牌、颜色<br>7. 压条材料种类、规格<br>8. 防护材料种类<br>9. 油漆品种、刷漆遍数 | m² | 按设计图示墙净长乘以净高以面积计算。扣除门窗洞口及单个0.3m²以上的孔洞所占面积 | 1. 基层清理<br>2. 砂浆制作、运输<br>3. 底层抹灰<br>4. 龙骨制作、运输、安装<br>5. 钉隔离层<br>6. 基层铺钉<br>7. 面层铺贴<br>8. 刷防护材料、油漆 |

**B.2.8** 柱(梁)饰面。工程量清单项目设置及工程量计算规则,应按表 B.2.8 的规定执行。

柱(梁)饰面(编码:020208) 表 B.2.8

| 项目编码 | 项目名称 | 项目特征 | 计量单位 | 工程量计算规则 | 工程内容 |
| --- | --- | --- | --- | --- | --- |
| 020208001 | 柱(梁)面装饰 | 1. 柱(梁)体类型<br>2. 底层厚度、砂浆配合比<br>3. 龙骨材料种类、规格、中距<br>4. 隔离层材料种类<br>5. 基层材料种类、规格<br>6. 面层材料品种、规格、品种、颜色<br>7. 压条材料种类、规格<br>8. 防护材料种类<br>9. 油漆品种、刷漆遍数 | m² | 按设计图示饰面外围尺寸以面积计算。柱帽、柱墩并入相应柱饰面工程量内 | 1. 清理基层<br>2. 砂浆制作、运输<br>3. 底层抹灰<br>4. 龙骨制作、运输、安装<br>5. 钉隔离层<br>6. 基层铺钉<br>7. 面层铺贴<br>8. 刷防护材料、油漆 |

**B.2.9** 隔断。工程量清单项目设置及工程量计算规则,应按表 B.2.9 的规定执行。

隔断(编码:020209) 表 B.2.9

| 项目编码 | 项目名称 | 项目特征 | 计量单位 | 工程量计算规则 | 工程内容 |
| --- | --- | --- | --- | --- | --- |
| 020209001 | 隔断 | 1. 骨架、边框材料种类、规格<br>2. 隔板材料品种、规格、品牌、颜色<br>3. 嵌缝、塞口材料品种<br>4. 压条材料种类<br>5. 防护材料种类<br>6. 油漆品种、刷漆遍数 | m² | 按设计图示框外围尺寸以面积计算。扣除单个 0.3m² 以上的孔洞所占面积;浴厕门的材质与隔断相同时,门的面积并入隔断面积内 | 1. 骨架及边框制作、运输、安装<br>2. 隔板制作、运输、安装<br>3. 嵌缝、塞口<br>4. 装订压条<br>5. 刷防护材料、油漆 |

**B.2.10** 幕墙。工程量清单项目设置及工程量计算规则,应按表B.2.10的规定执行。

幕墙(编码:020201) 表 B.2.10

| 项目编码 | 项目名称 | 项目特征 | 计量单位 | 工程量计算规则 | 工程内容 |
|---|---|---|---|---|---|
| 020210001 | 带骨架幕墙 | 1. 骨架材料种类、规格、中距<br>2. 面层材料品种、规格、品种、颜色<br>3. 面层固定方式<br>4. 嵌缝、塞口材料种类 | m² | 按设计图示框外围尺寸以面积计算。与幕墙同种材质的窗所占面积不扣除 | 1. 骨架制作、运输、安装<br>2. 面层安装<br>3. 嵌缝、塞口<br>4. 清洗 |
| 020210002 | 全玻幕墙 | 1. 玻璃品种、规格、品牌、颜色<br>2. 粘结塞口材料种类<br>3. 固定方式 | m² | 按设计图示尺寸以面积计算。带肋全玻幕墙按展开面积计算 | 1. 幕墙安装<br>2. 嵌缝、塞口<br>3. 清洗 |

**B.2.11** 其他相关问题应按下列规定处理:

**1** 石灰砂浆、水泥砂浆、水泥混合砂浆、聚合物水泥砂浆、麻刀石灰、纸筋石灰、石膏灰等的抹灰应按B.2.1中一般抹灰项目编码列项;水刷石、斩假石(剁斧石、剁假石)、干粘石、假面砖等的抹灰应按B.2.1中装饰抹灰项目编码列项。

**2** 0.5m²以内少量分散的抹灰和镶贴块料面层,应按B.2.1和B.2.6中相关项目编码列项。

## B.3 天 棚 工 程

**B.3.1** 天棚抹灰。工程量清单项目设置及工程量计算规则,应按表B.3.1的规定执行。

天棚抹灰(编码:020301) 表 B.3.1

| 项目编码 | 项目名称 | 项目特征 | 计量单位 | 工程量计算规则 | 工程内容 |
|---|---|---|---|---|---|
| 020301001 | 天棚抹灰 | 1. 基层类型<br>2. 抹灰厚度、材料种类<br>3. 装饰线条道数<br>4. 砂浆配合比 | m² | 按设计图示尺寸以水平投影面积计算。不扣除间壁墙、垛、柱、附墙烟囱、检查口和管道所占的面积,带梁天棚、梁两侧抹灰面积并入天棚面积内,板式楼梯底面抹灰按斜面积计算,锯齿形楼梯底板抹灰按展开面积计算 | 1. 基层清理<br>2. 底层抹灰<br>3. 抹面层<br>4. 抹装饰线条 |

**B.3.2** 天棚吊顶。工程量清单项目设置及工程量计算规则，应按表 B.3.2 的规定执行。

天棚吊顶（编码：020302） 表 B.3.2

| 项目编码 | 项目名称 | 项目特征 | 计量单位 | 工程量计算规则 | 工程内容 |
|---|---|---|---|---|---|
| 020302001 | 天棚吊顶 | 1. 吊顶形式<br>2. 龙骨类型、材料种类、规格、中距<br>3. 基层材料种类、规格<br>4. 面层材料品种、规格、品牌、颜色<br>5. 压条材料种类、规格<br>6. 嵌缝材料种类<br>7. 防护材料种类<br>8. 油漆品种、刷漆遍数 | $m^2$ | 按设计图示尺寸以水平投影面积计算。天棚面中的灯槽及跌级、锯齿形、吊挂式、藻井式天棚面积不展开计算。不扣除间壁墙、检查口、附墙烟囱、柱垛和管道所占面积，扣除单个 $0.3m^2$ 以外的孔洞、独立柱及与天棚相连的窗帘盒所占的面积 | 1. 基层清理<br>2. 龙骨安装<br>3. 基层板铺贴<br>4. 面层铺贴<br>5. 嵌缝<br>6. 刷防护材料、油漆 |
| 020302002 | 格栅吊顶 | 1. 龙骨类型、材料种类、规格、中距<br>2. 基层材料种类、规格<br>3. 面层材料品种、规格、品牌、颜色<br>4. 防护材料种类<br>5. 油漆品种、刷漆遍数 | | | 1. 基层清理<br>2. 底层抹灰<br>3. 安装龙骨<br>4. 基层板铺贴<br>5. 面层铺贴<br>6. 刷防护材料、油漆 |
| 020302003 | 吊筒吊顶 | 1. 底层厚度、砂浆配合比<br>2. 吊筒形状、规格、颜色、材料种类<br>3. 防护材料种类<br>4. 油漆品种、刷漆遍数 | | 按设计图示尺寸以水平投影面积计算 | 1. 基层清理<br>2. 底层抹灰<br>3. 吊筒安装<br>4. 刷防护材料、油漆 |
| 020302004 | 藤条造型悬挂吊顶 | 1. 底层厚度、砂浆配合比<br>2. 骨架材料种类、规格<br>3. 面层材料品种、规格、颜色<br>4. 防护层材料种类<br>5. 油漆品种、刷漆遍数 | | | 1. 基层清理<br>2. 底层抹灰<br>3. 龙骨安装<br>4. 铺贴面层<br>5. 刷防护材料、油漆 |
| 020302005 | 织物软雕吊顶 | | | | |
| 020302006 | 网架（装饰）吊顶 | 1. 底层厚度、砂浆配合比<br>2. 面层材料品种、规格、颜色<br>3. 防护材料品种<br>4. 油漆品种、刷漆遍数 | | | 1. 基层清理<br>2. 底面抹灰<br>3. 面层安装<br>4. 刷防护材料、油漆 |

**B.3.3** 天棚其他装饰。工程量清单项目设置及工程量计算规则，应按表 B.3.3 的规定执行。

天棚其他装饰（编码：020303） 表 B.3.3

| 项目编码 | 项目名称 | 项目特征 | 计量单位 | 工程量计算规则 | 工程内容 |
|---|---|---|---|---|---|
| 020303001 | 灯带 | 1. 灯带形式、尺寸<br>2. 格栅片材料品种、规格、品牌、颜色<br>3. 安装固定方式 | $m^2$ | 按设计图示尺寸以框外围面积计算 | 安装、固定 |
| 020303002 | 送风口、回风口 | 1. 风口材料品种、规格、品牌、颜色<br>2. 安装固定方式<br>3. 防护材料种类 | 个 | 按设计图示数量计算 | 1. 安装、固定<br>2. 刷防护材料 |

**B.3.4** 采光天棚和天棚设保温隔热吸音层时，应按 A.8 中相关项目编码列项。

## B.4 门窗工程

**B.4.1** 木门。工程量清单项目设置及工程量计算规则,应按表 B.4.1 的规定执行。

木门(编码:020401)　　　　　　　　表 B.4.1

| 项目编码 | 项目名称 | 项目特征 | 计量单位 | 工程量计算规则 | 工程内容 |
| --- | --- | --- | --- | --- | --- |
| 020401001 | 镶板木门 | 1. 门类型<br>2. 框截面尺寸、单扇面积<br>3. 骨架材料种类<br>4. 面层材料品种、规格、品牌、颜色<br>5. 玻璃品种、厚度、五金材料、品种、规格<br>6. 防护层材料种类<br>7. 油漆品种、刷漆遍数 | 樘/m² | 按设计图示数量或设计图示洞口尺寸以面积计算 | 1. 门制作、运输、安装<br>2. 五金、玻璃安装<br>3. 刷防护材料、油漆 |
| 020401002 | 企口木板门 | ^ | ^ | ^ | ^ |
| 020401003 | 实木装饰门 | ^ | ^ | ^ | ^ |
| 020401004 | 胶合板门 | ^ | ^ | ^ | ^ |
| 020401005 | 夹板装饰门 | 1. 门类型<br>2. 框截面尺寸、单扇面积<br>3. 骨架材料种类<br>4. 防火材料种类<br>5. 门纱材料品种、规格<br>6. 面层材料品种、规格、品牌、颜色<br>7. 玻璃品种、厚度、五金材料、品种、规格<br>8. 防护材料种类<br>9. 油漆品种、刷漆遍数 | ^ | ^ | ^ |
| 020401006 | 木质防火门 | ^ | ^ | ^ | ^ |
| 020401007 | 木纱门 | ^ | ^ | ^ | ^ |
| 020401008 | 连窗门 | 1. 门窗类型<br>2. 框截面尺寸、单扇面积<br>3. 骨架材料种类<br>4. 面层材料品种、规格、品牌、颜色<br>5. 玻璃品种、厚度、五金材料、品种、规格<br>6. 防护材料种类<br>7. 油漆品种、刷漆遍数 | ^ | ^ | ^ |

**B.4.2** 金属门。工程量清单项目设置及工程量计算规则,应按表 B.4.2 的规定执行。

金属门（编码:020402） 表 B.4.2

| 项目编码 | 项目名称 | 项目特征 | 计量单位 | 工程量计算规则 | 工程内容 |
|---|---|---|---|---|---|
| 020402001 | 金属平开门 | 1. 门类型<br>2. 框材质、外围尺寸<br>3. 扇材质、外围尺寸<br>4. 玻璃品种、厚度、五金材料、品种、规格<br>5. 防护材料种类<br>6. 油漆品种、刷漆遍数 | 樘/m² | 按设计图示数量或设计图示洞口尺寸以面积计算 | 1. 门制作、运输、安装<br>2. 五金、玻璃安装<br>3. 刷防护材料、油漆 |
| 020402002 | 金属推拉门 | | | | |
| 020402003 | 金属地弹门 | | | | |
| 020402004 | 彩板门 | | | | |
| 020402005 | 塑钢门 | | | | |
| 020402006 | 防盗门 | | | | |
| 020402007 | 钢质防火门 | | | | |

**B.4.3** 金属卷帘门。工程量清单项目设置及工程量计算规则,应按表 B.4.3 的规定执行。

金属卷帘门（编码:020403） 表 B.4.3

| 项目编码 | 项目名称 | 项目特征 | 计量单位 | 工程量计算规则 | 工程内容 |
|---|---|---|---|---|---|
| 020403001 | 金属卷闸门 | 1. 门材质、框外围尺寸<br>2. 启动装置品种、规格、品牌<br>3. 五金材料、品种、规格<br>4. 刷防护材料种类<br>5. 油漆品种、刷漆遍数 | 樘/m² | 按设计图示数量或设计图示洞口尺寸以面积计算 | 1. 门制作、运输、安装<br>2. 启动装置、五金安装<br>3. 刷防护材料、油漆 |
| 020403002 | 金属格栅门 | | | | |
| 020403003 | 防火卷帘门 | | | | |

**B.4.4** 其他门。工程量清单项目设置及工程量计算规则，应按表B.4.4的规定执行。

其他门（编码：020404） 表B.4.4

| 项目编码 | 项目名称 | 项目特征 | 计量单位 | 工程量计算规则 | 工程内容 |
|---|---|---|---|---|---|
| 020404001 | 电子感应门 | 1.门材质、品牌、外围尺寸<br>2.玻璃品种、厚度、五金材料、品种、规格<br>3.电子配件品种、规格、品牌<br>4.防护材料种类<br>5.油漆品种、刷漆遍数 | 樘/m² | 按设计图示数量或设计图示洞口尺寸以面积计算 | 1.门制作、运输、安装<br>2.五金、电子配件安装<br>3.刷防护材料、油漆 |
| 020404002 | 转门 | | | | |
| 020404003 | 电子对讲门 | | | | |
| 020404004 | 电动伸缩门 | | | | |
| 020404005 | 全玻门（带扇框） | | | | 1.门制作、运输、安装<br>2.五金安装<br>3.刷防护材料、油漆 |
| 020404006 | 全玻自由门（无扇框） | 1.门类型<br>2.框材质、外围尺寸<br>3.扇材质、外围尺寸<br>4.玻璃品种、厚度、五金材料、品种、规格<br>5.防护材料种类<br>6.油漆品种、刷漆遍数 | | | |
| 020404007 | 半玻门（带扇框） | | | | |
| 020404008 | 镜面不锈钢饰面门 | | | | 1.门扇骨架及基层制作、运输、安装<br>2.包面层<br>3.五金安装<br>4.刷防护材料 |

B.4.5 木窗。工程量清单项目设置及工程量计算规则，应按表 B.4.5 的规定执行。

木窗（编码：020405） 表 B.4.5

| 项目编码 | 项目名称 | 项目特征 | 计量单位 | 工程量计算规则 | 工程内容 |
| --- | --- | --- | --- | --- | --- |
| 020405001 | 木质平开窗 | 1. 窗类型<br>2. 框材质、外围尺寸<br>3. 扇材质、外围尺寸<br>4. 玻璃品种、厚度、五金材料、品种、规格<br>5. 防护材料种类<br>6. 油漆品种、刷漆遍数 | 樘/m² | 按设计图示数量或设计图示洞口尺寸以面积计算 | 1. 窗制作、运输、安装<br>2. 五金、玻璃安装<br>3. 刷防护材料、油漆 |
| 020405002 | 木质推拉窗 | | | | |
| 020405003 | 矩形木百叶窗 | | | | |
| 020405004 | 异形木百叶窗 | | | | |
| 020405005 | 木组合窗 | | | | |
| 020405006 | 木天窗 | | | | |
| 020405007 | 矩形木固定窗 | | | | |
| 020405008 | 异形木固定窗 | | | | |
| 020405009 | 装饰空花木窗 | | | | |

B.4.6 金属窗。工程量清单项目设置及工程量计算规则,应按表 B.4.6 的规定执行。

金属窗(编码:020406) 表 B.4.6

| 项目编码 | 项目名称 | 项目特征 | 计量单位 | 工程量计算规则 | 工程内容 |
|---|---|---|---|---|---|
| 020406001 | 金属推拉窗 | 1. 窗类型<br>2. 框材质、外围尺寸<br>3. 扇材质、外围尺寸<br>4. 玻璃品种、厚度、五金材料、品种、规格<br>5. 防护材料种类<br>6. 油漆品种、刷漆遍数 | 樘/$m^2$ | 按设计图示数量或设计图示洞口尺寸以面积计算 | 1. 窗制作、运输、安装<br>2. 五金、玻璃安装<br>3. 刷防护材料、油漆 |
| 020406002 | 金属平开窗 | | | | |
| 020406003 | 金属固定窗 | | | | |
| 020406004 | 金属百叶窗 | | | | |
| 020406005 | 金属组合窗 | | | | |
| 020406006 | 彩板窗 | | | | |
| 020406007 | 塑钢窗 | | | | |
| 020406008 | 金属防盗窗 | | | | |
| 020406009 | 金属格栅窗 | | | | |
| 020406010 | 特殊五金 | 1. 五金名称、用途<br>2. 五金材料、品种、规格 | 个/套 | 按设计图示数量计算 | 1. 五金安装<br>2. 刷防护材料、油漆 |

**B.4.7** 门窗套。工程量清单项目设置及工程量计算规则，应按表 B.4.7 的规定执行。

门窗套（编码：020407） 表 B.4.7

| 项目编码 | 项目名称 | 项目特征 | 计量单位 | 工程量计算规则 | 工程内容 |
|---|---|---|---|---|---|
| 020407001 | 木门窗套 | 1. 底层厚度、砂浆配合比<br>2. 立筋材料种类、规格<br>3. 基层材料种类<br>4. 面层材料品种、规格、品种、品牌、颜色<br>5. 防护材料种类<br>6. 油漆品种、刷油遍数 | $m^2$ | 按设计图示尺寸以展开面积计算 | 1. 清理基层<br>2. 底层抹灰<br>3. 立筋制作、安装<br>4. 基层板安装<br>5. 面层铺贴<br>6. 刷防护材料、油漆 |
| 020407002 | 金属门窗套 | | | | |
| 020407003 | 石材门窗套 | | | | |
| 020407004 | 门窗木贴脸 | | | | |
| 020407005 | 硬木筒子板 | | | | |
| 020407006 | 饰面夹板筒子板 | | | | |

**B.4.8** 窗帘盒、窗帘轨。工程量清单项目设置及工程量计算规则，应按表 B.4.8 的规定执行。

窗帘盒、窗帘轨（编码：020408） 表 B.4.8

| 项目编码 | 项目名称 | 项目特征 | 计量单位 | 工程量计算规则 | 工程内容 |
|---|---|---|---|---|---|
| 020408001 | 木窗帘盒 | 1. 窗帘盒材质、规格、颜色<br>2. 窗帘轨材质、规格<br>3. 防护材料种类<br>4. 油漆种类、刷漆遍数 | m | 按设计图示尺寸以长度计算 | 1. 制作、运输、安装<br>2. 刷防护材料、油漆 |
| 020408002 | 饰面夹板、塑料窗帘盒 | | | | |
| 020408003 | 金属窗帘盒 | | | | |
| 020408004 | 窗帘轨 | | | | |

**B.4.9** 窗台板。工程量清单项目设置及工程量计算规则，应按表 B.4.9 的规定执行。

窗台板（编码：020409） 表 B.4.9

| 项目编码 | 项目名称 | 项目特征 | 计量单位 | 工程量计算规则 | 工程内容 |
|---|---|---|---|---|---|
| 020409001 | 木窗台板 | 1. 找平层厚度、砂浆配合比<br>2. 窗台板材质、规格、颜色<br>3. 防护材料种类<br>4. 油漆种类、刷漆遍数 | m | 按设计图示尺寸以长度计算 | 1. 基层清理<br>2. 抹找平层<br>3. 窗台板制作、安装<br>4. 刷防护材料、油漆 |
| 020409002 | 铝塑窗台板 | | | | |
| 020409003 | 石材窗台板 | | | | |
| 020409004 | 金属窗台板 | | | | |

**B.4.10** 其他相关问题应按下列规定处理：

**1** 玻璃、百叶面积占其门扇面积一半以内者应为半玻门或半百叶门，超过一半时应为全玻门或全百叶门。

**2** 木门五金应包括：折页、插销、风钩、弓背拉手、搭扣、木螺丝、弹簧折页（自动门）、管子拉手（自由门、地弹门）、地弹簧（地弹门）、角铁、门轧头（地弹门、自由门）等。

**3** 木窗五金应包括：折页、插销、风钩、木螺丝、滑轮滑轨（推拉窗）等。

**4** 铝合金窗五金应包括：卡锁、滑轮、铰拉、执手、拉把、拉手、风撑、角码、牛角制等。

**5** 铝合金门五金应包括：地弹簧、门锁、拉手、门插、门铰、螺丝等。

**6** 其他门五金应包括 L 型执手插锁（双舌）、球形执手锁（单舌）、门轧头、地锁、防盗门扣、门眼（猫眼）、门碰珠、电子销（磁卡销）、闭门器、装饰拉手等。

## B.5 油漆、涂料、裱糊工程

**B.5.1** 门油漆。工程量清单项目设置及工程量计算规则，应按表 B.5.1 的规定执行。

门油漆（编码：020501） 表 B.5.1

| 项目编码 | 项目名称 | 项目特征 | 计量单位 | 工程量计算规则 | 工程内容 |
|---|---|---|---|---|---|
| 020501001 | 门油漆 | 1. 门类型<br>2. 腻子种类<br>3. 刮腻子要求<br>4. 防护材料种类<br>5. 油漆品种、刷漆遍数 | 樘/m² | 按设计图示数量或设计图示单面洞口面积计算 | 1. 基层清理<br>2. 刮腻子<br>3. 刷防护材料、油漆 |

**B.5.2** 窗油漆。工程量清单项目设置及工程量计算规则，应按表 B.5.2 的规定执行。

窗油漆（编码：020502） 表 B.5.2

| 项目编码 | 项目名称 | 项目特征 | 计量单位 | 工程量计算规则 | 工程内容 |
|---|---|---|---|---|---|
| 020502001 | 窗油漆 | 1. 窗类型<br>2. 腻子种类<br>3. 刮腻子要求<br>4. 防护材料种类<br>5. 油漆品种、刷漆遍数 | 樘/m² | 按设计图示数量或设计图示单面洞口面积计算 | 1. 基层清理<br>2. 刮腻子<br>3. 刷防护材料、油漆 |

**B.5.3** 木扶手及其他板条线条油漆。工程量清单项目设置及工程量计算规则，应按表 B.5.3 的规定执行。

木扶手及其他板条线条油漆（编码：020503） 表 B.5.3

| 项目编码 | 项目名称 | 项目特征 | 计量单位 | 工程量计算规则 | 工程内容 |
|---|---|---|---|---|---|
| 020503001 | 木扶手油漆 | 1. 腻子种类<br>2. 刮腻子要求<br>3. 油漆体单位展开面积<br>4. 油漆部位长度<br>5. 防护材料种类<br>6. 油漆品种、刷漆遍数 | m | 按设计图示尺寸以长度计算 | 1. 基层清理<br>2. 刮腻子<br>3. 刷防护材料、油漆 |
| 020503002 | 窗帘盒油漆 | | | | |
| 020503003 | 封檐板、顺水板油漆 | | | | |
| 020503004 | 挂衣板、黑板框油漆 | | | | |
| 020503005 | 挂镜线、窗帘棍、单独木线油漆 | | | | |

**B.5.4** 木材面油漆。工程量清单项目设置及工程量计算规则，应按表B.5.4的规定执行。

木材面油漆（编码：020504）　　　　表 B.5.4

| 项目编码 | 项目名称 | 项目特征 | 计量单位 | 工程量计算规则 | 工程内容 |
|---|---|---|---|---|---|
| 020504001 | 木板、纤维板、胶合板油漆 | 1. 腻子种类<br>2. 刮腻子要求<br>3. 防护材料种类<br>4. 油漆品种、刷漆遍数 | m² | 按设计图示尺寸以面积计算 | 1. 基层清理<br>2. 刮腻子<br>3. 刷防护材料、油漆 |
| 020504002 | 木护墙、木墙裙油漆 | | | | |
| 020504003 | 窗台板、筒子板、盖板、门窗套、踢脚线油漆 | | | | |
| 020504004 | 清水板条天棚、檐口油漆 | | | | |
| 020504005 | 木方格吊顶天棚油漆 | | | | |
| 020504006 | 吸音板墙面、天棚面油漆 | | | | |
| 020504007 | 暖气罩油漆 | | | | |
| 020504008 | 木间壁、木隔断油漆 | | | 按设计图示尺寸以单面外围面积计算 | |
| 020504009 | 玻璃间壁露明墙筋油漆 | | | | |
| 020504010 | 木栅栏、木栏杆（带扶手）油漆 | | | | |
| 020504011 | 衣柜、壁柜油漆 | | | 按设计图示尺寸以油漆部分展开面积计算 | |
| 020504012 | 梁柱饰面油漆 | | | | |
| 020504013 | 零星木装修油漆 | | | | |
| 020504014 | 木地板油漆 | | | 按设计图示尺寸以面积计算。空洞、空圈、暖气包槽、壁龛的开口部分并入相应的工程量内 | |
| 020504015 | 木地板烫硬蜡面 | 1. 硬蜡品种<br>2. 面层处理要求 | | | 1. 基层清理<br>2. 烫蜡 |

B.5.5 金属面油漆。工程量清单项目设置及工程量计算规则，应按表 B.5.5 的规定执行。

金属面油漆（编码：020505）　　　　　表 B.5.5

| 项目编码 | 项目名称 | 项目特征 | 计量单位 | 工程量计算规则 | 工程内容 |
| --- | --- | --- | --- | --- | --- |
| 020505001 | 金属面油漆 | 1. 腻子种类<br>2. 刮腻子要求<br>3. 防护材料种类<br>4. 油漆品种、刷漆遍数 | t | 按设计图示尺寸以质量计算 | 1. 基层清理<br>2. 刮腻子<br>3. 刷防护材料、油漆 |

B.5.6 抹灰面油漆。工程量清单项目设置及工程量计算规则，应按表 B.5.6 的规定执行。

抹灰面油漆（编码：020506）　　　　　表 B.5.6

| 项目编码 | 项目名称 | 项目特征 | 计量单位 | 工程量计算规则 | 工程内容 |
| --- | --- | --- | --- | --- | --- |
| 020506001 | 抹灰面油漆 | 1. 基层类型<br>2. 线条宽度、道数<br>3. 腻子种类<br>4. 刮腻子要求<br>5. 防护材料种类<br>6. 油漆品种、刷漆遍数 | $m^2$ | 按设计图示尺寸以面积计算 | 1. 基层清理<br>2. 刮腻子<br>3. 刷防护材料、油漆 |
| 020506002 | 抹灰线条油漆 | | m | 按设计图示尺寸以长度计算 | |

B.5.7 喷刷、涂料。工程量清单项目设置及工程量计算规则，应按表 B.5.7 的规定执行。

喷刷、涂料（编码：020507）　　　　　表 B.5.7

| 项目编码 | 项目名称 | 项目特征 | 计量单位 | 工程量计算规则 | 工程内容 |
| --- | --- | --- | --- | --- | --- |
| 020507001 | 刷喷涂料 | 1. 基层类型<br>2. 腻子种类<br>3. 刮腻子要求<br>4. 涂料品种、刷喷遍数 | $m^2$ | 按设计图示尺寸以面积计算 | 1. 基层清理<br>2. 刮腻子<br>3. 刷、喷涂料 |

B.5.8 花饰、线条刷涂料。工程量清单项目设置及工程量计算规则，应按表B.5.8的规定执行。

花饰、线条刷涂料（编码：020508） 表B.5.8

| 项目编码 | 项目名称 | 项目特征 | 计量单位 | 工程量计算规则 | 工程内容 |
| --- | --- | --- | --- | --- | --- |
| 020508001 | 空花格、栏杆刷涂料 | 1. 腻子种类<br>2. 线条宽度<br>3. 刮腻子要求<br>4. 涂料品种、刷喷遍数 | m² | 按设计图示尺寸以单面外围面积计算 | 1. 基层清理<br>2. 刮腻子<br>3. 刷、喷涂料 |
| 020508002 | 线条刷涂料 | | m | 按设计图示尺寸以长度计算 | |

B.5.9 裱糊。工程量清单项目设置及工程量计算规则，应按表B.5.9的规定执行。

裱糊（编码：020509） 表B.5.9

| 项目编码 | 项目名称 | 项目特征 | 计量单位 | 工程量计算规则 | 工程内容 |
| --- | --- | --- | --- | --- | --- |
| 020509001 | 墙纸裱糊 | 1. 基层类型<br>2. 裱糊构件部位<br>3. 腻子种类<br>4. 刮腻子要求<br>5. 粘结材料种类<br>6. 防护材料种类<br>7. 面层材料品种、规格、品牌、颜色 | m² | 按设计图示尺寸以面积计算 | 1. 基层清理<br>2. 刮腻子<br>3. 面层铺粘<br>4. 刷防护材料 |
| 020509002 | 织锦缎裱糊 | | | | |

B.5.10 其他相关问题应按下列规定处理：

1 门油漆应区分单层木门、双层（一玻一纱）木门、双层（单裁口）木门、全玻自由门、半玻自由门、装饰门及有框门或无框门等，分别编码列项。

2 窗油漆应区分单层玻璃窗、双层（一玻一纱）木窗、双层框扇（单裁口）木窗、双层框三层（二玻一纱）木窗、单层组合窗、双层组合窗、木百叶窗、木推拉窗等，分别编码列项。

3 木扶手应区分带托板与不带托板，分别编码列项。

## B.6 其他工程

**B.6.1** 柜类、货架。工程量清单项目设置及工程量计算规则，应按表B.6.1的规定执行。

柜类、货架（编码：020601） 表B.6.1

| 项目编码 | 项目名称 | 项目特征 | 计量单位 | 工程量计算规则 | 工程内容 |
|---|---|---|---|---|---|
| 020601001 | 柜台 | 1. 台柜规格<br>2. 材料种类、规格<br>3. 五金种类、规格<br>4. 防护材料种类<br>5. 油漆品种、刷漆遍数 | 个 | 按设计图示数量计算 | 1. 台柜制作、运输、安装（安放）<br>2. 刷防护材料、油漆 |
| 020601002 | 酒柜 | | | | |
| 020601003 | 衣柜 | | | | |
| 020601004 | 存包柜 | | | | |
| 020601005 | 鞋柜 | | | | |
| 020601006 | 书柜 | | | | |
| 020601007 | 厨房壁柜 | | | | |
| 020601008 | 木壁柜 | | | | |
| 020601009 | 厨房低柜 | | | | |
| 020601010 | 厨房吊柜 | | | | |
| 020601011 | 矮柜 | | | | |
| 020601012 | 吧台背柜 | | | | |
| 020601013 | 酒吧吊柜 | | | | |
| 020601014 | 酒吧台 | | | | |
| 020601015 | 展台 | | | | |
| 020601016 | 收银台 | | | | |
| 020601017 | 试衣间 | | | | |
| 020601018 | 货架 | | | | |
| 020601019 | 书架 | | | | |
| 020601020 | 服务台 | | | | |

**B.6.2** 暖气罩。工程量清单项目设置及工程量计算规则，应按表B.6.2的规定执行。

暖气罩（编码：020602） 表B.6.2

| 项目编码 | 项目名称 | 项目特征 | 计量单位 | 工程量计算规则 | 工程内容 |
| --- | --- | --- | --- | --- | --- |
| 020602001 | 饰面板暖气罩 | 1. 暖气罩材质<br>2. 单个罩垂直投影面积<br>3. 防护材料种类<br>4. 油漆品种、刷漆遍数 | m² | 按设计图示尺寸以垂直投影面积（不展开）计算 | 1. 暖气罩制作、运输、安装<br>2. 刷防护材料、油漆 |
| 020602002 | 塑料板暖气罩 | | | | |
| 020602003 | 金属暖气罩 | | | | |

B.6.3 浴厕配件。工程量清单项目设置及工程量计算规则，应按表 B.6.3 的规定执行。

浴厕配件（编码：020603） 表 B.6.3

| 项目编码 | 项目名称 | 项目特征 | 计量单位 | 工程量计算规则 | 工程内容 |
|---|---|---|---|---|---|
| 020603001 | 洗漱台 | | m² | 按设计图示尺寸以台面外接矩形面积计算。不扣除孔洞、挖弯、削角所占面积，挡板、吊沿板面积并入台面面积内 | 1. 台面及支架制作、运输、安装<br>2. 杆、环、盒、配件安装<br>3. 刷油漆 |
| 020603002 | 晒衣架 | 1. 材料品种、规格、品牌、颜色<br>2. 支架、配件品种、规格、品牌<br>3. 油漆品种、刷漆遍数 | 根（套） | 按设计图示数量计算 | |
| 020603003 | 帘子杆 | | | | |
| 020603004 | 浴缸拉手 | | | | |
| 020603005 | 毛巾杆（架） | | | | |
| 020603006 | 毛巾环 | | 副 | | |
| 020603007 | 卫生纸盒 | | 个 | | |
| 020603008 | 肥皂盒 | | | | |
| 020603009 | 镜面玻璃 | 1. 镜面玻璃品种、规格<br>2. 框材质、断面尺寸<br>3. 基层材料种类<br>4. 防护材料种类<br>5. 油漆品种、刷漆遍数 | m² | 按设计图示尺寸以边框外围面积计算 | 1. 基层安装<br>2. 玻璃及框制作、运输、安装<br>3. 刷防护材料、油漆 |
| 020603010 | 镜箱 | 1. 箱材质、规格<br>2. 玻璃品种、规格<br>3. 基层材料种类<br>4. 防护材料种类<br>5. 油漆品种、刷漆遍数 | 个 | 按设计图示数量计算 | 1. 基层安装<br>2. 箱体制作、运输、安装<br>3. 玻璃安装<br>4. 刷防护材料、油漆 |

B.6.4 压条、装饰线。工程量清单项目设置及工程量计算规则,应按表B.6.4的规定执行。

压条、装饰线(编码:020604)　　　　　表 B.6.4

| 项目编码 | 项目名称 | 项目特征 | 计量单位 | 工程量计算规则 | 工程内容 |
| --- | --- | --- | --- | --- | --- |
| 020604001 | 金属装饰线 | 1. 基层类型<br>2. 线条材料品种、规格、颜色<br>3. 防护材料种类<br>4. 油漆品种、刷漆遍数 | m | 按设计图示尺寸以长度计算 | 1. 线条制作、安装<br>2. 刷防护材料、油漆 |
| 020604002 | 木质装饰线 | | | | |
| 020604003 | 石材装饰线 | | | | |
| 020604004 | 石膏装饰线 | | | | |
| 020604005 | 镜面玻璃线 | | | | |
| 020604006 | 铝塑装饰线 | | | | |
| 020604007 | 塑料装饰线 | | | | |

B.6.5 雨篷、旗杆。工程量清单项目设置及工程量计算规则,应按表B.6.5的规定执行。

雨篷、旗杆(编码:020605)　　　　　表 B.6.5

| 项目编码 | 项目名称 | 项目特征 | 计量单位 | 工程量计算规则 | 工程内容 |
| --- | --- | --- | --- | --- | --- |
| 020605001 | 雨篷吊挂饰面 | 1. 基层类型<br>2. 龙骨材料种类、规格、中距<br>3. 面层材料品种、规格、品牌<br>4. 吊顶(天棚)材料、品种、规格、品牌<br>5. 嵌缝材料种类<br>6. 防护材料种类<br>7. 油漆品种、刷漆遍数 | m² | 按设计图示尺寸以水平投影面积计算 | 1. 底层抹灰<br>2. 龙骨基层安装<br>3. 面层安装<br>4. 刷防护材料、油漆 |
| 020605002 | 金属旗杆 | 1. 旗杆材料、种类、规格<br>2. 旗杆高度<br>3. 基础材料种类<br>4. 基座材料种类<br>5. 基座面层材料、种类、规格 | 根 | 按设计图示数量计算 | 1. 土(石)方挖填<br>2. 基础混凝土浇筑<br>3. 旗杆制作、安装<br>4. 旗杆台座制作、饰面 |

**B.6.6** 招牌、灯箱。工程量清单项目设置及工程量计算规则,应按表 B.6.5 的规定执行。

招牌、灯箱(编码:020606)　　　　　　　　表 B.6.6

| 项目编码 | 项目名称 | 项目特征 | 计量单位 | 工程量计算规则 | 工程内容 |
|---|---|---|---|---|---|
| 020606001 | 平面、箱式招牌 | 1. 箱体规格<br>2. 基层材料种类<br>3. 面层材料种类<br>4. 防护材料种类<br>5. 油漆品种、刷漆遍数 | $m^2$ | 按设计图示尺寸以正立面边框外围面积计算。复杂形的凸凹造型部分不增加面积 | 1. 基层安装<br>2. 箱体及支架制作、运输、安装<br>3. 面层制作、安装<br>4. 刷防护材料、油漆 |
| 020606002 | 竖式标箱 | | 个 | 按设计图示数量计算 | |
| 020606003 | 灯箱 | | | | |

**B.6.7** 美术字。工程量清单项目设置及工程量计算规则,应按表 B.6.7 的规定执行。

美术字(编码:020607)　　　　　　　　表 B.6.7

| 项目编码 | 项目名称 | 项目特征 | 计量单位 | 工程量计算规则 | 工程内容 |
|---|---|---|---|---|---|
| 020607001 | 泡沫塑料字 | 1. 基层类型<br>2. 镌字材料品种、颜色<br>3. 字体规格<br>4. 固定方式<br>5. 油漆品种、刷漆遍数 | 个 | 按设计图示数量计算 | 1. 字制作、运输、安装<br>2. 刷油漆 |
| 020607002 | 有机玻璃字 | | | | |
| 020607003 | 木质字 | | | | |
| 020607004 | 金属字 | | | | |

## 二、措施项目

| 序号 | 项目名称 |
|---|---|
| 2.1 | 脚手架 |
| 2.2 | 垂直运输机械 |
| 2.3 | 室内空气污染测试 |

# 参 考 文 献

[1] 中华人民共和国国家标准．(GB 50500—2008) 建设工程工程量清单计价规范．北京：中国计划出版社，2008.
[2] 袁建新编著．工程量清单计价（第二版）．北京：中国建筑工业出版社，2007.
[3] 柯洪主编．全国造价工程师执业资格考试培训教材．北京：中国计划出版社，2006.
[4] 齐宝库，黄如宝主编．全国造价工程师执业资格考试培训教材．北京：中国城市出版社，2006.
[5] 李建峰主编．工程计价与造价管理．北京：中国电力出版社，2005.

尊敬的读者：

感谢您选购我社图书！建工版图书按图书销售分类在卖场上架，共设22个一级分类及43个二级分类，根据图书销售分类选购建筑类图书会节省您的大量时间。现将建工版图书销售分类及与我社联系方式介绍给您，欢迎随时与我们联系。

★ 建工版图书销售分类表（见下表）。

★ 欢迎登陆中国建筑工业出版社网站www.cabp.com.cn，本网站为您提供建工版图书信息查询、网上留言、购书服务，并邀请您加入网上读者俱乐部。

★ 中国建筑工业出版社总编室　　电　话：010—58337016　　传　真：010—68321361

★ 中国建筑工业出版社发行部　　电　话：010—58337346　　传　真：010—68325420
　　　　　　　　　　　　　　　　E-mail：hbw@cabp.com.cn

## 建工版图书销售分类表

| 一级分类名称（代码） | 二级分类名称（代码） | 一级分类名称（代码） | 二级分类名称（代码） |
|---|---|---|---|
| 建筑学（A） | 建筑历史与理论（A10） | 园林景观（G） | 园林史与园林景观理论（G10） |
| | 建筑设计（A20） | | 园林景观规划与设计（G20） |
| | 建筑技术（A30） | | 环境艺术设计（G30） |
| | 建筑表现·建筑制图（A40） | | 园林景观施工（G40） |
| | 建筑艺术（A50） | | 园林植物与应用（G50） |
| 建筑设备·建筑材料（F） | 暖通空调（F10） | 城乡建设·市政工程·环境工程（B） | 城镇与乡（村）建设（B10） |
| | 建筑给水排水（F20） | | 道路桥梁工程（B20） |
| | 建筑电气与建筑智能化技术（F30） | | 市政给水排水工程（B30） |
| | 建筑节能·建筑防火（F40） | | 市政供热、供燃气工程（B40） |
| | 建筑材料（F50） | | 环境工程（B50） |
| 城市规划·城市设计（P） | 城市史与城市规划理论（P10） | 建筑结构与岩土工程（S） | 建筑结构（S10） |
| | 城市规划与城市设计（P20） | | 岩土工程（S20） |
| 室内设计·装饰装修（D） | 室内设计与表现（D10） | 建筑施工·设备安装技术（C） | 施工技术（C10） |
| | 家具与装饰（D20） | | 设备安装技术（C20） |
| | 装修材料与施工（D30） | | 工程质量与安全（C30） |
| 建筑工程经济与管理（M） | 施工管理（M10） | 房地产开发管理（E） | 房地产开发与经营（E10） |
| | 工程管理（M20） | | 物业管理（E20） |
| | 工程监理（M30） | 辞典·连续出版物（Z） | 辞典（Z10） |
| | 工程经济与造价（M40） | | 连续出版物（Z20） |
| 艺术·设计（K） | 艺术（K10） | 旅游·其他（Q） | 旅游（Q10） |
| | 工业设计（K20） | | 其他（Q20） |
| | 平面设计（K30） | 土木建筑计算机应用系列（J） | |
| 执业资格考试用书（R） | | 法律法规与标准规范单行本（T） | |
| 高校教材（V） | | 法律法规与标准规范汇编/大全（U） | |
| 高职高专教材（X） | | 培训教材（Y） | |
| 中职中专教材（W） | | 电子出版物（H） | |

注：建工版图书销售分类已标注于图书封底。